国家出版基金项目
NATIONAL PUBLICATION FOUNDATION

合成生物学丛书

# 工业合成生物学

江会锋　马延和　主编

山东科学技术出版社　｜　科学出版社
济　南　　　　　　　　　北　京

# 内 容 简 介

本书系统梳理了工业合成生物学领域主要产品的发展现状与未来趋势。全书共分为十章,在概述工业合成生物学发展概况的基础上,重点围绕八类具有代表性的产品展开深入探讨,包括氨基酸、有机酸、维生素、有机醇、长链脂肪酸、芳香族化合物、健康糖与甜味剂、甾体药物。这些产品也是当前工业合成生物学研究最具代表性的产品类型。通过对这些典型产品的合成生物学研究进展进行系统阐述,旨在为其他产品类型的工业化开发提供有益借鉴和参考。

本书可作为高等院校生物工程、生物技术、生物化工等专业师生的参考用书,同时还可作为科研院所、企业研发部门的科研工作者及工程技术人员的工具书。

**图书在版编目(CIP)数据**

工业合成生物学 / 江会锋,马延和主编. -- 北京 : 科学出版社 ; 济南 : 山东科学技术出版社,2025. 3. (合成生物学丛书).
ISBN 978-7-03-081060-1

Ⅰ. Q503

中国国家版本馆 CIP 数据核字第 20255F4S47 号

责任编辑:王 静 罗 静 刘新新 陈 昕 张 琳 / 责任校对:严 娜
责任印制:赵 博 / 封面设计:无极书装

**山东科学技术出版社** 和 **科学出版社** 联合出版
北京东黄城根北街 16 号
邮政编码:100717
http://www.sciencep.com
北京市金木堂数码科技有限公司印刷
科学出版社发行 各地新华书店经销
\*
2025 年 3 月第 一 版 开本:720×1000 1/16
2025 年 8 月第二次印刷 印张:17 3/4
字数:358 000
**定价:198. 00 元**
(如有印装质量问题,我社负责调换)

# 作 者 简 介

**江会锋**

中国科学院天津工业生物技术研究所二级研究员，博士生导师，主要致力于新酶改造设计研究，是人工合成淀粉"技术造物"团队的核心领衔科学家之一，创建了灯盏花素合成等一系列天然产物的细胞工厂，搭建了国内首台 KB 级基因拼接仪与合成仪；在 *Science*、*Nature Communications*、*Molecular Plant*、*Research*、*ACS Catalysis*、*PLoS Biology*、*Green Chemistry*、*ACS Synthetic Biology* 等国际期刊上发表 SCI 论文 90 余篇，已申请专利 40 余项。入选中国科学院人才计划、天津市杰出青年科学基金、国家自然科学基金优秀青年科学基金、科技创新领军人才等；获天津市自然科学奖特等奖、云南省科学技术进步奖特等奖等。

**马延和**

天津市第十八届人大常委会副主任，中国科学院天津工业生物技术研究所创始所长。长期从事工业微生物研究，取得了"二氧化碳制淀粉"等一系列原创性研究成果，并推进了多个工业生物制造产品的技术创新与产业化实施，为我国工业微生物发展与新一代工业生物技术进步作出了开创性贡献。曾为国家 973 计划项目首席科学家、国家 863 计划生物医药领域专家组成员。参加《国家中长期科学和技术发展规划纲要》制定，主持国家战略性新兴产业、国家科技专项等有关规划编写与实施方案编制，为国家战略性新兴产业发展专家咨询委员会委员、国家新材料产业发展专家咨询委员会委员、《国家生物技术中长期发展纲要》指导专家组成员等。已发表 SCI 收录论文 300 余篇，出版专著 4 部，以第一完成人获国内外授权发明专利 83 件。以第一完成人获国家技术发明奖二等奖 1 项，省部级科技进步奖一等奖 3 项、自然科学奖特等奖 1 项。

# 《工业合成生物学》
## 编委会

**主　　编**　江会锋　马延和

**编写人员**（按姓氏汉语拼音排序）

| | | | |
|---|---|---|---|
| 柏丹阳 | 陈　宁 | 陈　朋 | 陈久洲 |
| 崔云凤 | 董会娜 | 董乾震 | 樊飞宇 |
| 范晓光 | 房　欢 | 冯进辉 | 赖小勤 |
| 李　娇 | 李金根 | 刘　娇 | 刘　君 |
| 刘德飞 | 刘丁玉 | 刘萍萍 | 刘伟丰 |
| 刘祥涛 | 刘玉万 | 卢丽娜 | 秦志杰 |
| 史硕博 | 孙媛霞 | 陶　勇 | 田朝光 |
| 王　钰 | 王丽敏 | 王钦宏 | 王士安 |
| 吴凤礼 | 吴洽庆 | 郗永岩 | 夏苗苗 |
| 徐　宁 | 杨建刚 | 于　波 | 于　勇 |
| 余世琴 | 张大伟 | 张学礼 | 郑　平 |
| 郑小梅 | 周景文 | 周文娟 | 朱敦明 |
| 朱欣娜 | | | |

# 丛 书 序

21世纪以来，全球进入颠覆性科技创新空前密集活跃的时期。合成生物学的兴起与发展尤其受到关注。其核心理念可以概括为两个方面："造物致知"，即通过逐级建造生物体系来学习生命功能涌现的原理，为生命科学研究提供新的范式；"造物致用"，即驱动生物技术迭代提升、变革生物制造创新发展，为发展新质生产力提供支撑。

合成生物学的科学意义和实际意义使其成为全球科技发展战略的一个制高点。例如，美国政府在其《国家生物技术与生物制造计划》中明确表示，其"硬核目标"的实现有赖于"合成生物学与人工智能的突破"。中国高度重视合成生物学发展，在国家973计划和863计划支持的基础上，"十三五"和"十四五"期间又将合成生物学列为重点研发计划中的重点专项予以系统性布局和支持。许多地方政府也设立了重大专项或创新载体，企业和资本纷纷进入，抢抓合成生物学这个新的赛道。合成生物学-生物技术-生物制造-生物经济的关联互动正在奏响科技创新驱动的新时代旋律。

科学出版社始终关注科学前沿，敏锐地抓住合成生物学这一主题，组织合成生物学领域国内知名专家，经过充分酝酿、讨论和分工，精心策划了这套"合成生物学丛书"。本丛书内容涵盖面广，涉及医药、生物化工、农业与食品、能源、环境、信息、材料等应用领域，还涉及合成生物学使能技术和安全、伦理和法律研究等，系统地展示了合成生物学领域的新成果，反映了合成生物学的内涵和发展，体现了合成生物学的前沿性和变革性特质。相信本丛书的出版，将对我国合成生物学人才培养、科学研究、技术创新、应用转化产生积极影响。

丛书主编

2024年3月

# 目　　录

# 第1章 概　　述

7000 年前，我国仰韶文化时期就已经会利用发酵技术制作美酒。大约公元前 221 年，我国劳动人民已经懂得利用微生物发酵制酱、酿醋。19 世纪末到 20 世纪 30 年代，发酵工业兴起，这时候的发酵产品主要有乙醇、乳酸、丙酮、丁醇、柠檬酸、蛋白酶等。20 世纪 40 年代，通风搅拌培养技术的建立，促进了抗生素发酵工业的发展，并带动了各种有机酸、酶制剂、维生素、激素等大规模发酵生产，这一时期的发酵与酿造技术主要还是依赖对外界环境因素的控制。20 世纪 60 年代末，人工诱变技术成功应用于氨基酸发酵工业。20 世纪 70 年代初，基因工程的发展、完善和成功应用，使人类按照自己的意愿设计、培养菌株成为可能。20 世纪 80 年代，DNA 重组技术成功应用于微生物育种，使得人们按照预定的蓝图选育育种生产所需要的产物成为可能。然而，由于对微生物的整体认识水平有限，以及缺乏有效的关键技术，如基因编辑技术，工业生物技术在 21 世纪之前一直发展缓慢。

21 世纪以来，在生物学、工程学、计算机科学、化学和物理学等学科的融汇中，合成生物学应运而生。作为一个快速发展的跨学科领域，合成生物学促使了生命科学从观测性、描述性、经验性的科学，跃升为可定量、可预测、工程性的科学，推动了从认识生命到设计生命再到创造生命的跨越。随着基因测序、基因编辑和基因合成技术的发展，合成生物学近年来发展迅速，已经深刻影响着化工、食品、能源、医疗健康和农业等领域的发展。在工业生物技术领域，利用合成生物学理念及技术构建功能强大、性能优越的基因线路、生物元件、细胞工厂及复杂的人工生物系统，不仅能够促进传统的氨基酸、有机酸、维生素、化工醇、健康糖等生物制造产业转型升级，而且可以实现自然生物不能合成或合成效率很低的化工产品的生物制造路线，进而大大拓展了生物制造的边界，触发新的产业变革，引领新的产业模式和经济形态，重塑物质财富增长方式。

本书以近几年取得重大突破的生物制造产品为例，着重介绍合成生物学在微生物育种及多酶分子机器构建中的应用。第二章介绍了氨基酸生物制造的研究进展，产品包括 L-谷氨酸、L-赖氨酸、L-苏氨酸、L-甲硫氨酸、L-半胱氨酸、L-苯丙氨酸、L-酪氨酸、L-色氨酸、L-缬氨酸、L-异亮氨酸和 L-亮氨酸、L-丙氨酸、L-脯氨酸及 5-氨基乙酰丙酸；第三章介绍了有机酸生物制造的研究进展，产品包括柠檬酸、L-乳酸、衣康酸、乙醇酸、D-乳酸、3-羟基丙酸、丙二酸、丙酸、丁二酸、苹果酸、富马酸、丁酸、戊二酸和己二酸；第四章介绍了维生素生物制造的研究进展，产品包括维生素 C、维生素 $B_2$ 和维生素 $B_{12}$；第五章介绍了有机醇生物制造研究进展，产品包括纤维素乙醇、1,3-丙二醇、丁醇、异丁醇和 1,4-丁二醇；第六章介绍了脂肪酸类化合物生物制造研究进展，产品包括脂肪酸短链酯、脂肪醇类、烷烃类、二十二碳六烯酸、二十碳五烯酸、神经酸、长链二元酸和 ω-氨基十二烷酸；第七章介绍了芳香族化合物生物制造的研究进展，产品包括 L-苯丙氨酸衍生物、L-酪氨酸衍生物、L-色氨酸衍生物等；第八章介绍了健康糖与甜味剂生物制造研究进展，产品包括 D-阿洛酮糖、D-塔格糖、赤藓糖醇、阿洛糖醇、岩藻糖基功能寡糖、半乳糖基寡糖、甘露糖基寡糖、萜类甜味剂、黄酮类甜味剂、蛋白类甜味剂等；第九章介绍了合成生物学技术在甾体药物合成中的应用，包括对甾体药物起始原料、甾体药物关键中间体、甾体药物原料药的影响。第十章对工业生物技术进行了总结与展望。

本章参编人员：江会锋　刘玉万　卢丽娜　刘丁玉

# 第2章 氨基酸工业合成生物学

## 2.1 引　言

　　氨基酸是蛋白质的基本组成单元，对人和动物的营养健康十分重要。随着技术的发展，氨基酸及其衍生物的产品种类已由 20 世纪 60 年代的 50 余种拓展到现在的 1000 余种，广泛应用于农业、轻工业和医药等领域。微生物一般可合成全部 20 种蛋白质氨基酸（图 2-1），因此对微生物进行改造育种，再通过发酵可再生原

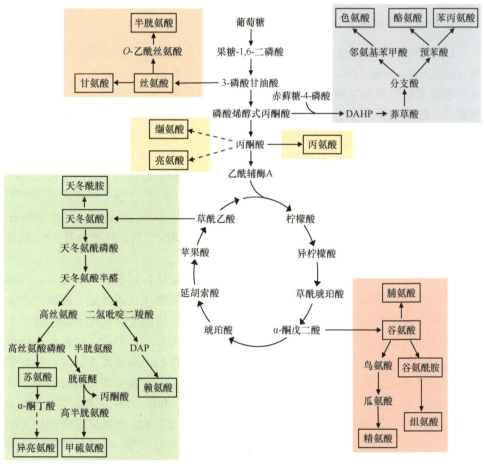

图 2-1　微生物中 20 种蛋白质氨基酸的合成途径

DAHP：3-脱氧-D-阿拉伯-庚酮糖酸-7-磷酸；DAP：二氨基庚二酸

料是目前大部分氨基酸的主要生产方式。由于初期对微生物氨基酸代谢机制的理解不足以及遗传改造技术的缺乏，氨基酸生产菌种的选育较多使用诱变筛选的方法。合成生物学与工业生物技术的发展融合，催生了面向工业菌种创制的工业合成生物学，重塑了氨基酸生产菌种的开发和升级模式，多种氨基酸的生产水平大幅提升，合成转换率接近理论值，一些特殊的氨基酸也通过开发人工菌株和酶催化剂实现了生物合成。本章重点阐述了工业合成生物学推动氨基酸工业菌种创制和升级的研究进展。

## 2.2　大宗氨基酸

### 2.2.1　L-谷氨酸

#### 1. 细胞表面结构变化与 L-谷氨酸合成

L-谷氨酸的钠盐是味精的主要成分，在食品等工业中广泛应用。谷氨酸棒杆菌（*Corynebacterium glutamicum*）可天然生产 L-谷氨酸，研究者发现该菌株只能在生物素限制、添加吐温 40 等条件下生产 L-谷氨酸，由此推测细胞表面结构遭到破坏，进而导致 L-谷氨酸外排。从此细胞表面结构的变化与 L-谷氨酸合成的关系也备受关注。在谷氨酸棒杆菌细胞的质膜研究中发现，脂肪酸和磷脂的含量与组成变化虽然影响 L-谷氨酸的合成，但不是诱导其合成和分泌的主要因素（Nampoothiri et al.，2002）。在生物素亚适量和添加吐温 40 条件下，DtsR 和 AccBC 组成的丙酰 CoA 羧化酶复合体是主要作用靶点，DtsR 在上述条件下表达水平明显降低，进而通过减少脂肪酸的合成影响细胞膜结构；同时 DtsR 缺失还会影响 α-酮戊二酸脱氢酶复合体（ODHC）的活性，导致 α-酮戊二酸的代谢流转向 L-谷氨酸合成（Kimura et al.，1999）。

此外，还有研究表明谷氨酸棒杆菌的细胞壁结构对 L-谷氨酸合成和分泌的影响较大，参与 L-谷氨酸的诱导生产。首先，在 L-谷氨酸生产条件下，细胞壁中分枝菌酸的含量明显下降，生物素亚适量条件下短链分枝菌酸的含量明显增加，上述变化都有利于 L-谷氨酸的分泌（Hashimoto et al.，2006）。其次，IstA 作为一种二氨基庚二酸氨基转移酶，在温敏型高产菌株中，其 *lstA* 基因发生突变，导致菌株肽聚糖缺少酰胺化修饰，细胞外膜刚性降低，表现出对温度和溶菌酶敏感，并在高温条件下快速分泌 L-谷氨酸（Hirasawa et al.，2000，2001）。Shi 等（2020）通过反向代谢工程技术，鉴定出温敏型生产菌株 TCCC11822 中肽聚糖合成相关基因 *murA* 和 *murB* 的缺失，以及 7 个与细胞膜合成相关的突变，与菌株温敏特性及 L-谷氨酸的外排相关。

**2. 机械敏感通道蛋白与 L-谷氨酸分泌**

研究人员在分析一株能在富含生物素的条件下生产 L-谷氨酸的突变菌株时，发现 NCgl1221（MscCG）的特定突变（如 A100T）能够组成型分泌 L-谷氨酸。MscCG 与大肠杆菌（*Escherichia coli*）中机械敏感通道蛋白 MscS 的同源性较高，缺失后会抑制 L-谷氨酸分泌，过表达可以提高诱导条件下 L-谷氨酸的分泌，被认定为一种谷氨酸外排蛋白（Nakamura et al.，2007）。基于上述发现，研究人员进一步研究证实，MscCG 确实具有机械敏感通道活性，L-谷氨酸通过被动扩散经MscCG 穿过细胞质膜排出胞外（Hashimoto et al.，2012）。通过检测 MscCG 蛋白C 端截短菌株的 L-谷氨酸分泌能力，发现 MscCG 的 N 端结构域具有完整的 L-谷氨酸诱导分泌功能，而缺失 C 端胞质外结构域的突变体无须任何诱导处理即可组成型生产 L-谷氨酸，表明该部分对 N 端结构域有负调控作用（Yamashita et al.，2013）。在 Z188 等菌株中还存在另外一种机械敏感通道蛋白 MscCG2，其在进化水平与 MscCG 相对独立，蛋白序列的一致性只有 23%，能够回补 MscCG 缺失造成的菌株表型缺陷；MscCG2 蛋白介导的 L-谷氨酸外排同样受生物素亚适量和青霉素的诱导，而 A151V 突变体可以组成型外排 L-谷氨酸（Wang et al.，2018a）。

**3. L-谷氨酸生物合成的代谢调控**

谷氨酸棒杆菌通过谷氨酸脱氢酶（glutamate dehydrogenase，GluDH），以NADPH 为辅酶，催化 α-酮戊二酸和铵根离子合成 L-谷氨酸（Börman et al.，1992）。α-酮戊二酸是 L-谷氨酸合成和三羧酸循环（tricarboxylic acid cycle，TCA 循环）的代谢节点，其代谢流分配首先被关注。在生物素亚适量等条件下，ODHC 活性显著降低，引发 α-酮戊二酸积累，转向 L-谷氨酸合成（Shimizu et al.，2003）；而在 ODHC 失活的菌株中提高 GluDH 的活性可以进一步提高 L-谷氨酸的合成（Asakura et al.，2007）。2006 年，一种新型的 ODHC 调节蛋白 OdhI 被发现（Niebisch et al.，2006）。生物素亚适量等诱导条件下 OdhI 表达上调，且非磷酸化状态的 OdhI比例明显上升，从而抑制 ODHC 活性，使代谢流转向 L-谷氨酸合成（Kim et al.，2011）。此外，OdhI 第 132 位赖氨酸残基的琥珀酰化修饰会降低其与 α-酮戊二酸脱氢酶 OdhA 的相互作用，调控 L-谷氨酸的合成（Komine-Abe et al.，2017）。鉴于 ODHC 在 L-谷氨酸合成中的重要作用，针对其表达和酶活水平的调控作为重要策略被广泛用于 L-谷氨酸菌种的设计和改造（Wen and Bao，2019）。

草酰乙酸是 L-谷氨酸合成的另一关键代谢产物。四碳回补反应是在好氧条件下补充草酰乙酸，维持乙酰辅酶 A（acetyl-CoA，乙酰 CoA）进入 TCA 循环的重要途径，并在 L-谷氨酸生物合成中发挥重要作用。谷氨酸棒杆菌中存在两条四碳回补反应途径，分别由磷酸烯醇式丙酮酸羧化酶（PEPC）和丙酮酸羧化酶（PYC）催化固定 1 分子 $CO_2$，合成 1 分子草酰乙酸。由于 PYC 以生物素为辅酶，因此在生物素亚适量条件下其活性受到明显抑制，此时 PEPC 起主要作用（Sato et al.，2008）。而在添加吐温 40 条件下，PYC 的反应通量明显提升（Shirai et al.，2007）。此外，谷氨酸棒杆菌中四碳回补反应途径还存在翻译后水平的调控。例如，PEPC 的多个赖氨酸残基存在乙酰化或者琥珀酰化修饰作用，第 653 位赖氨酸的乙酰化修饰会显著降低 PEPC 活性，而在 L-谷氨酸生产条件下，PEPC 通过去乙酰化反应被激活，提高 L-谷氨酸的产量（Nagano-Shoji et al.，2017）。

此外，L-谷氨酸是谷氨酸家族氨基酸合成的前体，其下游代谢影响菌株的生长和 L-谷氨酸的产量。Li 等（2021）通过谷氨酸生产菌株比较转录组分析，鉴定了一种新的调控谷氨酸代谢网络的转录调控因子 RosR，其在 L-谷氨酸生产菌株中显著上调，可以通过下调乳酸脱氢酶编码基因 ldhA、谷氨酰胺合成酶编码基因 glnA、乙酰-γ-谷氨酰磷酸脱氢酶编码基因 argC、乙酰辅酶 A 羧化酶亚基编码基因 dstR1 等基因的表达，从而下调 L-谷氨酸生物合成的竞争途径，同时抑制 odhA 的表达，提升 L-谷氨酸产量。

### 4. 基于合成生物技术的 L-谷氨酸生产菌种的创制

通过糖酵解途径（glycolytic pathway 或 Embden-Meyerhof-Parnas pathway，简称 EMP 途径）的丙酮酸脱氢酶 E1p 亚基 AceE 催化丙酮酸合成乙酰 CoA 释放 1 分子 $CO_2$，降低了 L-谷氨酸合成的原子经济性。双歧杆菌（Bifidobacterium sp.）中的新酵解途径可以通过磷酸转酮酶和戊糖磷酸途径（PPP），在不损失碳的前提下合成乙酰 CoA，提高葡萄糖合成 L-谷氨酸的理论转化率。在谷氨酸棒杆菌中过表达磷酸转酮酶，可以明显提高 L-谷氨酸的产量和转化率，为 L-谷氨酸生产菌株的创制提供了新的改造策略（Liu et al.，2008）。在此基础上，Dele-Osibanjo 等（2019）在谷氨酸棒杆菌中构建了一种生长依赖的进化策略，对磷酸转酮酶进行定向进化，获得了多个酶学性能显著提升的突变体，为 L-谷氨酸的高转化率合成提供了新元件。

此外，L-谷氨酸生产是一个好氧发酵过程，溶氧水平和细胞的氧化还原状态对 L-谷氨酸的合成至关重要。外源表达透明颤菌属（Vitreoscilla）来源的血红蛋白可以提高菌株对氧气的摄取能力，对菌株生长和 L-谷氨酸的生产具有明显的促进效果（Liu et al.，2008）。基于谷氨酸棒杆菌中 L-谷氨酸生产和分泌机制的研究，Wen 和 Bao（2019）组合 MscCG C 末端 110 个氨基酸的截短以及基于核糖体结合位点（RBS）工程的 ODHC 弱化策略，构建获得一株 L-谷氨酸高产菌株，可以在不使用任何化学诱导剂的条件下，利用富含生物素的玉米秸秆水解液高效合成 L-谷氨酸。

近年来，谷氨酸棒杆菌的基因干扰和编辑技术先后被开发，并成功用于 L-谷氨酸关键靶点的筛选和改造。Sun 等（2019）开发了基于 sRNA 的基因干扰技术，测试了丙酮酸激酶编码基因 *pyk*、*ldhA* 和 *odhA* 弱化对 L-谷氨酸合成的影响。Cleto 等（2016）利用 CRISPR/dCas9 技术对磷酸烯醇式丙酮酸羧化激酶编码基因 *pck* 与 *pyk* 进行转录抑制，与基因敲除相比，可以更有效地提升 L-谷氨酸产量。Wang 等（2018b）开发了基于碱基编辑的多基因编辑技术，对 *pyk*、*ldhA* 和 *odhA* 进行组合编辑建库，筛选到 L-谷氨酸产量最优的突变菌株。Krumbach 等（2019）利用 CRISPR 技术对 MscCG 进行饱和突变，筛选到多个组成型分泌 L-谷氨酸的突变体。

## 2.2.2　L-赖氨酸

L-赖氨酸是用量最大的饲用氨基酸，谷氨酸棒杆菌是 L-赖氨酸的主要生产菌种之一。2011 年，Becker 等（2011）首次通过代谢工程从头改造谷氨酸棒杆菌高产 L-赖氨酸，结合代谢通量分析，设计了 L-赖氨酸高产菌的代谢蓝图，包括强化 L-赖氨酸生物合成、四碳回补反应途径和 PPP 途径，以及弱化 TCA 循环等，经过 12 步改造即可实现 L-赖氨酸高产。主要的遗传改造包括引入解除反馈抑制的天冬氨酸激酶Ⅲ突变体 LysC$^{T311I}$，引入高丝氨酸脱氢酶突变体 Hom$^{V59A}$ 弱化分支代谢，使用强启动子过表达 *lysC* 和二氢吡啶二羧酸还原酶编码基因 *dapB*，增加一个拷贝的二氨基庚二酸脱氢酶编码基因 *ddh* 和二氨基庚二酸脱羧酶编码基因 *lysA*，以增强 L-赖氨酸的合成；引入 *pyc*$^{P485S}$、使用强启动子过表达 *pyc*、敲除 *pck* 增强四碳回补反应途径；使用强启动子过表达 *tkt-tal-zwf-opcA-pgl* 操纵子，增强 PPP 途径；将异柠檬酸脱氢酶编码基因 *icd* 的起始密码子 ATG 改为 GTG 以弱化 TCA 循环，获得的工程菌株 LYS-12 在 5 L 罐发酵的产量达 120 g/L，糖酸转化率为 55%，生产强度为 4.0 g/(L·h)。组合以上类似策略及部分新策略，如敲除 *aceE*，PLP 依赖型的转氨酶编码基因 *alaT*、*avtA*、*ldhA*，以及苹果酸脱氢酶编码基因 *mdh* 获得的 L-赖氨酸高产菌 Lys5-8，产量可进一步提高至 163.52 g/L，但糖酸转化率略降低至 47.06%（Xu et al.，2014）。

近年来，研究者不断通过代谢工程手段提升 L-赖氨酸生产水平，包括理性改造 TCA 循环（Xu et al.，2018a）和糖代谢系统（Xu et al.，2020）等。Xu 等（2018a）对一株诱变育种获得的谷氨酸棒杆菌 JL-6 进行了理性改造，包括在 *pck* 和草酰乙酸脱羧酶编码基因 *odx* 上插入 *pepc* 和 *pyc* 基因促进草酰乙酸合成，改造柠檬酸合酶编码基因 *gltA* 启动子以弱化 TCA 循环，强化 *gdh* 基因启动子以促进天冬氨酸合成，改造后的菌株发酵罐赖氨酸产量达 181.5 g/L、转化率为 64.6%、生产强度为 3.78 g/(L·h)。随后，研究人员通过引入丙酮丁醇梭菌（*Clostridium acetobutylicum*）的果糖激酶和非 PTS 糖转运系统等手段对 JL-6 菌株的糖代谢系统进行改造，获得的工程菌株 K-8 发酵罐 L-赖氨酸产量达 221.3 g/L、转化率为

71%、生产强度为 5.53 g/(L·h)（Xu et al.，2020）。

谷氨酸棒杆菌合成 1 分子 L-赖氨酸需要消耗 4 分子 NADPH，因此还原力的高效供应及平衡对 L-赖氨酸合成至关重要。目前主要改造策略包括强化 NADPH 的合成（Becker et al.，2011）、强化 NADH 转换为 NADPH（Kabus et al.，2007），或将 NADPH 依赖型合成酶改造为 NADH 依赖型合成酶（Wu et al.，2019）等。在强化 NADPH 的合成方面，可过表达葡萄糖-6-磷酸脱氢酶 Zwf 和 6-磷酸葡萄糖酸脱氢酶 Gnd 等以增强 PPP，将内源的 NAD 依赖型 3-磷酸甘油醛脱氢酶 GapA 改造为可以利用 NADP，或异源表达 NADP 依赖型 3-磷酸甘油醛脱氢酶 GapN 等。强化 NADH 到 NADPH 的转换主要通过表达大肠杆菌来源的膜结合转氢酶 PntAB 实现。此外，研究人员基于结构和序列特征挖掘了一系列能够以 NADH 为辅酶的赖氨酸合成相关酶，例如，铜绿假单胞菌（*Pseudomonas aeruginosa*）来源的天冬氨酸脱氢酶、运动替斯崔纳菌（*Tistrella mobilis*）来源的天冬氨酸半醛脱氢酶，以及大肠杆菌来源的二氢吡啶二羧酸还原酶等。

基于核糖开关和渗透压响应元件的动态调控策略也被应用于 L-赖氨酸生产菌株的改造。天然的赖氨酸核糖开关均为 OFF 型，即结合 L-赖氨酸后关闭基因的表达。Zhou 和 Zeng（2015a，b）在谷氨酸棒杆菌中利用 2 个天然的 OFF 型 L-赖氨酸核糖开关动态调控 TCA 循环关键基因 *gltA* 的表达，可以明显减缓细胞生长并将 L-赖氨酸的产量提高 38%～63%；进一步通过对 OFF 型核糖开关进行突变筛选，获得 ON 型核糖开关，即结合 L-赖氨酸后开启基因的表达，并通过两种类型的核糖开关组合调控策略，将 L-赖氨酸转化率进一步提升了 21%。Huang 等（2021）基于谷氨酸棒杆菌的渗透响应调控机制，筛选到依赖于内源 MtrA-MtrB 双组分调控系统的高渗响应启动子 P$_{NCgl1418}$，进一步构建突变文库并筛选获得了表达强度和诱导倍数均提高的启动子突变体，采用启动子调控 L-赖氨酸外排蛋白基因 *lysE* 和 CRISPR-dCpf1 系统，实现对柠檬酸合酶编码基因 *gltA*、磷酸烯醇式丙酮酸羧化激酶编码基因 *pck*、葡萄糖-6-磷酸异构酶编码基因 *pgi* 和高丝氨酸脱氢酶编码基因 *hom* 的弱化调控，显著提高了赖氨酸的产量和转化率。

### 2.2.3 L-苏氨酸

L-苏氨酸与 L-赖氨酸同属于天冬氨酸家族的氨基酸，也主要应用于动物饲料。应用合成生物技术改造微生物生产 L-苏氨酸的策略可总结如下：①过表达合成途径的关键酶；②减弱竞争分支增加前体物质；③减少细胞内 L-苏氨酸的降解；④增强 L-苏氨酸的外排；⑤系统代谢工程策略。

**1. 过表达 L-苏氨酸合成途径的关键酶**

大肠杆菌中 L-苏氨酸合成基因 *thrA*（编码天冬氨酸激酶 I）、*thrB*（编码高丝氨酸激酶）和 *thrC*（编码苏氨酸合酶）在一个操纵子中，过表达该操纵子可有效提升菌株的 L-苏氨酸合成能力。例如，将包含突变的 *thrA$_{442}$BC* 操纵子的重组质粒引入菌株大肠杆菌 MG442，L-苏氨酸产量从 8 g/L 提升至 18.4 g/L（Livshits et al.，2003）。由于 LysC 控制进入天冬氨酸家族氨基酸生物合成途径的总代谢流，因此过表达 *lysC* 或解除该酶的反馈抑制是提高 L-苏氨酸产量的常用方法（Lee et al.，2007）。此外，在大肠杆菌 TWF001 中过表达天冬氨酸半醛脱氢酶，可将苏氨酸产量提高 70%，达 15.85 g/L（Zhao et al.，2018）。

　　谷氨酸棒杆菌中苏氨酸合成途径中的 Hom 与 ThrB 受到苏氨酸严格的反馈抑制，是苏氨酸合成的关键限制因素。一方面，过表达 *hom* 和 *thrB* 可将碳流量从 L-赖氨酸分支重新导向 L-苏氨酸分支，提高 L-苏氨酸产量（Wei et al.，2018）。另一方面，解除两个酶的反馈抑制是解决该问题的关键策略。例如，Eikmann 等（1991）通过在 Hom 中引入 G378E 突变解除了苏氨酸对该酶的活性抑制；Petit 等（2018）对 ThrB 与底物的结合位点进行理性设计改造，获得的突变体对 L-高丝氨酸的选择性高于 L-苏氨酸，从而解除了 L-苏氨酸反馈抑制，并提高了该酶的催化活性。

### 2. 减弱竞争分支增加前体物质

　　阻断 L-赖氨酸和 L-甲硫氨酸的合成途径可增加 L-苏氨酸合成所需前体的供应，从而实现 L-苏氨酸的高产。为达到此目的，Lee 等（2007）敲除了大肠杆菌的 *lysA* 和高丝氨酸琥珀酰转移酶编码基因 *metA*，构建了一株苏氨酸高产菌株。在谷氨酸棒杆菌中敲除 L-赖氨酸和 L-甲硫氨酸合成途径的二氢吡啶二羧酸合成酶编码基因 *dapA* 和高丝氨酸乙酰转移酶编码基因 *metX* 后，苏氨酸的产量由 1.80 g/L 提升至 3.01 g/L（Lv et al.，2012）。

### 3. 减少细胞内 L-苏氨酸的降解

　　L-苏氨酸在细胞内会被用于合成 L-异亮氨酸和甘氨酸，弱化 L-苏氨酸降解是减少副产物生成、提高 L-苏氨酸产量的有效策略，已经在大肠杆菌和谷氨酸棒杆菌中得到应用。在大肠杆菌的 L-苏氨酸脱水酶编码基因 *ilvA* 中引入 C290T 基因突变并敲除 L-苏氨酸 3-脱氢酶编码基因 *tdh* 可减少 L-苏氨酸的降解（Lee et al.，2007）。在谷氨酸棒杆菌中，通过使用诱导型启动子调节丝氨酸羟甲基转移酶编码基因 *glyA* 的表达水平，可以降低 L-苏氨酸向甘氨酸的转化（Simic et al.，2002）；通过下调 *ilvA* 的基因表达水平，可以降低 L-苏氨酸向 L-异亮氨酸的转化，提高 L-苏氨酸的产量（Diesveld et al.，2009）。

### 4. 增加 L-苏氨酸的外排

　　在大肠杆菌 MG422 菌株中分别过表达 L-苏氨酸的外排蛋白编码基因 *rhtB$_{Ec}$*、

*rhtC*<sub>*Ec*</sub> 和 *thrE*<sub>*Cg*</sub> 时，L-苏氨酸的产量分别增加了 140%、200% 和 290%，说明加强 L-苏氨酸的外排是实现 L-苏氨酸高产的有效策略（Kruse et al.，2002）。Livshits 等（2003）通过在 *rhtA* 基因上游引入 G→A 突变，加强了 *rhtA* 的转录，使得 L-苏氨酸产量从 18.4 g/L 增加到 36.3 g/L。同样，将含有 *thrE*<sub>*Cg*</sub> 的重组质粒导入改造了 L-苏氨酸合成途径的谷氨酸棒杆菌中，L-苏氨酸产量从 5.8 g/L 增加到 8.1 g/L，同时 L-赖氨酸、甘氨酸及 L-异亮氨酸等副产物均减少（Simic et al.，2002）。当 *rhtC*<sub>*Ec*</sub> 基因在谷氨酸棒杆菌中过表达后，L-苏氨酸产量从 0.9 g/L 增加至 3.7 g/L（Diesveld et al.，2009）。

**5. 系统代谢工程策略**

应用系统代谢工程策略已成功构建了高产 L-苏氨酸的大肠杆菌菌株，使得从底物葡萄糖合成 L-苏氨酸的转化率接近于理论值。例如，Dong 等（2011）在大肠杆菌 W3110 中过表达关键酶 *thrA* 与 *lysC* 强化合成途径，引入 *ilvA*<sup>C290T</sup> 基因突变并敲除 *tdh* 基因以减少 L-苏氨酸的降解，过表达外排蛋白基因 *rhtC* 促进 L-苏氨酸外排，通过一系列策略，最优菌株的产量达到 82.4 g/L。然而，关于代谢工程改造谷氨酸棒杆菌生产苏氨酸的研究报道相对较少，谷氨酸棒杆菌的 L-苏氨酸产量依旧较低（Li et al.，2017b）。例如，Wei 等（2018）利用基于启动子文库的模块化优化策略对 L-苏氨酸合成途径中多个基因的表达水平进行测试和优化，最终使得苏氨酸的产量达到 12.8 g/L。在谷氨酸棒杆菌中，*lysC*、*hom* 及 *thrB* 所编码的 L-苏氨酸合成关键酶均受到严格的反馈抑制，解除反馈抑制，提高催化活性，结合表达优化，可能是提高谷氨酸棒杆菌 L-苏氨酸生产水平的关键（Li et al.，2017b）。

# 2.3 含硫氨基酸

## 2.3.1 L-甲硫氨酸

随着微生物基因组注释的完善，许多细菌中 L-甲硫氨酸（也称为 L-蛋氨酸）的生物合成途径已被解析，目前关于甲硫氨酸生物合成和代谢调控的研究主要集中于大肠杆菌和谷氨酸棒杆菌（图 2-2）。

**1. 代谢工程改造大肠杆菌生产 L-甲硫氨酸**

近年来，国内外学者在利用代谢工程改造大肠杆菌以生产 L-甲硫氨酸方面开展了大量研究。日本味之素公司 Usuda 和 Kurahashi（2005）通过敲除 L-甲硫氨酸调控阻遏蛋白基因 *metJ* 和 L-苏氨酸支路竞争途径基因 *thrBC*，强化表达解除反馈抑制效应的 S-腺苷甲硫氨酸合成酶基因 *metK* 和 L-高丝氨酸琥珀酰转移酶基因 *metA* 突

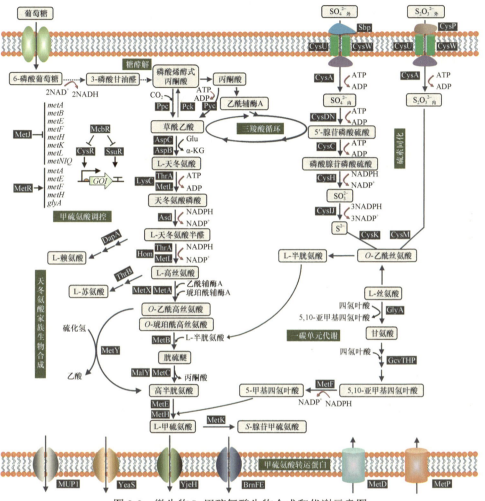

图 2-2　微生物 L-甲硫氨酸生物合成和代谢示意图

Ppc：磷酸烯醇式丙酮酸羧化酶；Pck：磷酸烯醇式丙酮酸羧化激酶；Pyc：丙酮酸羧化酶；MetJ/MetR：甲硫氨酸合成转录调控蛋白；McbR/CysR/SsuR：硫代谢转录调控蛋白；AspB：天冬氨酸裂合酶；AspC：天冬氨酸转氨酶；LysC：天冬氨酸激酶；ThrA/MetL：双功能天冬氨酸激酶与高丝氨酸脱氢酶；ThrB：高丝氨酸激酶；Asd：天冬氨酸半醛脱氢酶；DapA：二氢吡啶二羧酸合成酶；Hom：高丝氨酸脱氢酶；MetX：高丝氨酸乙酰转移酶；MetA：高丝氨酸琥珀酰转移酶；MetB：胱硫醚 γ 合成酶；MetC/MalY：胱硫醚 β 裂解酶；MetY：O-乙酰高丝氨酸硫醇裂解酶；MetE/MetH：甲硫氨酸合酶；MetK：S-腺苷甲硫氨酸合成酶；MetF：5,10-甲基四氢叶酸还原酶；MUP1/YeaS/YjeH/BrnFE：甲硫氨酸外排蛋白；MetD/MetP：甲硫氨酸吸收蛋白；CysP/CysU/CysW/CysA/Sbp：硫酸盐-硫代硫酸盐转运蛋白；CysM/CysK：O-乙酰丝氨酸硫醇裂合酶；CysDN：硫酸腺苷转移酶亚基；CysC：腺苷硫酸盐激酶；CysH：磷酸腺苷硫酸盐还原酶；CysIJ：亚硫酸盐还原酶；GlyA：丝氨酸羟甲基转移酶；GcvTHP：甘氨酸裂解酶复合体；α-KG：α-酮戊二酸；Glu：谷氨酸；ATP：腺苷三磷酸；ADP：腺苷二磷酸；NADPH：还原型烟酰胺腺嘌呤二核苷酸磷酸；NADP$^+$：烟酰胺腺嘌呤二核苷酸磷酸

变体，构建了能够合成 0.24 g/L L-甲硫氨酸的大肠杆菌。郭谦等（2013）结合传统诱变和代谢工程方法，敲除 *metJ* 后，通过紫外诱变筛选抗 L-甲硫氨酸结构类似物突变株，并由此强化表达 L-高丝氨酸琥珀酰转移酶基因 *metA*、丝氨酸乙酰转移酶编码基因 *cysE* 和 L-甲硫氨酸外排蛋白基因 *yeaS*，最终使大肠杆菌积累甲硫氨酸量提高到 251 mg/L。2016 年，Li 等通过敲除支路竞争途径基因 *thrC*、*lysA* 和 *metJ*，弱化 *metK* 基因表达，并利用强启动子提高干路合成途径相关基因 *metA^{Fbr}*、*metB*、*malY* 和 *metH* 表达，获得的最优工程菌株在 15 L 发酵罐条件下能够积累 5.62 g/L L-甲硫氨酸（Li et al.，2017a）。Huang 等（2017a）通过解除 MetJ 蛋白的反馈阻遏，降低 L-甲硫氨酸吸收蛋白 MetD 吸收系统活性，强化表达解除反馈抑制的 MetA 和 L-甲硫氨酸外排蛋白 YjeH，敲除支路途径以降低副产物积累等策略，构建了大肠杆菌 L-甲硫氨酸生产菌株，经过工艺优化后在发酵罐条件下 L-甲硫氨酸产量可达到 9.75 g/L。

在此基础上，研究者进一步利用 CRISPRi 技术系统分析了大肠杆菌 L-甲硫氨酸合成途径中的主要瓶颈，发现 L-甲硫氨酸转录调控、L-半胱氨酸合成、*O*-琥珀酰高丝氨酸水平、高半胱氨酸甲基化、甲基四氢叶酸再生及 L-丝氨酸供给是影响 L-甲硫氨酸合成效率的重要因素，通过对 L-甲硫氨酸合成过程进行模块化迭代修饰，获得的最佳工程菌株通过分批补料在 5 L 发酵罐条件下能够积累 16.86 g/L L-甲硫氨酸（Huang et al.，2018）。Tang 等（2020）在上述工程菌株基础上，通过异源表达紫色色杆菌（*Chromobacterium violaceum*）的 *O*-琥珀酰高丝氨酸疏解酶基因 *metZ*，促进高半胱氨酸前体的供应，并通过强化 *gcvTHP* 编码的甘氨酸剪切系统，最终获得的菌株能够积累 3.96 g/L L-甲硫氨酸。Wei 等（2019b）通过敲除大肠杆菌 L-赖氨酸合成竞争途径基因 *lysA*，利用启动子工程调控 *pepc* 表达增强前体供给，基于蛋白质工程策略对 MetX 进行改造优化，以及增强胞内乙酰 CoA 合成途径提高 NADPH 合成等策略，实现了 L-甲硫氨酸合成前体 *O*-乙酰高丝氨酸的高效积累。

法国 METabolic EXplorer 公司在利用大肠杆菌生产 L-甲硫氨酸方面也开展了大量研究工作（Willke，2014）。据公开授权专利报道，研究者们首先通过传统诱变筛选等策略选育 L-甲硫氨酸结构类似物抗性突变株，并在此基础上进行了系统代谢工程改造，采用随机突变等方法解除途径关键酶的反馈抑制，强化 L-甲硫氨酸合成途径通量，阻断或弱化竞争代谢途径，促进硫素同化与 L-半胱氨酸合成、修饰葡萄糖转运途径等策略，构建了具有工业应用前景的 L-甲硫氨酸高产菌株，发酵产量超过 30 g/L（Dischert and Figge，2016）。

**2. 代谢工程改造谷氨酸棒杆菌生产 L-甲硫氨酸**

近年来，开发谷氨酸棒杆菌为底盘细胞用于 L-甲硫氨酸的生物合成引起了科学家的广泛兴趣,并取得了一些初步进展。Park 等(2007b)在 L-赖氨酸生产菌 MH20-22B 基础上,通过引入解除反馈抑制的 *hom* 基因和敲除 L-苏氨酸支路竞争途径 *thrB* 基因,获得了一株能够生产 2.9 g/L L-甲硫氨酸的菌株。Qin 等(2015)以野生型谷氨酸棒杆菌为出发菌株,通过敲除 *thrB* 和负向转录调控蛋白基因 *mcbR*,过表达解除反馈抑制作用的 *lysC* 和 *hom* 基因突变体,同时强化表达外排蛋白基因 *brnFE*,构建获得的底盘菌在 3 L 发酵罐条件下可积累 6.3 g/L L-甲硫氨酸。Li 等(2016)也以野生型谷氨酸棒杆菌为出发菌株,通过敲除甲硫氨酸 MetD 吸收系统,随后经过多轮随机诱变解除代谢物的反馈抑制,并在此基础上通过阻断或弱化 L-甲硫氨酸竞争代谢途径和提高辅因子 NADPH 供应等策略,最终获得的工程菌株在 1 L 发酵罐下能生产 6.85 g/L L-甲硫氨酸。总体而言,尽管目前在 L-甲硫氨酸发酵菌种设计创制方面取得了一定突破,但其生产效率仍然无法满足工业化生产需求。

### 2.3.2　L-半胱氨酸

#### 1. 微生物 L-半胱氨酸生物合成和代谢调控策略

在微生物中 L-半胱氨酸的生物合成可分为以下三个主要步骤:①*O*-乙酰丝氨酸(*O*-acetylserine,OAS)或 *O*-乙酰高丝氨酸(*O*-acetylhomoserine,OAH)碳骨架的合成;②硫酸盐/硫代硫酸盐等同化吸收并转化为还原态的硫化物;③还原态硫掺入到有机骨架中生成半胱氨酸(图 2-3)(Takagi and Ohtsu,2016)。

在 *O*-乙酰丝氨酸生成 L-半胱氨酸的过程中,微生物细胞会根据环境需要激活两种不同的硫素同化模块,即硫酸盐途径和硫代硫酸盐途径(Kawano et al.,2018)。在经典的硫酸盐代谢途径中,$SO_4^{2-}$ 被微生物细胞吸收后,依次被还原为腺苷-5′-磷酰硫酸(APS)、3′-磷酸腺苷-5′-磷酰硫酸(PAPS)、$SO_3^{2-}$ 和 $S^{2-}$,最后被整合入 *O*-乙酰丝氨酸碳骨架中形成 L-半胱氨酸。在谷氨酸棒杆菌中,硫酸盐代谢途径略有不同,菌株可以无须经过 PAPS 步骤直接将 APS 还原为 $SO_3^{2-}$,该反应也有助于节约胞内还原力。另外,硫代硫酸盐由于含有还原态硫,在同化代谢过程中将比硫酸盐省还原力和能量,可以驱使更多的胞内 NADPH 和 ATP 用于目标代谢产物合成,被认为是一种更高效的硫源。在大肠杆菌中,已鉴定出两种不同的硫代硫酸盐代谢途径,即 CysM 依赖型 $S_2O_3^{2-}$-SSC-Cys 途径和 GlpE 依赖型 $S_2O_3^{2-}$-$SO_3^{2-}$-$S^{2-}$-Cys 途径。Kawano 等(2017)通过表达硫代硫酸硫基转移酶 GlpE,强化大肠杆菌新近鉴定的硫代硫酸盐同化途径,可以将菌株 L-半胱氨酸积累量提高到 1.5 g/L。尽管谷氨酸棒杆菌也具有一定硫代硫酸盐利用能力,但是其胞内代谢途径尚不清晰。

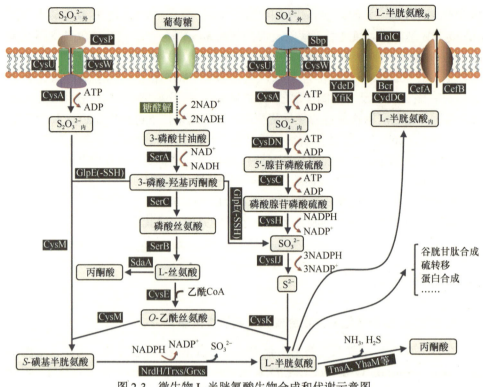

图 2-3   微生物 L-半胱氨酸生物合成和代谢示意图

CysP/CysU/CysW/CysA/Sbp：硫酸盐-硫代硫酸盐转运蛋白；CysM/CysK：O-乙酰丝氨酸硫醇裂合酶；GlpE：硫代硫酸硫基转移酶；SerA：磷酸甘油酸脱氢酶；SerC：磷酸丝氨酸转氨酶；SerB：磷酸丝氨酸磷酸酶；SdaA：丝氨酸脱水酶；CysE：丝氨酸乙酰转移酶；NrdH/Grxs：谷氧还蛋白；Trxs：硫氧还蛋白；CysDN：硫酸腺苷转移酶亚基；CysC：腺苷硫酸盐激酶；CysH：磷酸腺苷酸硫酸盐还原酶；CysIJ：亚硫酸盐还原酶；TnaA/YhaM：半胱氨酸脱硫酶；Bcr/TolC/YdeD/YfiK/CydDC/CefA/CefB：半胱氨酸外排蛋白

L-半胱氨酸具有较高的细胞毒性，微生物可通过降解与外排防止其对细胞产生毒害作用（Takagi and Ohtsu, 2016）。在微生物中，L-半胱氨酸的降解主要由两类酶来完成：一类是 L-半胱氨酸脱巯基酶，另一类是 L-半胱氨酸脱硫酶，两者均能催化 L-半胱氨酸生成丙酮酸、氨气和硫化氢。目前，大肠杆菌中已鉴定出至少 6 个具有 L-半胱氨酸降解活性的蛋白质，即 TnaA、MalY、CysK、CysM 和 YhaM；在菠萝泛菌（*Pantoea ananatis*）中，CcdA 蛋白也能行使 L-半胱氨酸降解功能。已报道的大肠杆菌中参与 L-半胱氨酸转运的蛋白质有 6 个，即 Bcr、TolC、YdeD、YfiK、CydDC 和 YahO；在菠萝泛菌中发现了 2 个 L-半胱氨酸转运蛋白 CefA 和 CefB。但是在谷氨酸棒杆菌中并未发现上述大部分蛋白质的对应同源物，目前发现的具有 L-半胱氨酸降解活性的蛋白质仅为 AecD，而关于 L-半胱氨酸转运蛋白的研究也处于起步阶段，有研究报道过表达 NCgl2566 和 NCgl0580 能够提高 L-半胱氨酸生产能力，提示其是潜在的 L-半胱氨酸转运蛋白

（Kishino et al.，2019）。

在大肠杆菌中，CysB 是硫代谢调节的主要调控因子，控制着绝大部分硫素同化和 L-半胱氨酸合成途径基因的表达水平（Takagi and Ohtsu，2016）。在硫素限制条件下，*O*-乙酰丝氨酸及自发异构体 *N*-乙酰丝氨酸结合并激活 CysB 调控蛋白，诱导硫素同化相关基因的表达，促进 L-半胱氨酸的生物合成。在谷氨酸棒杆菌中，尽管序列分析发现存在 CysB 的潜在同源蛋白 NCgl2827，但其生理功能仍有待验证。作为谷氨酸棒杆菌主要的硫代谢转录负向调控因子，McbR 通过负向调控 CysR 蛋白，协同参与控制菌株硫酸盐同化及相关基因的表达，进而调节 L-半胱氨酸的生物合成（Rückert et al.，2008）。

**2. 代谢工程改造微生物生产 L-半胱氨酸**

目前利用发酵法生产 L-半胱氨酸的微生物主要有大肠杆菌、菠萝泛菌和谷氨酸棒杆菌等，主要改造工作集中在重构 L-半胱氨酸生物合成途径、削弱降解途径和提高外排效率等方面。近年来，在利用代谢工程和合成生物学等策略改造微生物发酵生产 L-半胱氨酸方面取得了一些进展。例如，Takumi 等（2017）通过优化合成途径、弱化降解途径及增强外排能力等策略，使菠萝泛菌中的 L-半胱氨酸积累量达到 2.2 g/L。李志敏教授团队通过理性改造和多策略调控转运、硫源、前体和降解模块，将大肠杆菌 L-半胱氨酸产量提高到 5.1 g/L（Liu et al.，2018a）。随后通过代谢工程改造提升菌株的硫源利用效率，经过发酵工艺优化后，重组菌能够合成 7.5 g/L L-半胱氨酸，硫转化率达 90.11%（Liu et al.，2020a）。此外，Liu 等（2020b）进一步通过重新筛选合适宿主底盘、调控生物合成及硫转运途径的基因表达、优化 L-半胱氨酸降解和转运系统等策略，最终实现了菌株积累 8.34 g/L L-半胱氨酸。代谢改造谷氨酸棒杆菌发酵生产 L-半胱氨酸的研究也已经引起众多研究者关注，但目前发酵产量尚低。Joo 等（2017）通过组合表达 L-半胱氨酸合成途径相关基因，使重组谷氨酸棒杆菌中 L-半胱氨酸积累量达到 60 mg/L。Kondoh和 Hirasawa（2019）通过表达突变体酶、敲除降解途径及阻止 L-半胱氨酸摄取等策略，使谷氨酸棒杆菌中 L-半胱氨酸积累量达到 200 mg/L。Wei 等（2019a）通过强化合成途径、敲除旁路途径及挖掘解除反馈抑制 CysE 突变酶等策略，将谷氨酸棒杆菌中 L-半胱氨酸产量提高到 947.9 mg/L，此为目前谷氨酸棒杆菌的最高产量。公开授权专利显示，德国瓦克公司综合利用过表达解除反馈抑制酶、强化 L-半胱氨酸外排、补充各种氨基酸及优化发酵工艺条件等策略，可实现重组大肠杆菌的 L-半胱氨酸积累量达到 19.8 g/L 以上，重组菠萝泛菌的 L-半胱氨酸积累量达到 14.8 g/L 以上，展现出一定的工业化应用前景（Wacker Chemie Ag，2016；Reutter-Maier et al.，2014）。

总体而言，与目前大部分氨基酸的发酵水平相比，微生物发酵法生产 L-半胱氨酸产量仍然偏低，在构建高效细胞工厂提升 L-半胱氨酸制造水平方面仍有许多瓶颈需要突破：①L-半胱氨酸生物合成过程中，代谢途径关键酶受到细胞多重严谨的反馈抑制或反馈阻遏作用，其催化活性和稳定性等需进一步提升。②L-半胱氨酸含有巯基，其生物合成途径涉及硫素高效吸收和还原过程，而硫素代谢途径的改造优化相对较为复杂。③高浓度的 L-半胱氨酸具有明显细胞毒性，L-半胱氨酸降解和转运系统的理性改造显得尤为重要。④由于缺乏简便快捷的检测方法，高通量筛选技术没能广泛用于 L-半胱氨酸高产菌株的选育。

## 2.4 芳香族氨基酸

芳香族氨基酸是指含有芳香环的氨基酸，包括 L-苯丙氨酸、L-色氨酸和 L-酪氨酸。大肠杆菌是目前主要的芳香族氨基酸生产菌株，芳香族氨基酸的合成途径一般涉及三个基础代谢途径，分别是 EMP、PPP 和莽草酸途径（图 2-4）。葡萄糖首先通过磷酸转移系统（PTS）进入胞内，之后经过 EMP 途径生成其中的一个前体 PEP。同时在 PPP 途径中通过转酮醇酶催化生成第二个前体赤藓糖-4-磷酸（E4P），转酮醇酶包含 TktA 与 TktB 两个同工酶，其中 TktA 起主要作用。二者在 3-脱氧-D-阿拉伯庚酮糖酸-7-磷酸（DAHP）合酶的作用下催化缩合生成 DAHP，DAHP 合酶由 AroF、AroG、AroH 三个同工酶共同组成，且它们分别受到 L-酪氨酸、L-苯丙氨酸、L-色氨酸的反馈抑制。生成的 DAHP 再通过 3-脱氢奎尼酸合酶 AroB 的氧化还原反应、β-消除反应和羟醛缩合反应生成 3-脱氢奎尼酸（DHQ），最后 DHQ 在 3-脱氢奎尼酸脱水酶 AroD 作用下生成 3-脱氢莽草酸（DHS）。DHS 在莽草酸脱氢酶 AroE 作用下合成莽草酸（SA）。SA 经过莽草酸激酶（AroK、AroL 两个同工酶）生成莽草酸-3-磷酸（S3P），S3P 在 5-烯醇丙酮酰莽草酸-3-磷酸（EPSP）合成酶 AroA 催化下生成 EPSP，EPSP 经过分支酸合成酶 AroC 催化作用最终生成芳香族氨基酸重要的前体物——分支酸（CHA）。以分支酸为前体，通过两条途径将分支酸分别转化为 3 种芳香族氨基酸。合成 L-苯丙氨酸或 L-酪氨酸时首先需要分支酸变位酶/预苯酸脱水酶（TyrA、PheA 两个同工酶）催化 CHA 合成预苯酸（PRE），之后通过 PheA 催化 PRE 生成苯丙酮酸（PPA），通过 TyrA 催化 PRE 生成 4-羟基苯丙酮酸（HPP），最后通过酪氨酸转氨酶 TyrB 催化分别生成 L-苯丙氨酸与 L-酪氨酸。合成 L-色氨酸则在邻氨基苯甲酸合酶 I TrpE 催化下生成邻氨基苯甲酸（ANTA），ANTA 再经由邻氨基苯甲酸磷酸核糖基转移酶 TrpD、吲哚-3-甘油磷酸合酶 TrpC、色氨酸合成酶 β 亚基 TrpB 和色氨酸合成酶 α 亚基 TrpA 催化作用下最终生成 L-色氨酸。

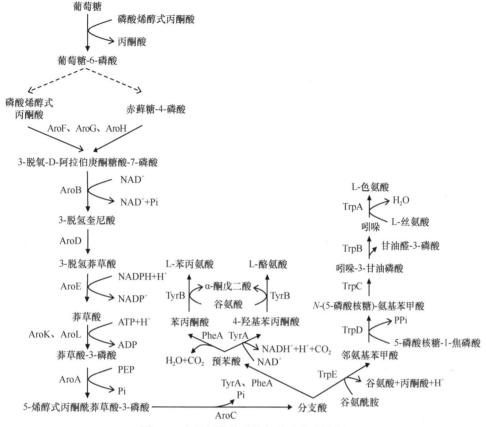

图 2-4　大肠杆菌芳香族氨基酸合成途径

AroF：3-脱氧-7-磷酸庚酮酸合酶；AroG：3-脱氧-7-磷酸庚酮酸合酶；AroH：3-脱氧-7-磷酸庚酮酸合酶；AroB：3-脱氢奎尼酸合酶；AroD：3-脱氢奎尼酸脱水酶；AroE：莽草酸脱氢酶；TyrB：芳香族氨基酸转氨酶；PheA：分支酸变位酶；AroC：分支酸合酶；TyrA：丙酮酸变位酶；TrpE：邻氨基苯甲酸合酶；TrpA：色氨酸合成酶 α 亚基；TrpB：色氨酸合成酶 β 链；TrpC：吲哚-3-甘油磷酸合酶；AroK/AroL：莽草酸激酶；TrpD：邻氨基苯甲酸磷酸核糖基转移酶；NAD⁺：烟酰胺腺嘌呤二核苷酸；NADP⁺：烟酰胺腺嘌呤二核苷酸磷酸；NADPH：还原型烟酰胺腺嘌呤二核苷酸磷酸；ATP：腺苷三磷酸；ADP：腺苷二磷酸；PEP：磷酸烯醇式丙酮酸；Pi：磷酸；PPi：焦磷酸

与其他氨基酸的生物合成相比，芳香族氨基酸生物合成代谢途径长且复杂，通过简单的诱变筛选和遗传改造难以获得高产菌种，因此需要针对性地人工设计代谢途径，构建和筛选核心功能元件。根据大宗氨基酸和核苷酸等生产菌株代谢工程改造策略，鄢芳清等（2017）将芳香族氨基酸生物合成途径的代谢工程改造策略总结为 5 个字：进、通、节、堵、出。进是增加代谢流量；通是使合成途径畅通；节是弱化副产物合成；堵是阻断目标产物降解；出则是增加目标产物外运。提升菌株生产水平必须保证合成途径畅通，这一目标可以通过解除产物反馈抑制和失活负调控因子实现。在芳香族氨基酸生物合成过程中，

3-脱氧-D-阿拉伯庚酮糖酸-7-磷酸合成酶 AroG、AroF、AroH 分别受到 L-苯丙氨酸、L-酪氨酸和 L-色氨酸的反馈抑制；分支酸变位酶/预苯酸脱水酶 PheA 和 TyrA 分别受到 L-苯丙氨酸、L-酪氨酸的反馈抑制；邻氨基苯甲酸合酶 TrpE 受到 L-色氨酸反馈抑制。过表达这些酶的抗反馈抑制突变体基因可以使途径通畅并显著提高芳香族氨基酸的产量。此外，负调控转录因子 TyrR 和 TrpR 的敲除可以消除对合成途径中关键基因 aroF、aroG、aroL、tyrB 和 trpE 等的负调控作用，提升相应氨基酸的产量。

途径通畅后则需增加途径的代谢流量，这主要依赖于增加前体物质的供应。对于芳香族氨基酸的生物合成，通用前体是 PEP 与 E4P。大肠杆菌以葡萄糖为碳源时，通过 PTS 系统将葡萄糖转入胞内，但这一过程会消耗 PEP，造成芳香族氨基酸合成前体的损失。此外，PEP 向下会进入 TCA 循环，参与能量代谢，进而影响菌株生长。因此，完全敲除 PTS 系统会降低葡萄糖转运速率和延缓细胞生长。使用非 PTS 系统转运葡萄糖可以有效缓解这一问题，例如，半乳糖转运蛋白 GalP 或葡萄糖透过酶 Glf 介导的葡萄糖激酶转运系统。此外，与 PEP 合成和消耗相关的基因 ppsA、pckA、ppc、pykA 和 pykF 等的过表达或敲除也有助于 PEP 积累。另一前体 E4P 则通常通过过表达 TktA 强化 PPP 实现。除 PEP 和 E4P 作为碳骨架前体物进入莽草酸途径外，还需要许多前体物的参与才能合成芳香族氨基酸，如 L-色氨酸合成还需要 L-谷氨酰胺、L-丝氨酸和磷酸核糖焦磷酸（PRPP）。多数芳香族氨基酸的合成还需要额外的还原力 NADPH 的供应。各前体物质在途径中的参与方式及需求量不同，因此在强化相关基因表达量的同时，还需要保证各前体物质的平衡。

在优化合成途径与前体供应途径的基础上，需要对副产物合成、目标产物降解及目标产物外排进行改造。PEP 进入莽草酸途径的同时会转化为丙酮酸，后者进入 TCA 循环，芳香族氨基酸合成的副产物也由此产生，因此敲除或弱化丙酮酸激酶基因 pykF 或 pykA，有助于减少副产物的积累，进而提高莽草酸途径中间代谢产物的产量（Lin et al.，2014）。此外，由分支酸合成一种芳香族氨基酸时，需要阻断分支酸到其他两种芳香族氨基酸支路途径，促使细胞仅积累目标产物。阻断目标产物的降解途径，是为了更有效地积累目标产物。例如，色氨酸酶 TnaA 会将 L-色氨酸转化为吲哚和 L-丝氨酸，因此在 L-色氨酸菌株构建过程中需要敲除该基因。增加目标产物向细胞外运输，则是为了解除产物的反馈抑制并增加目标产物的产量。芳香族氨基酸合成过程中通常会通过过表达芳香族氨基酸外排蛋白基因 yddG 来加强外排。此外，通过敲除芳香族氨基酸转运蛋白，减少胞外产物向胞内转运也可以提高目标产物的产量，如 L-酪氨酸特异性转运蛋白 TyrP、L-色氨酸透性酶 TnaB 等。部分代表性工作见表 2-1。

表 2-1　合成生物技术改造芳香族氨基酸生产菌株的代表性工作

| 氨基酸 | 方法 | 产量（g/L） | 参考文献 |
|---|---|---|---|
| L-苯丙氨酸 | 敲除 *ptsH*，引入 *tyrR* 突变，在染色体中对 *galP* 和 *glk* 进行组合调控，质粒过表达 *aroF*、*aroD*、*pheA$^{T326P}$* | 72.90 | Liu et al.，2018b |
| L-酪氨酸 | 敲除 *pheLA*，在 L-苯丙氨酸底盘菌的染色体上过表达 *tyrA* | 55.00 | Patnaik et al.，2008 |
| L-色氨酸 | 敲除 *pta* 和 *mtr*，在 L-色氨酸底盘菌的染色体上过表达 *yddG* | 48.68 | Wang et al.，2013a |

与 L-谷氨酸和 L-赖氨酸等大宗氨基酸相比，发酵法生产芳香族氨基酸的生产水平仍有较大提升空间，以下问题有待解决：①目前对芳香族氨基酸代谢和调控机制的了解仍然不够全面；②由于微生物菌种自身系统的复杂性，对芳香族氨基酸合成途径和菌株的理性设计不足；③选育出的部分菌株虽然产量提高，但糖酸转化率较低，副产物积累量较多，需要进一步改进。因此在育种过程中还需要加强对微生物芳香族化合物代谢和调控机制等基础问题的研究，明确芳香族氨基酸生物合成的关键瓶颈和遗传改造靶点，进一步提升菌种的生产水平。

## 2.5　支链氨基酸

支链氨基酸（BCAA）包括 L-亮氨酸、L-缬氨酸和 L-异亮氨酸。图 2-5 展示了主要生产菌株谷氨酸棒杆菌的 BCAA 的合成途径。*ilvBN* 编码的乙酰羟基酸合酶（AHAS）催化 2-乙酰乳酸和 2-乙酰-2-羟基丁酸生成，它们分别用于 L-亮氨酸、L-缬氨酸和 L-异亮氨酸的生物合成。该反应的起始原料是丙酮酸和 2-酮丁酸。丙酮酸由 EMP 途径提供，而 2-酮丁酸由 L-苏氨酸通过 *ilvA* 编码的苏氨酸脱水酶（TDH）合成。TDH 活性受到 L-异亮氨酸的反馈抑制，而 L-缬氨酸可以恢复其活性。与谷氨酸棒杆菌不同，有些细菌有几种 AHAS 亚型。例如，大肠杆菌有三种同工酶——AHAS Ⅰ、AHAS Ⅱ和 AHAS Ⅲ，分别由 *ilvBN*、*ilvGM* 和 *ilvIH* 编码。这些基因的表达受到不同的调节，BCAA 均会减弱 *ilvGM* 的表达，而 *ilvBN* 的表达仅受 L-亮氨酸和 L-缬氨酸的影响。L-缬氨酸对 AHAS Ⅰ和 AHAS Ⅲ的活性有强烈的抑制作用，L-异亮氨酸对其活性的抑制作用较弱，L-亮氨酸对其活性无影响。

由 *ilvC* 基因编码的乙酰羟酸异构还原酶（AHAIR），在谷氨酸棒杆菌中和 *ilvBN* 基因一起作为操纵子转录。AHAIR 使用 NADPH 作为辅助因子，将 2-乙酰乳酸转化为 2,3-二羟基异戊酸以合成 L-缬氨酸和 L-亮氨酸，将 2-乙酰-2-羟基丁酸转化为 2,3-二羟基-3-甲基戊酸以合成 L-异亮氨酸。*ilvBNC* 操纵子的表达受 BCAA 介导的转录衰减调控。*ilvD* 编码的二羟酸脱水酶（DHAD）分别催化 2,3-二羟基异戊酸和 2,3-二羟基-3-甲基戊酸形成 2-酮基异戊酸和 2-酮基-3-甲基戊酸。DHAD 受 L-

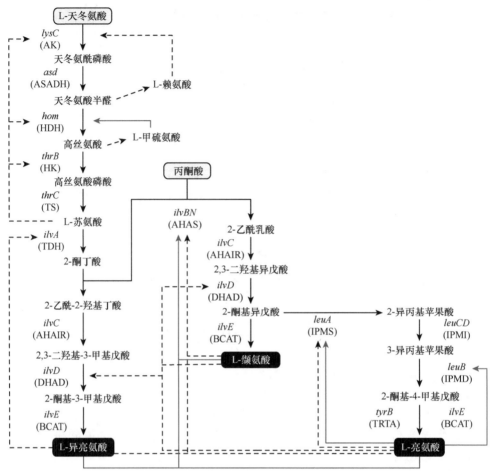

图 2-5 谷氨酸棒杆菌中支链氨基酸的生物合成途径及其调控（Yamamoto et al.，2017）

基因和酶分别用斜体和括号表示。虚线和灰线分别表示反馈抑制和反馈阻遏。AHAIR：乙酰羟基异构还原酶；AHAS：乙酰羟基酸合酶；AK：天冬氨酸激酶；ASADH：天冬氨酸半醛脱氢酶；BCAT：支链氨基酸转氨酶；DHAD：二羟酸脱水酶；HDH：高丝氨酸脱氢酶；HK：高丝氨酸激酶；IPMD：异丙基苹果酸脱氢酶；IPMI：异丙基苹果酸异构酶；IPMS：异丙基苹果酸合成酶；TDH：苏氨酸脱水酶；TRTA：酪氨酸抑制性转氨酶；TS：苏氨酸合酶

缬氨酸或 L-亮氨酸的抑制，但 ilvD 基因的转录调控机制尚不清楚。ilvE 编码的支链氨基酸转氨酶（BCAT）或转氨酶 B 是 L-异亮氨酸和 L-缬氨酸生物合成的最后一个酶，负责将 L-谷氨酸的氨基转移到 2-酮基异戊酸和 2-酮基-3-甲基戊酸，分别生成 L-缬氨酸和 L-异亮氨酸。

L-亮氨酸生物合成的特定途径是从 leuA 编码的异丙基苹果酸合成酶（IPMS）反应开始，由 2-酮基异戊酸和乙酰 CoA 生成 2-异丙基苹果酸。随后，异丙基苹果酸异构酶（IPMI）将 2-异丙基苹果酸异构化为 3-异丙基苹果酸。IPMI 由大小两个亚基组成，分别由 leuC 和 leuD 编码。接着，leuB 编码的异丙基苹果酸脱氢酶

（IPMD）将 3-异丙基苹果酸转化为 2-酮基-4-甲基戊酸。在谷氨酸棒杆菌中，*leuB* 的表达受 L-亮氨酸的反馈抑制，而在大肠杆菌中，*leuABCD* 基因形成操纵子，其表达受 L-亮氨酸介导的转录衰减调控。与 L-缬氨酸和 L-异亮氨酸一样，L-亮氨酸是由 2-酮基-4-甲基戊酸在 BCAT 的催化下形成的，BCAT 则被底物激活。此外，由 *tyrB* 编码的酪氨酸抑制性转氨酶（TRTA）可以催化相同的反应。

　　合成生物技术用于选育 BCAA 生产菌株的主要策略包括：①消除或减弱氨基酸合成途径酶的反馈调节；②在鲁棒性宿主中组装和优化同源或异源的氨基酸合成途径；③关键途径酶的扩增或过度表达；④通过消除或减少不必要的副反应或副产物形成，实现目标产物合成通量的最大化；⑤增加还原当量（如 NADPH）和辅助因子（如生物素）的供应；⑥通过氨基酸转运蛋白的挖掘和过表达，降低胞内氨基酸浓度并提高目标产物收率；⑦利用更廉价的碳源、使用自养微生物作为宿主、共培养微生物等方法降低生产成本。

### 2.5.1　消除关键酶的反馈调节

　　AHAS 是 BCAA 合成的关键酶，催化 L-缬氨酸和 L-亮氨酸生物合成途径中的两个丙酮酸分子的缩合和 L-异亮氨酸途径中的一个丙酮酸分子和一个 2-酮丁酸分子的缩合。谷氨酸棒杆菌的 AHAS 由两个大分子催化亚基和两个小分子调节亚基组成，分别由 *ilvB* 和 *ilvN* 编码。AHAS 对 L-缬氨酸、L-异亮氨酸和 L-亮氨酸的 $IC_{50}$ 值分别为 0.11 g/L、0.41 g/L 和 0.79 g/L，表明 L-缬氨酸对 AHAS 的活性抑制最强。使用合成生物技术改进 AHAS 可以有效解除或减弱反馈抑制和转录衰减。例如，将调节亚基 IlvN 第 20～22 位氨基酸 G-I-I 突变为 D-D-F 能够抵抗 1.17 g/L 的 BCAA 的反馈抑制（Elišáková et al.，2005），将突变体引入一株 L-亮氨酸生产菌中，产量从 3.5 g/L 提高到 7.2 g/L（Vogt et al.，2014）。对催化亚基 IlvB 进行突变也可以减少 BCAA 对 AHAS 的反馈抑制。例如，携带 W503Q 突变的 IlvB 使 L-亮氨酸产量较野生型提高约 1 倍（Cj Cheiljedang Corp，2022）。

　　IPMS 在谷氨酸棒杆菌中受到 L-亮氨酸的反馈抑制，其表达也受 L-亮氨酸调控。IPMS 引入 Y553D 突变可减轻 L-亮氨酸的反馈抑制，使 L-亮氨酸的产量增加 30 倍（Evonik Industries Ag，2016）。引入 R558H/G561D 突变使得 IPMS 在 2 g/L 的 L-亮氨酸存在下可保持 89% 的活性，随后利用不受转录衰减的 PCJ7 启动子替换 *leuA* 基因的自身启动子，L-亮氨酸的产量增加 4.2 倍（Cj Cheiljedang Corp，2023）。

　　TDH 受 L-异亮氨酸的反馈抑制，当存在 0.66 g/L 和 1.97 g/L 的 L-异亮氨酸时，其活性分别降低 85% 和 100%。TDH 引入 V323A、H278R/L351S、V140M/F383A 等突变可减轻反馈抑制（Guo et al.，2015；Forschungszentrum Juelich Gmbh，2000）。L-苏氨酸作为 L-异亮氨酸合成的重要中间体，对其合成途径中的天冬氨酸激酶

（AK）、高丝氨酸脱氢酶（HDH）和高丝氨酸激酶（HK）有反馈抑制作用。通过定点突变产生的突变体 AK（A279T）和 HDH（G378S、G378E）能够完全和部分抵抗 L-苏氨酸的反馈抑制（Dong et al.，2016b）。基于上述研究，在谷氨酸棒杆菌中表达解除反馈抑制的 AK、HDH、HK 和 TDH 有助于将 86% 的 L-赖氨酸合成碳通量转为合成 L-异亮氨酸（Dong et al.，2016a）。

### 2.5.2 优化 BCAA 合成途径

丙酮酸是促进细胞生长的重要中间体，也是 BCAA 生物合成的重要前体。细胞内丙酮酸的累积量取决于丙酮酸代谢相关酶的表达程度。例如，敲除丙酮酸脱氢酶 E1p 亚基编码基因 aceE，可以减少丙酮酸向乙酰 CoA 的转化，从而增加 L-缬氨酸的碳通量，进一步通过质粒过表达 ilvBNCE，菌株可以在醋酸盐培养基中补料分批发酵产生 24.6 g/L 的 L-缬氨酸，转化率为 0.32 g/g（Blombach et al.，2007）。随后，在该菌株中敲除丙酮酸醌氧化还原酶的编码基因 pqo，以减少丙酮酸转化为乙酸，L-缬氨酸产量和转化率分别增加 13% 和 30%（Blombach et al.，2008）。此外，用弱启动子降低 aceE 的转录水平，并通过敲除 pqo 和 pepc 以增加丙酮酸的供应量，菌株发酵产生 86.5 g/L 的 L-缬氨酸，转化率为 0.23 g/g（Buchholz et al.，2013）。敲除 pyc，以减少丙酮酸羧化为草酰乙酸，L-缬氨酸产量从 5.9 g/L 提高至 6.7 g/L，L-亮氨酸的产量从 15.7 g/L 提高至 16.9 g/L（Wang et al.，2020）。用生长调节型启动子 $P_{CP\_2836}$ 分别替换 aceE 和 gltA 自身启动子，发酵稳定期丙酮酸脱氢酶和柠檬酸合酶的活性分别降低 43% 和 35%，但 L-缬氨酸产量分别增加了 24% 和 27%（Ma et al.，2018）。

增强 BCAA 生物合成途径酶的表达并减弱竞争途径的干扰是增强 BCAA 合成代谢通量的直接策略。在谷氨酸棒杆菌中通过质粒过表达 ilvBNCD 基因，L-缬氨酸的产量达到 4.92 g/L。随后，敲除 panBC 和 ilvA 基因，以阻断竞争性的 D-泛酸和 L-异亮氨酸合成，L-缬氨酸的产量增加到 10.7 g/L（Radmacher et al.，2002）。谷丙转氨酶可以竞争性地消耗丙酮酸产生 L-丙氨酸，同时敲除 aceE、alaT 和 ilvA 基因，可以使 L-缬氨酸产量增加 44 倍，进一步过表达 ilvBNC 将 L-缬氨酸产量提高 87.6%（Chen et al.，2015）。此外，通过修饰 ilvA 和 leuA 启动子以降低 TDH 和 IPMS 的表达，再使用强启动子控制 ilvD 和 ilvE 以增加 DHAD 和 BCAT 的表达，最终 L-缬氨酸的产量达到 15.9 g/L（Holátko et al.，2009）。

在一株谷氨酸棒杆菌 ML1-9 中敲除 IPMI 和 IPMD 阻遏蛋白 LtbR，并阻断 L-异亮氨酸、L-丙氨酸、D-泛酸和乳酸产生的相关基因 ilvA、alaT、panBC 和 ldh，使 L-亮氨酸的产量达到 28.5 g/L。随后使用质粒过表达 $IPMS^{R529H/G532D/L535V}$，L-亮氨酸的产量增加到 38.1 g/L（Huang et al.，2017b）。在谷氨酸棒杆菌 ΔltbRΔpyc 中，在

*alaT* 基因前插入强度为 40.4 a.u.的终止子，并用强启动子 P_{tuf} 替换 *ilvBNC* 和 *leuA* 的自身启动子，L-亮氨酸的产量提高到 26.8 g/L（Wang et al.，2020）。为了解决 BCAT 底物多样性的问题，在谷氨酸棒杆菌 FA-1 中敲除 *ilvE* 基因，同时过表达 *aspB*，L-亮氨酸的产量达到 20.8 g/L，L-缬氨酸的产量从 10.43 g/L 下降到 1 g/L 以下，说明天冬氨酸转氨酶也参与了 L-亮氨酸的合成。随后，在谷氨酸棒杆菌 FA-1Δ*ilvE*Δ*aspB* 中测试了不同转氨酶的功能，其中大肠杆菌的 *tyrB* 基因仅能用于 L-亮氨酸的合成，而枯草芽孢杆菌（*Bacillus subtilis*）的 *ybgE* 和内源的 *CaIlvE* 基因能够用于 L-亮氨酸和 L-缬氨酸的合成（Feng et al.，2018）。

　　L-苏氨酸是 L-异亮氨酸合成的重要中间体，与 L-赖氨酸和 L-甲硫氨酸共享一些合成步骤，易导致碳代谢的分流。在谷氨酸棒杆菌 YILW 中过表达大肠杆菌的 *thrABC*，强化苏氨酸的合成途径，L-异亮氨酸的产量提高 5.3%，进一步敲除 *alaT* 基因，L-异亮氨酸的产量提高 17.6%（Wang et al.，2013b）。在谷氨酸棒杆菌中敲除 *ddh* 可以使 L-赖氨酸积累量降低 30%，L-异亮氨酸产量增加 8%（Dong et al.，2016a）。采用基因组启动子突变方法，*hom* 和 *ilvA* 基因的表达量分别提高 4 倍和 2.8 倍，L-赖氨酸合成途径中 *dapA* 的表达量降低 80%，获得的重组菌株谷氨酸棒杆菌 K2P55 的 L-异亮氨酸产量达到 14.5 g/L，且没有赖氨酸积累（Vogt et al.，2015）。

## 2.5.3　改善辅助因子供应

　　辅助因子 NADPH 对 BCAA 生物合成途径中 ASADH、HDH、AHAIR 和 BCAT 至关重要，是影响 BCAA 合成的关键因素。在谷氨酸棒杆菌 WM001 中过表达 NAD 激酶编码基因 *ppnk*，L-异亮氨酸产量达到 21.6 g/L，提高了 4.9%（Yin et al.，2014）。通过共表达 *zwf* 和 *ppnk*，L-异亮氨酸产量提高 85.9%（Shi et al.，2013）。通过强化 HMP 途径中 *gnd* 和 *pgl* 的表达，胞内 NADPH/NADP$^+$ 的比例提高了 4 倍，L-异亮氨酸产量达到 29 g/L，提高了 24.9%（Ma et al.，2016）。

　　在厌氧条件下，大多数葡萄糖将用于产物生成而不是细胞生长，因此转化率更容易接近理论最大值。但是厌氧发酵时，葡萄糖主要通过 EMP 途径代谢，易导致 NADH 过剩，而 NADPH 供给不足，这对于 BCAA 的合成是不利的。因此，将 NADPH 依赖性反应转换为 NADH 依赖性反应是提升 BCAA 厌氧发酵水平的可行策略。在谷氨酸棒杆菌的 AHAIR 中引入 S34G/L48E/R49F 突变并用球形赖氨酸芽孢杆菌来源的亮氨酸脱氢酶（LeuDH）替换 BCAT，重组菌株通过进一步过表达抗反馈抑制的 AHAS，在缺氧条件下发酵 24 h 产生 172 g/L 的 L-缬氨酸，转化率为 0.41 g/g，副产物主要为琥珀酸（Hasegawa et al.，2012）。随后，敲除 *pepc* 基因以及与乙酸合成相关的基因 *ctfA*、*pta* 和 *ackA*，通过进一步强化 EMP 途径中

*gapA*、*pyk*、*pfkA*、*pgi* 和 *tpi* 基因的表达，在缺氧条件下发酵 24 h 产生 150 g/L 的 L-缬氨酸，转化率提高到 0.57 g/g（Hasegawa et al.，2013）。在大肠杆菌的 AHAIR 中引入 L67E/R68F/K75E 突变并用枯草芽孢杆菌来源的 LeuDH 替换 BCAT，重组菌株通过进一步表达枯草芽孢杆菌来源的抗反馈抑制的 AHAS，缺失丙酮酸竞争途径基因 *ldhA*、*pflB* 和 *adhE*，在好氧-厌氧两阶段条件下发酵 36 h 产生 84 g/L 的 L-缬氨酸，转化率为 0.41 g/g（Hao et al.，2020）。随后，在大肠杆菌中过表达内源的 *zwf* 和 *pgl* 基因，以及运动发酵单胞菌来源的 *edd* 和 *eda* 基因，敲除 *pfkA*，使得细胞完全依赖 Entner-Doudoroff（ED）途径供应丙酮酸，从而增加了厌氧条件下 NADPH 的供应。代谢进化后的重组菌株在厌氧条件下发酵 48 h 产生 87 g/L 的 L-缬氨酸，转化率为 0.60 g/g（安徽华恒生物科技股份有限公司等，2022）。

### 2.5.4 调节 BCAA 转运蛋白

谷氨酸棒杆菌中的双组分转运蛋白 BrnFE 负责将 BCAA 和 L-甲硫氨酸转运至细胞外，而 BrnQ 负责将 BCAA 转运至细胞内。由 BCAA 和全局调节因子 Lrp 组成的复合物与 *lrp* 基因和 *brnFE* 基因之间的间隔序列结合，以激活 BrnFE 的表达。在大肠杆菌中，Lrp 也能激活 BCAA 转运蛋白 LivJ 的表达。因此，调节 Lrp 的表达可以调节 BCAA 的转运，减少目标产物的胞内浓度，进而缓解反馈调节作用并影响 BCAA 的产生。例如，在谷氨酸棒杆菌中过表达 Lrp 和 BrnFE 分别使 L-缬氨酸和 L-异亮氨酸的产量增加 16 倍和 8.9 倍（Chen et al.，2015）。在 L-异亮氨酸生产菌中，敲除 BrnQ 并过表达 BrnFE 可将产量从 20.2 g/L 增加到 29.0 g/L（Xie et al.，2012）。在大肠杆菌中通过同源比对获得与 BrnFE 功能相似的转运蛋白 YgaZH，过表达 Lrp 和 YgaZH 分别使 L-缬氨酸和 L-异亮氨酸的产量增加 1.1 倍和 2.4 倍（Park et al.，2007a）。

# 2.6　其他氨基酸

### 2.6.1 L-丙氨酸

通过代谢工程改造微生物生产 L-丙氨酸始于 20 世纪 90 年代。氧化节杆菌（*Arthrobacter oxydans*）HAP-1 是一株可以天然生产 DL-丙氨酸的菌株，在含有葡萄糖的基础培养基中发酵 100h 可以生产 49.1 g/L 的 L-丙氨酸和 32.8 g/L 的 D-丙氨酸。Hashimoto 和 Katsumata（1998）从该菌株出发，通过失活丙氨酸消旋酶获得菌株可以生产 75.6 g/L 的 L-丙氨酸和 1.2g/L 的 D-丙氨酸，光学纯度均提高到 97%。

L-丙氨酸脱氢酶是 L-丙氨酸高效合成的关键，但在很多微生物中该酶是缺失

的。Uhlenbusch 等（1991）通过质粒在运动发酵单胞菌（*Zymomonas mobilis*）CP4
中过表达球形芽孢杆菌（*Bacillus sphaericus*）的 L-丙氨酸脱氢酶实现了 L-丙氨酸的
生产。使用两步法发酵策略，L-丙氨酸产量可以达到 8 g/L，糖酸转化率达到 0.16 g/g。
Katsumata 等则分别在大肠杆菌和谷氨酸棒杆菌中使用质粒过表达来自氧化节杆
菌的丙氨酸脱氢酶，重组菌株在氧限制条件下可分别发酵生产 8 g/L 的 DL-丙氨酸
和 71 g/L 的 L-丙氨酸，转化率分别为 0.41 g/g 和 0.3 g/g（Kyowa Hakko Kogyo Kk，
1996）。

　　通过失活竞争性代谢途径的关键基因可以有效降低副产物的积累，从而改善
L-丙氨酸的发酵效率和产品纯度。Lee 等（2004）从大肠杆菌出发，通过依次失
活丙酮酸脱氢酶复合体的关键组分和乳酸脱氢酶，并使用质粒过表达来自球形芽
孢杆菌的 L-丙氨酸脱氢酶，获得的工程菌使用两步法发酵时能够生产 32 g/L 的
L-丙氨酸，糖酸转化率 0.63 g/g。从该菌株出发，Smith 等（2006）进一步失活丙
酮酸-甲酸裂解酶、磷酸烯醇式丙酮酸羧化酶、丙酮酸氧化酶、乳酸脱氢酶和丙酮
酸脱氢酶复合体后获得的工程菌在两步法发酵时能够生产 88 g/L 的 L-丙氨酸，糖
酸转化率接近理论最大值 1 mol/mol。Jojima 等（2010）使用相似的策略从谷氨酸
棒杆菌出发，在使用质粒过表达 3-磷酸甘油醛脱氢酶和来自球形赖氨酸芽孢杆菌
的 L-丙氨酸脱氢酶的同时，依次失活乳酸脱氢酶、磷酸烯醇式丙酮酸羧化酶和丙
氨酸消旋酶，获得的工程菌株在使用两步法策略并添加 30 mmol/L 丙酮酸发酵时，
能够生产 98 g/L 的 L-丙氨酸，糖酸转化率达到 0.83 g/g。随着代谢工程的进一步
发展，通过元件化工具的控制来实现 L-丙氨酸的高效生产并降低其对细胞生长的
影响变成可能。Zhou 等（2016）使用热调控元件开关实现了对 L-丙氨酸大肠杆菌
工程菌的动态调控，该菌株可以在 33℃好氧生长，然后在 42℃进行 1 h 的热诱导
后立即转入氧限制条件生产 L-丙氨酸，最终产量达到 120.8 g/L，糖酸转化率达到
0.88 g/g。

　　以上研究证明，通过代谢工程改造获得的工程菌株可以在好氧或者两步法发
酵中有效实现 L-丙氨酸的生产。但在好氧或者两步法发酵中，大量的碳原子被用
于细胞生长，容易导致转化率低，导致生产成本提高而未能实现产业化应用。和
好氧发酵相比，厌氧发酵具有碳损耗低、能耗低和容易获得更高转化率的优点。
Zhang 等（2007）从一株产乳酸的重组大肠杆菌 SZ194 出发，通过将来自嗜热脂
肪芽孢杆菌的 L-丙氨酸脱氢酶基因整合并替换基因组中乳酸脱氢酶基因，然后通
过敲除甲基乙二醛合酶基因改善细胞生长，敲除丙氨酸消旋酶基因提高 L-丙氨酸
纯度。最终，L-丙氨酸成为工程菌株厌氧发酵条件下的唯一产物。L-丙氨酸作为
厌氧发酵条件下唯一消耗 NADH 的代谢途径，使细胞生长和 L-丙氨酸合成相偶
联。以此为基础，通过代谢进化并最终获得工程菌株 XZ132，该菌株在基础培养
基中厌氧发酵时能够生产 114 g/L 的 L-丙氨酸，糖酸转化率 0.95 g/g，光学纯度高

于 99.5%，是目前一步法发酵的最高水平。

### 2.6.2 L-脯氨酸

近年来，L-脯氨酸生产菌株的开发主要集中在谷氨酸棒杆菌。Zhang 等（2017）基于谷氨酸棒杆菌的基因组规模代谢网络模型 iCW773，通过敲除脯氨酸脱氢酶/吡咯啉-5-羧酸脱氢酶编码基因 putA 阻断 L-脯氨酸降解，增强乌头酸水合酶 A 的表达，并过表达解除 γ-谷氨酸激酶的反馈抑制的谷氨酸激酶突变体 ProB$^{G149D}$，构建的工程菌连续补料发酵产量达到 66.43 g/L，糖酸转化率 0.26 g/g，生产强度 1.11 g/(L·h)。随后，研究人员采用类似策略进一步提升了 L-脯氨酸的产量，包括强启动子过表达解反馈抑制的 ProB$^{G149K}$ 和 Gdh，引入 Gnd$^{S361F}$ 和 Zwf$^{A234T}$ 突变体增强磷酸戊糖途径进而强化 NADPH 供应，敲除 putA 和 avtA，弱化 odhA，最终工程菌株 ZQJY-9 的发酵罐产量为 120.18 g/L，糖酸转化率约 0.20 g/g，生产强度 1.581 g/(L·h)（Zhang et al.，2020a）。

为了更加适用工业生产，研究者开始从头构建无质粒、无诱导剂、无抗生素的 L-脯氨酸高产工程菌。研究人员基于代谢网络模型预测了 L-脯氨酸的合成途径，其理论转化率可达 0.98 mol/mol（0.63 g/g），高于天然的谷氨酸棒杆菌以葡萄糖为底物的理论转化率为 0.86 mol/mol（0.55 g/g）。基于代谢网络模型的设计，研究者筛选获得了更加高效解除反馈抑制的 ProB$^{V150N}$ 突变体，鉴定并过表达 L-脯氨酸外排蛋白 ThrE，用内源的组成型 P$_{pyc}$ 和 P$_{gdh}$ 启动子文库精细调控 proB、谷氨酸-5-半醛脱氢酶编码基因 proA、吡咯啉-5-羧酸脱氢酶编码基因 proC、谷氨酸脱氢酶编码基因 gdh、丙酮酸羧化酶编码基因 pyc 和 NADP 依赖型 3-磷酸甘油醛脱氢酶编码基因 gapN 的表达，敲除 L-谷氨酸外排 mscCG 基因，获得工程菌 PRO-19。该菌株采用生物素亚适量发酵工艺，发酵罐产量为 142.4 g/L，转化率约 0.31 g/g，生产强度 2.90 g/(L·h)，展现了优越的工业应用前景（Liu et al.，2022）。

研究人员也发现通过异源表达鸟氨酸环化脱氨酶 Ocd，可以实现从鸟氨酸途径生产 L-脯氨酸。Jensen 和 Wendisch（2013）在一株鸟氨酸生产平台菌株中异源表达恶臭假单胞菌（Pseudomonas putida）的 Ocd，过表达解除反馈抑制的 N-乙酰谷氨酸激酶 ArgB 等改造，以葡萄糖为原料摇瓶发酵，L-脯氨酸产量为 12.7 g/L，转化率为 0.36 g/g。Long 等（2020）应用 pEvolvR 系统产生突变和基于稀有密码子偶联细胞生长的筛选方法建立 Ocd 的定向进化策略，在钝齿棒杆菌（Corynebacterium crenatum）中成功筛选获得 Ocd$^{K205G/M86K/T162A}$ 突变体，其合成 L-脯氨酸的催化效率提高了 2.85 倍，进一步组合表达调控构建菌株 PS6，5 L 发酵罐产量达 38.4 g/L。研究人员同时在大肠杆菌中采用鸟氨酸途径合成 L-脯氨酸，最高产量为 54.1 g/L（Noh et al.，2017；Yang et al.，2019）。由于鸟氨酸合成途径更为复杂且鸟氨酸环化脱氨酶的催化效率较低，利用该途径生产 L-脯氨酸的潜力有限。

### 2.6.3　5-氨基乙酰丙酸

5-氨基乙酰丙酸（5-ALA）是一种非蛋白质氨基酸，是血红素、叶绿素、维生素 $B_{12}$ 等四吡咯化合物生物合成的必需前体，在医药、保健、动物健康和植物营养等方面具有重要的应用价值和广阔的应用前景。生物体内有两条 5-ALA 生物合成途径，C4 途径以琥珀酰 CoA 和甘氨酸为底物，通过 5-ALA 合成酶（ALAS）一步反应合成 5-ALA；C5 途径以 L-谷氨酸为底物，通过三步酶促反应合成 5-ALA。伴随着生物技术的多轮重大变革，5-ALA 生物合成技术也不断发展，技术水平得到了显著的提升（Kang et al.，2017）。

#### 1. 基于 C4 途径的 5-ALA 菌种创制

20 世纪 90 年代，研究人员首次将来自光合细菌（photosynthetic bacteria）的 ALAS 在大肠杆菌中克隆表达，开创了 5-ALA 异源生物转化的先河（van der Werf and Zeikus，1996）。在之后的近 20 年间，大量不同来源的 ALAS 被挖掘以期获得更高的生产水平。其中，Yang 等（2013）通过不同来源 ALAS 的筛选和表达优化，结合下游代谢抑制剂的添加和溶氧控制等发酵工艺优化，将工程菌株 5-ALA 的最高产量提高到了 9.4 g/L，发酵周期缩短至 22 h。近年来，一些新的策略开始用于上述重组菌株的优化提升。例如，Zhang 等（2013，2019）首次关注并挖掘了抗血红素反馈抑制的 ALAS，在大肠杆菌中表达后 5-ALA 产量达到了 6.3 g/L，进一步解除产物毒性的限制后，5-ALA 产量达到了 11.5 g/L。

由于涉及两种底物的共同参与，基于 C4 途径的 5-ALA 菌种需要平衡多条代谢途径，以确保琥珀酰 CoA 和甘氨酸的有效供给。Ren 等（2018）根据化学结构的分解和重排，设计了从乙醛酸到甘氨酸具有更高的原子经济性的新型合成途径，将上述途径引入过表达 ALAS 和异柠檬酸裂解酶的菌株中，打通了以葡萄糖为唯一碳源的新型前体供给途径，但其酶活性和生产水平有待进一步提高。琥珀酰 CoA 处于 TCA 循环和 5-ALA 合成的分支节点，强化琥珀酰 CoA 的供给可以通过 ALAS 将更多的代谢流引入 5-ALA 合成途径，并实现葡萄糖对琥珀酸的底物替代。研究人员通过在大肠杆菌中阻断琥珀酰 CoA 下游途径，进一步强化 CoA 生物合成或弱化乙醛酸循环途径，提高了 5-ALA 的生物合成水平（中国科学院天津工业生物技术研究所，2018）。Yang 等（2016）在谷氨酸棒杆菌中通过敲除 sucCD 强化琥珀酰 CoA 胞内供给，进一步过表达 RhtA 强化 5-ALA 外排，并利用两阶段发酵工艺将 5-ALA 的产量提高到了 14.7 g/L。

增加 EMP 途径进入 TCA 循环的代谢通量，同时弱化乙酸等支路代谢途径，对于提高 5-ALA 的产量同样至关重要。Chen 等（2020）通过在谷氨酸棒杆菌中过表达 *ppc* 或 *pyc*，利用 RBS 元件对外源 ALAS 及内源 PEPC 进行精细调控，实现了外源途径与底盘代谢的精准匹配，以及前体供给枢纽节点代谢流的精准分配，以更为廉价的木薯渣水解液为主要碳源，5-ALA 产量达到 18.5 g/L。Feng 等（2016）发现，在谷氨酸棒杆菌中敲除乳酸和乙酸等副产物合成途径，同时增加细胞壁的通透性，也有利于 5-ALA 生物合成。

### 2. 基于 C5 途径的 5-ALA 菌种创制

大肠杆菌和谷氨酸棒杆菌等常用底盘菌都含有 5-ALA 的 C5 合成途径。Kang 等（2011）首次在大肠杆菌中对 C5 途径进行改造和优化，通过共表达沙门菌（*Salmonella* sp.）的 GluTR 和内源 GSAM，强化谷氨酸到 5-ALA 合成的代谢流，实现了以葡萄糖为碳源的 5-ALA 生物合成，进一步表达 RhtA 促进 5-ALA 外排，5-ALA 产量达到 4.13 g/L。以谷氨酸棒杆菌为宿主的 C5 途径改造后续也被成功开发，通过组合表达不同来源的 GluTR 和 GSAM，构建获得的工程菌株最高产量达到 2.2 g/L（Ramzi et al.，2015；Yu et al.，2015）。

由于 L-谷氨酸是 C5 途径合成 ALA 的直接前体，因此有研究者借鉴或者直接利用 L-谷氨酸高产菌株和工艺控制，尝试通过改造 α-酮戊二酸脱氢酶抑制蛋白 OdhI，敲除 L-谷氨酸、L-精氨酸和 L-脯氨酸外排蛋白，以及在培养基中添加青霉素 G、吐温 40 或乙胺丁醇等策略，使碳流更多地从 TCA 循环进入 L-谷氨酸合成途径，减少了胞内 L-谷氨酸的消耗，提高了 5-ALA 产量和转化率（Ko et al.，2019；Zhang and Ye，2018）。此外，Cui 等（2019）还利用化学诱导的染色体进化技术（CIChE），将 GluTR 和 GSAM 编码基因在大肠杆菌基因组上进行了随机多拷贝整合，获得了不依赖于质粒的目标基因多拷贝表达菌株，结合 *recA* 敲除和菌株适应性进化，获得的菌株 5-ALA 产量达到 4.55 g/L。在上述策略的基础上，Zhang 等（2019）以大肠杆菌为宿主对 C5 途径进行系统代谢工程改造，利用 RBS 工程组合调控 GluTR 和 GSAM 的表达、强化内源 PLP 合成途径、利用稳定期下调的自诱导启动子 P*flic* 在稳定期下调 5-ALA 下游代谢以及基于 *recA* 和 *endA* 缺失菌株的质粒稳定性改造，获得的工程菌株在 3 L 发酵罐中 5-ALA 产量达到 5.25 g/L。

### 3. 5-ALA 下游代谢的调控

5-ALA 是血红素合成的必需前体，其下游代谢无法完全阻断（尚柯等，2011），添加 5-氨基乙酰丙酸脱水酶（ALAD）抑制剂是早期控制下游代谢的常用手段，但成本高且工艺控制复杂。随着代谢工程和合成生物技术的发展，调控下游基因的表达或酶活性逐渐成为主流技术手段。针对 ALAD，随机突变筛选酶活下降的突变体（中国科学院天津工业生物技术研究所，2018）、C 端添加蛋白降解标签（Yu et al.，2015）、替换更弱的起始密码子（Ding et al.，2017）或核糖体结合位点（Zhang and Ye，2018）等策略首先被使用，并取得了一定的应用效果。随着动态调控技术的发展，基于甘氨酸核糖开关（Zhou et al.，2019）、血红素生物传感器（Zhang et al.，2020b）、群体感应系统（Gu et al.，2020）、生长时期诱导型启动子（Zhang et al.，2019）以及 CRISPRi（Su et al.，2019）和 sRNAi（Ge et al.，2021）等调控工具的 ALAD 表达调控策略逐渐被使用，以更好地平衡菌体的生长和 5-ALA 的生物合成。

经过近 50 年的发展，5-ALA 生物合成技术从最初利用自然筛选获得的天然菌株，逐步过渡到集成多种改造策略和合成生物学元件的高效人工细胞工厂，5-ALA 生物合成的障碍也逐步被发现和解除，产量水平也逐步提高。部分高效菌种和成熟工艺已经或即将进入工业化生产，国内百公斤[①]级规模的生产线也已经初步建立，大大降低了产品的生产成本和工艺的复杂性，为其在农业和畜牧业等领域的应用推广奠定了重要基础。

## 2.7　总结与展望

自 20 世纪 50 年代利用谷氨酸棒杆菌发酵合成 L-谷氨酸以来，氨基酸的生物合成已发展了超过半个世纪。合成生物技术的发展使氨基酸生产菌种育种从诱变筛选向理性设计改造发展，越来越多的氨基酸及其衍生物实现了工业化的生物合成，如 L-谷氨酸、L-赖氨酸等大宗氨基酸的生产水平已经接近理论转化率，含硫氨基酸、支链氨基酸等小品种氨基酸的生产水平也不断提升。未来持续提升氨基酸生物合成的水平，可重点在以下几方面开展研究。

（1）开展氨基酸工业微生物底盘的生理代谢与功能基因组学等基础研究。在工业生产菌株中，已知的高产靶点已经经过系统优化，进一步提升生物合成水平的关键是全面解析生物合成调控机制、微生物细胞对高渗等工业环境压力的耐受机制等，对微生物细胞进行功能基因组学研究，鉴定未知功能基因的生物学功能，从而发掘影响生物合成的新机制与新靶点，形成新的菌种改造策略。

（2）发展自动化与智能化的菌种设计、创制与评价范式。目前的氨基酸菌种设计创制与评价筛选仍属于劳动密集型研究，通常需要投入大量人力和时间，菌种迭代周期较长。生物铸造厂（biofoundry）与生物 AI 设计的发展，有望逐步实现菌种设计、基因编辑、菌种构建、生产水平评价与菌种筛选等流程的自动化，从而加速菌种迭代。但是，这对生物技术的工程化与标准化提出了更高的要求，例如，功能元件的标准化、基因编辑技术的自动化，以及发酵过程的智能化控制等将是研究重点。

（3）拓展氨基酸生物制造的原料体系。氨基酸全球产量已超过 1000 万 t，需

---

① 1 公斤=1 千克

要消耗大量的生物质作为原料，但是目前最主要的原料仍然是淀粉糖，存在与人争粮的潜在风险。因此，开发利用秸秆等非粮糖质原料，以及 $CO_2$、甲醇等可再生的一碳原料，推动氨基酸发酵工业的原料体系从粮食原料向非粮原料转变，具有重要的经济和社会效益。其面临的主要挑战是设计并构建可高效利用这些非粮原料的工业菌种，并开发相应的发酵控制工艺。

本章参编人员：郑　平　王　钰　刘　娇　陈久洲　周文娟　刘　君
　　　　　　　徐　宁　张大伟　柏丹阳　刘萍萍　刘祥涛　陈　宁　范晓光

# 参 考 文 献

安徽华恒生物科技股份有限公司，巴彦淖尔华恒生物科技有限公司，中国科学院天津工业生物技术研究所，2022. 生产 L-缬氨酸的重组大肠杆菌及其应用. CN113278568B.

郭谦，方芳，李江华，等，2013. 代谢工程改造蛋氨酸代谢途径构建高产 L-蛋氨酸大肠杆菌. 过程工程学报，13(6): 1013-1019.

尚柯，郭小飞，王艳萍，等，2011. 5-氨基乙酰丙酸脱水酶缺失对大肠杆菌生长的影响. 现代食品科技，27(7): 742-746.

鄢芳清，韩亚昆，李娟，等，2017. 大肠杆菌芳香族氨基酸代谢工程研究进展. 生物加工过程，15(5): 32-39.

中国科学院天津工业生物技术研究所，2018. 通过弱化 5-氨基乙酰丙酸脱水酶活性获得 5-氨基乙酰丙酸高产菌株及其应用. CN103695364B.

中国科学院天津工业生物技术研究所，2018. 一种 5-氨基乙酰丙酸产生菌株及其制备方法与应用. CN103710374B.

Asakura Y, Kimura E, Usuda Y, et al., 2007. Altered metabolic flux due to deletion of *odhA* causes L-glutamate overproduction in *Corynebacterium glutamicum*. Appl Environ Microbiol, 73: 1308-1319.

Becker J, Zelder O, Häfner S, et al., 2011. From zero to hero--design-based systems metabolic engineering of *Corynebacterium glutamicum* for L-lysine production. Metab Eng, 13(2): 159-168.

Blombach B, Schreiner M E, Bartek T, et al., 2008. *Corynebacterium glutamicum* tailored for high-yield L-valine production. Appl Microbiol Biotechnol, 79(3): 471-479.

Blombach B, Schreiner M E, Holátko J, et al., 2007. L-valine production with pyruvate dehydrogenase complex-deficient *Corynebacterium glutamicum*. Appl Environ Microbiol, 73(7): 2079-2084.

Börmann E R, Eikmanns B J, Sahm H, 1992. Molecular analysis of the *Corynebacterium glutamicum gdh* gene encoding glutamate-dehydrogenase. Mol Microbiol, 6(3): 317-326.

Buchholz J, Schwentner A, Brunnenkan B, et al., 2013. Platform engineering of *Corynebacterium glutamicum* with reduced pyruvate dehydrogenase complex activity for improved production of L-lysine, L-valine, and 2-ketoisovalerate. Appl Environ Microbiol, 79(18): 5566-5575.

Chen C, Li Y Y, Hu J Y, et al., 2015. Metabolic engineering of *Corynebacterium glutamicum*

ATCC13869 for L-valine production. Metab Eng, 29: 66-75.

Chen J Z, Wang Y, Guo X, et al., 2020. Efficient bioproduction of 5-aminolevulinic acid, a promising biostimulant and nutrient, from renewable bioresources by engineered *Corynebacterium glutamicum*. Biotechnol Biofuels, 13: 41.

Cj Cheiljedang Corp, 2022. Acetohydroxy acid synthase variant, microorganism comprising the same, and method of producing L-branched-chain amino acid using the same. ES2919345T3.

Cj Cheiljedang Corp, 2023. Isopropylmalate synthase variant and a method of producing L-leucine using the same. KR102527102B1.

Cleto S, Jensen J V K, Wendisch V F, et al., 2016. *Corynebacterium glutamicum* metabolic engineering with CRISPR interference (CRISPRi). ACS Synth Biol, 5(5): 375-385.

Cui Z Y, Jiang Z N, Zhang J H, et al., 2019. Stable and efficient biosynthesis of 5-aminolevulinic acid using plasmid-free *Escherichia coli*. J Agric Food Chem, 67(5): 1478-1483.

Dele-Osibanjo T, Li Q G, Zhang X L, et al., 2019. Growth-coupled evolution of phosphoketolase to improve L-glutamate production by *Corynebacterium glutamicum*. Appl Microbiol Biotechnol, 103(20): 8413-8425.

Diesveld R, Tietze N, Fürst O, et al., 2009. Activity of exporters of *Escherichia coli* in *Corynebacterium glutamicum*, and their use to increase L-threonine production. J Mol Microbiol Biotechnol, 16(3/4): 198-207.

Ding W W, Weng H J, Du G C, et al., 2017. 5-Aminolevulinic acid production from inexpensive glucose by engineering the C4 pathway in *Escherichia coli*. J Ind Microbiol Biot, 44(8): 1127-1135.

Dischert W, Figge R, 2016. Microorganism for methionine production with enhanced glucose import. US9506092B2.

Dong X Y, Quinn P J, Wang X Y, et al., 2011. Metabolic engineering of *Escherichia coli* and *Corynebacterium glutamicum* for the production of L-threonine. Biotechnol Adv, 29(1): 11-23.

Dong X Y, Zhao Y, Hu J Y, et al., 2016a. Attenuating L-lysine production by deletion of *ddh* and *lysE* and their effect on L-threonine and L-isoleucine production in *Corynebacterium glutamicum*. Enzyme Microb Technol, 93-94: 70-78.

Dong X Y, Zhao Y, Zhao J X, et al., 2016b. Characterization of aspartate kinase and homoserine dehydrogenase from *Corynebacterium glutamicum* IWJ001 and systematic investigation of L-isoleucine biosynthesis. J Ind Microbiol Biotechnol, 43(6): 873-885.

Eikmanns B J, Metzger M, Reinscheid D, et al., 1991. Amplification of three threonine biosynthesis genes in *Corynebacterium glutamicum* and its influence on carbon flux in different strains. Appl Microbiol Biotechnol, 34(5): 617-622.

Elišáková V, Pátek M, Holátko J, et al., 2005. Feedback-resistant acetohydroxy acid synthase increases valine production in *Corynebacterium glutamicum*. Appl Environ Microbiol, 71(1): 207-213.

Evonik Industries Ag, 2016. Feedback-resistant alpha-isopropylmalate synthases. US9347048B2.

Feng L L, Zhang Y, Fu J, et al., 2016. Metabolic engineering of *Corynebacterium glutamicum* for efficient production of 5-aminolevulinic acid. Biotechnol Bioeng, 113(6): 1284-1293.

Feng L Y, Xu J Z, Zhang W G, et al., 2018. Improved L-leucine production in *Corynebacterium glutamicum* by optimizing the aminotransferases. Molecules, 23(9): 2102.

Forschungszentrum Juelich Gmbh, 2000. Production of L-isoleucine by means of recombinant microorganisms with deregulated threonine dehydratase. US6107063A.

Ge F L, Wen D M, Ren Y, et al., 2021. Downregulating of *hemB* via synthetic antisense RNAs for improving 5-aminolevulinic acid production in *Escherichia coli*. 3 Biotech, 11(5): 230.

Gu F, Jiang W, Mu Y L, et al., 2020. Quorum sensing-based dual-function switch and its application in solving two key metabolic engineering problems. Acs Synth Biol, 9(2): 209-217.

Guo Y F, Xu J Z, Han M, et al., 2015. Generation of mutant threonine dehydratase and its effects on isoleucine synthesis in *Corynebacterium glutamicum*. World J Microbiol Biotechnol, 31(9): 1369-1377.

Hao Y N, Ma Q, Liu X Q, et al., 2020. High-yield production of L-valine in engineered *Escherichia coli* by a novel two-stage fermentation. Metab Eng, 62: 198-206.

Hasegawa S, Suda M, Uematsu K, et al., 2013. Engineering of *Corynebacterium glutamicum* for high-yield L-valine production under oxygen deprivation conditions. Appl Environ Microbiol, 79(4): 1250-1257.

Hasegawa S, Uematsu K, Natsuma Y, et al., 2012. Improvement of the redox balance increases L-valine production by *Corynebacterium glutamicum* under oxygen deprivation conditions. Appl Environ Microbiol, 78(3): 865-875.

Hashimoto K I, Kawasaki H, Akazawa K, et al., 2006. Changes in composition and content of mycolic acids in glutamate-overproducing *Corynebacterium glutamicum*. Biosci Biotechnol Biochem, 70(1): 22-30.

Hashimoto K I, Murata J, Konishi T, et al., 2012. Glutamate is excreted across the cytoplasmic membrane through the NCgl1221 channel of *Corynebacterium glutamicum* by passive diffusion. Biosci Biotechnol Biochem, 76(7): 1422-1424.

Hashimoto S I, Katsumata R, 1998. L-Alanine fermentation by an alanine racemase-deficient mutant of the DL-alanine hyperproducing bacterium *Arthrobacter oxydans* HAP-1. J Biosci Bioeng, 86(4): 385-390.

Hirasawa T, Wachi M, Nagai K, 2000. A mutation in the *Corynebacterium glutamicum* ltsA gene causes susceptibility to lysozyme, temperature-sensitive growth, and L-glutamate production. J Bacteriol, 182(10): 2696-2701.

Hirasawa T, Wachi M, Nagai K, 2001. L-glutamate production by lysozyme-sensitive *Corynebacterium glutamicum* ltsA mutant strains. BMC Biotechnol, 1: 9.

Holátko J, Elišáková V, Prouza M, et al., 2009. Metabolic engineering of the L-valine biosynthesis pathway in *Corynebacterium glutamicum* using promoter activity modulation. J Biotechnol, 139(3): 203-210.

Huang J F, Liu Z Q, Jin L Q, et al., 2017a. Metabolic engineering of *Escherichia coli* for microbial production of L-methionine. Biotechnol Bioeng, 114(4): 843-851.

Huang J F, Shen Z Y, Mao Q L, et al., 2018. Systematic analysis of bottlenecks in a multibranched and multilevel regulated pathway: the molecular fundamentals of L-methionine biosynthesis in *Escherichia coli*. ACS Synth Biol, 7(11): 2577-2589.

Huang J W, Chen J Z, Wang Y, et al., 2021. Development of a hyperosmotic stress inducible gene expression system by engineering the MtrA/MtrB-dependent *NCgl1418* promoter in *Corynebacterium glutamicum*. Front Microbiol, 12: 718511.

Huang Q G, Liang L, Wu W B, et al., 2017b. Metabolic engineering of *Corynebacterium glutamicum* to enhance L-leucine production. African J Biotechnol, 16(18): 1048-1060.

Jensen J V K, Wendisch V F, 2013. Ornithine cyclodeaminase-based proline production by *Corynebacterium glutamicum*. Microb Cell Fact, 12: 63.

Jojima T, Fujii M, Mori E J, et al., 2010. Engineering of sugar metabolism of *Corynebacterium glutamicum* for production of amino acid L-alanine under oxygen deprivation. Appl Microbiol Biotechnol, 87(1): 159-165.

Joo Y C, Hyeon J E, Han S O, et al., 2017. Metabolic design of *Corynebacterium glutamicum* for production of L-cysteine with consideration of sulfur-supplemented animal feed. J Agric Food Chem, 65(23): 4698-4707.

Kabus A, Georgi T, Wendisch V F, et al., 2007. Expression of the *Escherichia coli pntAB* genes encoding a membrane-bound transhydrogenase in *Corynebacterium glutamicum* improves L-lysine formation. Appl Microbiol Biotechnol, 75(1): 47-53.

Kang Z, Ding W W, Gong X, et al., 2017. Recent advances in production of 5-aminolevulinic acid using biological strategies. World J Microbiol Biotechnol, 33(11): 200.

Kang Z, Wang Y, Gu P F, et al., 2011. Engineering *Escherichia coli* for efficient production of 5-aminolevulinic acid from glucose. Metab Eng, 13(5): 492-498.

Kawano Y, Onishi F, Shiroyama M, et al., 2017. Improved fermentative L-cysteine overproduction by enhancing a newly identified thiosulfate assimilation pathway in *Escherichia coli*. Appl Microbiol Biotechnol, 101(18): 6879-6889.

Kawano Y, Suzuki K, Ohtsu I, 2018. Current understanding of sulfur assimilation metabolism to biosynthesize L-cysteine and recent progress of its fermentative overproduction in microorganisms. Appl Microbiol Biotechnol, 102(19): 8203-8211.

Kim J, Hirasawa T, Saito M, et al., 2011. Investigation of phosphorylation status of OdhI protein during penicillin- and Tween 40-triggered glutamate overproduction by *Corynebacterium glutamicum*. Appl Microbiol Biotechnol, 91(1): 143-151.

Kimura E, Yagoshi C, Kawahara Y, et al., 1999. Glutamate overproduction in *Corynebacterium glutamicum* triggered by a decrease in the level of a complex comprising DtsR and a biotin-containing subunit. Biosci Biotechnol Biochem, 63(7): 1274-1278.

Kishino M, Kondoh M, Hirasawa T, 2019. Enhanced L-cysteine production by overexpressing potential L-cysteine exporter genes in an L-cysteine-producing recombinant strain of *Corynebacterium glutamicum*. Biosci Biotechnol Biochem, 83(12): 2390-2393.

Ko Y J, You S K, Kim M, et al., 2019. Enhanced production of 5-aminolevulinic acid via flux redistribution of TCA cycle toward L-glutamate in *Corynebacterium glutamicum*. Biotechnol Bioprocess Eng, 24(6): 915-923.

Komine-Abe A, Nagano-Shoji M, Kubo S, et al., 2017. Effect of lysine succinylation on the regulation of 2-oxoglutarate dehydrogenase inhibitor, OdhI, involved in glutamate production in *Corynebacterium glutamicum*. Biosci Biotechnol Biochem, 81(11): 2130-2138.

Kondoh M, Hirasawa T, 2019. L-Cysteine production by metabolically engineered *Corynebacterium glutamicum*. Appl Microbiol Biotechnol, 103(6): 2609-2619.

Krumbach K, Sonntag C K, Eggeling L, et al., 2019. CRISPR/Cas12a mediated genome editing to introduce amino acid substitutions into the mechanosensitive channel MscCG of *Corynebacterium glutamicum*. ACS Synth Biol, 8(12): 2726-2734.

Kruse D, Krämer R, Eggeling L, et al., 2002. Influence of threonine exporters on threonine production in *Escherichia coli*. Appl Microbiol Biotechnol, 59(2): 205-210.

Kyowa Hakko Kogyo Kk, 1996. Process for producing alanine. US5559016A.

Lee K H, Park J H, Kim T Y, et al., 2007. Systems metabolic engineering of *Escherichia coli* for L-threonine production. Mol Syst Biol, 3: 149.

Lee M, Smith G M, Eiteman M A, et al., 2004. Aerobic production of alanine by *Escherichia coli aceF ldhA* mutants expressing the *Bacillus sphaericus alaD* gene. Appl Microbiol Biotechnol, 65(1): 56-60.

Li H, Wang B S, Li Y R, et al., 2017a. Metabolic engineering of *Escherichia coli* W3110 for the production of L-methionine. J Ind Microbiol Biotechnol, 44(1): 75-88.

Li X F, Bao T, Osire T, et al., 2021. MarR-type transcription factor RosR regulates glutamate metabolism network and promotes accumulation of L-glutamate in *Corynebacterium glutamicum* G01. Bioresour Technol, 342: 125945.

Li Y, Cong H, Liu B N, et al., 2016. Metabolic engineering of *Corynebacterium glutamicum* for methionine production by removing feedback inhibition and increasing NADPH level. Antonie Van Leeuwenhoek, 109(9): 1185-1197.

Li Y J, Wei H B, Wang T, et al., 2017b. Current status on metabolic engineering for the production of L-aspartate family amino acids and derivatives. Bioresour Technol, 245(Pt B): 1588-1602.

Lin Y H, Sun X X, Yuan Q P, et al., 2014. Extending shikimate pathway for the production of muconic acid and its precursor salicylic acid in *Escherichia coli*. Metab Eng, 23: 62-69.

Liu H, Fang G C, , Wu H, et al., 2018a. L-cysteine production in *Escherichia coli* based on rational metabolic engineering and modular strategy. Biotechnol J, 13(5): 1700695.

Liu H, Hou Y H, Wang Y, et al., 2020a. Enhancement of sulfur conversion rate in the production of L-cysteine by engineered *Escherichia coli*. J Agric Food Chem, 68: 250-257.

Liu H, Wang Y, Hou Y H, et al., 2020b. Fitness of chassis cells and metabolic pathways for L-cysteine overproduction in *Escherichia coli*. J Agric Food Chem, 68(50): 14928-14937.

Liu J, Liu M S, Shi T, et al., 2022. CRISPR-assisted rational flux-tuning and arrayed CRISPRi screening of an L-proline exporter for L-proline hyperproduction. Nat Commun, 13: 891.

Liu Q, Zhang J, Wei X X, et al., 2008. Microbial production of L-glutamate and L-glutamine by recombinant *Corynebacterium glutamicum* harboring *Vitreoscilla* hemoglobin gene *vgb*. Appl Microbiol Biotechnol, 77(6): 1297-1304.

Liu Y H, Xu Y R, Ding D Q, et al., 2018b. Genetic engineering of *Escherichia coli* to improve L-phenylalanine production. BMC Biotechnology, 18:5.

Livshits V A, Zakataeva N P, Aleshin V V, et al., 2003. Identification and characterization of the new gene *rhtA* involved in threonine and homoserine efflux in *Escherichia coli*. Res Microbiol, 154(2): 123-135.

Long M F, Xu M J, Qiao Z N, et al., 2020. Directed evolution of ornithine cyclodeaminase using an EvolvR-based growth-coupling strategy for efficient biosynthesis of L-proline. ACS Synth Biol, 9(7): 1855-1863.

Lv Y Y, Wu Z H, Han S Y, et al., 2012. Construction of recombinant *Corynebacterium glutamicum* for L-threonine production. Biotechnol Bioprocess Eng, 17(1): 16-21.

Ma W J, Wang J L, Li Y, et al., 2016. Enhancing pentose phosphate pathway in *Corynebacterium glutamicum* to improve L-isoleucine production. Biotechnol Appl Biochem, 63(6): 877-885.

Ma Y C, Cui Y, Du L H, et al., 2018. Identification and application of a growth-regulated promoter for improving L-valine production in *Corynebacterium glutamicum*. Microb Cell Fact, 17: 185.

Nagano-Shoji M, Hamamoto Y, Mizuno Y, et al., 2017. Characterization of lysine acetylation of a phosphoenolpyruvate carboxylase involved in glutamate overproduction in *Corynebacterium glutamicum*. Mol Microbiol, 104(4): 677-689.

Nakamura J, Hirano S, Ito H, et al., 2007. Mutations of the *Corynebacterium glutamicum* NCgl1221 gene, encoding a mechanosensitive channel homolog, induce L-glutamic acid production. Appl Environ Microbiol, 73(14): 4491-4498.

Nampoothiri K M, Hoischen C, Bathe B, et al., 2002. Expression of genes of lipid synthesis and altered lipid composition modulates L-glutamate efflux of *Corynebacterium glutamicum*. Appl Microbiol Biotechnol, 58(1): 89-96.

Niebisch A, Kabus A, Schultz C, et al., 2006. Corynebacterial protein kinase G controls 2-oxoglutarate dehydrogenase activity via the phosphorylation status of the OdhI protein. J Biol Chem, 281(18): 12300-12307.

Noh M, Yoo S M, Kim W J, et al., 2017. Gene expression knockdown by modulating synthetic small RNA expression in *Escherichia coli*. Cell Syst, 5(4): 418-426.

Park J H, Lee K H, Kim T Y, et al., 2007a. Metabolic engineering of *Escherichia coli* for the production of L-valine based on transcriptome analysis and *in silico* gene knockout simulation. Proc Natl Acad Sci U S A, 104(19): 7797-7802.

Park S D, Lee J Y, Sim S Y, et al., 2007b. Characteristics of methionine production by an engineered *Corynebacterium glutamicum* strain. Metab Eng, 9(4): 327-336.

Patnaik R, Zolandz R R, Green D A, et al., 2008. L-Tyrosine production by recombinant *Escherichia coli*: fermentation optimization and recovery. Biotechnol Bioeng, 99(4): 741-752.

Petit C, Kim Y, Lee S K, et al., 2018. Reduction of feedback inhibition in homoserine kinase (ThrB) of *Corynebacterium glutamicum* enhances L-threonine biosynthesis. ACS Omega, 3(1): 1178-1186.

Qin T Y, Hu X Q, Hu J Y, et al., 2015. Metabolic engineering of *Corynebacterium glutamicum* strain ATCC13032 to produce L-methionine. Biotechnol Appl Biochem, 62(4): 563-573.

Radmacher E, Vaitsikova A, Burger U, et al., 2002. Linking central metabolism with increased pathway flux: L-valine accumulation by *Corynebacterium glutamicum*. Appl Environ Microbiol, 68(5): 2246-2250.

Ramzi A B, Hyeon J E, Kim S W, et al., 2015. 5-Aminolevulinic acid production in engineered *Corynebacterium glutamicum* via C5 biosynthesis pathway. Enzyme Microb Tech, 81: 1-7.

Ren J, Zhou L B, Wang C, et al., 2018. An unnatural pathway for efficient 5-aminolevulinic acid biosynthesis with glycine from glyoxylate based on retrobiosynthetic design. ACS Synth Biol, 7(12): 2750-2757.

Reutter-Maier A, Brunner M, Dassler T, 2014. Method for production of natural L-cysteine by fermentation. US8802399B2.

Rückert C, Milse J, Albersmeier A, et al., 2008. The dual transcriptional regulator CysR in *Corynebacterium glutamicum* ATCC 13032 controls a subset of genes of the McbR regulon in response to the availability of sulphide acceptor molecules. BMC Genomics, 9: 483.

Sato H, Orishimo K, Shirai T, et al., 2008. Distinct roles of two anaplerotic pathways in glutamate production induced by biotin limitation in *Corynebacterium glutamicum*. J Biosci Bioeng, 106(1): 51-58.

Shi F, Li K, Huan X J, et al., 2013. Expression of NAD(H) kinase and glucose-6-phosphate dehydrogenase improve NADPH supply and L-isoleucine biosynthesis in *Corynebacterium glutamicum* ssp. *lactofermentum*. Appl Biochem Biotech, 171(2): 504-521.

Shi T, Fan X G, Wu Y S, et al., 2020. Mutation of genes for cell membrane synthesis in *Corynebacterium glutamicum* causes temperature-sensitive trait and promotes L-glutamate excretion. Biotechnol Biotec Eq, 34(1): 38-47.

Shimizu H, Tanaka H, Nakato A, et al., 2003. Effects of the changes in enzyme activities on metabolic flux redistribution around the 2-oxoglutarate branch in glutamate production by *Corynebacterium glutamicum*. Bioprocess Biosyst Eng, 25(5): 291-298.

Shirai T, Fujimura K, Furusawa C, et al., 2007. Study on roles of anaplerotic pathways in glutamate overproduction of *Corynebacterium glutamicum* by metabolic flux analysis. Microb Cell Fact, 6: 19.

Simic P, Willuhn J, Sahm H, et al., 2002. Identification of *glyA* (encoding serine hydroxymethyltransferase) and its use together with the exporter ThrE to increase L-threonine accumulation by *Corynebacterium glutamicum*. Appl Environ Microbiol, 68(7): 3321-3327.

Smith G M, Lee S A, Reilly K C, et al., 2006. Fed-batch two-phase production of alanine by a metabolically engineered *Escherichia coli*. Biotechnol Lett, 28(20): 1695-1700.

Su T Y, Guo Q, Zheng Y, et al., 2019. Fine-tuning of *hemB* using CRISPRi for increasing 5-aminolevulinic acid production in *Escherichia coli*. Front Microbiol, 10: 1731.

Sun D H, Chen J Z, Wang Y, et al., 2019. Metabolic engineering of *Corynebacterium glutamicum* by synthetic small regulatory RNAs. J Ind Microbiol Biotechnol, 46(2): 203-208.

Takagi H, Ohtsu I, 2016. L-Cysteine metabolism and fermentation in microorganisms //Yokota A, Ikeda M, Eds. Amino Acid Fermentation. Tokyo: Springer: 129-151.

Takumi K, Ziyatdinov M K, Samsonov V, et al., 2017. Fermentative production of cysteine by *Pantoea ananatis*. Appl Environ Microbiol, 83(5): e02502- e02516.

Tang X L, Du X Y, Chen L J, et al., 2020. Enhanced production of L-methionine in engineered *Escherichia coli* with efficient supply of one carbon unit. Biotechnol Lett, 42(3): 429-436.

Uhlenbusch I, Sahm H, Sprenger G A, 1991. Expression of an L-alanine dehydrogenase gene in *Zymomonas mobilis* and excretion of L-alanine. Appl Environ Microbiol, 57(5): 1360-1366.

Usuda Y, Kurahashi O, 2005. Effects of deregulation of methionine biosynthesis on methionine excretion in *Escherichia coli*. Appl Environ Microbiol, 71(6): 3228-3234.

Van der Werf M J, Zeikus J G, 1996. 5-Aminolevulinate production by *Escherichia coli* containing the *Rhodobacter sphaeroides hemA* gene. Appl Environ Microbiol, 62(10): 3560-3566.

Vogt M, Haas S, Klaffl S, et al., 2014. Pushing product formation to its limit: metabolic engineering of *Corynebacterium glutamicum* for L-leucine overproduction. Metab Eng, 22: 40-52.

Vogt M, Krumbach K, Bang W G, et al., 2015. The contest for precursors: channelling L-isoleucine synthesis in *Corynebacterium glutamicum* without byproduct formation. Appl Microbiol Biotechnol, 99(2): 791-800.

Wacker Chemie Ag, 2016. Method for the fermentative production of L-cysteine and derivatives of said amino acid. US9347078B2.

Wang J, Cheng L K, Wang J, et al., 2013a. Genetic engineering of *Escherichia coli* to enhance production of L-tryptophan. Appl Microbiol Biotechnol, 97(17): 7587-7596.

Wang J, Wen B, Wang J, et al., 2013b. Enhancing L-isoleucine production by *thrABC* overexpression combined with *alaT* deletion in *Corynebacterium glutamicum*. Appl Biochem Biotechnol, 171(1): 20-30.

Wang Y, Cao G, Xu D, et al., 2018a. A novel *Corynebacterium glutamicum* L-glutamate exporter. Appl Environ Microbiol, 84(6): e02691- e02617.

Wang Y, Liu Y, Liu J, et al., 2018b. MACBETH: multiplex automated *Corynebacterium glutamicum* base editing method. Metab Eng, 47: 200-210.

Wang Y Y, Shi K, Chen P D, et al., 2020. Rational modification of the carbon metabolism of *Corynebacterium glutamicum* to enhance L-leucine production. J Ind Microbiol Biotechnol, 47(6): 485-495.

Wei L, Wang H, Xu N, et al., 2019a. Metabolic engineering of *Corynebacterium glutamicum* for L-cysteine production. Appl Microbiol Biotechnol, 103(3): 1325-1338.

Wei L, Wang Q, Xu N, et al., 2019b. Combining protein and metabolic engineering strategies for high-level production of O-acetylhomoserine in *Escherichia coli*. ACS Synth Biol, 8(5): 1153-1167.

Wei L, Xu N, Wang Y R, et al., 2018. Promoter library-based module combination (PLMC) technology for optimization of threonine biosynthesis in *Corynebacterium glutamicum*. Appl Microbiol Biotechnol, 102(9): 4117-4130.

Wen J B, Bao J, 2019. Engineering *Corynebacterium glutamicum* triggers glutamic acid accumulation in biotin-rich corn stover hydrolysate. Biotechnol Biofuels, 12: 86.

Willke T, 2014. Methionine production—a critical review. Appl Microbiol Biotechnol, 98(24): 9893-9914.

Wu W J, Zhang Y, Liu D H, et al., 2019. Efficient mining of natural NADH-utilizing dehydrogenases enables systematic cofactor engineering of lysine synthesis pathway of *Corynebacterium glutamicum*. Metab Eng, 52: 77-86.

Xie X X, Xu L L, Shi J M, et al., 2012. Effect of transport proteins on L-isoleucine production with the L-isoleucine-producing strain *Corynebacterium glutamicum* YILW. J Ind Microbiol Biotechnol, 39(10): 1549-1556.

Xu J Z, Han M, Zhang J L, et al., 2014. Metabolic engineering *Corynebacterium glutamicum* for the L-lysine production by increasing the flux into L-lysine biosynthetic pathway. Amino Acids, 46(9): 2165-2175.

Xu J Z, Ruan H Z, Yu H B, et al., 2020. Metabolic engineering of carbohydrate metabolism systems in *Corynebacterium glutamicum* for improving the efficiency of L-lysine production from mixed sugar. Microb Cell Fact, 19(1): 39.

Xu J Z, Wu Z H, Gao S J, et al., 2018a. Rational modification of tricarboxylic acid cycle for improving L-lysine production in *Corynebacterium glutamicum*. Microb Cell Fact, 17(1): 105.

Yamamoto K, Tsuchisaka A, Yukawa H, 2017. Branched-Chain Amino Acids. Adv Biochem Eng Biotechnol, 159:103-128.

Yamashita C, Hashimoto K I, Kumagai K, et al., 2013. L-Glutamate secretion by the N-terminal domain of the *Corynebacterium glutamicum* NCgl1221 mechanosensitive channel. Biosci Biotechnol Biochem, 77(5): 1008-1013.

Yang D S, Yoo S M, Gu C D, et al., 2019. Expanded synthetic small regulatory RNA expression platforms for rapid and multiplex gene expression knockdown. Metab Eng, 54: 180-190.

Yang J, Zhu L, Fu W Q, et al., 2013. Improved 5-aminolevulinic acid production with recombinant *Escherichia coli* by a short-term dissolved oxygen shock in fed-batch fermentation. Chin J Chem Eng, 21(11): 1291-1295.

Yang P, Liu W J, Cheng X L, et al., 2016. A new strategy for production of 5-aminolevulinic acid in recombinant *Corynebacterium glutamicum* with high yield. Appl Environ Microbiol, 82(9): 2709-2717.

Yin L H, Zhao J X, Chen C, et al., 2014. Enhancing the carbon flux and NADPH supply to increase L-isoleucine production in *Corynebacterium glutamicum*. Biotechnol Bioprocess Eng, 19(1): 132-142.

Yu X L, Jin H Y, Liu W J, et al., 2015. Engineering *Corynebacterium glutamicum* to produce 5-aminolevulinic acid from glucose. Microb Cell Fact, 14: 183.

Zhang B, Ye B C, 2018. Pathway engineering in *Corynebacterium glutamicum* S9114 for 5-aminolevulinic acid production. 3 Biotech, 8(5): 247.

Zhang J, Qian F H, Dong F, et al., 2020a. De novo engineering of *Corynebacterium glutamicum* for L-proline production. ACS Synth Biol, 9(7): 1897-1906.

Zhang J, Wang Z G, Su T Y, et al., 2020b. Tuning the binding affinity of heme-responsive biosensor for precise and dynamic pathway regulation. iScience, 23(5): 101067.

Zhang J L, Weng H J, Zhou Z X, et al., 2019. Engineering of multiple modular pathways for high-yield production of 5-aminolevulinic acid in *Escherichia coli*. Bioresour Technol, 274: 353-360.

Zhang L L, Chen J Z, Chen N, et al., 2013. Cloning of two 5-aminolevulinic acid synthase isozymes HemA and HemO from *Rhodopseudomonas palustris* with favorable characteristics for 5-aminolevulinic acid production. Biotechnol Lett, 35(5): 763-768.

Zhang X L, Jantama K, Moore J C, et al., 2007. Production of L-alanine by metabolically engineered *Escherichia coli*. Appl Microbiol Biotechnol, 77(2): 355-366.

Zhang Y, Cai J Y, Shang X L, et al., 2017. A new genome-scale metabolic model of *Corynebacterium glutamicum* and its application. Biotechnol Biofuels, 10: 169.

Zhao H, Fang Y, Wang X Y, et al., 2018. Increasing L-threonine production in *Escherichia coli* by engineering the glyoxylate shunt and the L-threonine biosynthesis pathway. Appl Microbiol Biotechnol, 102(13): 5505-5518.

Zhou L B, Ren J, Li Z D, et al., 2019. Characterization and engineering of a *Clostridium glycine* riboswitch and its use to control a novel metabolic pathway for 5-aminolevulinic acid production in *Escherichia coli*. ACS Synth Biol, 8(10): 2327-2335.

Zhou L, Deng C, Cui W J, et al., 2016. Efficient L-alanine production by a thermo-regulated switch in *Escherichia coli*. Appl Biochem Biotechnol, 178(2): 324-337.

Zhou L B, Zeng A P, 2015a. Engineering a lysine-ON riboswitch for metabolic control of lysine production in *Corynebacterium glutamicum*. ACS Synth Biol, 4(12): 1335-1340.

Zhou L B, Zeng A P, 2015b. Exploring lysine riboswitch for metabolic flux control and improvement of L-lysine synthesis in *Corynebacterium glutamicum*. ACS Synth Biol, 4(6): 729-734.

Zhu C C, Chen J Z, Wang Y, et al., 2019. Enhancing 5-aminolevulinic acid tolerance and production by engineering the antioxidant defense system of *Escherichia coli*. Biotechnol Bioeng, 116(8): 2018-2028.

# 第 3 章　有机酸工业合成生物学

## 3.1　引　　言

有机酸是一类重要的平台化合物，广泛应用于食品、化工、医药等领域。与传统的从产酸植物中提取或石化路线合成有机酸相比，微生物发酵法生产有机酸具有原料可再生、生产过程绿色环保等优点。随着合成生物学和代谢工程技术手段的发展，生物制造合成有机酸展现出了广泛的应用前景。

传统有机酸的合成途径通常在单一微生物中天然存在，途径清晰，产量较高；新型有机酸的合成途径通常在单一微生物中天然不存在，或存在但产量较低，需通过设计与组装来创建高产有机酸的合成新途径。本章主要阐述传统有机酸和新型有机酸的生物合成及产业化进展，并对有机酸的生物制造前景进行了总结与展望。

## 3.2　传统有机酸

传统有机酸包括柠檬酸、L-乳酸和衣康酸等。

### 3.2.1　柠檬酸

柠檬酸（citric acid），分子式为 $COOHCH_2$—$(OH)C(COOH)$—$CH_2COOH$，是生物体 TCA 循环中重要的中间代谢产物。柠檬酸是工业发酵行业中生产量最大的有机酸，在食品、医药、日化等领域中具有广泛的应用。在食品领域中，柠檬酸具有"第一食用酸味剂"之称，具有温和酸味的特性，可用作酸味剂、增溶剂、缓冲剂与风味增进剂等，主要用于碳酸饮料、果汁饮料、乳酸饮料等饮料食品的加工生产。在医药领域，柠檬酸可与钙离子形成难解离的可溶性络合物，在输血或化验室血样抗凝时，用作体外抗凝药。在日化领域，柠檬酸还可作为螯合剂和缓冲液用于洗涤剂与化妆品等。随着市场需求的不断增长，全球柠檬酸产量达 200 万 t，产值超过 20 亿美元，并以每年 3.5%的速度递增（Tong et al.，2019）。我国是柠檬酸生产与出口大国，柠檬酸产量约占全球总量的 70%，总体技术水平处于全球领跑阶段。

柠檬酸生产方法以生物发酵法为主，采用表面固态发酵与深层液体发酵等不同发酵方式。目前，以黑曲霉（*Aspergillus niger*）进行深层液体发酵是柠檬酸生产的主流技术，全球 80%以上的柠檬酸由黑曲霉深层发酵获得。黑曲霉具有强大的胞外水解酶系可以高效转化复杂的碳源，实现柠檬酸的快速积累，以葡萄糖为底物，常规发酵水平可达到 170 g/L，糖酸转化率可达到 0.95 g/g（理论最大转化率为 1.067 g/g）。近年来，柠檬酸生产企业逐渐大型化与集约化，主要有山东英轩实业股份有限公司、日照金禾生化集团股份有限公司、山东柠檬生化有限公司、中粮生物科技股份有限公司、莱芜泰禾生化有限公司和江苏国信协联能源有限公司等核心生产企业。伴随产能过剩与市场竞争激烈，柠檬酸行业利润空间狭小，柠檬酸工业发酵强度的提升是解决整个柠檬酸产业困境的关键。为提升柠檬酸发酵工业经济性和绿色性，柠檬酸生产菌株的选育升级与发酵工艺优化是关键核心问题。

中国科学院天津工业生物技术研究所孙际宾与郑平研究团队和中粮生物科技股份有限公司合作研发，系统梳理传统柠檬酸生产工艺，发现并解决了关键核心问题，形成了一套绿色低碳柠檬酸生产新工艺。高产菌株选育是提升发酵性能的重要基础，但随着长期随机诱变，菌株发酵性能的提升进入难以突破的瓶颈期，针对这一问题，基于时间序列多组学整合分析，研究人员构建了黑曲霉柠檬酸发酵过程的动态代谢网络，全面解析了柠檬酸高产机理，利用首创的基于 CRISPR/Cas9（clustered regulatory interspaced short palindromic repeat/CRISPR-associated protein 9）系统的黑曲霉高效基因组编辑技术（Zheng et al.，2019）与丰富的基因调控元件验证高产假设，建立高效诱变定向筛选工业菌株育种策略，获得具有自主知识产权的柠檬酸高产新菌株，产酸水平提高 11.8%，糖酸转化率提高 11.63%。以玉米粉为原料的传统带渣发酵工艺存在能耗高、原料利用率低及产品质量差的问题，开发了淀粉乳清液发酵新工艺，通过工艺调整与优化，发酵周期缩短了 5 h 以上。最后，针对柠檬酸分离常用的钙盐提取法中碳酸钙与硫酸等辅料用量大、硫酸钙固废多等问题，开发了柠檬酸氢钙提取法，将传统工艺中"碱过量"改进为"碱适量"，新工艺的应用减少了 40%的碳酸钙和硫酸用量，相应减少了 40%的硫酸钙和二氧化碳排放量。该技术目前已在中粮生物科技股份有限公司与中粮生化能源（榆树）有限公司推广应用，产酸水平显著提高，能耗、粮耗及固废与二氧化碳的排放显著降低，为推动柠檬酸行业的绿色可持续发展及产业升级改造提供了有益的借鉴。

### 3.2.2 L-乳酸

L-乳酸（L-lactic acid），分子式为 $CH_3$—$CH(OH)$—$COOH$，是乳酸的一种旋光异构体。L-乳酸最重要的应用是合成生物可降解材料——聚 L-乳酸。L-乳酸的生产方式包括化学合成法、酶法和微生物发酵法。微生物发酵法因其生产成本低、工艺绿色环保等优势成为产业化主要方式。自然界中大部分微生物（如细菌、真菌和藻类）天然产 L-乳酸，但产率、生产速率和光学纯度较低，不适合产业化生产。经过工业化改造的微生物，如芽孢杆菌、大肠杆菌和一些非模式菌株，产 L-乳酸的效率和纯度得到极大的提升，实现了规模化发酵生产。

芽孢杆菌属于生物安全菌株，能在基础培养基上生长且底物利用范围广，具有耐高温等优点，成为生产 L-乳酸的适用菌株。2008 年，我国最大的 L-乳酸生产企业河南金丹乳酸科技有限公司（现名河南金丹乳酸科技股份有限公司）使用凝结芽孢杆菌 JD-76L 在国内率先实现了 L-乳酸的规模化生产，达到年产 10 万 t。随着研究进展，越来越多的芽孢杆菌正不断被发现和改造，并用于 L-乳酸生产。中国科学院微生物所马延和研究团队（Meng et al.，2012）从嗜碱湖中筛选得到了一株芽孢杆菌 WL-S20，优化发酵条件后产 L-乳酸 225 g/L，发酵液中检测不到 D-乳酸，糖酸转化率达到 0.993 g/g。通过代谢工程改造芽孢杆菌可以有效改善其生产 L-乳酸的效能和特性，美国弗吉尼亚理工大学张以恒研究团队（Zhang et al.，2011）在芽孢杆菌中过表达内切葡聚糖酶 BsCel5 的突变体，实现了工程菌直接发酵纤维素水解液生产 L-乳酸。随着合成生物学技术的不断进步和芽孢杆菌自身优良特性的进一步改造，未来芽孢杆菌将是生产 L-乳酸非常重要的工业菌种。

相对于芽孢杆菌，大肠杆菌作为一种模式微生物不仅具有生长快、底物利用范围广等优势，而且具有遗传背景清晰、遗传工具和操作简单、工业应用范围广等优点。大肠杆菌通常不能生产可检测到的 L-乳酸，只有通过理性设计和代谢工程改造才能获得生产 L-乳酸的工程菌。美国莱斯大学 Ramon Gonzalez 研究团队（Mazumdar et al.，2013）从一株生产 D-乳酸的工程菌出发，用牛链球菌来源的 L-乳酸脱氢酶替代自身 D-乳酸脱氢酶，通过阻断自身乳酸生产途径获得一株生产 L-乳酸的工程菌株。该菌株可以利用粗甘油直接生产 50 g/L 的 L-乳酸，转化率达到理论最高值的 93%（甘油产 L-乳酸的理论转化率为 0.98 g/g），光学纯度高达 99.9%。类似地，天津科技大学王正祥研究团队（田康明等，2013）将凝结芽孢杆菌来源的 L-乳酸脱氢酶基因整合到大肠杆菌中，失活大肠杆菌自身的 D-乳酸脱氢酶和竞争性代谢途径，以甘油为底物，27 h 产 L-乳酸 132.4 g/L，甘油到 L-乳酸转化率约 0.937 g/g，L-乳酸光学纯度达到 99.95%。中国科学院天津工业生物技术研究所张学礼研究团队（专利号：CN112852693B）在大肠杆菌 ATCC 8739 中创建了 L-乳酸合成途径，使 L-乳酸的生产和细胞的生长相偶联，利用代谢进化，获得一株耐高温产 L-乳酸工程菌，厌氧发酵，48 h 产 L-乳酸 150 g/L，糖酸转化率达 0.95 g/g，在发酵液中没有检测到 D-乳酸。通过合成生物学改造可以实现利用大肠杆菌高效生产 L-乳酸，基于大肠杆菌的优良性能和 L-乳酸的生产能力，未来使用大肠杆菌实现 L-乳酸的工业化生产也指日可待。

除芽孢杆菌和大肠杆菌外，利用酵母生产 L-乳酸也成为研究热点。相比细菌而言，大多数酵母如酵母属（*Saccharomyces*）、毕赤酵母属（*Pichia*）、克鲁维酵母属（*Kluyveromyces*）、假丝酵母属（*Candida*）、有孢圆酵母属（*Torulaspora*）和接合酵母属（*Zygosaccharomyces*）可以在 pH≤3 的酸性环境中正常生长，因此可以采用低 pH 发酵策略减少中和剂的用量从而降低生产成本。2008 年，国际乳酸供应巨头美国嘉吉公司首次成功实现酵母低 pH 发酵生产 L-乳酸（Miller et al.，2011）。该公司通过对分属于数百个属的约 1200 种酵母进行系统筛选，首先获得了对低 pH 和乳酸耐受能力较强的酵母菌株（具体种属并未公开）；随后通过敲除丙酮酸脱羧酶（pyruvate decarboxylase，PDC）并引入异源的 L-乳酸脱氢酶（L-lactate dehydrogenase，LDH）将野生型菌株改造成 L-乳酸生产底盘，使其能在 pH 3.0 的条件下经 40 h 发酵生产超过 130 g/L 的 L-乳酸。一些丝状真菌如曲霉属（*Aspergillus*）和红曲属（*Monascus*）也具有低 pH 发酵生产乳酸的潜力。2017 年荷兰瓦格宁根大学的科研人员报道了采用代谢工程改造的红色红曲霉（*Monascus ruber*）实现 L-乳酸的低 pH 发酵生产（Weusthuis et al.，2017），在 pH 2.8 的发酵条件下 L-乳酸产量达到 129 g/L，而在 pH 3.8 的条件下其产量超过了 190 g/L。

### 3.2.3  衣康酸

衣康酸（itaconic acid）又称甲叉琥珀酸、1-丙烯-2,3-二羧酸，分子式为 $HOOCCH_2$—$C(COOH)$＝$CH_2$。2004 年被美国能源部评选为 12 种最具发展潜力的生物基平台化合物之一。衣康酸广泛用于聚合物（如聚衣康酸、腈纶替代纤维等）或一些化学中间体（如苯乙烯、2-甲基-1,4-丁二醇、3-甲基四氢呋喃等）的生产。此外，由于具有一定的抗菌、抗肿瘤、抗炎、抗氧化等生物活性，衣康酸在医药领域也有一定应用。全球衣康酸的产量约为 40 000 t/年，平均价格为 2 美元/kg。目前衣康酸的生产主要通过土曲霉（*Aspergillus terreus*）和玉米黑粉菌（*Ustilago maydis*）发酵生产。土曲霉从 20 世纪 50 年代起就被用于生产衣康酸，其耐受低 pH 能力较强，衣康酸产量在 160 g/L 左右（DSM 23081 菌株），转化率可达理论值的 85%（葡萄糖产衣康酸的理论转化率为 0.72 g/g）（Teleky and Vodnar，2021）。而玉米黑粉菌是近十几年才新发展起来的生产宿主，野生型玉米黑粉菌耐受低 pH 能力以及衣康酸生产能力均较弱，但是通过菌种选育与代谢工程改造，这些缺陷都得到了较好的弥补。有研究表明敲除玉米黑粉菌丝状生长相关的 *ras2*、*fuz7* 和 *ubc3* 三个基因，可以使其具有类似酵母的形态，可在发酵过程中展现出更好的细胞均质性，菌丝不易缠绕成团影响搅拌和供氧。在玉米黑粉菌 MB215 菌株中敲除 *fuz7*，最终获得衣康酸产量高达 220 g/L（Hosseinpour Tehrani et al.，2019）。

土曲霉和玉米黑粉菌中衣康酸的合成途径均起始于 TCA 循环，所需的底物乌头酸需要由线粒体转运蛋白（土曲霉和玉米黑粉菌中分别为 MttA 和 Mtt1）介导由线粒体运输至细胞质中。在土曲霉中顺乌头酸由顺乌头酸脱羧酶（*cis*-aconitate decarboxylase，CadA）催化生成衣康酸。维持 CadA 的高水平表达对衣康酸的高产至关重要，有研究表明在黑曲霉中过表达土曲霉来源的 CadA 可显著提高衣康酸产量 3~5 倍。玉米黑粉菌中衣康酸合成途径略有不同，是通过联用乌头酸 δ-异构酶 1（aconitate-delta-isomerase 1，Adi1）和反式乌头酸脱羧酶 1（*trans*-aconitate decarboxylase 1，Tad1）催化顺乌头酸生成衣康酸。胞质中积累的衣康酸可进一步通过细胞膜上特异的转运蛋白（土曲霉和玉米黑粉菌中分别为 MsfA 和 Itp1）外排至胞外。转运系统对衣康酸的生产也极为关键，有研究表明在黑曲霉中同时过表达土曲霉来源的 MttA 和 MsfA 可显著提高衣康酸产量 20 倍。此外，衣康酸生产还受一些发酵因素的影响。例如，持续的氧气供应是必需的，氧气供应不足会降低 ATP 的浓度并影响 NADH 和 $NAD^+$ 之间的平衡，使得柠檬酸合成酶和磷酸果糖激酶的活性降低，最终导致衣康酸产量下降。发酵中 pH 变化也会影响衣康酸的生产，有研究表明将发酵 pH 维持在 3.0 左右有助于减少柠檬酸的形成，从而有助于代谢通量流向衣康酸。一些培养基中的关键组分也影响衣康酸的产量。例如，通过使用添加高浓度糖类且锰离子含量低于 3 μg/L 的培养基进行发酵，土曲霉可实现 130 g/L 的衣康酸产量。而在黑曲霉发酵体系中添加 0.02 mmol/L 的 $Cu^{2+}$ 或在玉米黑粉菌发酵体系中添加 75 mmol/L 的 $NH_4^+$ 均有助于衣康酸增产。此外，胞质中维持较低的丙酮酸羧化酶活性有助于丙酮酸流向 TCA 循环途径提供 ATP 和前体顺乌头酸，因此在培养基中添加 10 mmol/L L-天冬氨酸用于变构抑制丙酮酸羧化酶活性，也有助于提升衣康酸的产量（Zhao et al.，2018c）。

## 3.3　新型有机酸

新型有机酸包括：C2 有机酸如乙醇酸；C3 有机酸如 D-乳酸、3-羟基丙酸、丙二酸和丙酸；C4 有机酸如丁二酸、苹果酸、富马酸和丁酸；C5 有机酸如戊二酸；C6 有机酸如己二酸。

### 3.3.1　C2 有机酸：乙醇酸

乙醇酸（glycolic acid），又称为羟基乙酸、甘醇酸，分子式为 $HOCH_2COOH$，因分子中含有一个羟基和一个羧基，故兼有醇和酸的性质。以乙醇酸为原料可以生产聚乙醇酸（PGA）或聚乳酸-乙醇酸共聚物（PLGA）等新型材料。这些聚合材料具有优异的生物可降解性、生物相容性、耐热性、阻气性和机械强度，可用于生物医学领域：医用缝合线、药物控释载体、骨折固定材料、组织工程支架、缝合补强材料等；可用于食品领域：食品和饮料的包装材料、阻气包装材料；可用于农业领域：生物可降解地膜，是完全意义上的生物可降解塑料。以乙醇酸为原料的聚合材料，已经作为一种新型环保可降解材料受到国家政策的鼓励和支持。国内商业化的 PGA 和 PLGA 产品目前主要来源于进口，价格昂贵且产量较小。

乙醇酸的生产现阶段以工业路线为主，分传统工业路线和新工业路线。传统工业路线以氯乙酸或氯乙酸甲酯为原料，通过氢氧化钠碱性水解合成乙醇酸；或以甲醛为原料羰基化合成乙醇酸；或以甲醛和甲酸甲酯偶联合成乙醇酸等。传统工业路线对设备要求高，因此出现了新工业路线。新工业路线以煤基合成气制乙二醇中间产品草酸酯为原料，经过加氢精馏获取乙醇酸酯产品，再经过水解获取乙醇酸水溶液产品。

国外生产乙醇酸的主要厂家有美国杜邦公司、美国联合碳化物公司、德国赫司特公司和日本丸和公司；国内主要有上海浦景化工技术股份有限公司、北京化工厂有限责任公司、靖江宏泰化工有限公司、河北诚信集团有限公司。2015 年，上海浦景化工技术股份有限公司建成全球首套万吨煤基乙醇酸（酯），乙醇酸水溶液 8000 t/年。目前国际市场的年需求量约为 20 万 t。乙醇酸市场价格为 1.2 万元/t。乙醇酸全球市场价值为 2 亿美元左右。因此，乙醇酸具有极为重要的市场价值和开发潜力。

从生产方式看，化工路线生产乙醇酸对设备要求高，尤其是对环境污染十分严重，在国内外日益强调采用环境友好的生产方式下，开发新的绿色生物制造路线生产乙醇酸具有重要的社会意义。

微生物发酵法是乙醇酸生物制造最有产业化前景的方法。利用乙醛酸循环途径产生乙醛酸，在乙醛酸还原酶 YcdW 的作用下生成乙醇酸。研究人员以大肠杆菌为底盘细胞产乙醇酸的研究，获得了不同底物的大肠杆菌产乙醇酸细胞工厂。美国麻省理工学院 Stephanopoulos 研究团队，以五碳糖（木糖、L-阿拉伯糖）为底物，对大肠杆菌工程菌株 GA-10 进行分批发酵，能产乙醇酸 40 g/L，糖酸转化率达到 0.63 g/g（Pereira et al.，2016）；江南大学邓禹研究团队以葡萄糖为底物，对大肠杆菌工程菌株 EYX-2 用 5 L 发酵罐进行分批补料发酵，能产 65.5 g/L 乙醇酸，糖酸转化率为 0.79 g/g（Deng et al.，2018）；中国科学院天津工业生物技术研究所张学礼研究团队，以葡萄糖和乙酸为底物，对大肠杆菌工程菌株 NZ-G303 用 5 L 发酵罐进行分批补料发酵，能产 73.3 g/L 的乙醇酸，生产速率为 1.04 g/(L·h)，乙酸对乙醇酸的转化率为 0.85 mol/mol（1.08 g/g），葡萄糖对乙醇酸的转化率为 6.1 mol/mol（2.58 g/g），总碳摩尔转化率为 0.60 mol/mol，达到自然途径理论最大值的 80%（乙醇酸的理论最大碳摩尔转化率为 0.67 mol/mol）（Yu et al.，2020）。这些研究成果为乙醇酸的生物制造产业化之路奠定了基础，必将为聚乙醇酸材料产业的创新发展、产业转型升级形成发展新引擎。

### 3.3.2　C3 有机酸

#### 1. D-乳酸

D-乳酸（D-lactic acid），分子式为 $CH_3—CH(OH)—COOH$，D-乳酸和 L-乳酸同为乳酸的旋光异构体。D-乳酸的重要应用是合成生物可降解材料——聚 D-乳酸，聚 D-乳酸的物质性能如热特性要优于聚 L-乳酸，但生产成本高，高光学纯度的单体难以制备等问题限制了聚 D-乳酸的广泛应用。

自然界中有多种微生物如大肠杆菌、乳酸菌，都可以天然产 D-乳酸，但天然菌株的 D-乳酸产量很低，不能直接用于工业化生产。应用合成生物学的技术，将酵母菌、芽孢杆菌和大肠杆菌改造成 D-乳酸合成的细胞工厂。

同耐酸性酵母生产 L-乳酸类似，利用耐酸性酵母生产 D-乳酸也成为研究热点，主要原因是低 pH 发酵可以减少中和剂的用量从而降低了生产成本。天然的酵母并不能生产 D-乳酸，韩国科学技术院（Korea Advanced Institute of Science and Technology，KAIST）宋正勋研究团队从葡萄皮中分离了一种库德里阿兹威毕赤酵母（*Pichia kudriavzevii*），该酵母在低 pH 条件下生长良好（Park et al.，2018）。他们将来源于植物乳杆菌（*Lactobacillus plantarum*）的 D-乳酸脱氢酶（D-LDH）基因整合，替换丙酮酸脱羧酶 1（PDC1）基因，将乙醇发酵途径重定向到乳酸，并进行适应性驯化，获得的工程菌株 NG7 在 pH 3.6 和 4.7 条件下可以分别生产 135 g/L 和 154 g/L 的 D-乳酸，产率分别达到 3.66 g/(L·h) 和 4.16 g/(L·h)。芽孢杆菌也被改造为产 D-乳酸的工程菌。中国科学院马延和研究团队在嗜碱芽孢杆菌中整合来自德氏乳杆菌（*Lactobacillus delbrueckii*）的 D-乳酸脱氢酶基因，失活自身 L-乳酸脱氢酶，获得生产 D-乳酸的工程菌（Assavasirijinda et al.，2016）。以花生粉作氮源，在不灭菌条件下发酵，工程菌株 D-乳酸产量可达 144 g/L，糖酸转化率达到 0.96 g/g，光学纯度可达 99.85%。这种利用廉价资源在不灭菌条件下直接发酵的策略显著降低了发酵的成本，具有产业化应用优势。克雷伯菌能够以甘油为底物，中国科学院青岛生物能源与过程研究所赵广研究团队（Feng et al.，2014）在肺炎克雷伯菌（*Klebsiella pneumoniae*）中过表达 D-乳酸脱氢酶基因，敲除 *dhaT* 和 *yqhD* 中断了 1,3-丙二醇合成途径，获得的工程菌以甘油为底物，在微氧条件下，产 D-乳酸 142.1 g/L，转化率约 0.82 g/g，光学纯度接近 100%。克雷伯菌产 D-乳酸在光学纯度方面显示了其优越性。

高光学纯度 D-乳酸的发酵技术多年来一直被国际大公司垄断，如美国 NatureWorks 公司、荷兰 Purac 公司等，他们生产的 D-乳酸常自用生产聚乳酸。中国科学院天津工业生物技术研究所张学礼研究团队（专利号：US9944957B2）从一株野生型大肠杆菌出发，失活富马酸还原酶 Frd、丙酮酸甲酸裂解酶 PflB 和甲基乙二醛合成酶 MgsA，获得一株在厌氧条件下只生产 D-乳酸的工程菌。该菌株在厌氧发酵条件下传代 520 代后获得的工程 Dlac-012 可以生产 131.4 g/L 的 D-乳酸，转化率达到 0.94 g/g，并能耐受 14%的葡萄糖浓度。进一步在温度逐步提高的发酵条件下经过 360 代进化后获得的工程菌 Dlac-206 则能在 46℃发酵条件下利用葡萄糖厌氧发酵生产 D-乳酸，D-乳酸产量可达到 102 g/L，而转化率可达到 0.97 g/g，D-乳酸光学纯度高达 99.5%，完全满足聚乳酸聚合单体的需求。2014 年，来源于中国科学院天津工业生物技术研究所的大肠杆菌厌氧产 D-乳酸的技术与山东寿光巨能金玉米开发有限公司合作，建成万吨级生产线。该技术的产业化打破了国外公司长期以来在 D-乳酸发酵技术上的垄断，对我国可降解生物基塑料聚乳酸的快速发展和性能改进具有很好的促进和推进作用。

**2. 3-羟基丙酸**

3-羟基丙酸（3-hydroxypropionic acid），分子式为 $HOCH_2CH_2COOH$，与乳酸（2-羟基丙酸）为同分异构体。由于其羟基和羧基分别处于分子两端，化学性质与应用更为多样化。可用作生产聚 3-羟基丙酸胶黏剂、塑料袋、纤维、清洁剂和树脂材料等。还可作为丙二酸、1,3-丙二醇、丙烯酸、丙烯酸甲酯和丙烯酰胺等合成的原料。

目前 3-羟基丙酸主要采用化学法合成，如 β-丙内酯裂解法（催化 β-丙内酯转化为丙烯酸，再进一步水合催化合成 3-羟基丙酸）、丙烯酸水合法（丙烯酸水合催化为 3-羟基丙酸）和 β-羟基丙腈合成法（乙烯和氯气合成氯乙烯，再与水加成，氰化钠反应酸化获得 3-羟基丙酸）。由于原材料与催化剂成本高，催化条件复杂，生产成本高，目前暂未能实现大规模应用。

随着生物技术的发展，3-羟基丙酸的生物合成途径目前已经得到了较为清晰的解析和开发。目前主要分为甘油脱水氧化途径、丙二酸单酰辅酶 A 还原途径和 β-丙氨酸脱氨还原途径。

在甘油脱水氧化途径中，甘油先被甘油脱水酶转化为 3-羟基丙醛，再由丙醛脱氢酶将 3-羟基丙醛转化为 3-羟基丙酸。在这一途径中，甘油脱水酶所需关键辅酶维生素 $B_{12}$ 的合成与 3-羟基丙醛的耐受力和转化速度是代谢过程的关键。在自然界中，肺炎克雷伯菌由于天然拥有甘油脱水能力，且自身能合成维生素 $B_{12}$，是最为适合生产 3-羟基丙酸的菌株，并且获得了最高的 3-羟基丙酸生产指标。北京化工大学田平芳研究团队改造肺炎克雷伯菌 DSM 2026，使 3-羟基丙醛的产量达到 102.61 g/L，是迄今为止生产 3-羟基丙酸的最高产量（Zhao et al.，2019）。

丙二酸单酰辅酶 A 还原途径是先将糖酵解或脂肪酸代谢产物乙酰辅酶 A 羧化为丙二酸单酰辅酶 A，再进一步还原为 3-羟基丙酸。由于该条合成途径较长，设计步骤较多，又存在乙酰辅酶 A 羧化及酰基辅酶 A 还原等多个限速步骤，所能达到的最大产量相对甘油途径较低。中国科学院青岛生物能源与过程研究所赵广研究团队对丙二酸单酰辅酶 A 还原酶的结构域进行改造，增加了其催化活性，使 3-羟基丙酸的产量可以达到 40.6 g/L（Liu et al.，2016）。

β-丙氨酸脱氨还原途径是 β-丙氨酸转氨酶将 β-丙氨酸先转化为丙二酸半醛，再通过醛脱氢酶的还原作用将醛基还原为羟基进而合成 3-羟基丙酸。韩国科学技术研究院 San Yup Lee 研究团队在大肠杆菌中实现了这一代谢过程，并获得了 31.1 g/L 的产量（Song et al.，2016）。

除从头合成途径外，全细胞催化也在 3-羟基丙酸的合成中取得了一些进展。中国科学院天津工业生物技术研究所朱敦明和吴洽庆研究团队（Yu et al.，2016）发现了一种丙腈水解酶，可以将 3-羟基丙腈转化为 3-羟基丙酸，通过固定化细胞的方法获得了 184.7 g/L 的 3-羟基丙酸。由于原料价格较为昂贵，在生产 3-羟基丙酸方面暂无实用价值。

目前，由于其他途径在原料成本、代谢途径简洁性、限制酶等方面还存在或多或少的问题，甘油脱水氧化途径仍然是最为合理的生物合成途径。

### 3. 丙二酸

丙二酸（propanedioic acid），化学式为 $HOOCCH_2COOH$，又称缩苹果酸，以钙盐形式存在于甜菜根中，甜菜制糖的浓缩罐里沉积的水垢即丙二酸钙。丙二酸分子中的亚甲基受两个羧基的活化，可发生多种类型的反应。丙二酸及其酯在工业上主要用于香料、黏合剂、树脂添加剂、医药中间体、电镀抛光剂、爆炸控制剂、热焊接助熔添加剂等方面；在医药工业中用于生产鲁米那、巴比妥、维生素 $B_1$、维生素 $B_2$、维生素 $B_6$、苯基保泰松、氨基酸等。

工业上常用水解氰乙酸或丙二酸二乙酯的方法制备丙二酸。但由于化学法往往伴随着较大的环境污染，目前比较推崇采用微生物发酵法进行生产。2016 年，韩国科学技术研究院 Sang Yup Lee 研究团队报道了通过 β-丙氨酸途径在大肠杆菌中合成了丙二酸（Song et al.，2016），但产量太低（3.6 g/L），没有产业化价值。目前生物基丙二酸产业化方向的专利基本都属于美国 Lygos 公司。2015 年，Lygos 公司依托劳伦斯伯克利国家实验室的先进生物燃料工艺示范装置（advanced biofuels process demonstration unit，ABPDU），以生物质来源的糖类为原料，成功实现了丙二酸的大规模代发酵生产。这项生产丙二酸的新技术比现有工业技术成本更低、能耗更少，还减少了二氧化碳排放。

丙二酸不是生物体天然存在的化合物，因此必须设计人工合成途径才能实现丙二酸的生物合成。目前丙二酸生物合成较成功的策略是采用酵母以葡萄糖为碳源进行从头合成。葡萄糖首先通过糖酵解途径合成丙酮酸，进一步形成乙酰 CoA。乙酰 CoA 在有 ATP 和 $HCO_3^-$ 的条件下，被乙酰 CoA 羧化酶（EC 6.4.1.2）催化形成丙二酰-CoA。在生物体中，丙二酰-CoA 参与脂肪酸和聚酮的合成。在脂肪酸合成中，它为脂肪酸提供二碳单位，并将二碳单位添加到延长中的脂肪酸碳链中。丙二酰-CoA 是一个具有高度调节性的分子，例如，它可以抑制脂肪酸 β-氧化中限速步骤。丙二酰-CoA 也可以抑制脂肪酸与肉碱相结合，因此阻止了脂肪酸进入可发生脂肪酸氧化及降解的线粒体中。丙二酸的细胞毒性较大，因为其作为琥珀酸脱氢酶复合体的竞争性抑制剂，过多积累会中断 TCA 循环，因此细胞通常会借助丙二酰-CoA 合成酶将丙二酸转化为丙二酰-CoA。自然界中丙二酰-CoA 水解酶（EC 3.1.2.X）并不常见，因此丙二酸产业化的核心问题是创建出人工设计的高效的丙二酰-CoA 水解酶，用以催化丙二酰-CoA 转化成丙二酸。Lygos 公司研发人员创造性地通过筛选了不同的功能类似的乙酰 CoA 水解酶和乙酰基转移酶，并通过理性设计突变酿酒酵母（*Saccharomyces cerevisiae*）EHD3（EC 3.1.2.4）（E124 to S，T，H，K，R，N，Q）获得了人工设计的具有较好丙二酰-CoA 水解酶活性的酶。为了进一步提升酵母菌株生产丙二酸的能力，Lygos 公司研发人员还进行了一系列的改造优化工作，例如，EHD3 野生型定位在线粒体中，但丙二酰-CoA 同时存在于线粒体和胞质中，因此通过将 EHD3 重新定位于胞质中提高丙二酸的产量。此外，通过筛选了不同微生物来源的 EHD3 同源蛋白，采用不同表达质粒以及优化 kozak 序列来提升 EHD3 的表达。进一步地，通过突变酿酒酵母细胞 SDH1 亚基的 E300、R331 和 R442 位点解除了丙二酸对琥珀酸脱氢酶复合体的抑制作用，增强了宿主细胞的活力。最后，还通过对乙酰 CoA 供给途径的优化以及将可以结合丙二酸的 MdcY 转录因子开发成为丙二酸的生物传感器（biosensor），进一步提升了酵母细胞生成丙二酸的能力。根据 Lygos 公司专利（专利号：US20200399666A1）报道，酿酒酵母 LYM004 菌株发酵罐发酵 216 h 后，产量可达 12 g/L，生物量 $OD_{600nm}$ 约为 52.1。

### 4. 丙酸

丙酸（propionic acid），分子式为 $CH_3CH_2COOH$，主要用作食品添加剂、饲料保存剂和谷物保存剂，其衍生物广泛用于染料、香料、化妆品和医药行业。

当前，丙酸主要通过石化路线合成，包括雷帕法、丙醛氧化法和乙醇羰基化法。生产主要集中在国外，包括美国、德国、英国、日本和南非，其总的年生产能力约为 26.7 万 t，年产量 22 万 t。其中，美国（Eastman Chemical 公司、Union Carbide 公司）和德国（BASF 公司）是丙酸的生产大国，其产量约占世界丙酸产量的 90%。我国的丙酸年产量约 200 t，主要依赖于进口。

天然的丙酸生物合成路线有两条：羧基转移酶循环（又称 Wood-Werkman）途径和丙烯酸途径。羧基转移酶循环途径存在于丙酸菌中，如费氏丙酸杆菌（*Propionibacterium freudenreichii*）、产丙酸丙酸杆菌（*Propionibacterium acidipropionici*）和特氏丙酸杆菌（*Propionibacterium thoenii*）。羧基转移酶循环途径依次形成丁二酸、丁二酰 CoA、R-甲基丙二酸单酰 CoA、S-甲基丙二酸单酰 CoA 和丙酰 CoA，丙酰 CoA 在丙酰 CoA：丁二酰 CoA 转移酶的作用下将 CoA 转移给丁二酸的同时形成丙酸。美国陶氏环球技术有限责任公司（专利号：WO2014/099707 A2）改造的费氏丙酸杆菌，其丙酸产量达到 10 g/L。生物丙烯酸途径仅存在于少数微生物中，如丙酸梭菌（*Clostridium propionicum*）、埃氏巨球型菌（*Megasphaera elsdenii*）和反刍瘤胃亚菌（*Prevotella ruminicola*）。丙烯酸途径依次形成 D-乳酸、D-乳酰 CoA、丙烯酰 CoA 和丙酰 CoA，最后在 CoA 转移酶的作用下合成丙酸。然而，天然产丙酸的微生物对生长的营养需求非常严格，缺乏成熟的遗传操作工具，难以通过改造获得高产菌株。因此，印第安纳大学生物技术研究中心的 Ramalingam 研究团队（Kandasamy et al., 2013）从大肠杆菌出发，将丙酸梭菌中的丙烯酸途径（丙酸辅酶 A 转移酶 Pct、乳酰辅酶脱水酶 Lcd 和丙烯酰辅酶 Acr）引入大肠杆菌，丙酸的产量不到 0.3 g/L，这主要是由于外源基因元件和途径不适配，特别是丙烯酰辅酶 Acr 的活性低造成的，解决这些问题，将有助于提高丙烯酸途径在大肠杆菌中的产量。

另外，研究人员在大肠杆菌中发现一条类似羧基转移酶循环合成丙酸的途径，该途径由 Sbm（sleeping beauty mutase）操纵子组成，在大肠杆菌中基本不表达。Sbm 操纵子含有四基因 *sbm-ygfD-ygfG-ygfH*，*sbm* 编码甲基丙二酰-CoA 突变酶，催化丁二酰 CoA 转化为甲基丙二酸单酰 CoA；*ygfG* 编码非生物素依赖性的甲基丙二酰-CoA 脱羧酶，催化（*2R*）-甲基丙二酸单酰 CoA 脱羧形成丙酰 CoA，*ygfH* 编码丙酰 CoA：丁二酸 CoA 转移酶，将丙酰 CoA 的 CoA 转移至丁二酸同时生成丙酸；*ygfD*，功能未知，推测编码蛋白激酶，参与 Sbm 途径调控。Miscevic（2020）通过激活 Sbm 途径，失活丁二酸脱氢酶 *sdhA* 基因及异柠檬酸裂解酶调控 *iclR* 基因，得到的大肠杆菌工程菌株 CPC-SbmΔsdhAΔiclR，以甘油为底物的无机盐批次发酵，能产丙酸 30.9 g/L，转化率达到 0.404 g/g。这是目前以大肠杆菌为底盘的最高丙酸产量。

### 3.3.3　C4 有机酸

#### 1. 丁二酸

丁二酸（succinic acid），分子式为 HOOCCH$_2$CH$_2$COOH，是一种四碳二羧酸，是一种优秀的平台化合物，被美国能源部列为未来 12 种最有价值的平台化合物之一，其可以衍生出很多下游产品，如 1,4-丁二醇、四氢呋喃、γ-丁内酯、N-甲基吡咯烷酮、2-吡咯烷酮。大约有 250 种可以用苯为原料生产的化工产品都可以通过丁二酸为原料生产。此外，丁二酸还是生产聚丁二酸丁二醇酯（PBS）全生物降解塑料的关键原料。市场潜力达 160 亿美元/年。目前其生产都是基于以顺酐为原料的石化路线，成本高、能耗高、污染大。

产丁二酸发酵菌种主要有两大类。第一类是天然产丁二酸菌，主要有产丁二酸放线杆菌（*Actinobacillus succinogenes*）、产丁二酸厌氧螺菌（*Anaerobiospirillum succiniciproducens*）、产丁二酸曼海姆菌（*Mannheimia succiniciproducens*）。另一类是通过代谢工程改造的工程菌，包括大肠杆菌和酿酒酵母。

天然产丁二酸菌在糖发酵过程中能够积累高浓度的丁二酸。产丁二酸能力最强的天然菌是放线杆菌。Guettler 等（1996a）分离得到的产丁二酸放线杆菌 130Z 菌株，利用 98.3 g/L 的葡萄糖发酵 84 h 可生产 66.4 g/L 的丁二酸。在此基础上，他们筛选出对单氟乙酸有很好抗性的突变菌，降低了副产物乙酸和甲酸的含量，进一步提高了丁二酸在发酵产物中的比例。在最适条件下，该突变菌株的丁二酸产量可以达到 80~110 g/L，发酵时间 48 h，糖转化率达 0.9 g/g。

天然产丁二酸菌虽然能够高产丁二酸，但其自身有很多缺陷。发酵过程中，糖酸转化率最多只有 0.9 g/g（理论最高值为 1.12 g/g），有相当一部分碳源流向其他有机酸的合成途径。另外，天然产丁二酸菌发酵过程中需要丰富的培养基，从而提高生产成本和下游分离纯化成本，限制了其大规模工业化生产。大肠杆菌在糖发酵过程中虽然只积累少量的丁二酸，但由于其生理遗传背景都很清晰，易于改造。在改造大肠杆菌生产丁二酸方面，美国佛罗里达大学 Ingram 研究团队通过敲除 *adhE*、*ldhA*、*ackA*、*pflB*、*mgsA*、*poxB*、*tdcDE*、*citF*、*aspC*、*sfcA*、*pta* 基因，构建出的工程菌 KJ134 在厌氧条件下可以生产 83 g/L 的丁二酸，糖酸转化率达到 0.92 g/g（Jantama et al.，2008a，b）。中国科学院天津工业生物技术研究所张学礼研究团队用 C5 磷酸戊糖途径替代 C6 糖酵解途径，增强了葡萄糖代谢的还原力供给量，解决了丁二酸合成途径中还原力不足的问题，显著提高了丁二酸的糖酸转化率，构建出高效生产丁二酸的细胞工厂 HX024（Zhu et al.，2014）。工程菌株 HX024 在 300 m³ 发酵罐上，发酵 36 h 内，丁二酸产量达 100 g/L，糖酸转化率达 1.02 g/g，糖酸转化率指标达到目前国际最高水平。中国科学院天津工业生物技术研究所与山东兰典生物科技股份有限公司合作，目前，该公司建成了年产 2 万 t 丁二酸的规模化生产线，在国内首次实现了发酵法生产丁二酸的产业化，生产成本比传统石化路线降低 20%。该技术对降低丁二酸制造成本，摆脱石油资源依赖，促进可降解塑料产业推广有重要的意义。

利用耐酸性酵母菌生产丁二酸，可以减少中和剂的使用，有效降低生产成本，除大肠杆菌外，酵母菌也常被改造成丁二酸生产菌株，这主要是因为酵母菌具有耐酸的特性，在发酵生产时可以不用或少用中和剂，能有效降低成本。用于生产丁二酸的酵母菌株有解脂耶氏酵母（*Yarrowia lipolytica*）、酿酒酵母、和库德里阿兹威毕赤酵母。解脂耶氏酵母是一种非模式酵母，属于 Crabtree negative 菌株，中断丁二酸向富马酸的转化，即可利用 TCA 氧化途径合成丁二酸。山东大学祁庆生研究团队失活解脂耶氏酵母丁二酸脱氢酶（SucDH）和乙酰辅酶 A 水解酶，过表达琥珀酰辅酶 A 合酶 β 亚基和酿酒酵母丙酮酸羧激酶，创建的工程菌株 PGC202 在以甘油为底物、不添加中和剂条件下，丁二酸产量达到 110.7 g/L，转化率达到 0.53 g/g，生产速率为 0.80 g/(L·h)，最终 pH 仅为 3.4（Cui et al.，2017）。酿酒酵母为模式酵母，属于 Crabtree positive 菌株，中断 TCA 中的基因，在有氧条件下，酿酒酵母通过 TCA 的氧化支路合成丁二酸，而在厌氧条件下，则通过 TCA 的还原支路合成丁二酸，还原支路的丁二酸产量和转化率要优于氧化支路生产丁二酸。利用 TCA 还原支路产丁二酸的策略，Reverdia 公司（荷兰皇家帝斯曼与法国罗盖特集团合资企业）创建了酿酒酵母产丁二酸细胞工厂（专利号：US20150057425A1），在 pH3.0 的条件下丁二酸产量为 43 g/L，该公司于 2011 年在意大利卡萨诺斯皮诺拉建立了 1 万 t 的生产线，现已投入运营。

相比于酿酒酵母和解脂耶氏酵母，库德里阿兹威毕赤酵母的耐酸性更好，其在含 150 g/L 丁二酸（pH2.5～2.8）的培养基上生长良好，因此，该菌株低 pH 发酵生产丁二酸具有更好的前景。美国 Bioamber 公司（专利号：WO2014018757A1）在库德里阿兹威毕赤酵母细胞质中构建了 TCA 还原支路，过表达了可溶性吡啶核苷酸转氢酶，得到的工程菌株以葡萄糖为碳源，在 1.28 g/L 碳酸钙为中和剂条件下，丁二酸的产量达到 89 g/L，糖酸转化率为 0.799 g/g，生产速率为 0.93 g/(L·h)。利用库德里阿兹威毕赤酵母生产丁二酸技术，Bioamber 公司于 2014 年建成了年产 3 万 t 的生物基丁二酸工厂。

### 2. 苹果酸

苹果酸（malic acid），又名 2-羟基丁二酸，分子式为 $HOOCCH_2$—$CH(OH)$—$COOH$，因为其分子中含有一个非对称性碳原子，所以具有两种立体异构体（L 型和 D 型）。天然存在的苹果酸都是 L 构型的，广泛存在于各类水果、蔬菜中，尤其在未成熟的苹果中含量最多（其苹果总酸中的占比可达 97.2%）。L-苹果酸是生物体中 TCA 循环的中间产物，可被人体很好地吸收利用，因此常作为酸味调节剂、保鲜剂和抗氧化剂广泛应用于食品行业。此外，在医药保健行业，L-苹果酸可作为抗癌药物前体、血管吻合剂，同时还可以配合各种片剂使其具有水果味，并有助于在体内扩散、吸收。在化工行业，L-苹果酸是良好的络合剂、酯剂，用于牙膏配方、合成香料配方等，还可以作为除臭剂和工业洗涤剂的成分。2004 年，美国能源部将 L-苹果酸列为 12 种生物合成的大宗化学品之一，其市场年需求量在 6 万～20 万 t 之间。2019 年，全球苹果酸市场规模达到了 3.1 亿美元，预计 2026 年将达到 3.83 亿美元，年均复合增长率（CAGR）为 3.21%。D-苹果酸的生理活性低，人体内积累过量的 D-苹果酸时会产生病变，其每天摄入量限定为 0～100 mg/kg，婴幼儿不建议使用。D-苹果酸天然并不存在，通过化学法，以延胡索酸或马来酸为原料，在高温高压条件下合成。

苹果酸的工业生产方式包括化学催化法、酶催化法和微生物发酵法。化学催化法工业上采用顺酐为原料，通过高温高压将其水合得到混合型 DL-苹果酸。该方法技术成熟简单，是目前生产苹果酸的主要方法，国际上主要的苹果酸供应商如扶桑化学工业株式会社（Fuso Chemical Co.，Ltd.）、巴泰克原料公司（Bartek Ingredients Inc.）、伊塞根南非公司[Isegen South Africa(Pty) Ltd.]、波林-雷奇霍尔德集团（Polynt-Reichhold Group）和提鲁马莱化学有限责任公司（Thirumalai Chemicals Ltd.）等，以及国内企业如常茂生物化学工程股份有限公司、安徽雪郎生物科技股份有限公司均采用此方法生产 DL-苹果酸。DL-苹果酸可进一步拆分提纯获得 L-苹果酸，但工艺严苛、提纯成本高并不适于规模化生产。

酶催化法主要通过固定化富马酸酶或细胞将富马酸转化为 L-苹果酸，所用固定化的细胞有产氨短杆菌（*Brevibacterium ammoniagene*s）、黄色短杆菌（*Brevibacterium flavum*）、皱褶假丝酵母（*Candida rugosa*）等，该方法的优点是产物单一性好、L-苹果酸转化率高；缺点是原料成本较高、酶的半衰期短。国内酶催化法生产苹果酸技术起步较晚，产业化应用案例还较为少见。微生物发酵法是一种通过微生物代谢简单碳源从头合成 L-苹果酸的工艺。一些丝状真菌天然具有积累和分泌 L-苹果酸的能力，因此最先被用于发酵法生产。1962 年，日本协和发酵工业株式会社尝试利用野生型黄曲霉（*Aspergillus flavus*）、寄生曲霉（*Aspergillus parasiticus*）、米曲霉（*Aspergillus oryzae*）发酵葡萄糖生产 L-苹果酸，其中黄曲霉在添加中和剂 $CaCO_3$ 的发酵条件下 L-苹果酸的产量可达 58.4 g/L（专利号：US3063910A）。1991 年，以色列希伯来大学 Goldberg 研究团队通过优化转速、$Fe^{2+}$、氮和磷源浓度等发酵条件，将黄曲霉在 12% $m/V$ 葡萄糖和 9% $m/V$ $CaCO_3$ 条件下发酵 8 天生产 L-苹果酸（产量达到 113 g/L，糖酸转化率为 0.94 g/g），并证明了曲霉中 L-苹果酸主要由三羧酸循环的还原支路（rTCA）生成（Battat et al.，1991）。2017 年，江南大学刘龙研究团队（Liu et al.，2017）在米曲霉 NRRL 3488 菌株中通过构建 rTCA 途径，过表达米曲霉和粟酒裂殖酵母（*Schizosaccharomyces pombe*）来源的 C4 二羧酸转运蛋白（C4T318 和 SpMAE1），并增强糖酵解途径关键限速酶 6-磷酸果糖激酶基因 *pfk* 的表达，最终得到的工程菌株在 3 L 发酵罐中补料发酵 120 h 后 L-苹果酸产量达到 165 g/L，生产速率达到 1.38 g/(L·h)。此外，随着近些年合成生物学和代谢工程的兴起，一些非天然高效分泌 L-苹果酸的丝状真菌也通过改造用于 L-苹果酸生产。2019 年，中国科学院天津工业生物技术研究所田朝光研究团队借助代谢工程手段在嗜热毁丝霉（*Myceliophthora thermophila*）中搭建基于 rTCA 途径的 L-苹果酸合成途径，并实现用微晶纤维素作为碳源高效合成 L-苹果酸，5 L 发酵罐补料发酵产量可达 181 g/L，转化率为 1.1 g L-苹果酸/g 微晶纤维素（Li et al.，2020）。2020 年，天津科技大学刘浩研究团队成功将黑曲霉改造成 L-苹果酸生产菌株。该团队一方面通过过表达葡萄糖转运蛋白 mstC 基因以及数个糖酵解途径中催化不可逆反应的关键酶编码基因（己糖激酶 hxkA、6-磷酸果糖激酶 pfkA 和丙酮酸激酶 pkiA），增强了糖酵解途径的代谢通量进而提升了 L-苹果酸的产量（Xu et al.，2020）；另一方面通过敲除柠檬酸转运蛋白 cexA 基因，有效去除了副产物柠檬酸的积累。最终得到黑曲霉工程菌株 S1149，以葡萄糖为碳源发酵 8 天（pH＞6.0），L-苹果酸的产量达到 201.13 g/L，糖酸转化率 1.22 g/g。虽然丝状真菌发酵可以实现较高的 L-苹果酸产量，但也存在一些问题，例如，丝状真菌生长缓慢，遗传改造复杂耗时，在液态深层发酵过程中细胞形态均质性差、机械剪切力耐受性低，菌丝容易结团使发酵过程难以控制。此外，一些真菌菌株自身还带有真菌毒素（如黄曲霉毒素），存在潜在的安全风险。

酵母相比丝状真菌生长更为快速，易于遗传改造，是理想的生产菌株。目前一些酵母菌株，如酿酒酵母、鲁氏接合酵母（Zygosaccharomyces rouxii）、黑酵母菌（Aureobasidium pullulans）已经可以实现较高产量的 L-苹果酸生产。Zelle 等（2008）在酿酒酵母中失活丙酮酸脱羧酶 PDC1/5/6、过表达自身的丙酮酸羧化酶 PYC2、去除信号肽的苹果酸脱氢酶 MDH3 和来源于粟酒裂殖酵母的二羧酸转运蛋白 MAE1，在 188 g/L 葡萄糖和 150 g/L $CaCO_3$ 条件下，发酵 196 h 后，L-苹果酸产量为 59 g/L，糖酸转化率为 0.31 g/g。利用低 pH 酵母菌生产 L-苹果酸，能有效降低中和剂碳酸钙的使用，简化下游分离纯化的流程，降低生产成本。中国科学院天津工业生物技术研究所张学礼研究团队成功开发了低 pH 生产 L-苹果酸的库德里阿兹威毕赤酵母细胞工厂（Xi et al.，2023）：首先，在库德里阿兹威毕赤酵母中创建 rTCA 途径，失活副产物乙醇和甘油途径的关键酶；然后，过表达外排苹果酸的转运蛋白 SpMAE1 和来源于大肠杆菌的可溶性吡啶转氢酶 SthA，激活磷酸戊糖途径以增加辅因子 NADH 的供给，通过代谢物组分析证明加强辅因子 NADH 供给是菌株在低 pH 条件下发酵生产 L-苹果酸的关键；最后，创建的毕赤酵母工程菌株在含 20% 葡萄糖和 7% $CaCO_3$ 的 5 L 罐批次发酵 107 h，苹果酸的产量和转化率分别达到 199.4 g/L 和 0.94 g/g，pH 低至 3.1，中和剂使用量较传统中性发酵减少 53.3%。该研究成果首次在低 pH 酵母中实现 L-苹果酸的生产。

### 3. 富马酸

富马酸（fumaric acid），又名延胡索酸、紫堇酸或地衣酸，分子式为 $HOOCCH=CHCOOH$，是最简单的不饱和二元羧酸。富马酸（反丁烯二酸）与马来酸（顺丁烯二酸）互为几何异构体，富马酸加热至 250～300℃ 转变成马来酸。富马酸由于分子中包含一个碳碳双键和两个羧酸基团，很容易地被酯化和聚合，在工业上多用于生产聚酯树脂、增塑剂和媒染剂。此外，由于富马酸是生物体中 TCA 循环的中间体之一，无毒且具有独特的水果风味，因而被广泛用于食品酸剂和饮料成分。富马酸全球年需求量超过 30 万 t。

市售富马酸主要通过化工法合成，即在矿物酸、过氧化合物或硫脲的催化下，马来酸异构化生成富马酸。该方法属于传统的石化路线，工艺成熟且产量高，不足之处在于需要高温反应条件，耗能较大且伴有副产物生成。微生物发酵生产富马酸相比传统石化工艺更加环境友好且可持续性较好，展示出了良好的应用前景。

微生物可通过三条代谢途径合成富马酸。第一条是 TCA 循环的还原性支路，这条途径被认为是富马酸积累的一个最为有效的途径，其最大的理论糖酸转化率可达 1.28 g/g。在这条代谢途径中，糖酵解途径产生的丙酮酸首先被胞质中的丙酮酸羧化酶（PYC）催化，在 ATP 和 $CO_2$ 的参与下，丙酮酸发生羧化反应生成草酰乙酸。随后，草酰乙酸在苹果酸脱氢酶（MDH）和富马酸酶（FUM）的作用下，将草酰乙酸转化为富马酸。值得注意的是，米根霉（*Rhizopus oryzae*）来源的富马酸酶具有较为独特的酶学催化性质，其催化富马酸到 L-苹果酸的活性可以被 2 mmol/L 富马酸完全抑制，因此过表达米根霉来源的富马酸酶可有效促进富马酸的积累。此外，限制氮源也被发现有助于提升胞质中富马酸酶的催化活性。有研究表明，当尿素浓度从 2.0 g/L 降低到 0.1 g/L 时，胞质中富马酸酶的活性可迅速提高 300%。第二条途径是氧化型 TCA 循环。在这个途径中，丙酮酸被丙酮酸脱氢酶（PDH）转化为乙酰 CoA 后进入 TCA 循环，最终生成的中间产物琥珀酸在琥珀酸脱氢酶的催化下合成富马酸。由于 $CO_2$ 的释放，理论糖酸转化率为 0.64 g/g。氧化型 TCA 循环途径生成的富马酸很难积累，因为其很快会被代谢用于生物质的合成。通常情况富马酸会被线粒体中的富马酸酶快速催化为 L-苹果酸，敲除富马酸酶是实现富马酸的有效积累常用手段。原核生物中还存在富马酸还原酶，可催化富马酸生成丁二酸，因此原核生物的氧化型 TCA 循环途径若要积累富马酸需同时敲除富马酸酶和富马酸还原酶。第三条途径是乙醛酸支路，即 TCA 循环中形成的异柠檬酸在异柠檬酸裂解酶的作用下被分解为琥珀酸和乙醛酸，随后乙醛酸与乙酰 CoA 在苹果酸合成酶的催化下合成 L-苹果酸，L-苹果酸可进一步催化合成富马酸。乙醛酸支路的理论糖酸转化率同样为 0.64 g/g，但由于代谢途径较短，因而相比氧化型 TCA 循环途径具有一定优势。不足之处在于乙醛酸支路的关键酶异柠檬酸裂解酶的活性容易被糖酵解的产物磷酸烯醇式丙酮酸（PEP）所抑制，因此这条途径较难在用葡萄糖做碳源时激活。

细菌丝状真菌和酵母均可作为富马酸生成的微生物底盘。目前以大肠杆菌为代表的细菌微生物生产富马酸的最佳案例是采用甘油作为碳源，并通过还原性 TCA 途径厌氧发酵生产富马酸。通过敲除三个富马酸酶基因 *fumABC* 实现富马酸的初步积累，进一步过表达磷酸烯醇式丙酮酸羧化酶基因 *ppc* 或乙醛酸支路操纵子 *aceBA* 来有效地减少乙酸盐副产物合成，提高富马酸产量，最终富马酸产量达到 41.5 g/L，转化率约为理论转化率的 70%（甘油产富马酸的理论转化率为 1.12 g/g），生产速率为 0.51 g/(L·h)（Li et al.，2014）。丝状真菌中米根霉是研究较多的富马酸生产底盘，浙江大学徐志南研究团队通过 UV 诱变得到产量最高的菌株 ZJU11，在以 85 g/L 葡萄糖作为碳源的条件下通过摇瓶发酵可以生产出 57.4 g/L 的富马酸（Huang et al.，2010）。此外，在米根霉中过表达内源的 Ppc 和 Pyc 有助于提升富马酸的积累，暗示出米根霉中天然存在较为高效的还原性 TCA 途径。除了米根霉以外，嗜热毁丝霉也成功用于富马酸的生产。中国科学院天津工业生物技术研究所田朝光研究团队通过引入克鲁斯氏念珠菌（*Candida krusei*）来源的富马酸酶，并敲除线粒体上的 L-苹果酸转运蛋白 MOC 以及过表达 C4-二羧酸转运蛋白 Mtsfc，实现了富马酸的有效积累（发酵罐产量 17 g/L）（Gu et al.，2018）。相比于细菌和丝状真菌，酵母具有细胞发酵均质性好和耐 pH 属性优良的特性。目前酵母发酵富马酸的最佳案例来自江南大学刘立明研究团队，他们通过代谢工程改造酿酒酵母获得的 TGFA091-16 菌株，其摇瓶发酵产量可达 33 g/L，产量约为 0.33 g/g 葡萄糖（Chen et al.，2016）。

### 4. 丁酸

丁酸（butyric acid），分子式为 $CH_3CH_2CH_2COOH$，是一种脂肪族短链脂肪酸，广泛应用于农业、工业、医药和食品等行业。丁酸盐可替代抗生素添加到饲料中，通过抗炎作用改善动物肠道健康，提高饲养产出；作为精细化工品原料，可以生产醋酸丁酸纤维素聚合物用于薄膜制造；作为医药前体，可以生产 γ-氨基丁酸，γ-氨基丁酸作为神经抑制剂改善睡眠；与醇形成酯类如丁酸甲酯，具有苹果香，可作为调味剂用于食品行业。丁酸的全球市场需求在 3.3 亿美元以上（https://www.marketsandmarkets.com/Market-Reports/butyric-acid-market-76962011.html），并以 14% 的年复合增长率增长，市场价格约 1.5 万元/t。目前，丁酸的大规模生产以石油基化学合成法为主，包括正丁醛氧化法和丙烯羰基合成法。生产企业主要有德国赫斯特股份有限公司和美国伊士曼化学有限公司，而国内有数十家企业，生产规模小，产品质量还有待提高，所以还是以进口为主。

丁酸梭菌（*Clostridium butyricum*）是产丁酸的天然微生物，丁酸的生物合成途径如下：葡萄糖经过糖酵解途径产生丙酮酸，丙酮酸在还原酶或裂解酶的作用下生成乙酰 CoA；两分子的乙酰 CoA 缩合并脱去一个辅酶 A 生成乙酰乙酰 CoA；接着在脱氢酶的催化下生成 3-羟基丁酰 CoA；再由脱水酶催化生成巴豆酰 CoA；再一次脱氢形成关键前体丁酰 CoA；丁酰 CoA 脱去 CoA 形成丁酸。

华南理工大学王菊芳研究团队对丁酸梭菌进行了产丁酸优化，工程菌株丁酸产量可以达到 46.8 g/L，生产速率为 0.83 g/(L·h)（Suo et al.，2018）。这是丁酸梭菌产丁酸的最高产量，但发酵产物中还含有 3.54 g/L 的乙酸，给后续的分离提取增加了困难。另外，在进行工程菌株改造时，丁酸梭菌为严格厌氧菌，培养条件苛刻，遗传改造难，改造周期长；在对丁酸梭菌工程菌株进行大规模发酵时，需要严格厌氧的发酵设备，这也会增加生产成本。

以大肠杆菌为底盘，创建和优化丁酸生物制造途径是一个研究热点。在途径创建上，有用梭菌来源的 3-羟基丁酰 CoA 脱氢酶 Hbd 和巴豆酸酶 Crt，实现从乙酰乙酰 CoA 到巴豆酰 CoA 的合成；用真氧产碱杆菌来源的酰基转移酶 PhaA，乙酰乙酰 CoA 还原酶 PhaB 和豚鼠气单胞菌来源的特异烯酰基 CoA 水合酶 PhaJ，实现乙酰 CoA 到巴豆酰 CoA 的合成；对于从巴豆酰 CoA 到丁酰 CoA 的反应，基本上用齿垢密螺旋体菌来源的反式-2-烯酰 CoA 还原酶 Ter；从丁酰 CoA 到丁酸，可征用大肠自身的酰基硫脂酶 TesB，或梭菌来源的磷酸丁酰转移酶/丁酸激酶 Ptb/Buk。其中，产量和转化率最好的是美国佛罗里达大学 Shanmugam 研究团队构建的 LW393（ATCC 9637，Hbd Crt Ter Ptb/Buk），24 h 批次发酵丁酸产量达到 18 g/L（Wang et al.，2019）。和梭菌目前的丁酸产量相比，利用大肠杆菌生物制造丁酸，其生产性能（产量和转化率）也离产业化水平尚远。因此，创建大肠杆菌高效产丁酸细胞工厂仍需要探索存在的科学问题，设计出解决方案，实现产量和转化率的提升。

### 3.3.4 C5 有机酸：戊二酸

戊二酸（glutaric acid），分子式为 $HOOCCH_2CH_2CH_2COOH$，是一种非常重要的五碳二羧酸，广泛应用于材料、医药、农业、日化等行业。可以用于生产尼龙 45、尼龙 55，用作合成橡胶的聚合引发剂，合成心血管药物，还可以用于制造多种消毒剂和农药。

化学法制备戊二酸主要依靠副产物回收。在环己酮氧化生产己二酸的生产过程中，会伴随生成戊二酸、丁二酸等副产物。在二元酸的混合物中加入氧化镁，反应生成戊二酸镁、丁二酸镁和己二酸镁，由于戊二酸镁溶解度小，大部分会结晶析出，戊二酸镁再经浓硫酸酸化即可得到戊二酸。

戊二酸的生物合成途径研究较为深入，主要有三条合成路线：①逆己二酸降解途径。该途径中，乙酰辅酶 A 和丙二酰辅酶 A 在 β-酮硫解酶的作用下缩合，合成五碳化合物 3-酮戊二酰辅酶 A，在还原酶 3-羟基辅酶 A 脱氢酶、3-羟基己二酰辅酶 A 脱氢酶、5-羧基-2-戊烯酰辅酶 A 还原酶作用下逐步还原为戊二酰辅酶 A，最后在己二酰辅酶 A 合成酶催化下脱去辅酶 A 生成戊二酸。江南大学邓禹研究团队开发了该途径的细胞工厂，产量可达 4.8 g/L（Zhao et al.，2018a）。②5-氨基戊酸途径。以赖氨酸为起始，L-赖氨酸在赖氨酸单加氧酶的催化下合成 5-氨基戊酰胺；再经氨基戊酰胺酶脱氨合成 5-氨基戊酸，随后在 4-氨基丁酸转氨酶作用下继续脱氨合成戊二酸半醛，最后经戊二酸半醛脱氢酶催化还原为戊二酸。德国萨尔大学 Christoph

Wittmann 研究团队开发了该途径的细胞工厂，目前该途径产量最高，可达 90 g/L（Rohles et al.，2018）。③戊二胺途径。戊二胺途径与 5-氨基戊酸途径的起始物均为 L-赖氨酸。该途径中，L-赖氨酸首先在赖氨酸脱羧酶作用下脱羧生成戊二胺；再经丁二胺转氨酶催化生成 5-氨基戊醛，该过程伴随消耗 1 分子 α-酮戊二酸和 1 分子 NADPH 并生成 1 分子谷氨酸；随后经 γ-氨基丁醛脱氢酶催化生成 5-氨基戊酸并伴随合成 1 分子 NADH；再经 4-氨基丁酸转氨酶催化得到戊二酸半醛，伴随消耗 1 分子 α-酮戊二酸和 1 分子 NADPH 并生成 1 分子谷氨酸；最后在琥珀酸半醛脱氢酶催化下生成戊二酸并伴随生成 1 分子 NADH。北京化工大学袁其朋研究团队依照该途径构建了细胞工厂，目前产量可达到 54.5 g/L（Li et al.，2019）。

### 3.3.5　C6 有机酸：己二酸

己二酸（adipic acid），又名肥酸，分子式为 $HOOC(CH_2)_4COOH$，具有烧焦骨头气味。与己二胺聚合合成尼龙 66 或与戊二胺聚合合成尼龙 56，与二醇缩合生产发泡塑料，还用于生产黏合剂、增塑剂、润滑剂或直接用作酸味剂。己二酸的现有市场容量极为庞大，目前我国生产己二酸的厂家有重庆华峰化工有限公司、山东海力化工股份有限公司、唐山中浩化工有限公司等，2020 年国内总产量已达 155.71 万 t，行业呈现快速发展趋势。

目前，化学合成法是己二酸工业化生产采用的主要生产方法。与戊二酸合成相同，己二酸合成主要靠环己酮氧化合成，与戊二酸合成的区别在于己二酸是环己酮氧化的主要产物。

在很长一段时间内，科学家都没有发现天然高产己二酸的微生物，因此己二酸的生物从头合成一直是一个研究的难点。但随着合成生物学与化学的发展，己二酸亦逐渐发展出了从半生物合成到全生物合成的一系列技术。

半生物合成途径是一种集生物法和化学法于一体的方法，葡萄糖经过生物法转化为化学合成己二酸的前体物质，再通过化学合成己二酸。根据葡萄糖合成前体物质的不同，分为顺,顺-粘康酸途径和 D-葡萄糖二酸途径。顺,顺粘康酸途径中，葡萄糖通过莽草酸途径生成 3-脱氢莽草酸，再通过莽草酸脱氢酶、3-脱氢莽草酸脱水酶、原儿茶酸脱羧酶和儿茶酚-1,2-双加氧酶的连续催化转化为顺,顺-粘康酸，最后化学加氢还原为己二酸；D-葡萄糖二酸途径中，葡萄糖先后通过葡萄糖激酶、肌醇-1-磷酸合成酶、肌醇-1-单磷酸化酶、肌醇氧化酶和糖醛酸脱氢酶转化生成 D-葡萄糖二酸，再进一步化学加氢还原为己二酸。

己二酸的全生物合成途径依赖于逆己二酸降解途径和逆 β-氧化途径，是己二酸合成研究中最热门也是最具创新性的研究。

逆己二酸降解途径与合成戊二酸的逆己二酸降解途径类似，区别在于底物的碳链长度不同。该途径中，乙酰辅酶 A 和琥珀酰辅酶 A 在 β-酮硫解酶的作用下缩合合成六碳化合物 3-氧代己二酰辅酶 A，后续步骤为将该物质逐步还原为己二酸。3-羟酰辅酶 A 脱氢酶将 3-氧代己二酰辅酶 A 还原为 3-羟基己二酰辅酶 A；经 3-羟基己二酰辅酶 A 脱氢酶还原为 5-羧基-2-戊烯酰辅酶 A；再经 5-羧基-2-戊烯酰辅酶 A 还原酶催化还原为己二酰辅酶 A；最后在己二酰辅酶 A 合成酶催化下脱去辅酶 A 生成己二酸。江南大学邓禹研究团队开发了该途径的细胞工厂，产量可达 68 g/L（Zhao et al.，2018b）。

合成己二酸的逆 β-氧化途径与合成长链二元酸中的逆 β-氧化途径相同。主要思路为：利用逆向 β-氧化反应，在每个循环中加入一分子乙酰辅酶 A 将碳链延长 2 分子，合成的长链乙酰辅酶 A 在脱辅酶 A 后生成长链一元酸，再经 ω-氧化反应便可合成长链二元酸。美国莱斯大学 Ramón González 研究团队对这一思路进行过相关研究，但由于该合成方法在原理上无法确定合成碳链的长度，合成产物是 C2、C4、C6、C8、C10 的混合物，并且产量极低，以甘油为底物时 C6～C10 产物总产量仅 0.5 g/L（Clomburg et al.，2015）。由于逆 β-氧化途径目前在理论上无法控制碳链的合成长度，因此目前还存在相当大的缺陷。

## 3.4 总结与展望

从 1784 年瑞典化学家 Scheel 从柠檬中提取到柠檬酸，到 20 世纪中期研究人员发现并分离得到产柠檬酸的黑曲霉，实现柠檬酸工业化的发酵生产，这一进程历时 200 多年。而今，随着生物密码的解析、基因组信息的完善、基因编辑技术的发展、代谢网络模型的建立及人工智能的升级等，优化一个已有的有机酸合成途径或从头创建一个有机酸合成途径，所需要的时间只需要数十年或更短的时间。

对于传统有机酸如柠檬酸、L-乳酸和衣康酸，以及新型有机酸 D-乳酸、丁二酸等，它们的产量已经达到较高的水平，转化率已经接近理论转化率，未来更多的是实现微生物细胞工厂工业生产性能的提高，如耐高温、耐高渗及抗噬菌体侵染的能力等。对于某些新型有机酸如丙二酸、丙酸、戊二酸和己二酸等，其产量和转化率还有较大的提升空间，主要瓶颈是关键酶的活性不能满足途径的需求。可重点开展关键酶的挖掘、定向进化及人工智能深度学习等策略，结合理性和非理性的蛋白质改造技术，建立高通量的筛选方式等，以提高关键酶产有机酸的活性，解决代谢途径中产量和转化率低的问题。另外，还需要降低有机酸生物合成途径的生产成本，提高竞争力，以满足大规模工业化生产的需求。预期合成生物学和代谢工程技术的深入发展，将为生物合成有机酸领域带来重大突破，从而推动我国有机酸产业的持续发展。

本章参编人员：张学礼　郑　平　朱欣娜　樊飞宇

刘萍萍　郑小梅　于　勇　郜永岩

# 参 考 文 献

田康明, 石贵阳, 路福平, 等, 2013. 代谢工程大肠杆菌利用甘油高效合成 L-乳酸. 生物工程学报, 29(09): 1268-1277.

中国科学院天津工业生物技术研究所, 2021. 生产 L-乳酸的重组大肠杆菌及其应用. CN112852693B.

Abe S, Furuya A, Saito T, et al., 1962. Method of produccing L-malic acid by fermentation. U.S. Patent. US3063910A.

Assavasirijinda N, Ge D Y, Yu B, et al., 2016. Efficient fermentative production of polymer-grade D-lactate by an engineered alkaliphilic *Bacillus sp. strain* under non-sterile conditions. Microb Cell Fact, 15: 3.

Battat E, Peleg Y, Bercovitz A, et al., 1991. Optimization of L-malic acid production by *Aspergillus flavus* in a stirred fermentor. Biotechnol Bioeng, 37(11): 1108-1116.

Chen X L, Zhu P, Liu L M, 2016. Modular optimization of multi-gene pathways for fumarate production. Metab Eng, 33: 76-85.

Clomburg J M, Blankschien M D, Vick J E, et al., 2015. Integrated engineering of β-oxidation reversal and ω-oxidation pathways for the synthesis of medium chain ω-functionalized carboxylic acids. Metab Eng, 28: 202-212.

Cui Z Y, Gao C J, Li J J, et al., 2017. Engineering of unconventional yeast *Yarrowia lipolytica* for efficient succinic acid production from glycerol at low pH. Metab Eng, 42: 126-133.

Deng Y, Ma N, Zhu K J, et al., 2018. Balancing the carbon flux distributions between the TCA cycle and glyoxylate shunt to produce glycolate at high yield and titer in *Escherichia coli*. Metab Eng, 46: 28-34.

Dow Global Technologies LIc, Ohio State University, 2014. Process for producing n-propanol and propionic acid using metabolically engineered *Propionibacteria*. PCT WO2014/099707 A2.

DSM IP ASSETS B.V., Heerlen (NL); ROQUETTE FRERES SA, Lestrem (FR). 2015. Process for the crystallization of succinic acid. US Patent. US20150057425A1.

Feng X J, Ding Y M, Xian M, et al., 2014. Production of optically pure d-lactate from glycerol by engineered *Klebsiella pneumoniae* strain. Bioresour Technol, 172: 269-275.

Gu S Y, Li J G, Chen B C, et al., 2018. Metabolic engineering of the thermophilic filamentous fungus *Myceliophthora thermophila* to produce fumaric acid. Biotechnol Biofuels, 11: 323.

Guettler M V, Jain M K, Soni B K, 1996a. Process for making succinic acid, microorganisms for use in the process and methods of obtaining the microorganisms. U. S. Patent. 5504004.

Guettler M V, Jain M K, Rumler D, 1996b. Method for making succinic acid bacterial variants for use in the process, and methods for obtaining variants. US Patent 5573931.

Hosseinpour Tehrani H, Becker J, Bator I, et al., 2019. Integrated strain- and process design enable production of 220 g L$^{-1}$ itaconic acid with *Ustilago maydis*. Biotechnol Biofuels, 12: 263.

Huang L, Wei P L, Zang R, et al., 2010. High-throughput screening of high-yield colonies of *Rhizopus oryzae* for enhanced production of fumaric acid. Ann Microbiol, 60(2): 287-292.

Jantama K, Haupt M J, Svoronos S A, et al., 2008a. Combining metabolic engineering and metabolic evolution to develop nonrecombinant strains of *Escherichia coli C* that produce succinate and malate. Biotechnol Bioeng, 99(5): 1140-1153.

Jantama K, Zhang X, Moore J C, et al., 2008b. Eliminating side products and increasing succinate yields in engineered strains of *Escherichia coli C*. Biotechnol Bioeng, 101(5): 881-893.

Kandasamy V, Vaidyanathan H, Djurdjevic I, et al., 2013. Engineering *Escherichia coli* with acrylate pathway genes for propionic acid synthesis and its impact on mixed-acid fermentation. Appl Microbiol Biotechnol, 97(3): 1191-1200.

Li J G, Lin L C, Sun T, et al., 2020. Direct production of commodity chemicals from lignocellulose using *Myceliophthora thermophila*. Metab Eng, 61: 416-426.

Li N, Zhang B, Wang Z W, et al., 2014. Engineering *Escherichia coli* for fumaric acid production from glycerol. Bioresour Technol, 174: 81-87.

Li W N, Ma L, Shen X L, et al., 2019. Targeting metabolic driving and intermediate influx in lysine catabolism for high-level glutarate production. Nat Commun, 10: 3337.

Liu C S, Ding Y M, Zhang R B, et al., 2016. Functional balance between enzymes in malonyl-CoA pathway for 3-hydroxypropionate biosynthesis. Metab Eng, 34: 104-111.

Liu J J, Xie Z P, Shin H D, et al., 2017. Rewiring the reductive tricarboxylic acid pathway and L-malate transport pathway of *Aspergillus oryzae* for overproduction of L-malate. J Biotechnol, 253: 1-9.

Lygos, Inc., Berkeley, CA (US). 2020. Method for preparation of diester derivatives of malonic acid. PCT. US20200399666A1.

Ma Y H, Zhang X L, Xu H T, et al., 2018. Recombinant *Eescherichia coli* for producing D-lactate and use thereof. US9944957B2.

Mazumdar S, Blankschien M D, Clomburg J M, et al., 2013. Efficient synthesis of L-lactic acid from glycerol by metabolically engineered *Escherichia coli*. Microb Cell Fact, 12: 7.

Meng Y, Xue Y F, Yu B, et al., 2012. Efficient production of L-lactic acid with high optical purity by alkaliphilic *Bacillus* sp. WL-S20. Bioresour Technol, 116: 334-339.

Miller C, Fosmer A, Rush B, et al., 2011. Industrial Production of Lactic Acid//M. Moo-Young (Ed.), Comprehensive Biotechnology, 2nd ed. Burlington: Academic Press: 179-188.

Miscevic D, Mao J Y, Moo-Young M, et al., 2020. High-level heterologous production of propionate in engineered *Escherichia coli*. Biotechnol Bioeng, 117(5): 1304-1315.

Park H J, Bae J H, Ko H J, et al., 2018. Low-pH production of d-lactic acid using newly isolated acid tolerant yeast *Pichia kudriavzevii* NG7. Biotechnol Bioeng, 115(9): 2232-2242.

Pereira B, Li Z J, De Mey M, et al., 2016. Efficient utilization of pentoses for bioproduction of the renewable two-carbon compounds ethylene glycol and glycolate. Metab Eng, 34: 80-87.

Rohles C M, Gläser L, Kohlstedt M, et al., 2018. A bio-based route to the carbon-5 chemical glutaric acid and to bionylon-6, 5 using metabolically engineered *Corynebacterium glutamicum*. Green Chemistry, 20(20): 4662-4674.

Rush B J, Watts K T, Mcintosh V L, et al., 2014. Yeast cells having reductive TCA pathway from pyruvate to succinate and overexpressing an exogenous NAD(P)$^+$ transhydrogenase enzyme. PCT. WO 2014/01875A1.

Song C W, Kim J W, Cho I J, et al., 2016. Metabolic engineering of *Escherichia coli* for the production of 3-hydroxypropionic acid and malonic acid through β-alanine route. ACS Synth Biol, 5(11): 1256-1263.

Suo Y K, Ren M M, Yang X T, et al., 2018. Metabolic engineering of *Clostridium tyrobutyricum* for enhanced butyric acid production with high butyrate/acetate ratio. Appl Microbiol Biotechnol, 102(10): 4511-4522.

Teleky B E, Vodnar D C. 2021. Recent advances in biotechnological itaconic acid production, and application for a sustainable approach. Polymers (Basel), 13 (20) :3574-3595.

Tong Z Y, Zheng X M, Tong Y, et al., 2019. Systems metabolic engineering for citric acid production by *Aspergillus niger* in the post-genomic era. Microb Cell Fact, 18(1): 28.

Wang L, Chauliac D, Moritz B E., et al., 2019. Metabolic engineering of *Escherichia coli* for the production of butyric acid at high titer and productivity. Biotechnol Biofuels, 12: 62.

Weusthuis R A, Mars A E, Springer J, et al., 2017. Monascus ruber as cell factory for lactic acid production at low pH. Metab Eng, 42: 66-73.

Xi Y Y, Xu H T, Zhan T, et al., 2023. Metabolic engineering of the acid-tolerant yeast *Pichia kudriavzevii* for efficient L-malic acid production at low pH. Metab Eng, 75: 170-180.

Xu Y X, Zhou Y T, Cao W, et al., 2020. Improved production of malic acid in *Aspergillus niger* by abolishing citric acid accumulation and enhancing glycolytic flux. ACS Synth Bio, 9(6): 1418-1425.

Yu S S, Yao P Y, Li J J, et al., 2016. Enzymatic synthesis of 3-hydroxypropionic acid at high productivity by using free or immobilized cells of recombinant *Escherichia coli*. J Mol Catal B-Enzym, 129: 37-42.

Yu Y, Shao M Y, Li D, et al., 2020. Construction of a carbon-conserving pathway for glycolate production by synergetic utilization of acetate and glucose in *Escherichia coli*. Metab Eng, 61: 152-159.

Zelle R M, de Hulster E, van Winden W A, et al., 2008. Malic acid production by *Saccharomyces cerevisiae*: engineering of pyruvate carboxylation, oxaloacetate reduction, and malate export. Appl Environ Microbiol, 74(9): 2766-2777.

Zhang X Z, Sathitsuksanoh N, Zhu Z G, et al., 2011. One-step production of lactate from cellulose as the sole carbon source without any other organic nutrient by recombinant cellulolytic *Bacillus subtilis*. Metab Eng, 13(4): 364-372.

Zhao M, Huang D X, Zhang X J, et al., 2018b. Metabolic engineering of *Escherichia coli* for producing adipic acid through the reverse adipate-degradation pathway. Metab Eng, 47: 254-262.

Zhao M, Li G H, Deng Y, 2018a. Engineering *Escherichia coli* for glutarate production as the $C_5$ platform backbone. Appl Environ Microbiol, 84(16): e00814-e00818.

Zhao M L, Lu X Y, Zong H, et al., 2018c. Itaconic acid production in microorganisms. Biotechnol Lett, 40(3): 455-464.

Zhao P, Ma C L, Xu L D, et al., 2019. Exploiting tandem repetitive promoters for high-level production of 3-hydroxypropionic acid. Appl Microbiol Biotechnol, 103(10): 4017-4031.

Zheng X M, Zheng P, Zhang K, et al., 2019. 5S rRNA Promoter for guide RNA expression enabled highly efficient CRISPR/Cas9 genome editing in *Aspergillus niger*. ACS Synth Biol, 8(7): 1568-1574.

Zhu X N, Tan Z G, Xu H T, et al., 2014. Metabolic evolution of two reducing equivalent-conserving pathways for high-yield succinate production in *Escherichia coli*. Metab Eng, 24: 87-96.

# 第4章 维生素工业合成生物学

## 4.1 引　言

　　维生素是维持动物正常生理功能和活动的一类微量有机物质,在动物的生长、代谢、发育过程中发挥着重要作用。这类物质在体内既不是构成身体组织的原料,也不是能量的来源,而是一类调节物质,在物质代谢中起重要作用。维生素均以维生素原的形式存在于食物中。由于大多数维生素在机体内不能合成或合成量不足,不能满足需求,因此必须从食物中获得。虽然动物对维生素的需求量很小,但一旦缺乏就会引发相应的维生素缺乏症,对健康造成危害。

　　根据维生素的溶解性可将其分为两大类,一类为脂溶性维生素,其不溶于水而溶于脂肪及非极性有机溶剂,另一类为水溶性维生素,其可溶于水而不溶于非极性有机溶剂。

### 4.1.1　脂溶性维生素

　　脂溶性维生素包括维生素 A、维生素 D、维生素 E、维生素 K 等。这类维生素一般只含有碳、氢、氧三种元素,在食物中多与脂质共存,其在进入消化道后,要以脂肪为载体,经胆汁乳化后才能被机体吸收。脂溶性维生素被吸收进入血液后,需要与某种蛋白质结合,才能被运转到全身。若膳食中脂肪占比过低,则会影响脂溶性维生素的吸收,甚至造成摄入不足进而出现缺乏症状。脂溶性维生素若摄入量大于机体需求,可以储存在体内,因此在一个较短时间内不摄入脂溶性维生素也不会马上出现缺乏症。但长期过量摄入或短期大量摄入脂溶性维生素,会造成体内积蓄,影响机体的正常新陈代谢,甚至引起中毒现象。另外,脂溶性维生素大多稳定性较强。

　　在脂溶性维生素中,维生素 A 包括维生素 $A_1$ 及 $A_2$,主要通过化学合成生产。维生素 D 根据其侧链结构的不同有 $D_2$、$D_3$、$D_4$、$D_5$、$D_6$ 和 $D_7$ 等多种形式,其中活性形式主要包括维生素 $D_2$(麦角钙化醇)和维生素 $D_3$(胆钙化醇)。$D_2$ 的前体麦角固醇可以通过发酵法生产,维生素 $D_3$ 主要采用化学合成法生产,一些微生物也可以合成 25-羟基维生素 $D_3$,产量在 0.5 g/L 左右。维生素 E 是一组亲脂化合物,包含生育三烯酚和生育酚共 8 种自然形式。以微生物发酵法生产的 β-法尼烯为中间体可以合成异植物醇,进而合成维生素 E,这一路线已经实现产业化,一些光合微生物和细小裸藻在胞内也会积累大量的维生素 E。维生素 K 主要包括 $K_1$（叶绿醌/叶绿基甲萘醌）和 $K_2$（甲萘醌）。其中 MK-7 被认为是维生素 $K_2$ 最具生物活性的形式，微生物最高效价可达到 410 mg/L。

## 4.1.2　水溶性维生素

水溶性维生素主要包括维生素 B 族和维生素 C。这类维生素除了含有碳、氢、氧元素外，有的还含有氮、硫等其他元素。与脂溶性维生素不同，水溶性维生素在人体内贮存很少，可直接被肠道吸收，多余的水溶性维生素可很快从尿液中排出，摄入量偏高一般不会引起中毒现象，对健康影响很小，若摄入量过少则较快出现缺乏症状。由于水溶性维生素在机体内不易储存，因此必须每天供给一定量并保持经常性。

维生素 C 是一种大宗维生素，全球每年需求在约 15 万 t，年产值超 80 亿元，超过其他维生素的总和，且其需求量还在以每年约 10%的速度增长。两步发酵法生产水平可以达到 100 g/L 以上，而一步发酵法的研究也在进展中。维生素 $B_2$（核黄素）已经完全实现发酵法生产，产量超过 26 g/L。维生素 $B_{12}$（钴胺素）也主要是通过微生物发酵生产，主要利用费氏丙酸杆菌、谢氏丙酸杆菌（*Propionibacterium shermanii*）及脱氮假单胞菌（*Pseudomonas denitrificans*）等进行大规模工业化生产，且国内生产维生素 $B_{12}$ 的发酵水平为 200~300 mg/L。

维生素 $B_1$（硫胺素）的生物活性形式为焦磷酸硫胺素（TPP），目前生物合成产量还不到 1 mg/L。维生素 $B_5$（泛酸）可以通过 d-泛解酸和 β-丙氨酸酶法合成获得，水平接近 100 g/L，但是 d-泛解酸的市场价格较高，发酵法直接生产维生素 $B_5$ 的技术也正在发展中。维生素 $B_6$ 包括吡哆醇、吡哆醛和吡哆胺及其相应的磷酸酯衍生物，发酵法目前可以达到 1.3 g/L 的水平。发酵法生产维生素 $B_7$（生物素）可以达到 15 g/L 的水平，但发酵法生产维生素 $B_9$（叶酸）目前仅在 mg/L 的水平。由于这 5 种维生素的化学生产成本很低，其生物合成路线都无法与化学合成竞争，工程菌株还需提高产量和得率，才能有望进行工业化生产。而维生素 $B_3$ 目前没有商业化的发酵过程，其工业生产方法主要为氨氧化法和电解氧化法，但是前者生产成本高、反应需要在 300℃以上，后者生产成本低，但电解效率不高，严重限制了维生素 $B_3$ 的工业生产。

# 4.2　维生素 C

## 4.2.1　维生素 C 概述

15 世纪末，欧洲开辟了大航海时代，众多航海家怀揣着对新大陆和财富的向往，开始了横跨大洋的旅程。然而，人类的发展总是伴随着某些方面的牺牲，早期出海的船员通常一半以上都会死于一种当时人类一无所知的疾病——坏血病。坏血病曾让人们束手无策长达 2 个多世纪。直到 18 世纪中期，人们才发现了柑橘类水果等对于坏血病具有治疗效果。随后，人们开始从果蔬中寻找这种后来被命名为"维生素 C"的物质。19 世纪 40 年代初，科学家们终于确定了维生素 C 的化学结构（Pappenberger and Hohmann，2014）（图 4-1）。

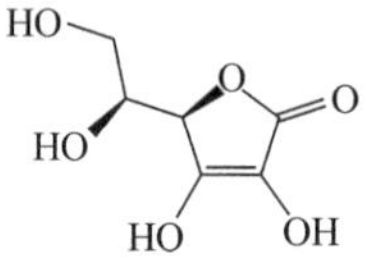

图 4-1　维生素 C 的结构图

维生素 C 又被称为 L-抗坏血酸，是一种水溶性的六碳糖衍生物，其化学分子式为 $C_6H_8O_6$。各种水果和蔬菜是维生素 C 主要的天然来源。包括人类在内的高等灵长类动物并不能通过自身新陈代谢合成维生素 C。维生素 C 是维持人体健康必不可少的营养补充剂，维生素 C 缺失会导致身体免疫力低下并诱发坏血病。维生素 C 还可以清除体内氧自由基、延缓衰老、促进生长发育和胶原蛋白合成、作为一些酶如双加氧酶的辅因子等。维生素 C 作为一种抗氧化剂被广泛应用到食品、药物、饲料和化妆品等众多领域（Wang et al.，2018）。

### 4.2.2　维生素 C 的经典生产方法

与其他许多天然产物一样，维生素 C 最初也是从植物中提取，来源局限且成本高昂。因此，植物提取法在 20 世纪 30 年代就被淘汰，取而代之的是化学合成法——莱氏法。通过该方法人类第一次大规模工业化生产获得了维生素 C。为进一步降低莱氏法的成本并简化工艺，中国科学家尹光琳首次创立了基于两步微生物发酵生产维生素 C 的"三菌二步发酵法"，该方法使得工艺成本大大降低且更环保，迅速成为工业生产维生素 C 的主流方法。另外，也有研究者尝试直接以 D-葡萄糖为底物合成维生素 C，但限于较低的产量近年来鲜有研究。

#### 1. 维生素 C 的化学合成法（莱氏法）

早期为了满足全球维生素 C 的市场需求，研究者们纷纷开始寻找工业化生产维生素 C 的可行性方法。莱氏法在 1934 年由德国科学家 Reichstein 等开发（Reichstein and Grussner，1934），该方法经一步生物转化和五步化学催化来生产维生素 C：首先，D-葡萄糖通过化学加氢合成 D-山梨醇；然后，D-山梨醇经氧化葡萄糖酸杆菌（*Gluconobacter oxydans*）转化为 L-山梨糖；随后，L-山梨糖通过一系列保护性氧化反应被氧化成维生素 C 前体 2-酮基-L-古龙酸（2-keto-L-gulonic acid，2-KLG）；最后，2-KLG 通过酯化反应生成维生素 C。莱氏法以 D-葡萄糖为原料，合成维生素 C 的转化率达到近 60%。相比于植物提取法，莱氏法因为原料容易获取、工艺技术成熟、产品质量较高等特点，在工业生产中具有巨大的优势，实现了维生素 C 全球产能的大幅提升，被沿用了近 60 年。但是莱氏法生产维生素 C 的工艺长期被 Roche、BASF/Takeda、Merck 等外国生产商所垄断，同时，莱氏法生产过程中涉及 $H_2SO_4$、丙酮、NaClO 等有毒试剂，且生产工序多，生产能耗较大。虽然研究人员从 20 世纪 60 年代起，曾一度致力于该方法的改进，然而始终无法消除莱氏法的上述本质缺陷。随着国际社会对环境保护问题和全球能源问题的关注度日益提升，研究者们开始探索以生物转化来替代莱氏法中化学催化的方法。

### 2. 维生素 C 的三菌二步发酵法

20 世纪 70 年代，我国科学家尹光琳等找到了生物转化替代莱氏法中化学催化所需的关键菌株，发明了"三菌二步发酵法"（尹光琳等，1980）。该法极大简化了莱氏法的生产工艺，而且底物转化率可以达到 85%，使得维生素 C 生产成本大幅降低。因此，"三菌二步发酵法"迅速在全国推广为主流的维生素 C 发酵工艺，并获得 1983 年国家技术发明二等奖。"三菌二步发酵法"又被称作"经典二步发酵法"，保留了莱氏法的部分合成反应：D-葡萄糖经过高压加氢生成 D-山梨醇的反应、D-山梨醇在葡萄糖酸杆菌山梨醇脱氢酶作用下生成 L-山梨糖的反应，以及最后 2-KLG 经过化学酯化和内酯化生成维生素 C 的两步反应。"三菌二步发酵法"将莱氏法中 L-山梨糖到 2-KLG 的两步化学催化反应改进为生物转化反应，即使用巨大芽孢杆菌（*Bacillus megaterium*，俗称大菌）和普通生酮基古龙酸菌（*Ketogulonigenium vulgare*，俗称小菌）的混菌发酵体系将 L-山梨糖转化为 2-KLG（图 4-2A）。改进的"三菌二步发酵法"相比于莱氏法，过程更简单且转化率更高，因而快速取代莱氏法，成为了当前国内外维生素 C 生产厂家合成维生素 C 的主要方法。

"三菌二步发酵法"中的第一步发酵是利用葡萄糖酸杆菌中的山梨醇脱氢酶（SLDH）将 D-山梨醇发酵为 L-山梨糖。葡萄糖酸杆菌中通常含有 4 种辅因子依赖的 SLDH，包括吡咯喹啉醌(PQQ)-SLDH、黄素腺嘌呤二核苷酸(FAD)-SLDH、烟酰胺腺嘌呤二核苷酸($NAD^+$)-SLDH 和烟酰胺腺嘌呤二核苷酸磷酸($NADP^+$)-SLDH。PQQ-SLDH 为膜绑定脱氢酶，包括 SldA 和 SldB 两个亚基，具有较广泛的底物谱，被认为是最高效的山梨醇脱氢酶。FAD-SLDH 也是膜绑定脱氢酶，包括三个亚基，分别为大亚基 SldL、小亚基 SldS 和细胞色素 c 亚基 SldC，该酶的催化活性可能受高浓度 D-山梨醇的诱导。$NAD(P)^+$-SLDH 为单亚基的胞质脱氢酶，又被称为 $NAD(P)H$ 依赖的山梨糖还原酶，其催化的反应都是可逆的。研究者认为 NAD(P)$^+$-SLDH 在细胞中的主要功能是山梨糖的同化，不是生成山梨糖的主要脱氢酶（Wang et al.，2018）。

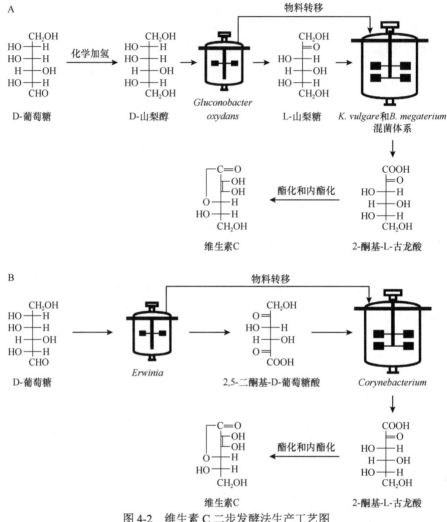

图 4-2　维生素 C 二步发酵法生产工艺图

A："三菌二步发酵法"工艺图；B："新二步发酵法"工艺图

"三菌二步发酵法"中的第二步发酵是利用普通生酮基古龙酸菌中的山梨糖/山梨酮脱氢酶（SSDH）将 L-山梨糖发酵为 2-KLG。早期的一些文献中，普通生酮基古龙酸菌曾一度被错误认为是葡萄糖酸杆菌。在 2001 年，研究者才确定其应为普通生酮基古龙酸菌。基因组测序表明，SSDH 在普通生酮基古龙酸菌中通常存在多个拷贝。例如，普通生酮基古龙酸菌 WSH-001 中共有 5 种 SSDH 且它们同源性很高，以 PQQ 为辅酶，可能直接催化 L-山梨糖生成 2-KLG。整个发酵过程中未检测到 L-山梨酮的存在，表明 L-山梨酮到 2-KLG 的转化非常迅速。普通生酮基古龙酸菌 WSH-001 中还存在 2 个山梨酮脱氢酶（SNDH），同样以 PQQ 为辅酶，可能帮助 L-山梨酮到 2-KLG 的转化。普通生酮基古龙酸菌中的这些关键酶通常游离于周质空间，但它们是以单亚基形式还是二聚体形式行使功能还有待研究。另外，产酸菌普通生酮基古龙酸菌因为缺乏糖酵解途径、氨基酸合成途径、叶酸衍生物合成途径和硫酸盐代谢途径等，难以单独培养产酸，必须要有巨大芽孢杆菌的伴生。巨大芽孢杆菌不会转化 L-山梨糖到 2-KLG，但可以极大促进普通生酮基古龙酸菌的生长和产酸能力。巨大芽孢杆菌的代谢物，特别是某些蛋白质和氨基酸在这种混菌培养体系中起着至关重要的作用。随着普通生酮基古龙酸菌和巨大芽孢杆菌基因组数据的日益丰富，基于基因组的代谢模型将有助于进一步阐明混菌间的作用机制。

　　基于对普通生酮基古龙酸菌和巨大芽孢杆菌之间共生关系的探索，研究者们尝试了多种方法来改进混菌发酵过程。研究表明，添加叶酸、L-半胱氨酸或谷胱甘肽等某些营养因子，或玉米浆、明胶等特定的复杂底物，都有利于普通生酮基古龙酸菌在混菌体系中的生长。此外，控制巨大芽孢杆菌产孢或使用溶菌酶消化其细胞壁释放胞内成分能提高 2-KLG 的产量。因此，鉴于普通生酮基古龙酸菌的生长速度比许多其他用于工业发酵的细菌要慢很多，优化混菌发酵过程的主要手段是通过促进普通生酮基古龙酸菌的生长来增强 2-KLG 的生产能力。研究者们还尝试了许多其他优化策略，如对普通生酮基古龙酸菌进行诱变育种、代谢改造，以及构建新的共生体系等。"三菌二步发酵法"是我国完全自主研发的工业化产品生产工艺，打破了国外对维生素 C 的垄断，在我国科技史上具有重要的象征性意义。

### 3. 维生素 C 的新二步发酵法

　　有研究者发现，以 D-山梨醇为底物进行发酵并不是生成 2-KLG 的唯一路线。他们找到了另外一条可以直接以 D-葡萄糖为底物发酵生成 2-KLG 的路线，该路线被称为"新二步发酵法"。工业规模生产中 D-葡萄糖到 D-山梨醇的化学加氢成本约为 60 美元/t，"新二步发酵法"可以省去该步的成本。在"新二步发酵法"的第一步发酵过程中，欧文氏菌（*Erwinia* sp.）直接将 D-葡萄糖通过其葡萄糖脱氢酶（GlcDH）、葡萄糖酸脱氢酶（GADH）和 2-酮基-D-葡萄糖酸脱氢酶（2-KGDH）转化为 2,5-二酮基-葡萄糖酸（2,5-DKG）。在第二步发酵过程中，2,5-DKG 通过棒状杆菌（*Corynebacterium* sp.）中的 2,5-DKG 还原酶（2,5-DKGR）转化为 2-KLG（图 4-2）。"新二步发酵法"的路线更为简洁。然而，该方法产率极低，且中间产物 2,5-DKG 热不稳定，无法在完成第一步发酵后进行高温灭菌。因此，后续对"新二步发酵法"的研究报道较少（Wang et al.，2018）。

### 4.2.3 维生素 C 的合成生物育种

随着发酵工业的不断发展,"三菌二步发酵法"中发酵工艺存在的问题也日益呈现出来,如:①发酵过程能耗高、水耗高。"二步发酵"需要两次高温灭菌和两次降温,能耗和水耗是一般发酵产品的 2 倍以上;②发酵过程稳定性差。第二步发酵采用"混菌发酵",由于无法对混菌体系中两菌数目进行实时检测和有效控制,造成生产工艺复杂、稳定性差;③高产菌种选育困难。菌种选育通常是以单个微生物的某些表型作为参照来进行筛选,但是针对混菌体系的高通量定向筛选和基因工程操作非常困难。这些问题的存在,导致近几十年来维生素 C 发酵工艺的技术进步非常有限。相比于其他一步发酵的产品,维生素 C 的生产一直存在高能耗、高成本的问题(Gao et al., 2014)。为了解决上述问题,同时为了保障我国作为维生素 C 生产大国的地位、占领维生素 C 发酵技术的制高点,研发"一菌一步发酵法"势在必行。

对于"一菌一步发酵法"的开发,主要思路有两种。一是基于"三菌二步发酵法"构建山梨醇途径合成 2-KLG:将来源于葡萄糖酸杆菌的 SLDH 和来源于普通生酮基古龙酸菌的 SSDH 或者来源于葡萄糖酸杆菌本身的山梨糖脱氢酶(SDH)和 SNDH 在一个菌株中表达,以山梨醇为底物合成 2-KLG(图 4-3A)。二是基于"新二步发酵法"构建葡萄糖途径合成 2-KLG:在欧文氏菌中异源表达来源于棒状杆菌的 2,5-DKGR,以 D-葡萄糖为底物,经过 GlcDH、GADH、2-KGDH 和 2,5-DKGR 合成 2-KLG(图 4-3B)。此外,还有少量利用酵母和藻类等构建一步发酵路线的报道。

#### 1. 以"三菌二步发酵法"为基础的"一菌一步发酵法"

有研究在葡萄糖酸杆菌中组合表达来自普通生酮基古龙酸菌的 PQQ-SSDH 和

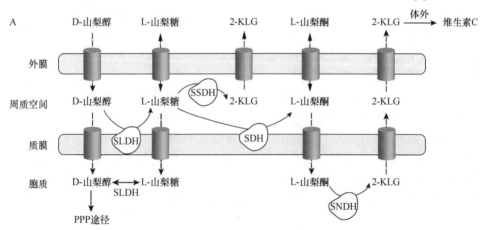

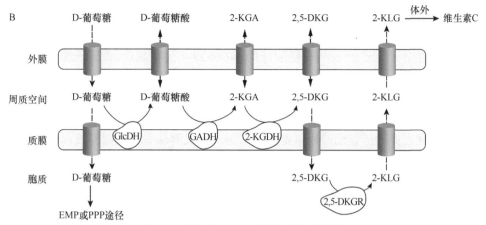

图 4-3　维生素 C 一步发酵法菌株代谢图

A：基于"三菌二步发酵法"所构建菌株的代谢图；B：基于"新二步发酵法"所构建菌株的代谢图。SLDH：山
梨醇脱氢酶；SSDH：普通生酮基古龙酸菌来源的山梨酮脱氢酶/山梨酮脱氢酶；SDH：葡萄糖酸杆菌来源的山梨糖脱氢
酶；SNDH：葡萄糖酸杆菌来源的山梨酮脱氢酶；2-KLG：2-酮基-L-古龙酸；PPP 途径：磷酸戊糖途径；EMP 途
径：糖酵解途径；2-KGA：2-酮基-D-葡萄糖酸；2,5-DKG：2,5-二酮基-D-葡萄糖酸；GlcDH：葡萄糖脱氢酶；GADH：
葡萄糖酸脱氢酶；2-KGDH：2-酮基-D-葡萄糖酸脱氢酶；2,5-DKGR：2,5-二酮基-葡萄糖酸还原酶

SNDH，实现了以 D-山梨醇为底物单菌一步发酵生产 2-KLG，其中 PQQ-SSDH 和
SNDH 的最优组合能够实现 39.2 g/L 的 2-KLG 产量。研究者进一步使用蛋白支架
CutA 优化 PQQ-SSDH 和 SNDH 的空间距离并过量表达 PQQ 合成关键基因簇增强
PQQ 供给，结合发酵培养基和发酵过程优化等手段，使得 2-KLG 产量有了进一
步提高（Gao et al.，2014）。但该研究中所建立的一步发酵法仍然无法与"三菌
二步发酵法"媲美。可能是因为普通生酮基古龙酸菌来源的 PQQ-SSDH 和 SNDH
在葡萄糖酸杆菌中不适配：①异源过量表达的 PQQ-SSDH 给菌体造成负担，会被
氧化葡萄糖酸杆菌降解；②PQQ-SSDH 底物特异性不高，与氧化葡萄糖酸杆菌自
身 PQQ-SLDH 竞争底物 D-山梨醇；③PQQ-SSDH 和 SNDH 电子传递链复杂，与
葡萄糖酸杆菌电子传递链冲突等。研究发现，普通生酮基古龙酸菌来源的
PQQ-SSDH 和 SNDH 在大肠杆菌、醋酸钙不动杆菌和脱氮副球菌等其他宿主中过
量异源表达也会有类似的现象。

　　此外，部分野生型葡萄糖酸杆菌可以天然利用 D-山梨醇生产 2-KLG。野生型
葡萄糖酸杆菌一步菌 2-KLG 产量通常较低，研究者所筛得的葡萄糖酸杆菌
WSH-004 发酵 5 天只产生了 2.5 g/L 的 2-KLG（Chen et al.，2019）。研究表明，
通过在葡萄糖酸杆菌中过量表达自身的 FAD-SDH 和 SNDH 这两种关键酶，可以
实现 2-KLG 产量的提高。比如，有研究通过表达液化醋杆菌来源的 SNDH，在多
个葡萄糖酸杆菌中实现了 2-KLG 产量的提升。其中使用改造菌株 U13 表达 SNDH
后，可以利用 40 g/L 的 D-山梨醇生产得到 21.6 g/L 的 2-KLG，或者利用 40 g/L

的 L-山梨糖生产得到 35.0 g/L 的 2-KLG（Shinjoh et al.，1995）。有研究者筛选得到一株利用 D-山梨醇产 2-KLG 的菌株葡萄糖酸杆菌 T-100，将葡萄糖酸杆菌 T-100 中 SDH 和 SNDH 在葡萄糖酸杆菌 NB6939 中过量表达，得到一株工程菌株 NB6939/pSDH-tufB1。进一步将其诱变后，它可以利用 100 g/L 的 D-山梨醇生产大约 88 g/L 的 2-KLG，或者利用 150 g/L 的 D-山梨醇生产大约 130 g/L 的 2-KLG（Saito et al.，1998）。后者是目前报道的葡萄糖酸杆菌生产 2-KLG 的最高产量。理论上如此之高的产量已经可以媲美"三菌二步发酵法"，然而目前尚无生产商采用此菌株进行 2-KLG 生产。可能是早期检测技术不成熟，误将某些 2-KLG 的同分异构体当成了 2-KLG。另外，该实验因涉及菌株诱变，故而难以重复，后续也再没有关于这个菌株生产 2-KLG 的报道。

**2. 以"新二步发酵法"为基础的"一菌一步发酵法"**

与"三菌二步发酵法"相比，"新二步发酵法"不仅消除了 D-葡萄糖氢化成 D-山梨醇的昂贵过程，而且还可以消除脱氢酶与不同底物/中间体之间的交叉作用。所以有研究以"新二步发酵法"为基础，在欧文氏菌菌株中异源表达了棒状杆菌来源的 2,5-DKGR，重组菌株在单菌发酵过程中以 D-葡萄糖为碳源产生了 1.0 g/L 的 2-KLG（Anderson et al.，1985）。也有研究者将欧文氏菌菌株和棒状杆菌菌株的原生质体融合，产生了一种新菌株，该菌株从 D-葡萄糖合成 2-KLG 的产量为 2.07 g/L（林红雨等，1999）。自 2005 年以来，该路线的研究大多集中在高效 2,5-DKGR 的鉴定和表达。现有文献和授权专利表明，基于"新二步发酵法"的一步发酵过程 2-KLG 产量极低，似乎不如基于"三菌二步发酵法"的一步发酵策略有效。一些商业公司声称，以"新二步发酵法"为基础的一步发酵工艺可以累积 2-KLG 到 100 g/L 以上，但没有正式的学术文献支持这一说法。然而，通过挖掘更有效的酶和酶组合，这一途径仍然有希望被开发成为工业化的一步发酵工艺。

**3. 其他可能的"一菌一步发酵法"**

有研究通过在酿酒酵母中异源表达拟南芥来源的维生素 C 合成途径，结合蛋白质工程和代谢工程策略，在酿酒酵母中实现了从 D-葡萄糖直接生产 44 mg/L 维生素 C（Zhou et al.，2021）。也有研究者在乳酸克鲁维酵母中构建了维生素 C 合成途径，但产量仅有 30 mg/L（Rosa et al.，2013）。用酵母作为底盘细胞，以 D-葡萄糖为底物从头合成维生素 C，完全消除了化学反应步骤，实现了真正意义上的一步发酵。然而，目前酵母一步菌的维生素 C 产量还只处于毫克级，离工业化相差甚远。另外，许多动植物中可以天然合成维生素 C。有研究分离出一个蛋白核小球藻突变株，该突变株产生的维生素 C 比野生型菌株多 70 倍（Running et al.，2002）。然而，微藻发酵得到的维生素 C 产量还不能与微生物发酵相媲美。微藻或其他植物生产维生素 C 主要存在两个瓶颈：①与微生物相比，植物基因编码的蛋白质反应动力学较弱；②培养植物细胞或微藻的成本一般比培养微生物要高得多。目前看来，想要利用代谢工程改造酵母、微藻等工业化生产维生素 C 任重而道远。

自 20 世纪 70 年代以来，工业上维生素 C 的生产主要采用我国科学家发明的"三菌二步发酵法"。至今，虽然有许多研究者进行了"一菌一步发酵法"的开发并且取得了很大的进展，但是其最终结果与工业化生产还存在较大的距离。要想实现"一菌一步发酵法"的工业化，仍有一些关键问题需要解决：①关键酶酶活的提升。无论是基于"三菌二步发酵法"还是基于"新二步发酵法"开发的"一菌一步发酵法"，关键酶的酶活普遍受到酶本身活性、辅因子供给和再生、电子传递链适配性等因素的限制。通过酶的定性进化、半理性设计等提升关键酶酶活，结合代谢工程强化辅因子供给和再生，以及电子传递链的重构等是解决该问题的有效途径。②醇、糖、酸转运体的鉴定。一步菌的发酵过程中，通常涉及醇、糖、酸的跨膜转运，然而目前对于这些转运体的研究较少，鉴定这些转运体的基因并进行表达强化，可能有效促进 2-KLG 的生产强度。③一步菌的全局优化。胞内代谢是一个十分复杂的过程，过量表达自身关键酶或者表达异源蛋白后很可能引起胞内代谢的波动，进而影响最终产物的合成。利用日益丰富的组学数据构建基因组规模的代谢数学模型，理性优化菌株的全局代谢，可能进一步提升一步菌的 2-KLG 产量。

随着合成生物学和系统生物学的快速发展，现在的研究者比以往任何时候都能更容易地获得想要的生物学信息，利用这些信息对酶或者菌株进行相应改造，使酶和菌株发挥出最大的潜力，实现"一菌一步发酵法"的工业化必然只是时间问题。

## 4.3　维生素 $B_2$

### 4.3.1　维生素 $B_2$ 概述

#### 1. 维生素 $B_2$ 的理化性质

维生素 $B_2$ 又名核黄素，化学名为 7,8-二甲基-10-（D-核糖基）-异咯嗪（结构式见图 4-4）。维生素 $B_2$ 是一种水溶性 B 族维生素，但微溶于水，27.5℃下在水中溶解度为 0.12 mg/mL；可溶于氯化钠溶液，易溶于稀的氢氧化钠溶液，微溶于乙醇、环己醇、乙酸戊酯、苄醇和酚，不溶于乙醚、氯仿、丙酮和苯。维生素 $B_2$ 耐热、耐氧化，但在光照及紫外照射下会发生不可逆的分解。维生素 $B_2$ 在 223 nm、267 nm、374 nm 和 444 nm 等波长处具有吸收峰，最大吸收波长为

444 nm，通常可通过测定维生素 B$_2$ 溶液在 444 nm 处的光吸收强度来计算维生素 B$_2$ 溶液的浓度。

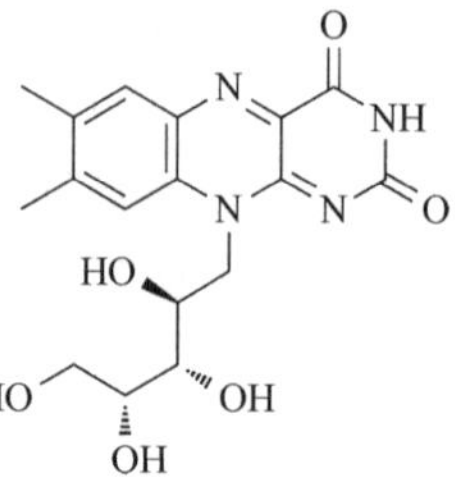

图 4-4　维生素 B$_2$ 的化学结构图

**2. 维生素 B$_2$ 的生理功能**

维生素 B$_2$ 的生理功能主要与其分子中异咯嗪上 1,5 位 N 存在的活泼共轭双键有关，既可作氢供体，又可作氢递体。维生素 B$_2$ 在生物体内主要以黄素单核苷酸（FMN）和黄素腺嘌呤二核苷酸（FAD）的形式存在，作为黄素蛋白的辅酶或辅基参与机体组织呼吸链电子传递及氧化还原反应，起到递氢的作用，在呼吸和生物氧化中起着重要的作用，直接参与碳水化合物、蛋白质、脂肪的生物氧化作用，是维持机体正常代谢和生理功能所必需的营养素。维生素 B$_2$ 是机体中一些重要的氧化还原酶的辅基，如琥珀酸脱氢酶、黄嘌呤氧化酶和 NADH 脱氢酶等。

**3. 维生素 B$_2$ 的用途与疾病治疗**

维生素 B$_2$ 的用途十分广泛，涉及许多领域。维生素 B$_2$ 在饲料工业中的用量最大，用作饲料添加剂，促进动物的生长、发育和繁殖；在食品工业中用作营养添加剂和着色剂；由于维生素 B$_2$ 具有促进细胞再生的功能，因而也被应用于化妆品领域。

大多数微生物和植物可自主合成维生素 B$_2$，而人和动物只能从食物中摄取，因而维生素 B$_2$ 是人类不可缺少的维生素，若缺乏或不足，会影响机体的抗氧化能力，通常微度缺乏维生素 B$_2$ 不会出现明显症状，但是严重缺乏维生素 B$_2$ 时会引发很多疾病，如口腔炎、唇炎、口角炎、口腔溃疡、舌炎、睑缘炎、结膜炎、眼睑和耳后脂溢性皮炎、放射性黏膜炎等，长期缺乏维生素 B$_2$ 会导致儿童生长迟缓、轻中度缺铁性贫血，维生素 B$_2$ 可以用作辅助药物缓解或参与治疗人体因维生素 B$_2$ 缺乏引起的这类疾病。

**4.3.2　维生素 B$_2$ 的传统育种方法**

发酵法生产维生素 B$_2$ 的关键在于构建有市场竞争力的高产菌株。获得维生素 B$_2$ 高产菌种的传统育种方法为诱变育种，诱变育种主要采取物理诱变或化学诱变的方法使维生素 B$_2$ 生产菌株产生随机突变，然后利用与维生素 B$_2$ 代谢或功能相关的筛选压力从中筛选到高产维生素 B$_2$ 的突变菌株，是一种非理性的方法。

诱变育种是指通过物理手段或化学试剂使维生素 B$_2$ 生产菌株产生随机突变，然后通过向培养基中添加筛选物质施加选择压力，以获得高产维生素 B$_2$ 的突变菌株。物理诱变主要是对细胞进行辐射诱变处理，也包括其他一些产生极端条件的诱变方法。化学诱变主要为使用化学诱变剂处理细胞，常用的化学诱变剂包括烷化剂、核酸碱基类似物、亚硝酸、叠氮化钠和抗生素等。

诱变后筛选高产维生素 B$_2$ 菌株常用的筛选压力包括维生素 B$_2$ 结构类似物（玫瑰黄素）、嘌呤结构类似物[8-氮鸟嘌呤（8-AG）、8-氮杂腺嘌呤（8-AA）、6-巯基鸟嘌呤（6-SG），以及德夸菌素、甲硫氨酸亚砜和磺胺类药物等]。

枯草芽孢杆菌中核黄素（*rib*）操纵子的转录受到生物核糖开关调控机制的调控（Thakur et al.，2016），*rib* 操纵子的 mRNA 前导区存在与 FMN 直接结合的序列（RFN 元件），还存在能够形成终止子或者抗终止子结构的序列，这二者构成了 *rib* 操纵子表达的生物核糖开关调控元件。当胞内 FMN 水平较高时，FMN 与 RFN 元件结合，mRNA 前导区形成类似终止子的二级结构，导致 RNA 聚合酶脱落，*rib* 操纵子的转录提前终止；当 FMN 水平降低时，FMN 与 RFN 元件解离，mRNA 前导区形成抗终止子结构，转录继续进行，*rib* 操纵子得以表达。因此，筛选玫瑰黄素抗性突变株，破坏核黄素操纵子 mRNA 前导区的 RFN 元件，从而破坏其与 FMN 的结合，或 *ribC* 基因突变后降低其编码的核黄素激酶的活性减少胞内 FMN 的水平，均可使核黄素操纵子组成型表达，此外，*ribC* 基因突变后还可以减少维生素 B$_2$ 的分解而导致维生素 B$_2$ 积累。

枯草芽孢杆菌的嘌呤合成途径受到多种调控机制的严格调控（Shi et al.，2014），主要分为腺嘌呤介导的转录起始阻遏机制、鸟嘌呤介导的前导 mRNA 转录的衰减机制和酶水平的反馈抑制作用。通过选育嘌呤结构类似物如 8-氮鸟嘌呤、8-氮杂腺嘌呤、6-巯基鸟嘌呤、德夸菌素、甲硫氨酸亚砜和磺胺类药物等抗性突变株均可达到加强嘌呤合成途径代谢流及解除鸟苷三磷酸（GTP）生物合成途径的反馈调节的目的。

### 4.3.3 维生素 B$_2$ 的生产菌株及生物合成途径

#### 1. 维生素 B$_2$ 的生产菌株

用于维生素 B$_2$ 发酵生产的菌株有多种，如阿舒氏假囊酵母 （*Eremothecium ashbyi*）、棉囊阿舒氏酵母 （*Ashbya gossypii*）、解脂假丝酵母（*Candida famata*）等真菌，但是这些真菌经过合成生物育种获得的高产维生素 B$_2$ 的菌株具有发酵周期长、原料要求复杂、菌体黏度大、后期分离困难等缺点。随着合成生物技术的发展，枯草芽孢杆菌和产氨棒状杆菌（*Corynebactia aminogensis*）等高产维生素 $B_2$ 菌株相继构建成功，并在维生素 $B_2$ 的微生物发酵生产中显示了强大的生命力，以重组枯草芽孢杆菌进行维生素 $B_2$ 发酵生产，在三天时间内维生素 $B_2$ 滴度可达到 20～27 g/L，因此，枯草芽孢杆菌具有较高的发展潜力和研究价值。

### 2. 维生素 $B_2$ 的生物合成途径

在枯草芽孢杆菌中，需要经过磷酸戊糖途径、嘌呤合成途径、GTP 合成途径和核黄素合成途径中的 20 多步酶促反应，才能将葡萄糖转化为维生素 $B_2$。整个反应过程需要多种来自不同代谢通路的前体物质（如核酮糖-5-磷酸、GTP、谷氨酰胺、甘氨酸、天冬氨酸等）的参与。因此，可以将枯草芽孢杆菌中维生素 $B_2$ 生物合成途径细分为 4 个模块（图 4-5）：磷酸戊糖（PP）途径——合成核酮糖-5-磷酸；嘌呤合成途径——合成次黄嘌呤核苷酸（IMP）；鸟苷三磷酸（GTP）合成途径——合成 GTP；核黄素合成途径——两个前体物质核酮糖-5-磷酸和 GTP 经 7 步酶促反应最终转化为维生素 $B_2$。

磷酸戊糖途径——合成核酮糖-5-磷酸：葡萄糖经 PTS 转运系统进入胞内生成葡萄糖-6-磷酸，同时，葡萄糖经非 PTS 转运系统进入胞内，并在 *glcK* 编码的葡萄糖激酶的催化下生成葡萄糖-6-磷酸；葡萄糖-6-磷酸绝大部分进入 EMP 途径和 TCA 循环生成细胞生长所必需的能量和还原力，少部分进入磷酸戊糖途径，并经过几步酶促反应生成核酮糖-5-磷酸（Ru5P），即维生素 $B_2$ 生物合成的第一个直接前体物。因此，葡萄糖-6-磷酸进入 PP 途径的通量大小，是影响维生素 $B_2$ 产量的首要因素。随后，核酮糖-5-磷酸在 *ywlF* 编码的核糖-5-磷酸异构酶催化下生成核糖-5-磷酸。

嘌呤合成途径——合成次黄嘌呤核苷酸（IMP）：核糖-5-磷酸在 *prs* 编码的磷酸核糖焦磷酸激酶的催化下，在腺苷三磷酸（ATP）参与下，生成磷酸核糖焦磷酸（PRPP）。随后，PRPP 进入嘌呤合成途径，并经过多步酶促反应生成 IMP。枯草芽孢杆菌的嘌呤合成途径受到多种调控机制的严格调控（Shi et al., 2014），因此，解除嘌呤合成途径的多种调控和酶水平的反馈抑制，是提高维生素 $B_2$ 产量的又一关键因素。

鸟苷三磷酸（GTP）合成途径——合成 GTP：嘌呤合成途径生成的 IMP 并不堆积在细胞内，而是迅速转变为腺嘌呤核苷酸（AMP）和鸟嘌呤核苷酸（GMP）。故 IMP 进入 GTP 合成途径的通量大小，也对维生素 $B_2$ 的产量有影响。GMP 的生成由两步反应完成，IMP 由 IMP 脱氢酶催化，以 $NAD^+$ 为氢受体，氧化生成黄嘌呤核苷酸（XMP），然后 XMP 中 C2 上的氧被谷氨酰胺提供的酰胺基取代，氨基化生成 GMP，此反应由 GMP 合成酶催化，并由 ATP 水解供能。GMP 由鸟苷酸激酶催化生成鸟苷二磷酸（GDP），然后，GDP 由核苷二磷酸激酶催化生成 GTP。

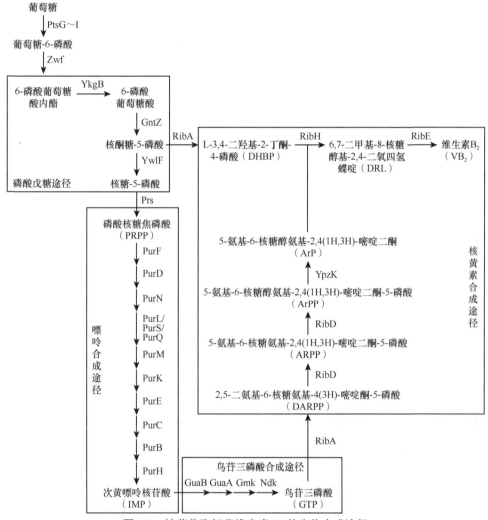

图 4-5　枯草芽孢杆菌维生素 B₂ 的生物合成途径

PtsG：渗透酶 II 复合物；PtsH：组氨酸磷酸载体蛋白；PtsI：磷酸烯醇式丙酮酸依赖性蛋白激酶 I；Zwf：葡萄糖-6-磷酸脱氢酶；YkgB：6-磷酸葡萄糖醇内酯酶；GntZ：6-磷酸葡萄糖酸脱氢酶；YwlF：核糖-5-磷酸异构酶；Prs：磷酸核糖焦磷酸激酶；PurF：酰胺磷酸核糖基转移酶；PurD：磷酸核糖胺-甘氨酸连接酶；PurN：磷酸核糖核基甘氨酰胺甲酰基转移酶；PurL，PurS，PurQ：磷酸核糖基甲酰基缩水甘油胺合酶亚基；PurM：磷酸核糖基甲酰基缩水甘油胺环连接酶；PurK：5-（羧基氨基）咪唑核糖核苷酸合酶；PurE：5-（羧基氨基）咪唑核糖核苷酸变位酶；PurC：磷酸核糖氨基咪唑琥珀酰胺合酶；PurB：腺苷酸琥珀酸裂解酶；PurH：双功能磷酸核糖基咪唑甲酰胺甲酰基转移酶和 IMP 环水解酶；GuaB：肌苷-5′-单磷酸脱氢酶；GuaA：GMP 合成酶；Gmk：鸟苷酸激酶；Ndk：核苷酸二磷酸激酶；RibA：双功能的 GTP 环水解酶 II/DHBP 合成酶；RibD：双功能的 DARPP 脱氨酶/ARPP 还原酶；YpzK：非专一性的去磷酸化酶；RibH：DRL 合成酶；RibE：核黄素合成酶

核黄素合成途径——两个前体物质核酮糖-5-磷酸和 GTP 经 7 步酶促反应最终转化为维生素 B₂：维生素 B₂ 合成的两个直接前体物质核酮糖-5-磷酸和 GTP 在核

黄素操纵子编码的几个酶的催化下，经过如下 7 步反应生成维生素 $B_2$。

（1）GTP 咪唑环的开环水解：GTP 的咪唑环开环水解，脱去一个甲基和两个磷酸基团，生成 2,5-二氨基-6-核糖氨基-4(3H)-嘧啶酮-5-磷酸（DARPP）。

（2）脱氨基反应：DARPP 脱去嘧啶环第二位的氨基，生成 5-氨基-6-核糖氨基-2,4(1H,3H)-嘧啶二酮-5-磷酸（ARPP）。

（3）还原反应：ARPP 的呋喃核糖基被还原开环，消耗 NADPH，形成 5-氨基-6-核糖醇氨基-2,4(1H,3H)-嘧啶二酮-5-磷酸（ArPP）。

（4）脱磷酸反应：ArPP 在一种非专一性的磷酸酶催化下脱去磷酸基团，生成 5-氨基-6-核糖醇氨基-2,4(1H,3H)-嘧啶二酮（ArP）。

（5）C4 单位的生成：C4 单位由核酮糖-5-磷酸裂解生成，形成 L-3,4-二羟基-2-丁酮-4-磷酸（DHBP）。

（6）二氧四氢蝶啶的合成：C4 单位 DHBP 与 ArP 反应，生成 6,7-二甲基-8-核糖醇基-2,4-二氧四氢蝶啶（DRL）。

（7）维生素 $B_2$ 的合成：两分子的 DRL 发生歧化反应，生成一分子 ArP 和一分子维生素 $B_2$（RF）。

总体而言，维生素 $B_2$ 的生物合成途径长、代谢节点多、代谢调控复杂，包含从中央代谢的不同分支产生的前体，需要大量同步工作的酶和无数基因，这些基因的及时表达对于该途径的正确展开至关重要。

### 4.3.4 维生素 $B_2$ 的合成生物育种

在枯草芽孢杆菌中，葡萄糖到维生素 $B_2$ 的合成途径长，代谢节点多，且嘌呤合成途径及核黄素合成途径存在复杂的调控机制，包括多种转录起始阻遏机制、前导 mRNA 转录的衰减机制和酶水平的反馈抑制作用，这些因素都提高了菌株的改造难度。近年来，通过合成生物技术改造获得了许多高产维生素 $B_2$ 的枯草芽孢杆菌菌株。

合成生物育种是通过对维生素 $B_2$ 合成途径及相关的代谢通路进行系统分析，然后通过过表达维生素 $B_2$ 合成相关途径基因、敲除或弱化支路或竞争性途径基因，以及对整个代谢网络的还原力和辅因子平衡进行调控等方法得到高产维生素 $B_2$ 的菌株，是一种理性的方法。合成生物育种构建高产维生素 $B_2$ 生产菌种有以下几个思路。

（1）增加葡萄糖进入 PP 途径的通量，进而增加前体核酮糖-5-磷酸的供给：过表达磷酸戊糖途径的基因，如葡萄糖脱氢酶（Zhu et al.，2006）、葡萄糖-6-磷酸脱氢酶（Duan et al.，2010）、6-磷酸-葡萄糖酸脱氢酶；弱化 EMP 途径的通量，如弱化葡萄糖-6-磷酸异构酶或 6-磷酸果糖激酶。

（2）增加核酮糖-5-磷酸进入嘌呤途径的通量：敲除或弱化核酮糖-5-磷酸和核糖-5-磷酸进入非氧化磷酸戊糖途径和其他支路的通量，如弱化核酮糖磷酸-3-差向异构酶、转酮酶、核糖激酶、磷酸戊糖变位酶等。

（3）解除嘌呤合成途径嘌呤操纵子的转录起始阻遏和嘌呤操纵子前导 mRNA 转录衰减调控，可使嘌呤操纵子组成型表达（Shi et al.，2014）：由于嘌呤核苷酸在细胞代谢中的重要性，嘌呤从头合成途径受到多种调控机制的严格调控。当胞内腺嘌呤浓度过高时，PurR 蛋白可与嘌呤操纵子 mRNA 前导区的一段重复序列结合，抑制嘌呤操纵子的转录起始；因此，敲除嘌呤操纵子阻遏蛋白 PurR 编码基因 purR，或过表达嘌呤外排泵基因可以解除嘌呤操纵子的转录起始阻遏。嘌呤操纵子 mRNA 前导区还含有响应鸟嘌呤的核糖开关，当胞内鸟嘌呤浓度过高时，嘌呤操纵子的 mRNA 前导区会形成终止子结构，阻碍嘌呤操纵子的继续转录；因此，去除嘌呤操纵子 mRNA 前导区响应鸟嘌呤的元件，或过表达嘌呤外排泵基因可以解除鸟嘌呤介导的嘌呤操纵子转录弱化调控。枯草芽孢杆菌中嘌呤从头合成途径还受到很多酶水平上的反馈抑制，prs 编码的 PRPP 合成酶受腺苷二磷酸（ADP）和鸟苷二磷酸（GDP）的反馈抑制，purF 编码的 PRPP 氨基转移酶受到多种核苷一磷酸、二磷酸、三磷酸的反馈抑制，其中腺苷一磷酸（AMP）和腺苷二磷酸（ADP）对 PRPP 氨基转移酶的反馈抑制程度较深，而其余核苷酸对其的抑制程度较弱；因此，削弱 IMP 到 AMP 的代谢流，如敲除或弱化腺苷琥珀酸合酶，或过表达核苷二磷酸激酶，可解除嘌呤途径酶水平的反馈抑制。

（4）解除 FMN 介导的核黄素操纵子的转录弱化调控，使核黄素操纵子组成型表达（夏苗苗等，2015）：野生型核黄素操纵子的转录受到 FMN 介导的转录弱化调控，维生素 $B_2$ 在核黄素激酶的催化下生成黄素单核苷酸（FMN），FMN 作为效应分子作用于核黄素操纵子 mRNA 前导区的 RFN 元件，使 mRNA 前导区形成类似终止子的二级结构，导致核黄素操纵子的转录提前终止。因此，去除核黄素操纵子 mRNA 前导区的 RFN 元件，使其无法与 FMN 结合，或减少 ribC 基因编码的核黄素激酶的合成量或削弱其编码酶的酶活，降低胞内 FMN 的水平，均可使核黄素操纵子组成型表达，此外，ribC 基因表达量降低或其编码酶的酶活下降后还可以减少维生素 $B_2$ 的分解从而导致维生素 $B_2$ 积累。

（5）提高核黄素操纵子的表达水平（陈涛等，2007）：包括过表达解调的核黄素操纵子，或用组成型强启动子和强 RBS 过表达核黄素操纵子，或过表达核黄素操纵子中的关键基因，如 ribA 编码的双功能酶——GTP 环水解酶Ⅱ/DHBP 合成酶。

（6）能量代谢途径的改造（Zamboni et al.，2003）：敲除呼吸链中效率较低的末端氧化酶——bd 氧化酶，使呼吸链的电子传递效率升高，提高了能量的产率，降低了菌体的维持代谢，有助于维生素 $B_2$ 产量的提高。

（7）优化能量、还原力和辅因子之间的平衡。

（8）综合优化合成维生素 $B_2$ 的多个途径之间的平衡。

枯草芽孢杆菌是芽孢杆菌属的模式菌，为革兰氏阳性菌，作为传统工业发酵菌株广泛应用于蛋白酶、淀粉酶、叶酸、鸟嘌呤、肌醇、D-核糖等的生产，其工业发酵技术比较成熟。枯草芽孢杆菌没有内毒素，安全性好，可以用于食品和药品的发酵生产，在发酵工业领域具有广阔的应用前景。

野生型枯草芽孢杆菌具有完整的维生素 $B_2$ 合成途径，但不能天然积累维生素 $B_2$，通过对细胞进行诱变育种和/或合成生物学改造，获得的菌株能够过量合成维生素 $B_2$。能够过量合成维生素 $B_2$ 的菌株，主要在其糖分解代谢途径、嘌呤合成途径、核黄素合成途径，以及与产能相关的呼吸链等方面进行了针对性的合成生物学改造，或进行诱变后特定压力的筛选。

目前维生素 $B_2$ 工业生产菌株是经过多轮理化诱变之后筛选得到的，由于随机诱变引入的突变具有不确定性和随机性，这些高产菌株不可避免地积累了与提高维生素 $B_2$ 产量无关的中性或负向基因突变，造成菌株的遗传背景复杂。同野生型菌株相比，它们大都在菌体生长速度、底物利用速度和种类、对不利环境的耐受性或遗传稳定性等方面存在缺陷。

合成生物学育种具有定向性，需要对维生素 $B_2$ 合成相关的所有代谢途径进行系统分析，确定途径中的改造靶点，并对靶点进行针对性的改造，改造后的菌株遗传背景清晰，同时具有野生型菌株生长良好、对不利环境的耐受性强及遗传稳定等特征。

# 4.4　维生素 $B_{12}$

## 4.4.1　维生素 $B_{12}$ 概述

### 1. 维生素 $B_{12}$ 结构与生理功能

维生素 $B_{12}$ 是唯一含有金属元素的维生素，常见形式包括 5'-脱氧腺苷钴胺素、甲基钴胺素、羟基钴胺素和氰基钴胺素，其中 5'-脱氧腺苷钴胺素和甲基钴胺素具有生理活性。它的化学结构包括一个中心钴咻环即钴胺酰胺、上配体 5'-脱氧腺苷和下配体 5,6-二甲基苯并咪唑。维生素 $B_{12}$ 主要用于治疗周围神经病变和维生素 $B_{12}$ 缺乏引起的疾病（李敏等，2020）。人体有两种依赖维生素 $B_{12}$ 的酶：以甲基钴胺素作为辅酶的甲硫氨酸合成酶和以脱氧腺苷钴胺素作为辅酶的甲基丙二酰辅酶 A 变位酶。前者催化同型半胱氨酸转化为甲硫氨酸，后者降解奇数链脂肪酸、支链氨基酸成琥珀酰 CoA（Frey，2010）。

### 2. 维生素 B₁₂ 合成途径

只有部分细菌和古菌能够合成维生素 B₁₂（Fang et al.，2017）。按照钴螯合的先后顺序和合成过程中是否需要氧气的参与，维生素 B₁₂ 从头合成途径分为好氧途径和厌氧途径。好氧途径的代表细菌包括脱氮假单胞菌（*Pseudomonas denitrificans*）、荚膜红细菌（*Rhodobacter capsulatus*），厌氧途径的代表细菌包括鼠伤寒沙门菌（*Salmonella typhimurium*）。图 4-6 展示的是好氧合成途径。前体 5-氨基乙酰丙酸（5-ALA）可以由甘氨酸和琥珀酰 CoA 经过 C4 途径合成，或由谷氨酸经过 C5 途径合成。从 ALA 经过三步反应得到尿卟啉原Ⅲ（Urogen Ⅲ）。Urogen Ⅲ 是维生

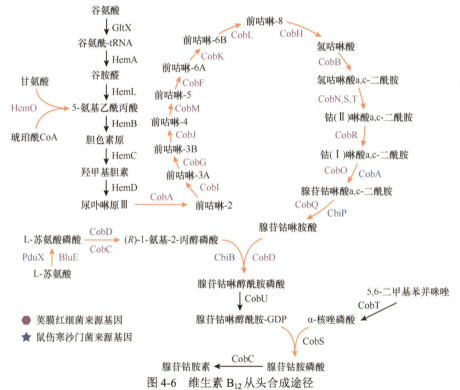

图 4-6　维生素 B₁₂ 从头合成途径

GltX：谷氨酰-tRNA 合成酶；HemA/HemO：谷氨酰-tRNA 还原酶（或 ALA 合成酶）；HemL：谷氨醛氨基转移酶；HemB：ALA 脱水酶；HemC：胆色素原脱氨酶；HemD：尿卟啉原Ⅲ合成酶；CobA：尿卟啉原Ⅲ甲基转移酶；CobI：前咕啉-2 C20-甲基转移酶；CobG：前咕啉-3B 合酶；CobJ：前咕啉-3B C17-甲基转移酶；CobM：前咕啉-4 C11-甲基转移酶；CobF：前咕啉-6A 合酶；CobK：前咕啉-6A 还原酶；CobL：前咕啉-6B C5,15-甲基转移酶；CobH：前咕啉-8 甲基变位酶；CobB：氢咕啉酸 a,c-二酰胺合酶；CobN：钴螯合酶亚基；CobS：钴螯合酶亚基；CobT：钴螯合酶亚基；CobR：钴（Ⅱ）啉酸 a,c-二酰胺还原酶；CobA/CobO：钴（Ⅱ）胺素腺苷转移酶；CbiP/CobQ：腺苷钴啉胺酸合酶；PduX/BluE：L-苏氨酸激酶；CobD/CobC：L-苏氨酸磷酸脱羧酶；CbiB/CobD：腺苷钴啉醇酰胺磷酸合酶；CobU：腺苷钴啉醇酰胺激酶/腺苷钴啉醇酰胺磷酸鸟苷酸转移酶；CobT：烟酸-核苷酸-二甲基苯并咪唑磷酸核糖转移酶；CobS：腺苷钴啉醇酰胺-GDP 核苷转移酶；CobC：腺苷钴胺素磷酸酶

素 B$_{12}$、血红素和西罗血红素的共同前体。Urogen Ⅲ经过 8 次甲基化、环收缩、还原、脱羧、甲基重排、酰胺化和钴螯合反应得到钴（Ⅱ）啉酸 a,c-二酰胺（CBAD）（Roth et al.，1996）。与厌氧合成途径钴螯合反应只有一个酶参与反应不同，好氧合成途径这一步需要钴螯合酶亚基 CobN、钴螯合酶亚基 CobS、钴螯合酶亚基 CobT 组成的复合体来催化（Debussche et al.，1992）。CBAD 经过钴啉环还原后发生腺苷化，生成腺苷钴啉酸 a,c-二酰胺，接着在 b、d、e 和 g 位发生酰胺化生成腺苷钴啉胺酸。腺苷钴啉胺酸与（R）-1-氨基-2-丙醇磷酸缩合生成腺苷钴啉醇酰胺磷酸。腺苷钴啉醇酰胺磷酸在腺苷钴啉醇酰胺激酶 CobU 的催化下被 GTP 激活生成腺苷钴啉醇酰胺。再经过两步反应结合下配体，最终得到腺苷钴胺素。

除从头合成途径外，部分革兰氏阴性细菌（如大肠杆菌）可以利用包括维生素 B$_{12}$ ABC 转运蛋白膜亚基 BtuC、维生素 B$_{12}$ 转运系统 ATP 结合蛋白 BtuD 和维生素 B$_{12}$ ABC 转运系统周结合蛋白 BtuF 的 ATP 结合盒（ATP-binding cassette，ABC）转运系统将钴啉醇酰胺运输到胞内。然后通过补救途径合成维生素 B$_{12}$。补救合成途径基因包括 cobU、cobT、cobS 和 cobC，这 4 个基因被从头合成途径所共用。因此，只需要合成腺苷钴啉醇酰胺磷酸，大肠杆菌就可以利用后面内源的酶合成腺苷钴胺素。

### 4.4.2 维生素 B$_{12}$ 的传统育种方法

由于化学法合成维生素 B$_{12}$ 过于复杂且成本昂贵，目前工业生产都是通过微生物发酵进行。传统的维生素 B$_{12}$ 生产菌株主要包括脱氮假单胞菌、苜蓿中华根瘤菌（Sinorhizobium meliloti）和费氏丙酸杆菌（Propionibacterium freudenreichii），它们分别通过好氧与厌氧发酵合成维生素 B$_{12}$。由于缺乏高效的遗传操作工具和方法，对工业生产菌种的改造非常困难，相关研究报道极少。Liu 等（2021）对苜蓿中华根瘤菌的两种木糖诱导启动子进行了表征，发现两种启动子相比阿拉伯糖诱导启动子更强，而未诱导时的背景表达更低。用其中较长的木糖诱导启动子表达 hemA 基因后，维生素 B$_{12}$ 产量提高了 11%；在培养基中添加琥珀酸钠后，维生素 B$_{12}$ 产量又提高了 11%。对维生素 B$_{12}$ 合成途径基因过表达是一种有效的策略。Piao 等（2004）在费氏丙酸杆菌中过表达了 10 个维生素 B$_{12}$ 合成途径基因。在表达 cobA、cbiLF 或 cbiEGH 后，维生素 B$_{12}$ 的产量分别提高了 1.7 倍、1.9 倍和 1.5 倍。表达 cobU 和 cobS 后，维生素 B$_{12}$ 的产量有了少量提高。表达类球红细菌（Rhodobacter sphaeroides）的 hemA、内源的 hemB 和 cobA 基因后，费氏丙酸杆菌可以合成 1.7 mg/L 维生素 B$_{12}$。

培养基成分优化是每个工业菌必然经过的一道工序。有研究人员对费氏丙酸杆菌利用甘油合成维生素 B$_{12}$ 的培养基进行了两步优化。首先通过 Plackett-

Burman 设计从 13 种成分中找出 5 种主成分：泛酸钙、$NaH_2PO_4 \cdot 2H_2O$、酪素水解物、甘油和 $FeSO_4 \cdot 7H_2O$（Kośmider et al.，2012）。然后利用中心复合设计对这 5 种成分的浓度进行摸索，最终维生素 $B_{12}$ 产量提高了 93%。费氏丙酸杆菌发酵过程中产生的丙酸和乙酸会抑制细菌生长，将其和能够吸收前者生成的丙酸的富养罗尔斯通氏菌（*Ralstonia eutropha*）混合发酵能解决这个问题（Miyano et al.，2000）。与此类似，Wang 等（2015）研究了副产物丙酸和前体二甲基苯并咪唑（DMBI）对维生素 $B_{12}$ 合成的影响。结果显示，在发酵早期维持丙酸浓度在 $10 \sim 20$ g/L，在晚期维持 $20 \sim 30$ g/L 能够有效提高维生素 $B_{12}$ 产量。DMBI 添加时间会影响维生素 $B_{12}$ 合成，添加过晚会造成中间产物腺苷钴啉醇酰胺积累，产生反馈抑制。在膨胀床吸附生物反应器中控制丙酸和 DMBI 浓度，能够实现维生素 $B_{12}$ 最高产量 59.5 mg/L。对于好氧合成途径，氧气浓度也是一个关键因素。Wang 等（2012）利用 $^{13}C$ 标记葡萄糖测定脱氮假单胞菌响应在不同供氧条件下的中心碳代谢流。葡萄糖主要经过 Entner-Doudoroff 和磷酸戊糖途径，而不是糖酵解途径。氧气浓度高比低时磷酸戊糖途径通量高 77.9%。供氧充足能加快前体、甲基和 NADPH 供给，从而提高维生素 $B_{12}$ 的产量。pH 也是影响发酵的一个重要参数。对比两种碳源（甜菜糖蜜和葡萄糖）两种甲基供体（甜菜碱和氯化胆碱）发现，它们都能影响 pH 和维生素 $B_{12}$ 的产量（Li et al.，2008）。在 120 $m^3$ 工业级发酵罐中使用葡萄糖和甜菜碱能够使 pH 波动范围更小，pH 可以维持在 $7.15 \sim 7.30$，维生素 $B_{12}$ 的产量达到 214.3 μg/mL。

### 4.4.3 维生素 $B_{12}$ 的合成生物育种

大肠杆菌是目前唯一报道的异源合成维生素 $B_{12}$ 的宿主。维生素 $B_{12}$ 合成涉及 30 多个基因，将这些基因从天然的生产菌中转移到大肠杆菌中具有极大挑战性。后期合成途径还存在缺口，组装从头合成途径必然要解决这个问题。很多合成途径的中间产物不稳定，且无标准品，对产物分析检测非常不利。下面简单谈一下设计思路。

首先，分析大肠杆菌遗传背景，其缺少从前咕啉-2 合成腺苷钴啉醇酰胺磷酸（即咕啉环生成）的基因。由于大肠杆菌 BL21（DE3）菌株与 Red 重组系统兼容性不好，很难将携带 λ 噬菌体 *Red* 重组酶的质粒转化到这个菌中，因此我们选择大肠杆菌模式菌株 MG1655 作为出发菌株，并在其基因组上整合 T7 RNA 聚合酶。这里需要提到的是维生素 $B_{12}$ 合成机理研究的专家，Martin J. Warren 等 2012 年在大肠杆菌中合成了好氧合成途径中的氢咕啉酸（HBA）（Deery et al.，2012），为合成维生素 $B_{12}$ 奠定了基础，因此我们选择了好氧合成途径。鉴于很多维生素 $B_{12}$ 从头合成途径的中间体都不稳定，他们在研究中通过一种酶捕获法对相关中间体进行分离鉴定。这种方法的原理是酶在催化反应后与产物仍结合在一起，这也启发我们通过该方法对下游产物氢咕啉酸 a,c-二酰胺（HBAD）进行分离鉴定。

然后，将这些缺少或需要增强的基因分成 5 个模块（见图 4-7）：模块 1 催化

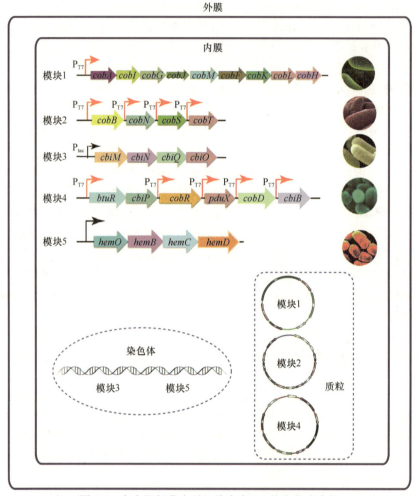

**图 4-7　在大肠杆菌中引入维生素 B₁₂ 从头合成途径**

*hemO*：ALA 合成酶编码基因；*hemB*：ALA 脱水酶编码基因；*hemC*：胆色素原脱氨酶编码基因；*hemD*：尿卟啉原Ⅲ合成酶编码基因；*cobA*：尿卟啉原Ⅲ转甲基酶编码基因；*cobI*：前咕啉-2 C20-转甲基酶编码基因；*cobG*：前咕啉-3B 合酶编码基因；*cobJ*：前咕啉-3B C17-转甲基酶编码基因；*cobM*：前咕啉-4 C11-转甲基酶编码基因；*cobF*：前咕啉-6A 合酶编码基因；*cobK*：前咕啉-6A 还原酶编码基因；*cobL*：前咕啉-6B C5,15-甲基酶编码基因；*cobH*：前咕啉-8 甲基变位酶编码基因；*cobB*：氢咕啉酸 a,c-二酰胺合酶编码基因；*cobN*：钴螯合酶亚基编码基因；*cobS*：钴螯合酶亚基编码基因；*cobT*：钴螯合酶亚基编码基因；*cobR*：钴（Ⅱ）啉酸 a,c-二酰胺还原酶编码基因；*btuR*：钴（Ⅱ）胺素腺苷转移酶编码基因；*cbiP*：腺苷咕啉胺酸合酶编码基因；*pduX*：L-苏氨酸激酶编码基因；*cobD*：L-苏氨酸磷酸脱羧酶编码基因；*cbiB*：腺苷钴啉醇酰胺磷酸合酶编码基因；*cbiM*：钴转运系统渗透酶蛋白编码基因；*cbiN*：钴转运蛋白基因；*cbiQ*：钴转运系统渗透酶蛋白编码基因；*cbiO*：钴转运系统 ATP 结合蛋白编码基因。P_tac：tac 启动子；P_T7：T7 启动子

尿卟啉原Ⅲ生成 HBA，包含 *cobA*、*cobI*、*cobG*、*cobJ*、*cobM*、*cobF*、*cobK*、*cobL*、*cobH*；模块 2 负责 HBAD 和 CBAD 的合成，包含 *cobB*、*cobN*、*cobS*、*cobT*；模块 3 负责钴离子吸收，包含 *cbiM*、*cbiN*、*cbiQ*、*cbiO*；模块 4 负责腺苷钴啉醇酰胺磷酸的合成，包含 *cobR*、*btuR*、*cbiP*、*pduX*、*cobD*、*cbiB* 基因；模块 5 负责尿卟啉原Ⅲ合成，包括 *hemO*、*hemB*、*hemC*、*hemD* 四个基因。需要注意的是羊种布鲁氏菌（*Brucella melitensis*）的 *cobR* 基因是目前报道的唯一可能编码钴（Ⅱ）啉酸 a,c-二酰胺还原酶的基因。

最后，组装各个模块，按照先后顺序转化到宿主细胞，逐个验证各个模块的功能。为了确保所有基因表达，我们选择异丙基-β-D-硫代吡喃半乳糖苷（IPTG）诱导的 T7 *Lac*、*Tac*、*Trc* 启动子来表达维生素 B$_{12}$ 合成途径基因。这样在培养基中添加一种诱导剂可以同时启动所有途径基因的转录。载体选择携带 T7 *Lac* 启动子的 pET-28a（+）、pCDFDuet-1、pACYCDuet-1，这三种质粒带有三种不同抗性基因，可以兼容存在于同一宿主中。每一个模块的基因都可以通过 SDS-PAGE 检测基因表达量，对于出现问题的基因可以通过提高表达量的策略来解决。接下来，详细讲解验证各个模块的过程。

第一步，验证模块 1，为了实现诱导合成 HBA 的目的，将 HBA 合成的操纵子克隆到 pET28a 质粒上，得到 pET28-HBA 质粒，则 HBA 操纵子可以通过 IPTG 诱导的 T7 启动子表达。将 pET28-HBA 质粒转化到 MG1655（DE3）菌株中，得到 FH001 菌株，可以合成 0.73 mg/g DCW HBA。

第二步，验证模块 2 与模块 3，将荚膜红细菌的 *cobB* 基因克隆搭配在一个含双 T7 启动子的载体 pCDFDuet–1 上，并在 FH001 中表达，可以合成 0.17 mg/g DCW HBAD。为了挖掘在大肠杆菌中能发挥功能的 *cobN*、*cobS* 和 *cobT*，首先在体外验证羊种布鲁氏菌、苜蓿中华根瘤菌和荚膜红细菌来源的 CobN、CobS、CobT 的功能。由于无法购买到底物 HBAD，这里通过酶捕获法来制备 HBAD，即通过纯化携带 6×His 标签的 CobN 可以得到与其相结合的 HBAD。将 HBAD 与 CobN、CobS、CobT 反应后的产物经过 LC-MS 验证发现：3 个物种来源的 CobN、CobS 和 CobT 都具有钴螯合酶活性，并且发现不同来源的 CobN、CobS、CobT 组合也具有活性。但是，将这些酶与 RccobB 共同在大肠杆菌中表达时却检测不到钴（Ⅱ）啉酸 a,c-二酰胺。推测钴离子的供给存在问题。事实上，大肠杆菌吸收钴离子的能力很低，这就导致胞内不能有效积累钴离子来参与钴啉酸 a,c-二酰胺的生成。研究表明，在大肠杆菌中表达荚膜红细菌和鼠伤寒沙门菌的钴吸收蛋白 CbiMNQO 能极大提高其胞内钴离子浓度（Rodionov et al.，2006）。在表达 *cobN*、*cobS*、*cobT* 的同时，表达荚膜红细菌的钴吸收蛋白编码基因 *cbiMNQO*，结果便得到了钴（Ⅱ）啉酸 a,c-二酰胺。

第三步，验证模块 4，由于 Cbi 模块中部分好氧合成途径基因未知，在此之前需要将其挖掘出来。在具有厌氧合成途径的鼠伤寒沙门菌中，之前人们一直认为(R)-1-氨基-2-丙醇是合成维生素 $B_{12}$ 的支路前体，后来发现其前体实为(R)-1-氨基-2-丙醇磷酸。L-苏氨酸经过 L-苏氨酸激酶 PduX 和 L-苏氨酸磷酸脱羧酶 CobD 催化生成(R)-1-氨基-2-丙醇-O-2-磷酸,然后与腺苷钴啉胺酸在 CbiB 与 CobD 的作用下缩合生成腺苷钴啉醇酰胺磷酸（Brushaber et al.，1998；Fan and Bobik，2008）。而对于通过好氧途径合成维生素 $B_{12}$ 的脱单假单胞菌，以往研究认为通过蛋白 α 和 β 双组分系统催化(R)-1-氨基-2-丙醇结合到腺苷钴啉胺酸上生成腺苷钴啉醇酰胺。已发现 β 组分由 CobC 和 CobD 组成,但是蛋白 α 组分仍然未知(Blanche et al.，1995)。有研究团队发现荚膜红细菌的 BluE 与鼠伤寒沙门菌的 PduX 蛋白一致性较高，苜蓿中华根瘤菌和荚膜红细菌的 CobC 与鼠伤寒沙门菌的 CobD 蛋白一致性较高。体外验证好氧途径的 BluE、CobC 分别具有 L-苏氨酸激酶、L-苏氨酸磷酸脱羧酶的功能。这是首次证明好氧途径与厌氧途径具有相同的(R)-1-氨基-2-丙醇-O-2-磷酸合成途径。

值得注意的是，*pduX* 和 *bluE* 基因一开始表达量很低。通过引入双顺反子策略来提高两个酶的表达水平。研究表明，不只是 5′ UTR 影响到蛋白的翻译效率，mRNA 中对应于 N 端氨基酸的序列也对翻译起始效率有很重要的影响（Bentele et al.，2013；Yin et al.，2014）。5′ UTR 的二级结构会阻碍核糖体结合在 mRNA 上，导致翻译起始效率低。因此通过改变 N 端序列，避免二级结构，能提高蛋白的表达水平（房欢，2018）。在 *pduX* 和 *bluE* 基因的 N 端分别添加一个顺反子 6×His 和 MBP 标签后，发现它们的表达量有了非常明显的提高。在 pACYCDuet-1 质粒上组装 Cbi 模块 6 个基因并转化到合成钴（Ⅱ）啉酸 a,c-二酰胺的菌株中，得到的菌株可以合成维生素 $B_{12}$。

第四步，通过代谢工程提高维生素 $B_{12}$ 的产量。首先，在质粒上表达模块 5 前体合成基因 *hemO*、*hemB*、*hemC* 和 *hemD*，将中间体 HBA 产量从 0.54 mg/g DCW 提高到 6.43 mg/g DCW。再结合弱化血红素竞争合成途径基因 *hemF* 和 *hemG*，进一步推动 HBA 产量达到 14.09 mg/g DCW。利用 *hemA*、*hemB*、*hemC* 和 *hemD* 的 RBS 文库在体外组装质粒，构建不同翻译强度的前体合成模块，然后结合下调竞争途径血红素合成途径基因 *hemE* 和西罗血红素合成途径基因 *cysG* 可以将 HBA 产量提高到 22.57 mg/L（Jiang et al.，2020）。但是，当模块 5 在质粒上表达时，三个质粒共存出现严重的质粒丢失或者重组。因此，敲除宿主细胞的 *endA* 基因，并且将前体合成模块整合在宿主染色体上。此时，细胞能够合成 5.72 μg/g DCW 维生素 $B_{12}$。在 HBA 产量提高后，进一步优化后续途径。将 3 种不同来源的 *cobN*、*cobS*、*cobT* 进行组合，维生素 $B_{12}$ 产量提高到 11.22 μg/g DCW。最新研究表明，$Co^{2+}$ 结合伴侣蛋白 BioW 在结合 GTP 和 $Mg^{2+}$ 后，可从细胞质基质中获取 $Co^{2+}$ 和 $Zn^{2+}$，组装一个高亲和力位点（Young et al.，2021a）。表达 BioW 后，维生素 $B_{12}$ 产量提高到 68.61 μg/g DCW。而后筛选下游的 Cbi 模块基因得到了 171.81 μg/g DCW 维生素 B$_{12}$。对维生素 B$_{12}$ 产量最高的菌株 FH364 进行验证，发现它能积累 HBA、HBAD、维生素 B$_{12}$ 分别为 640 μg/g DCW、270 μg/g DCW、120 μg/g DCW，说明 CobB、CobN、CobS、CobT 催化的反应处于限速步骤。

在质粒上对比表达荚膜红细菌、巨大芽孢杆菌、类球红细菌和脱氮假单胞菌的 *cobB* 基因的效果，发现表达脱氮假单胞菌来源的 *cobB* 基因后 HBAD 产量最高，因此将一开始使用的荚膜红细菌的 *cobB* 基因替换为脱氮假单胞菌来源的基因。为了降低多个 T7 Lac 启动子连用对宿主细胞造成的代谢负担，可以将 *cobB* 放置于 HBA 操纵子末端组成一个包括 10 个基因的合成 HBAD 的新操纵子，也将 *cobN*、*cobS* 和 *cobT* 三个基因组成操纵子表达（Li et al.，2020）。同时，为防止 *cobN* 基因 N 端融合 6×His 标签对酶的催化功能造成影响，将这个标签从融合形式转换成顺反子形式，*cobN* 基因表达量得到了维持。考虑到 CobN、CobS 和 CobT 三个酶共同参与钴（Ⅱ）啉酸 a,c-二酰胺的合成，用高、中、低三种不同强度的 RBS 调节 *cobS* 和 *cobT* 基因的表达，发现 *cobS* 和 *cobT* 基因以中等强度 RBS 表达时效果最好。然后将 *cobN*、*cobS* 和 *cobT* 操纵子克隆到 HBAD 操纵子质粒上，可以减少一个质粒，这样最终合成维生素 B$_{12}$ 的工程菌含有 2 个质粒（Li et al.，2020）。

第五步，培养基和发酵条件优化。首先，对培养基中的甘氨酸、琥珀酸和甜菜碱的浓度进行优化。甘氨酸和琥珀酸转化后的产物琥珀酰 CoA 是合成维生素 B$_{12}$ 的前体，甜菜碱提供甲基和维持细胞渗透压。之后，对比不同碳源和氮源，发现葡萄糖作为碳源，玉米浆作为氮源最合适。然后，经过对碳源和氮源的正交实验确定最佳浓度，最终维生素 B$_{12}$ 产量达到 530.29 μg/g DCW（Li et al.，2020）。培养温度和 IPTG 浓度对于外源基因的表达量及酶活性非常重要，经过对比确定 32℃用 1 mmol/L IPTG 诱导是生产维生素 B$_{12}$ 的最佳条件。

在填补部分维生素 B$_{12}$ 从头合成途径缺口后，将 5 种细菌来源的途径基因引入大肠杆菌，验证各个合成模块，成功合成了维生素 B$_{12}$。通过代谢工程和发酵工艺优化，大肠杆菌的维生素 B$_{12}$ 产量达到了天然维生素 B$_{12}$ 生产菌的生产水平。大肠杆菌从头合成维生素 B$_{12}$ 的例子展现了合成生物学在创造功能生命体方面的巨大潜能。科学家们可以将越来越多的化合物通过类似的手段在模式菌株中合成。由于在质粒上表达过多维生素 B$_{12}$ 合成途径基因会导致质粒丢失，生物量和维生素 B$_{12}$ 产量都较低，将全部或部分基因整合到染色体上可以解决该问题。目前，众多的 DNA 组装技术也将为合成途径组装和整合带来便利（Young et al.，2021b；Zhang and Huang，2022）。

## 4.5　总结与展望

本章总结了维生素 C、维生素 B$_2$ 和维生素 B$_{12}$ 这 3 个典型的用发酵法生产的维生素品种，并对合成生物技术在各个生产菌种中的应用进行了总结，并且对相应的维生素品种的改进方向进行了总结和展望。随着合成生物技术的发展，维生素生产菌种育种从诱变筛选向理性设计改造发展，越来越多的维生素品种开展了生物合成的研究，如维生素 $B_5$、维生素 $B_6$ 和维生素 K 等，且生产水平也不断提升。合成生物学中各种技术的提升，为发酵法生产维生素的产业发展注入了新的活力，同时也将推动化学合成法生产维生素的产业发生变革性的改变。

本章参编人员：张大伟　周景文　夏苗苗　房　欢

董会娜　秦志杰　余世琴

# 参 考 文 献

陈涛, 董文明, 李晓静, 等, 2007. 核黄素基因工程菌的构建及其发酵的初步研究. 高校化学工程学报, 21(2): 356-360.

房欢, 2018. 代谢工程改造大肠杆菌从头合成维生素 $B_{12}$. 北京: 中国科学院大学博士学位论文.

李敏, 陈超阳, 陈哲晖, 等, 2020. 钴胺素代谢及其不同形式的临床应用. 中华实用儿科临床杂志, 35(9): 716-720.

林红雨, 陈策实, 尹光琳, 1999. 欧文氏菌和棒杆菌的属间融合研究. 微生物学通报, 26(1): 3-6.

夏苗苗, 刘露, 班睿, 2015. 枯草芽孢杆菌核黄素操纵子与 *ribC* 基因的修饰与遗传效应. 微生物学通报, 42(1): 9-16.

尹光琳, 陶增鑫, 于龙华, 等, 1980. L-山梨糖发酵产生维生素 C 前体: 2-酮基-L-古龙酸的研究 I.菌种的分离筛选和鉴定. 微生物学报, 20(3): 246-251.

Anderson S, Marks C B, Lazarus R, et al., 1985. Production of 2-keto-L-gulonate, an intermediate in L-ascorbate synthesis, by a genetically modified *Erwinia herbicola*. Science, 230(4722): 144-149.

Bentele K, Saffert P, Rauscher R, et al., 2013. Efficient translation initiation dictates codon usage at gene start. Mol Syst Biol, 9: 675.

Blanche F, Cameron B, Crouzet J, et al., 1995. Vitamin $B_{12}$: how the problem of its biosynthesis was solved. Angew Chem In Edit, 34(4): 383-411.

Brushaber K R, O'Toole G A, Escalante-Semerena J C, 1998. CobD, a novel enzyme with L-threonine-O-3-phosphate decarboxylase activity, is responsible for the synthesis of (R)-1-amino-2-propanol O-2-phosphate, a proposed new intermediate in cobalamin biosynthesis in *Salmonella typhimurium* LT2. J Biol Chem, 273(5): 2684-2691.

Chen Y, Liu L, Shan X Y, et al., 2019. High-throughput screening of a 2-keto-L-gulonic acid-producing *Gluconobacter oxydans* strain based on related dehydrogenases. Front Bioeng Biotechnol, 7: 385.

Debussche L, Couder M, Thibaut D, et al., 1992. Assay, purification, and characterization of cobaltochelatase, a unique complex enzyme catalyzing cobalt insertion in hydrogenobyrinic acid a,c-diamide during coenzyme $B_{12}$ biosynthesis in *Pseudomonas denitrificans*. J Bacteriol, 174(22): 7445-7451.

Deery E, Schroeder S, Lawrence A D, et al., 2012. An enzyme-trap approach allows isolation of intermediates in cobalamin biosynthesis. Nat Chem Biol, 8(11): 933-940.

Duan Y X, Chen T, Chen X, et al., 2010. Overexpression of glucose-6-phosphate dehydrogenase enhances riboflavin production in *Bacillus subtilis*. Appl Microbiol Biotechnol, 85(6): 1907-1914.

Fan C, Bobik T A, 2008. The PduX enzyme of *Salmonella enterica* is an L-threonine kinase used for coenzyme $B_{12}$ synthesis. J Biol Chem, 283(17): 11322-11329.

Fang H, Kang J, Zhang D W, 2017. Microbial production of vitamin $B_{12}$: a review and future perspectives. Microb Cell Fact, 16(1): 15.

Fang H, Li D, Kang J, et al., 2018. Metabolic engineering of *Escherichia coli* for *de novo* biosynthesis of vitamin $B_{12}$. Nat Commun, 9(1): 4917.

Frey P A, 2010. Cobalamin coenzymes in enzymology// Mander L, Liu HW. Comprehensive Natural Products II: Chemistry and Biology. vol. 7. Amsterdam: Elsevier: 501-546.

Gao L L, Hu Y D, Liu J, et al., 2014. Stepwise metabolic engineering of *Gluconobacter oxydans* WSH-003 for the direct production of 2-keto-L-gulonic acid from D-sorbitol. Metab Eng, 24: 30-37.

Jiang P T, Fang H, Zhao J, et al., 2020. Optimization of hydrogenobyrinic acid biosynthesis in *Escherichia coli* using multi-level metabolic engineering strategies. Microb Cell Fact, 19(1): 118.

Kośmider A, Białas W, Kubiak P, et al., 2012. Vitamin $B_{12}$ production from crude glycerol by *Propionibacterium freudenreichii* ssp. *shermanii*: optimization of medium composition through statistical experimental designs. Bioresour Technol, 105: 128-133.

Li D, Fang H, Gai Y M, et al., 2020. Metabolic engineering and optimization of the fermentation medium for vitamin $B_{12}$ production in *Escherichia coli*. Bioprocess Biosyst Eng, 43(10): 1735-1745.

Li K T, Liu D H, Chu J, et al., 2008. An effective and simplified pH-stat control strategy for the industrial fermentation of vitamin $B_{12}$ by *Pseudomonas denitrificans*. Bioprocess Biosyst Eng, 31(6): 605-610.

Liu Z Q, Dong H N, Wu X Y, et al., 2021. Identification of a xylose-inducible promoter and its application for improving vitamin $B_{12}$ production in *Sinorhizobium meliloti*. Biotechnol Appl Biochem, 68(4): 856-864.

Miyano K, Ye K M, Shimizu K, 2000. Improvement of vitamin $B_{12}$ fermentation by reducing the inhibitory metabolites by cell recycle system and a mixed culture. Biochem Eng J, 6(3): 207-214.

Pappenberger G, Hohmann H P, 2014. Industrial production of L-ascorbic acid (vitamin C) and D-isoascorbic acid. Adv Biochem Eng Biotechnol, 143: 143-188.

Piao Y Z, Yamashita M, Kawaraichi N, et al., 2004. Production of vitamin $B_{12}$ in genetically engineered *Propionibacterium freudenreichii*. J Biosci Bioeng, 98(3): 167-173.

Reichstein T, Grussner A, 1934. Productive synthesis of L-arcorbic acid, vitamin C. Helv Chim Acta, 17: 311-328.

Rodionov D A, Hebbeln P, Gelfand M S, et al., 2006. Comparative and functional genomic analysis of prokaryotic nickel and cobalt uptake transporters: evidence for a novel group of ATP-binding cassette transporters. J Bacteriol, 188(1): 317-327.

Rosa J C C, Colombo L T, Alvim M C T, et al., 2013. Metabolic engineering of *Kluyveromyces lactis* for L-ascorbic acid (vitamin C) biosynthesis. Microb Cell Fact, 12: 59.

Roth J R, Lawrence J G, Bobik T A, 1996. Cobalamin (coenzyme B12): synthesis and biological significance. Annu rev microbiol, 50: 137-181.

Running J A, Severson D K, Schneider K J, 2002. Extracellular production of L-ascorbic acid by *Chlorella protothecoides*, *Prototheca* species, and mutants of *P. moriformis* during aerobic culturing at low pH. J Ind Microbiol Biotechnol, 29(2): 93-98.

Saito Y, Ishii Y, Hayashi H, et al., 1998. Direct fermentation of 2-keto-L-gulonic acid in recombinant *Gluconobacter oxydans*. Biotechnol Bioeng, 58(2-3): 309-315.

Shi T, Wang Y C, Wang Z W, et al., 2014. Deregulation of purine pathway in *Bacillus subtilis* and its use in riboflavin biosynthesis, Micro Cell Fact, 13: 101.

Shinjoh M, Tomiyama N, Asakura A, et al., 1995. Cloning and nucleotide sequencing of the membrane-bound L-sorbosone dehydrogenase gene of *Acetobacter liquefaciens* IFO 12258 and its expression in *Gluconobacter oxydans*. Appl Environ Microbiol, 61(2): 413-420.

Thakur K, Tomar S K, De S, 2016. Lactic acid bacteria as a cell factory for riboflavin production. Microb Biotechnol, 9(4): 441-451.

Wang P P, Zeng W Z, Xu S, et al., 2018. Current challenges facing one-step production of L-ascorbic acid. Biotechnol Adv, 36(7): 1882-1899.

Wang P, Zhang Z W, Jiao Y J, et al., 2015. Improved propionic acid and 5,6-dimethylbenzimidazole control strategy for vitamin $B_{12}$ fermentation by *Propionibacterium freudenreichii*. J Biotechnol, 193: 123-129.

Wang Z J, Wang P, Liu Y W, et al., 2012. Metabolic flux analysis of the central carbon metabolism of the industrial vitamin $B_{12}$ producing strain *Pseudomonas denitrificans* using $^{13}$C-labeled glucose. Journal of the Taiwan Institute of Chemical Engineers, 43(2): 181-187.

Yin J, Tian H, Bao L C, et al., 2014. An alternative method of enhancing the expression level of heterologous protein in *Escherichia coli*. Biochem Biophys Res Commun, 455(3-4): 198-204.

Young R, Haines M, Storch M, et al., 2021b. Combinatorial metabolic pathway assembly approaches and toolkits for modular assembly. Metab Eng, 63: 81-101.

Young T R, Martini M A, Foster A W, et al., 2021a. Calculating metalation in cells reveals CobW acquires Co$^{II}$ for vitamin $B_{12}$ biosynthesis while related proteins prefer Zn$^{II}$. Nat Commun, 12(1): 1195.

Zamboni N, Mouncey N, Hohmann H P, et al., 2003. Reducing maintenance metabolism by metabolic engineering of respiration improves riboflavin production by *Bacillus subtilis*. Metab Eng, 5(1): 49-55.

Zhang F, Huang Z W, 2022. Mechanistic insights into the versatile class II CRISPR toolbox. Trends Biochem Sci, 47(5): 433-450.

Zhou M Y, Bi Y H, Ding M Z, et al., 2021. One-step biosynthesis of vitamin C in *Saccharomyces cerevisiae*. Front Microbiol, 12: 643472.

Zhu Y B, Chen X, Chen T, et al., 2006. Over-expression of glucose dehydrogenase improves cell growth and riboflavin production in *Bacillus subtilis*. Biotechnol Lett, 28(20): 1667-1672.

# 第5章　有机醇工业合成生物学

## 5.1　引　　言

近年来，生物制造底层技术与关键核心技术研发不断取得突破，正在进入快速产业化阶段，新产品开发速度和过程工艺的绿色环保水平大幅度提升。依托生物制造技术，能够实现化工原料和过程的替代，有望彻底变革未来的物质加工和生产模式。预计未来十年，石油化工和煤化工产品的35%可被生物制造产品替代。

### 5.1.1　有机醇的主要类别

随着人类社会的发展壮大，人类对有机醇的需求也在加速增长。有机醇的需求主要包括运输燃料和化学品两类，其中运输燃料包括乙醇、丁醇和异丁醇等；化学品主要用于下游产品的制造，包括 1,4-丁二醇和 1,3-丙二醇等。目前人类使用的能源及材料化学品中约有 80%来自化石燃料，其中高达 58%用于交通运输，30%用于人类必需品的制造。几十年来，化石燃料的自然生产速度越来越快于人类的使用速度，利用生物合成技术替代化石原料合成是现代社会发展的需要。

燃料乙醇是社会需要量最大的有机醇,2019 年全球燃料乙醇产量为 0.87 亿 t,其中美国产量占 54.4%，巴西占 29.6%，欧盟占 5%，中国占 3%。在美国，燃料乙醇的生产原料主要是玉米，其玉米产量居全球第一，在近三十年里，由于种植技术、施肥效率和发酵水平的提高，美国玉米乙醇在技术、产量和经济效益方面均取得长足进步。在美国，超过 95%的车用汽油都是 E10 汽油（添加了 10%体积的乙醇）。美国是生物燃料的倡导者和先行者，其燃料乙醇的发展一直处于世界领先水平。自 2009 年起，美国加大了对纤维素乙醇的研发力度，到了 2012 年，其国家实验室与合作企业共同完成了第二代燃料乙醇的中试生产，证明纤维素乙醇不仅在技术上可行，同时还具有一定经济效益。随后，逐渐有企业开始以玉米秸秆等纤维素原料进行乙醇生产，如 POET-DSM，DuPont 和 Abengoa 等公司。

我国燃料乙醇产业起步较晚，直到 21 世纪后才开始进入规模化发展阶段。目前，我国燃料乙醇用量只占到汽油用量的约 2.6%，燃料乙醇的产量和使用普及率距离美国、巴西等国家还有很大差距。21 世纪初，为解决陈化粮积累的问题，政府大力推动发展燃料乙醇项目，并形成了成熟的工艺体系。截至目前，我国燃料乙醇仍以粮食乙醇为主。粮食乙醇供应受粮食储量影响较大且存在"与人争粮"

的矛盾，后来我国积极发展以非粮作物为原料的乙醇生产项目，然而其原料依赖于国外进口，受政治环境及气候影响较大，难以稳定供应。从长期发展来看，第二代燃料乙醇技术最符合我国的国情，原料供应充足，成本优势明显，且不存在"与人争粮，与粮争地"的矛盾。因此，2017年9月我国印发了《关于扩大生物燃料乙醇生产和推广使用车用乙醇汽油的实施方案》，计划于2020年在全国范围内推广使用车用乙醇汽油。这一方案有利于优化能源结构、改善生态环境并能促进农村地区经济发展。2022年，中央一号文件明确指出严格控制以玉米为原料生产燃料乙醇，使纤维素乙醇的发展迎来了巨大的机遇和挑战。

异丁醇是一种无色、具有特殊气味的透明液体，它不仅是合成增塑剂、防老剂、人工麝香、果子精油和药物的重要原料，还是生产涂料、清漆的重要配料。另外，异丁醇作为新型生物燃料，具备独特的优势，更具有广阔的发展前景。异丁醇具有不易吸水、挥发性低等特点，可以直接利用现有的汽油输送管道及分销渠道进行运输，且异丁醇对汽车引擎造成的损伤更小，现有汽车引擎可直接使用，不需要掺入汽油。异丁醇生产成本远低于石油基乙醇，且能量密度较大，约为石油基汽油的90%，具备代替生物乙醇作为汽车燃料的潜力。目前异丁醇主要通过化学法生产，尽管生物发酵制备异丁醇取得了显著的进展，最高产量达到50 g/L，但是生产效率及转化率仍不能满足大规模产业化的需要。

丁醇是一种重要的平台化合物和可再生替代燃料。和生物乙醇相比，丁醇作为生物燃料具有腐蚀性低、蒸汽压力低、可与汽油任意比例混合等优势，因而受到广泛的关注。目前，工业上丁醇生产主要有石化法和生物发酵法。其中，石化法由于价格更低廉因而应用更广泛，但以石油基化合物为原料的石化法存在反应条件复杂、对技术和设备要求极高等问题。生物发酵可以利用廉价原料通过微生物发酵生产丁醇。与石化路径相比，生物发酵具有条件温和、原料可再生、绿色环保等优势。杜邦等国际大企业都正在布局和致力于燃料丁醇的商业化，以期将其发展成为下一代的生物燃料。

1,4-丁二醇（BDO）是一种四碳饱和直链二元醇，分子式为 $HO(CH_2)_4OH$，熔点为20.2℃，温度高于熔点时呈无色油状液体，温度低于熔点时为针状结晶体。1,4-丁二醇是一种重要的化工原料，具有广泛的应用。它可被用来制备橡胶单体丁二烯；可与对苯二甲酸聚合生产工程塑料聚对苯二甲酸丁二醇酯（PBT）；可用于制作汽车、电子、轻工业的工业部件，如薄膜、光导纤维及薄型织物；可以与丁二酸聚合合成可降解塑料聚丁二酸丁二醇酯（PBS），制作可降解塑料袋或织物、餐具、化妆品瓶或药瓶，以及农用地膜等；可用于生产四氢呋喃，聚合后得到的聚四亚甲基乙二醇醚（PTMEG）是生产莱卡纤维的基本原料，还可用于生产四氢噻吩、1,4-二氯乙烷、油墨和香料等；可用于生产聚醚，合成超软弹性聚氨酯纤维和高弹性橡胶，进而用于生产轮胎、密封件、管道衬里、胶黏剂、人造皮革等；

可用于合成 γ-丁内酯，进而用于生产 2-吡咯烷酮、N-甲基吡咯烷酮、除草剂、偶氮染料、甲硫氨酸、香料等，γ-丁内酯还可用于溶解多种高聚物，因此作为油漆、电容器电解液的特殊溶剂使用。随着国家对白色污染的治理和可降解塑料的推广，1,4-丁二醇作为可降解聚酯塑料的材料的重要单体，需求量迎来爆发式增长，其生产技术的开发也受到越来越多的关注。

1,3-丙二醇是一种重要的有机化工原料，主要应用于聚酯聚醚和聚亚氨酯的制备。利用 1,3-丙二醇合成的聚对苯二甲酸丙二酯（PTT）纤维有独特的性质和优异的性能，并具有生物降解特性。2020 年，全球 1,3-丙二醇市场规模为 4.5 亿美元，预计 2027 年将达到 8 亿美元，年复合增长率达到 8.3%。1,3-丙二醇生产方式主要有化学合成法和生物法，当前生物发酵法主要有葡萄糖和甘油两条技术路线，2000 年，杜邦公司（DuPont）和英国 TATE & LYLE 公司在美国伊利诺伊州完成了以葡萄糖为原料发酵生产 1,3-丙二醇的中试测试，并于 2006 年建成 4.5 万 t/年生物法生产装置，其 1,3-丙二醇生产成本低于 2 万元人民币/t，远低于甘油技术路线，可以和化工合成相竞争。

国内生物法制备 1,3-丙二醇的研究起步较晚，大连理工大学开发了玉米两步发酵法生产 1,3-丙二醇工艺，即首先将玉米淀粉转化为糖化液，经发酵生成甘油，然后经厌氧发酵制得 1,3-丙二醇。清华大学以葡萄糖或粗淀粉为原料，采用双菌种两步发酵法生产 1,3-丙二醇。上述技术使国内企业具备了生物发酵生产 1,3-丙二醇的能力，但是在技术指标、生产成本和知识产权等方面均未打破杜邦的垄断。另外，目前国内主要采用甘油中间体发酵法进行国产化生产，这种方法虽然是生物路线，但菌种效率低，甘油转化率实际仅在 60%～70%，淀粉糖的实际转化率更低。一方面，国内甘油和淀粉糖价格居高不下，导致原料成本高昂；另一方面，现有装置难以规模化生产，副产物多、分离提纯复杂，需要絮凝、浓缩和精馏、脱盐等多个工序，使得生产成本高达每吨 2 万元以上，远高于杜邦的成本。下一步将重点开展具有自主知识产权的高产菌种研发，保障菌种端的科技供给。

## 5.1.2　有机醇主要生产菌

### 1. 酿酒酵母

酿酒酵母（*Saccharomyces cerevisiae*）作为模式生物，具有生长周期短、发酵能力强、容易进行大规模培养的优势，在细胞活动基础研究和细胞工厂创建方面发挥了重要作用。早在公元前 7000 年前，酿酒酵母在中国被应用于食物酿造，经过数千年的驯化，酿酒酵母已被用于面包、啤酒及葡萄酒等的制作。在 19 世纪，法国路易·巴斯德（Louis Pasteur）提出啤酒和葡萄酒生产中酒精的形成不是自发的化学转化过程，而是活细胞代谢的结果。随后，嘉士伯公司从啤酒中分离了第一株酿酒酵母。酿酒酵母是第一个完成基因组测序的真核生物，测序工作于 1996 年完成。近年来，随着系统生物学的发展，组学技术包括转录组、代谢组、蛋白质组、代谢网络模型及代谢流等，促进了酿酒酵母在生物制造中的应用，目前已使用工程酿酒酵母大规模发酵生产乙醇、正丁醇、异丁醇等有机醇。另外，科研工作者已经在酿酒酵母中成功构建了五碳糖（木糖、阿拉伯糖等）代谢途径，使得工程酿酒酵母可以利用生物质水解糖为碳源发酵合成乙醇。

### 2. 大肠杆菌

大肠杆菌（*Escherichia coli*）因其研究历史悠久、遗传背景清晰、厌氧生长速度快，且能利用简单的无机盐培养基和多种底物（如葡萄糖、木糖、甘油）等，已成为一种优秀的工业发酵模式微生物。通过代谢工程改造后，大肠杆菌工业菌种可用于有机醇、氨基酸、有机酸、有机胺等大宗化学品的绿色生物合成。

近年来，随着代谢工程学、合成生物学和工程生物学理念的发展，从早期的敲除副产物生成途径、解除产物合成抑制、过表达合成途径中的关键酶等传统改造技术，发展出了代谢反应数据库建立与网络模型计算、代谢途径组装、基因表达动态调控等新的菌种发展技术，这些新技术使得大肠杆菌在有机醇生物合成中发挥了重要作用。中国科学院天津工业生物技术研究所张学礼团队利用 CRISPR/Cas9 技术，在大肠杆菌基因组中对木糖代谢途径 3 个基因完成了文库调控，筛选到的最优菌株，其木糖代谢速率提高了 3 倍，为提升菌株的生产效率奠定了基础。通过引入来源于酿酒酵母的甘油-3-磷酸脱氢酶和甘油-3-磷酸酶以及肺炎克雷伯菌的甘油脱水酶，实现了大肠杆菌高效合成 1,3-丙二醇。在异丁醇合成方面，通过调控细胞代谢还原力，实现了还原力类型从 NADH 到 NADPH 的高效转化以促进异丁醇的高效合成，经过辅因子工程改造的菌株，在厌氧条件下，异丁醇产量提高了 80%，产率提高了 39%，达到 0.92 mol/mol（接近理论最大值）。同时，在丁醇生物合成方面，通过辅因子工程改造，胞内的 NADH 的含量增加了 36%，丁醇产量增加了 25.6%。在乙醇合成方面，通过关键转录机器组分 sigma 因子（*rpoD* 基因编码）突变，大肠杆菌工程菌株对乙醇耐受性显著提高，达到 50 g/L。

### 3. 运动发酵单胞菌

运动发酵单胞菌（*Zymomonas mobilis*）为兼性厌氧革兰氏阴性细菌，能够在厌氧或微氧环境中高效产乙醇。运动发酵单胞菌中缺少传统 EMP 途径关键酶——磷酸果糖激酶，通过 ED（Entner-Doudoroff）途径进行糖酵解，使其在乙醇发酵生产中具有独特的优势，成为了理想的乙醇生产菌株。在 ED 途径中，2-酮-3-脱氧-6-磷酸葡萄糖酸（2-keto-3-deoxy-6-phosphogluconate，KDPG）可直接转化为丙酮酸和三磷酸甘油醛，后者经多步酶催化反应最终也转化为丙酮酸，只生成 1 分子 ATP，生物量积累少，胞内物质流能够高效流向目标产物，乙醇产量能够达到理论值的 97%。另外，运动发酵单胞菌因细胞个体小，比表面积大，更有利于对发酵糖的吸收转化，葡萄糖的利用效率高于 24 g/(L·h)。

运动发酵单胞菌中通过 ED 途径合成丙酮酸，对于构建以丙酮酸为前体物质的有机醇合成途径具有重要意义。通过代谢工程技术，将 2,3-丁二醇合成途径中 3 个关键酶（Als，乙酰乳酸合成酶；AldC，乙酰乳酸脱羧酶；Bdh，2,3-丁二醇脱氢酶）导入细胞后，引导胞内物质流从丙酮酸流向 2,3-丁二醇，同时发现运动发酵单胞菌对 2,3-丁二醇的耐受能力高于乙醇。另外，通过将乳球菌的 2-酮基异戊酸脱羧酶 Kivd 和醇脱氢酶 AdhA 引入运动发酵单胞菌发酵生产异丁醇，成功构建了异丁醇细胞工厂。

随着合成生物学使能技术的发展，研究者通过引入五碳糖代谢途径，拓展了运动发酵单胞菌的发酵原料。通过导入外源转醛醇酶 TalB 和转酮醇酶 TktA，补全了运动发酵单胞菌磷酸戊糖途径，使其能够利用生物质中的木糖和阿拉伯糖进行发酵。其中，以木糖为原料，乙醇转化率达到 86%；将阿拉伯糖代谢基因 araA/B/D 引入运动发酵单胞菌 CP4 菌株后，在阿拉伯糖条件下，乙醇转化率达到了理论值的 98%。通过代谢工程改造，实现运动发酵单胞菌以生物质糖为原料进行发酵，这对于降低发酵成本，实现有机醇绿色高效合成具有重要意义。

### 4. 丝状真菌

丝状真菌作为重要的工业发酵微生物，具有能够利用廉价原料发酵、蛋白质分泌能力强等优势。目前，丝状真菌已经被用于生产多种大宗发酵产品，如工业蛋白质（如纤维素酶、糖化酶等）、大宗有机酸（如柠檬酸、衣康酸等）及抗生素等次级代谢产物。由于丝状真菌遗传背景复杂，诱变筛选是发酵菌种选育的重要手段，在抗生素等多个产品的菌种选育中取得了巨大进步。近几年，基于 CRISPR/Cas 的基因组编辑技术和基因表达调控技术的迅速发展，为丝状真菌代谢工程提供了技术支撑。自 2015 年起，基因组编辑技术已经相继应用于一些重要模式丝状真菌和工业丝状真菌，包括里氏木霉、稻瘟病菌、黑曲霉、烟曲霉、米曲霉、粗糙脉孢菌和产黄青霉等。

丝状真菌具有强大的蛋白质合成及分泌系统，是目前工业应用的纤维素酶及淀粉水解酶主要生产菌株。丝状真菌能够高效降解和利用淀粉及生物质等复杂原料，这有助于降低有机醇的生产成本。尤其是面临环境问题和能源危机，实现农作物秸秆等可再生原料替代石油等化石原料合成燃料乙醇等工业有机醇，是人类经济社会低碳绿色高效发展的选择。以丝状真菌为出发菌株构建有机醇发酵菌种成为生物制造领域的研究热点。目前，一些丝状真菌，如粗糙脉孢菌、里氏木霉、嗜热毁丝霉等，已经应用于燃料乙醇等有机醇的合成。

# 5.2 C2 有机醇

## 5.2.1 发展燃料乙醇的意义

能源是当今人类社会赖以生存和发展的物质基础。然而，随着能源需求的日益增加，化石能源储量不可避免地走向枯竭。同时，化石燃料的大量燃烧也带来了日益严重的环境问题，这促使世界各国积极发展新的清洁、可再生的替代能源。其中，生物质能与化石燃料有着相同的起源，且取之不尽，因此成为化石能源极具潜力的替代者。燃料乙醇由于其车用属性，是目前全球最大规模商业化应用的汽油添加剂和燃油替代品（Zabed et al.，2017），在现阶段。它具有其他替代燃料难以比拟的优势。从美国和巴西的推广经验来看，推广燃料乙醇可以缓解对石油的过度依赖。我国作为全球第一大油气进口国，2021 年的原油对外依存度高达72%。与此同时，为应对气候变化、降低温室效应，世界各国近年来相继确立了碳达峰、碳中和目标，以引导经济向绿色可持续发展方向迈进。燃料乙醇在整个循环周期内的理论碳排放量为零，有效改善了传统化石燃料使用过多带来的碳排放问题。因此，发展生物燃料乙醇在降低我国能源对外依存、努力实现碳中和的今天，具有特殊的战略意义。除作为汽车燃料外，乙醇也是重要的溶剂，被广泛应用于消毒剂、工业溶剂、稀释剂等的生产当中，例如，浓度为 70%～75% 的乙醇溶液就是一种常用的医用消毒剂。同时，乙醇也是一种基本的有机化工原料，用于乙醛、乙酸乙酯、医药、染料、洗涤剂等产品的制备。

## 5.2.2 燃料乙醇的分类

在燃料乙醇的发展过程中，主要经过了如下几个阶段：发展最早的是第 1 代燃料乙醇，也被称为"糖-淀粉"乙醇或粮食乙醇，主要以糖（甘蔗、甜菜）或淀粉（玉米、高粱）等为原料，生产工艺趋于成熟，已经实现大规模工业生产（Zabed et al.，2017）。但第 1 代乙醇需要以玉米、甘蔗等粮食为原料，存在"与人争粮"的问题。而以非粮作物木薯、甜高粱等为原料，可以克服这一问题，同时非粮作物成分与粮食作物相似，对生长环境要求低，产量高，可以直接使用第 1 代乙醇的生产设备生产，这种以非粮作物为原料的生产技术也被称为"1.5 代燃料乙醇"。然而，在大规模生产中，1.5 代燃料乙醇存在着"与粮争地"的弊端，且我国木薯的产量和品质与东南亚国家差距较大，对外依赖严重。此外，以木薯为原料还存在浆黏度高、营养供应不足、淀粉利用率低的缺点；甜高粱是以其茎秆为原料，主要问题为收获季集中、原料供给时间短、生产设备闲置时间长。相比粮食和非粮作物，农作物秸秆、玉米芯和柳枝稷等纤维素生物质原料在储量和成本方面优势明显，以纤维素生物质为原料的乙醇生产技术也被称为"第 2 代燃料乙醇"或纤维素乙醇，由于其发展前景广阔，该技术受到世界各国的重视。纤维素生物质结构复杂，需要先进行预处理、纤维素酶水解等步骤后才能进行发酵，操作环节较多，目前的生产成本高于第 1 代燃料乙醇。近年来提出的第 3 代燃料乙醇主要是以藻类等为原料，藻类生物质纤维素含量丰富，繁殖能力强，是乙醇生产的潜在原料来源，可以满足水和土地资源有限条件时的发展需求，但目前在转化技术和生态方面还存在多种挑战，目前生产成本也远高于前几种方式，短时间内不具备实用性（Lynd et al.，2017）（图 5-1）。

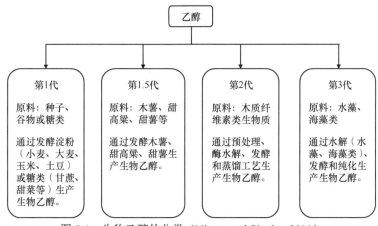

图 5-1　生物乙醇的分类（Nigam and Singh，2011）

## 5.2.3　国内外燃料乙醇生产现状

乙醇在工业中主要通过生物法和化学法进行生产。生物法是将淀粉质、糖质或纤维素原料，通过淀粉酶、纤维素酶水解，或生物质气化等方式处理后转变为糖类，然后通过酿酒酵母或运动发酵单胞菌等微生物发酵，再通过蒸馏、脱水等工艺制成。化学法是指通过化学方法，如乙烯水化法、合成气直接制乙醇、乙酸加氢制乙醇、二甲醚羰基化制乙醇等方式进行生产（Li et al.，2010；Gao et al.，2020），其中以乙烯水化法为主，该方法是在固体催化剂有机磷存在的条件下，加压、加热，使乙烯与水直接发生加成反应合成乙醇（Gao et al.，2020）。随着化工技术的发展，合成法生产的乙醇产量随之增加，但其生产原料乙烯仍来源于石油、煤和天然气，且化学法生产的乙醇当中可能含有异构高碳醇等物质，不宜用于食品、饮料和医药中。目前，在所有的乙醇生产方法中，微生物发酵法仍是最主要的方式（图 5-2），其中以第 1 代燃料乙醇技术为主，随着纤维素预处理技术的成熟，以及极低的原料成本，纤维素乙醇的产量正逐渐增加。

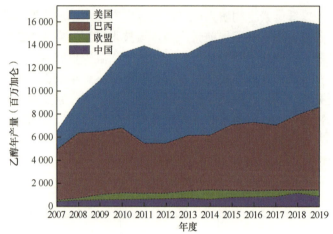

图 5-2　2007～2019 年美国、巴西、欧盟和中国生物乙醇产量比较（Wu et al.，2021）

目前，乙醇产量约占全球液态生物燃料的 80%，其中，美国和巴西占据了主要份额，以 2021 年为例，全球燃料乙醇的总产量约为 273.1 亿加仑[①]，美国产量占 55%，巴西占 27%，欧盟占 5%，中国占 3%。美国和巴西自 2000 年起，产量一直稳居世界前两位（Hahn-Hägerdal et al.，2006；Monteiro et al.，2012）。美国燃料乙醇的生产原料主要为玉米，其玉米产量居全球第一，近 30 年来，由于种植、施肥和发酵技术的进步，美国玉米乙醇在技术、产量和经济效益方面都取得了长足发展。在应用方面，美国目前使用的超过 95% 的车用汽油都是添加了 10% 体积乙醇的 E10 汽油，E15、E85 汽油的使用比例也在不断增加。2009 年开始，美国政府联合研究机构及企业加大对纤维素乙醇的研发力度，并在 2012 年完成了第 2 代燃料乙醇的中试生产，证明纤维素乙醇不仅在技术上可行，同时还具有一定的经济效益。2014 年以后，逐渐有企业开始以玉米秸秆等为原料进行乙醇的生产，如 POET-DSM、DuPont 和 Abengoa（Chandel et al.，2019）。

巴西是全球第二大乙醇生产国，也是传统的乙醇生产强国。巴西甘蔗种植面积约占全部耕地面积的 1%，乙醇生产的主要原料也是甘蔗。在推广方面，由于政府积极倡导，巴西自 2007 年起已经实现了车用汽油 100% 的乙醇添加，且混合比例为全球最高标准，自 2015 年以来一直维持在 27%，2019 年乙醇总混合比例达到 54.1%。巴西也存在少量玉米乙醇工厂，并且纤维素乙醇商业化项目也开始运营，例如，2013 年 GranBio 公司在南美建立了第一家商业化纤维素乙醇工厂（Lynd et al.，2017），2014 年，Raizen 公司的纤维素乙醇生产工厂也投产。此外，Solazyme-Bunge 公司也建立了自己的第 2 代乙醇工厂（Araújo，2016；Chandel et al.，2019）。

---

① 1 加仑（美）=3.78543 L，1 加仑（英）=4.54609 L

由于欧盟能源供应对外依赖严重，因此在 2006 年便将纤维素乙醇研究计划列入该组织技术与研究发展计划中。到了 2009 年，欧盟提出，2020 年纤维素乙醇要取得长足进步（Halder et al.，2019）。欧盟成员国中，德国及意大利纤维素乙醇的发展较为领先。意大利是欧洲最先使用纤维素乙醇的国家，主要以秸秆和芦竹为原料，产业化方面，Versalis 公司已建立了第 2 代乙醇生产企业，生产技术得到快速发展（Padella et al.，2019）。德国是欧盟另一个积极发展纤维素乙醇的国家，目前也已经陆续建造了生产工厂，如 Clariant 公司利用植物废渣为原料，成功运营了千吨级的中试工厂，并于 2017 年和 2018 年分别在斯洛伐克、罗马尼亚建立了年产能达 5 万 t 的工厂（Hortsch and Corvo，2020）。

我国的燃料乙醇产业起步较晚，大约从 20 世纪 90 年代开始逐渐发展，直到进入 21 世纪后才开始规模化发展（图 5-3）。目前，燃料乙醇的使用量只占到汽油用量的 2.6%左右（Jiao et al.，2018），在产能、技术和推广方面，我国与美国、巴西相比还有很大差距。当前，我国在建或筹建的燃料乙醇项目仍主要为第 1 代或 1.5 代技术，第 2 代乙醇的年产量处于 1 万～10 万 t 中试规模。如 2012 年，山东龙力生物科技股份有限公司以玉米芯为原料，建成了年产量约为 5 万 t 的生产装置。此后，河南天冠、中粮集团、国投生物能源（海伦）有限公司等企业也在积极推进第 2 代乙醇示范或生产项目。在推广方面，我国从 2002 年起，在黑龙江、河南部分地区先行试点使用 E10 乙醇汽油，到 2019 年年底，已成功在 13 个省（区、市）推广。

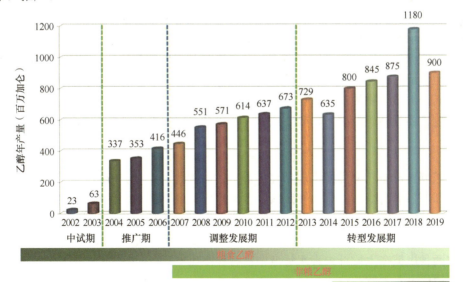

图 5-3　2002～2019 年我国生物乙醇年产量（Wu et al.，2021）

### 5.2.4 纤维素乙醇的研究进展

#### 1. 纤维素乙醇生产原料

受制于我国土地和水资源人均占有量低，无论是第 1 代还是 1.5 代乙醇，在未来的发展空间都相对有限。相比之下，农作物秸秆、林业剩余物和农产品加工剩余物等生物质资源总量巨大，可以作为未来开发的重点。据统计，2017 年我国秸秆产生量为 8.05 亿 t，可收集量为 6.74 亿 t，可能源化利用的资源量约为 1.45 亿 t（田宜水等，2021）。其中小麦、水稻和玉米秸秆占比最大，并能够集约化和机械化收储。根据第九次全国森林资源调查结果，我国可利用林业抚育及木材采伐剩余物年总产量约为 1.95 亿 t（田宜水等，2021）。农作物初加工剩余物，如玉米芯、甘蔗残渣和稻壳等同样产量大，易于收集，2019 年总量约为 1.24 亿 t。产量方面，理论上 6～7 t 秸秆约可生产 1 t 燃料乙醇，如果将秸秆、林业剩余物和农产品加工剩余物有效地转化为乙醇，产能可以满足未来对燃料乙醇的需求。此外，柳枝稷、芒草、红麻和杨树等能源作物也被发现适合纤维素乙醇的生产，并且柳枝稷和杨树通过遗传改造后，能够变得更易被降解，有效提高了乙醇的生产效率和产量（Alexander et al.，2020）。

#### 2. 纤维素乙醇发酵微生物

由于传统的乙醇发酵微生物难以直接利用纤维素原料，因此在发酵策略中，主要有两种不同的方式。一种是仍采用传统的乙醇发酵微生物，通过预处理和纤维素酶水解将生物质水解为可发酵糖类，而后再进行发酵；或通过遗传改造提高传统发酵微生物的纤维素降解能力，使其直接利用生物质原料。这类微生物主要包括酿酒酵母、运动发酵单胞菌和马克斯克鲁维酵母等。另一种方式是直接使用纤维素降解微生物为出发菌株，通过代谢工程改造，使其能发酵合成乙醇。这类微生物主要包括热纤梭菌、嗜热厌氧杆菌以及丝状真菌等。

1）酿酒酵母

酿酒酵母是乙醇发酵生产中使用最多的微生物，主要具有以下优点：①高葡萄糖和高乙醇耐受性；②兼性厌氧，发酵时仅利用不到10%的糖进行生长，而把90%以上的糖代谢为乙醇；③较高的糖利用效率和乙醇合成速率；④高抑制物耐受性；⑤遗传背景清楚，遗传操作方法成熟。缺点是不能利用木糖和阿拉伯糖，而这两种戊糖在木质纤维素水解液中占有较高比例（van Zyl et al.，2007），这也是阻碍纤维素乙醇商业化的重要因素之一。

2）其他酵母

马克斯克鲁维酵母（*Kluyveromyces marxianus*）是另一种受到广泛关注的纤维

素乙醇生产候选酵母，相较于酿酒酵母，马克斯克鲁维酵母底物谱更广，不仅能利用葡萄糖、半乳糖、乳糖、蔗糖，还能利用木糖、阿拉伯糖和纤维二糖等（Karim et al.，2020）。它的另一个优点是生长速度快，在 40℃葡萄糖培养基中的生长速率可以达到 0.99/h（Zhang et al.，2014）。此外，它还是耐热菌，在 45℃时仍可高效利用纤维二糖生产乙醇（Matsuzaki et al.，2012）。但该菌同样不能降解纤维素生物质，需要添加纤维素酶。

　　树干毕赤酵母（*Scheffersomyces stipitis*）是另一种研究较多的第 2 代乙醇生产候选酵母，该菌株天然能够利用多种糖类（如葡萄糖、木糖、半乳糖、甘露糖和纤维二糖等）生长并能有效转化为乙醇（Santos et al.，2016）。除了底物谱广外，树干毕赤酵母对生物质酸水解副产物具有较高的耐受性。它的缺点是难以在氧气充足条件下发酵乙醇，只有在氧气缺乏时才能有效合成乙醇（Slininger et al.，2015）。

　　3）运动发酵单胞菌

　　运动发酵单胞菌是另外一种在工业中使用的乙醇发酵微生物，属于革兰氏阴性细菌，兼性厌氧。对葡萄糖和果糖代谢途径独特，乙醇发酵能力突出，在乙醇生产中具有独特的优势，酿酒酵母将葡萄糖转化为丙酮酸需要经过糖酵解途径 10 步反应，而运动发酵单胞菌能够在厌氧条件下利用 ED 途径，只需要 4 步反应即可完成。该菌发酵过程中只需消耗不到 3%的葡萄糖即可满足自身生长，理论上最多可将 97%的葡萄糖代谢为乙醇，同时运动发酵单胞菌对葡萄糖的摄取和乙醇合成速度也都快于酿酒酵母（Xia et al.，2019）。该菌还具有乙醇耐受度高，pH 适应范围广（pH 3.5～7.5）的优势，因此在乙醇发酵工业中具有良好的应用前景（Carreón-Rodríguez et al.，2019）。运动发酵单胞菌在乙醇发酵中的劣势是对高浓度糖和乙酸的耐受能力低于酿酒酵母，底物利用谱窄，只能发酵葡萄糖、果糖和蔗糖（Chou et al.，2015；Zou et al.，2012）。

　　4）大肠杆菌

　　大肠杆菌为革兰氏阴性菌，生长和代谢速率快，遗传背景清楚，遗传操作技术成熟，天然具有木糖代谢途径，能够利用生物质降解产生的葡萄糖和木糖，是现代生物学中研究最广泛的细菌，是一种典型的模式微生物。但该菌对纤维素水解物中的抑制剂耐受度较低，发酵产物中含有较多的乳酸、甲酸和乙酸等副产物（Dien et al.，2003）。

　　5）热纤梭菌

　　热纤梭菌（*Clostridium cellulolyticum*）是革兰氏阳性菌，严格厌氧，最适生长温度为 55～60℃，并且在 45～65℃的温度范围内都能生长（Zhang et al.，2015）。热纤梭菌天然能够降解纤维素，并能利用降解产生的纤维糊精和纤维二糖，发酵产物的主要成分为乙醇、乳酸、乙酸和氢气。其能够利用的碳源包括纤维素、纤维二糖、葡萄糖、果糖和甘露糖等，但不能发酵淀粉、木糖和阿拉伯糖（Xiong et al., 2018）。相比葡萄糖，热纤梭菌在纤维二糖中的生长速度更快，并会优先利用纤维二糖。相较酿酒酵母和运动发酵单胞菌，热纤梭菌的优势在于同时具有纤维素降解和乙醇发酵的能力，且属于嗜热菌，最适生长温度可以达到60℃，能够降低发酵过程中的冷却成本、降低染菌概率并有利于乙醇回收。热纤梭菌纤维素降解是通过一种称为"纤维小体"的结构来完成。纤维小体将多种纤维素酶和半纤维素酶结合到脚手架蛋白亚基，组成复合体然后通过锚定蛋白固定于细胞表面。这种有序的复合体结构有利于各种降解蛋白质的协同催化，同时底物与细胞在空间位置上也具有邻近效应，是一种非常高效的降解方式（Gold and Martin, 2007）。但热纤梭菌在乙醇发酵过程中也存在一些劣势，例如，发酵速度慢，底物利用不完全，对乙醇和有机酸的耐受浓度低（Zheng et al., 2017）。

6）丝状真菌

纤维素降解丝状真菌是纤维素酶的天然生产者，已被应用到纤维素酶的工业生产当中，它们能够直接利用纤维素生物质，并且能够利用木糖、阿拉伯糖等酿酒酵母不能利用的五碳糖。不同于热纤梭菌形成纤维小体，丝状真菌的纤维素酶分泌到细胞外，内切葡聚糖酶、外切葡聚糖酶和 β-葡萄糖苷酶等组分单独存在。不同真菌之间纤维素酶和半纤维素酶的组成及活性存在差异。近年来，集纤维素酶生产、酶解和乙醇发酵于一体的联合生物加工（consolidated bioprocessing，CBP）技术实现了纤维素生物质到乙醇的一步生产，步骤少、污染小、成本低，被认为是降低纤维素乙醇生产成本的最有效策略之一。丝状真菌具备成为 CBP 菌株的特点，但缺点是目前已知的纤维素降解丝状真菌的乙醇产量普遍较低，因此想要通过丝状真菌进行乙醇合成，还需要经过代谢改造，提高菌株的乙醇合成能力。

**3. 纤维素乙醇生产过程**

木质纤维素主要由纤维素、半纤维素和木质素组成，由于其复杂的组成和结构，难以被纤维素酶直接快速水解。因此，在纤维素乙醇生产前，生物质原料通常需要先经过预处理，破坏纤维素的结晶结构，从而有利于后续的水解反应。目前预处理的方法主要有稀酸法、蒸汽爆破法、稀碱法和氨处理法等（Valdivia et al., 2016）。稀酸法是利用稀酸催化剂降解半纤维素，并破坏纤维素和木质素的结构，效率高但会产生大量废水腐蚀设备，同时还会产生抑制物，影响酶解和发酵过程（Mosier et al., 2005）。近年来，我国科研工作者开发出了新的干酸预处理方法，在提高固体原料含量的同时使反应器内多相体系更有效地混合，直接获得固态的预处理物料，无废水产生（He et al., 2014），并能够快速进行生物脱毒去除抑制物（He et al., 2016）。蒸汽爆破法是使用高压蒸汽对木质纤维素进行加热，然后突然释放，造成原料的迅速膨胀和部分降解，通常无须使用化学催化剂，但对设备的要求和能耗较高（Zabed et al.，2016）。目前，在蒸汽爆破时也会加入少量酸来提高效率。稀碱法是通过碱溶液溶解木质素和乙酰基，然后水洗获得纤维素和半纤维素，处理条件温和，主要缺点是处理过程中会产生大量废水（Hendriks and Zeeman，2009）。氨处理法分为液氨纤维膨爆和氨水预处理两种方式，液氨纤维膨爆是利用液氨气化实现预处理，产生的抑制物少，但氨气的回收、脱水和再液化能耗较高（Oladi and Aita，2017）。氨水预处理法是通过溶解木质素使木质纤维素原料降解，优点是条件温和，但也会产生大量废水（Oladi and Aita，2017）。此外，常见的预处理方法还有有机溶剂法、液态热水法和离子液体法等。

预处理过程产生的糠醛、羟甲基糠醛、对羟基苯甲醛和乙酸等抑制物，必须经过脱毒后才能发酵产生高浓度的乙醇（Jönsson and Martín，2016）。常用的水洗、过碱化等脱毒方法会产生大量废水，并且物料损失严重，含水量高（Parisutham et al.，2014）。而树脂吸附和真空蒸发等方式不适宜大规模生产使用。近年来，我国研究人员开发出一种几乎完美的生物脱毒方式，用丝状真菌——树脂枝孢菌（*Amorphotheca resinae*）ZN1 直接对固体预处理原料进行脱毒。其间，不损失可发酵单糖、无废水产生和无须添加营养盐，为后续生物转化奠定了良好基础（He et al.，2016）。

酶解是指用纤维素酶将生物质降解的过程，在工业生产中，纤维素生物质的降解通常至少需要 3 类不同的酶：外切葡聚糖酶、内切葡聚糖酶和 β-葡萄糖苷酶（Yanase et al.，2010）。3 种组分含量不同酶解效率也会不同，且 3 类酶具有协同作用，共同作用效果远大于单一酶作用效果之和，目前国内外多个公司已有成熟的复配纤维素酶出售（Marcos et al.，2013；Zhang and Bao，2017），但纤维素酶的成本目前依旧是影响纤维素乙醇成本的主要因素之一。纤维素的酶解与发酵过程可以分步进行，也能同步反应。分步法的优点是两个环节可以在各自最适的温度下进行，缺点是在酶解过程中释放出的糖会反馈抑制酶的降解；而同步发酵时，酶解过程中产生的葡萄糖等会被微生物快速利用，可以解除高浓度单糖对纤维素酶的抑制作用，降低纤维素酶的用量（Parisutham et al.，2014），缺点则是两步反应不能在各自最适条件下进行。近年来，裂解多糖单加氧酶（LPMO）被发现能够有效氧化断裂 β-1,4-糖苷键，并且可以和纤维二糖脱氢酶协同作用，在纤维素降解过程中发挥着重要作用（Phillips et al.，2011）。

### 4. 纤维素乙醇糖化与发酵策略

纤维素糖化是指将纤维素底物分解成低聚糖或葡萄糖的过程，也称纤维素水解。糖化后便可以利用微生物进行下游的发酵环节，根据糖化和发酵策略的不同，在操作中可分为：分步糖化发酵（separate hydrolysis and fermentation，SHF）、同步糖化发酵（simultaneous saccharification and fermentation，SSF）、同步糖化共发酵（simultaneous saccharification and co-fermentation，SSCF）和联合生物加工（图5-4）。

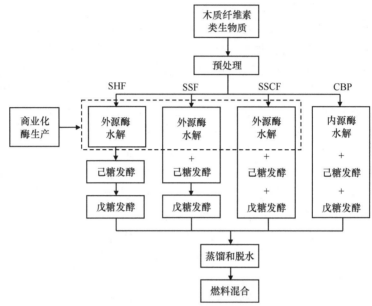

图 5-4　纤维素乙醇的糖化与发酵策略（den Haan et al.，2015）

1）分步糖化发酵

分步糖化发酵是指糖化和发酵过程分开进行，先将纤维素原料用纤维素酶水解，然后再通过微生物进行乙醇发酵。该方法的优点是酶水解和发酵过程都能够在各自最适的温度和 pH 条件下进行，纤维素酶的最适温度通常为 50℃附近或者更高，而酿酒酵母发酵温度通常不高于 35℃，分开进行有利于保证两个过程的效率。该方法的缺点是纤维素酶的活性会受到降解产物的抑制，尤其当水解反应在高浓度条件时更为明显。另外，在酶解过程中，高浓度的抑制剂也会抑制纤维素酶的活性，由于抑制效应的存在，分步糖化发酵的耗时要比同步糖化发酵长，且需要在不同设备完成，或设备更大，设备成本更高。分步糖化发酵在糖化后固体和液体分离时会造成糖的损失，洗涤固体成分可以降低糖的损失，但同时也会造成糖浓度的降低。

2）同步糖化发酵

同步糖化发酵是指将纤维素水解与乙醇发酵在同一反应器内同时进行。当纤维素降解产生葡萄糖、纤维二糖以后，会立即被发酵微生物利用，可以降低或消除纤维素酶受到的底物抑制作用，水解速率更快。同时，两个过程在一个反应器内完成，工艺简化，降低了设备成本并能减少被杂菌污染的概率。该方法的缺点是纤维素酶的最适温度与微生物发酵的温度和 pH 不匹配，通常酶解温度更高，因此为了平衡两个过程，需要对反应温度和 pH 进行优化，或者采用预酶解同步糖化发酵等工艺进行优化。此外，水解液中的胁迫因素会对微生物的发酵产生一定抑制作用。

3）同步糖化共发酵

为了更有效利用生物质降解产生的木糖等五碳糖，同步糖化共发酵策略应运而生，它是指在预处理后，在同一容器内同时进行糖化与戊糖、己糖共利用发酵，糖化过程将生物质原料降解为葡萄糖和木糖等，同时用相同或者不同微生物对五碳糖和六碳糖进行发酵，当水解液中含有大量戊糖时该方法更为适用。与同步糖化发酵的区别在于：同步糖化共发酵更加重视对半纤维素中木糖等戊糖的利用，且在葡萄糖存在时，同时发酵木糖，缩短了发酵周期。但由于碳阻遏效应，葡萄糖会优先被利用，当葡萄糖浓度降低到一定程度后，微生物才会利用木糖。由于目前常用的乙醇发酵微生物如酿酒酵母和运动发酵单胞菌都缺乏高效的木糖利用能力，同步糖化共发酵主要通过对代谢改造或不同微生物的组合发酵、调节微生物接种量配比等方式实现对戊糖的高效利用。

4）联合生物加工

联合生物加工是指将纤维素酶生产、水解和发酵整合于单一系统的生物加工过程。该工艺流程简单，操作方便，设备成本少，能耗低，且无须添加纤维素酶，降低了生产成本，是一种理想的生产工艺（图 5-4）。但联合生物加工技术要求菌株能够同时具备纤维素酶生产和乙醇发酵能力，因此寻找并开发合适的微生物，是实现该技术的关键因素。采用 CBP 策略生产乙醇，目前主要有两种途径：一种是采用能够降解纤维素的微生物提高其乙醇发酵能力，如梭菌和丝状真菌等，Lee R. Lynd 团队经过多年的研究，使用热纤梭菌等在 CBP 乙醇生产中取得了一系列进展（Argyros et al.，2011；Herring et al.，2016；Hon et al.，2017）。部分丝状真菌天然具有高效的纤维素降解和利用能力，并能利用木糖，是良好的 CBP 乙醇生产候选微生物，如尖孢镰刀菌（Ali et al.，2016）和嗜热毁丝霉（Li et al.，2020a）等近年来吸引了越来越多研究者的兴趣。另外一种途径是提高乙醇发酵微生物的纤维素降解能力，如在酿酒酵母中异源表达纤维素酶系。

## 5.2.5　纤维素乙醇发酵微生物的改造

### 1. 酿酒酵母

1）纤维素降解改造

纤维素的降解通常需要三类水解酶的参与：外切葡聚糖酶、内切葡聚糖酶和

β-葡萄糖苷酶。酿酒酵母天然具有突出的乙醇发酵能力，但不能降解纤维素，因此有研究者将来源于丝状真菌及细菌的纤维素酶在酿酒酵母中进行了分泌表达，并实现在磷酸溶胀纤维素（PASC）（den Haan et al.，2007）、羧甲基纤维素（CMC）和 β-葡聚糖为碳源时能够生产乙醇，但产量较低（Jeon et al.，2009）。

由于表面展示技术具有拉近不同种酶分子之间距离、减轻纤维素对纤维素酶的不可逆吸附，以及细胞在发酵中可以重复使用等优势，酿酒酵母纤维素酶细胞表面展示技术引起了研究者的兴趣。如 Fujita 等（2002）通过在细胞表面共展示里氏木霉来源的内切葡聚糖酶 Ⅱ（EG Ⅱ）和棘孢曲霉来源的 β-葡萄糖苷酶（BGL），在以β-葡聚糖为唯一碳源条件时，乙醇产量达到 16.5 g/L（Fujita et al.，2002）。后续研究表明，协同表达纤维二糖水解酶，能够提高纤维素酶的水解、糖化以及乙醇的发酵效率；同时，纤维素酶协同表面展示的菌株比分泌表达的菌株在以 PASC 等为底物时具有更好的乙醇发酵性能（Liu et al.，2015）。提高三类纤维素酶编码基因的拷贝数以及优化纤维素酶的比例，也能够提高酿酒酵母对纤维素的水解能力（Oh and Jin，2020）。

在提高酿酒酵母对纤维二糖的利用方面，研究者通过过表达纤维糊精转运蛋白或纤维二糖转运蛋白以及β-葡萄糖苷酶，将纤维二糖转运到细胞并水解为葡萄糖，同时结合表面展示技术后，显著提高了酿酒酵母在同步糖化发酵过程中纤维素乙醇的产量（Oh and Jin，2020）。除β-葡萄糖苷酶可以将纤维二糖降解为 2 分子葡萄糖外，纤维二糖磷酸化酶也能够水解纤维二糖并转变为 1 分子葡萄糖-1-磷酸和 1 分子葡萄糖。葡萄糖-1-磷酸随后在葡萄糖磷酸变位酶催化下形成葡萄糖-6-磷酸，且该反应不需要消耗 ATP。当研究者将纤维二糖转运蛋白和纤维二糖磷酸化酶过表达后，获得的菌株对纤维二糖的发酵速率慢于过表达纤维二糖水解酶的菌株，但通过实验室进化以后，过表达纤维二糖磷酸化酶途径的酵母对纤维二糖的利用加快，且生物量和乙醇产量在乙酸胁迫条件下比水解途径菌株更高（Ha et al.，2013）。

2）提高木糖的利用

除葡萄糖外，生物质降解后还会生成木糖，而野生型酿酒酵母不能代谢木糖，为了提高酿酒酵母对木糖的利用，需要改善其木糖的转运和代谢能力。在提高木糖转运方面，一方面可以异源表达戊糖转运蛋白，如过表达拟南芥来源的 *At5g59250* 和 *At5g17010* 基因后，酿酒酵母在葡萄糖木糖混合发酵时，葡萄糖对木糖的代谢阻遏明显降低，乙醇产量提高了 70%（Hector et al.，2008）；另一方面利用蛋白质工程技术改造酿酒酵母内源转运蛋白，使其能够具备转运木糖的能力。例如，Gal2p 的 N376F 突变体获得了木糖转运能力，而丧失了葡萄糖转运能力（Farwick et al.，2014）。而通过在木糖培养基中驯化后发现，HXT7 （F79S）突变体对木糖的转运速率是野生型 Hxt7p 的 1.83 倍。王猛等人通过对粗糙脉孢菌的木糖转运蛋白 An25 进行定向进化后,得到的 An25-R4.18 突变体比原始蛋白 An25 的木糖转运能力提高 43 倍,且过表达该突变体蛋白后实现了高浓度葡萄糖条件下葡萄糖和木糖的共利用(Wang et al.,2016)。

相关木糖代谢方面的研究主要集中在异源木糖代谢途径的导入,主要包括木糖氧化还原途径和异构途径。在氧化还原途径中,木糖首先在木糖还原酶的催化下形成木糖醇,木糖醇再经木糖醇脱氢酶的催化形成木酮糖,最后经木酮糖激酶的催化形成木酮糖-5-磷酸进入磷酸戊糖途径。在木糖异构途径中,木糖首先在木糖异构酶(xylose isomerase,XI)的催化下形成木酮糖,而后经过木酮糖激酶的催化形成木酮糖-5-磷酸,继而进入磷酸戊糖途径代谢,最终转化为乙醇。

3)提高抑制物耐受性

生物质经过预处理和水解后,会形成抑制物影响酿酒酵母的生长,为了提高酿酒酵母对抑制剂的耐受性,研究人员通过实验室适应性进化、随机突变等方式进行了筛选(Oh and Jin,2020),对获得的乙酸耐受性菌株分析后发现,突变的主要为 ASG1、ADH3、SKS1 和 GIS4(González-Ramos et al.,2016)。除实验室适应性进化外,有针对性的遗传改造是另外一种方式,如通过对转录因子 Sfp1p、Ace2p(Chen et al.,2016)和 Haa1(Swinnen et al.,2017)的调控,同样提高了菌株在胁迫条件下的发酵性能。此外,还有研究者将乙酸转化为乙醇,降低抑制作用的同时提高了乙醇产量(Wei et al.,2013)。同时,过表达抗逆相关转录因子如 ZNF1(Songdech et al.,2020),全局调控因子 IrrE(Luo et al.,2018),也能增加酿酒酵母对乙酸及糠醛的耐受性并提高乙醇产量。

**2. 运动发酵单胞菌**

运动发酵单胞菌具有比糖酵解更短的 ED 代谢途径,发酵生物量低,乙醇合成速率快等优势,是乙醇发酵工业中使用的另一种微生物。但同酿酒酵母一样,运动发酵单胞菌也不能利用戊糖。为了解决这一问题,研究人员将木糖代谢基因 xylA、xylB、tal 和 tktA 转入该菌中,改造后的菌株能够同时利用葡萄糖和木糖。该策略同样提高了运动发酵单胞菌对阿拉伯糖的利用(Xia et al.,2019)。此外,过表达大肠杆菌的木糖转运蛋白 xylE 后,提高了对木糖的转运能力(Dunn and Rao,2014)。通过在以阿拉伯糖为碳源培养基中进行筛选后,获得了能够代谢阿拉伯糖的突变体(Chou et al.,2015)。

运动发酵单胞菌对逆境胁迫的耐受性较低,而生物质预处理液中含有大量抑制剂,如乙酸、糠醛、对苯二酚等。通过适应性进化,可以获得对乙酸耐受性提高的菌株(Mohagheghi et al.,2015)。并且研究者分析了乙酸胁迫条件下菌株的基因表达和糖酵解代谢情况(Xia et al.,2019)。在提高糠醛耐受性方面,研究人员发现可以过表达锰过氧化物酶来实现(Yee et al.,2018)。

### 3. 热纤梭菌

热纤梭菌的优势在于同时具有纤维素降解和乙醇发酵能力，但乙醇产率较低（理论值的 10%～35%）。影响该菌乙醇产量的因素主要有：①乙醇合成能力较低；②不能代谢木糖和低聚木糖；③副产物乙酸、乳酸和氢等的产生；④对抑制剂和乙醇的耐受性较差。

为了提高乙醇合成能力，Hon 等（2017）将厌氧嗜热杆菌（*Thermoanaerobacterium saccharolyticum*）中基因 *adhE*、*nfnA*、*nfnB* 和 *adhA* 同时转入热纤梭菌后，乙醇产量和转化率均有提高，但单独过表达上述基因未能提高乙醇产量，且 4 个基因同时过表达时，乙醇产量和转化率也远低于 *T. saccharolyticum*，说明在 *T. saccharolyticum* 乙醇合成中还存在其他因素发挥作用。由于上述两种微生物能够利用的碳源不同，将它们共发酵时，乙醇产量高于单独发酵，在以 92.2 g/L 纤维素为底物时，能够合成 38.1 g/L 乙醇（理论值的 80%）（Argyros et al.，2011）。在减少副产物方面，敲除 *ldh*、*pfl*、*pta-ack* 和 *hydG* 后，乳酸和氢气的产生显著降低，乙醇产量进一步提升（Jiang et al.，2017）。乙醇的耐受性是另外一个制约热纤梭菌乙醇产量的因素，乙醇会影响该菌细胞膜的完整性，并能造成部分蛋白质变性。野生型热纤梭菌能够耐受约 16 g/L 的乙醇，通过适应性进化后，乙醇耐受性提高到 40 g/L。对进化菌株基因组重测序并验证，发现乙醇脱氢酶 AdhE 的突变发挥了关键作用，并且突变的 *adhE* 对辅因子的偏好性也发生了改变（Jiang et al.，2017）。Xiong 等（2018）将来自 *Thermoanaerobacter ethanolicus* 的木糖异构酶和木酮糖激酶基因 *xylA* 及 *xylB* 转入热纤梭菌后，实现了该菌对木糖的利用，将这两个基因整合到热纤梭菌基因组后，实现了葡萄糖与纤维二糖，或纤维素与木糖的同时发酵，且碳代谢物阻遏效应显著降低。

### 4. 厌氧嗜热杆菌

厌氧嗜热杆菌（*Thermoanaerobacterium saccharolyticum*）是一种能够高效利用半纤维素生物质的革兰氏阳性厌氧菌，且发酵产物主要为乙醇、乙酸、乳酸和氢气等，不能降解和利用纤维素，同样该菌的野生型菌株乙醇产量较低。为了减少其他发酵产物的产生，研究人员对 *T. saccharolyticum* 中 *ack*、*pta* 和 *L-ldh* 基因进行了敲除（Li et al.，2020b），同时敲除上述基因后，发酵液仅能够检测到乙醇。过表达脲酶基因后，菌株可以利用尿素作为氮源，并能调节发酵液中的 pH，在 115 g/L 纤维二糖中加 5.4 g/L 尿素，过表达菌株乙醇产量能够达到 54 g/L（Shaw et al.，2012）。由于该菌不能直接利用纤维素，当添加真菌来源的纤维素酶后，该菌生长的厌氧环境纤维素酶容易可逆性地失活，而添加热纤梭菌来源的纤维素酶时，则可以有效降解纤维素。为了提高对抑制剂的耐受性，通过多轮的亚硝基胍诱变以及随机文库插入后，筛选获得对抑制剂耐受性显著提高的菌株，测序后发现，耐受性提高的菌株大多插入了 *pta/ack* 基因（Shaw et al.，2015）。此外，过表达乙醛脱氢酶 adhE 也能够提高菌株对乙醇的耐受性和乙醇产量（Jiang et al.，2017；Zheng et al.，2017）。通过对发酵碳源的优化，当同时用 60 g/L 纤维二糖和 90 g/L 麦芽糊精为碳源时，乙醇产量达到 70 g/L（Herring et al.，2016）。用 100 g/L 纤维素、10 g/L 乙酸、35 g/L 木糖和 20 g/L 葡萄糖模拟预处理的发酵液，用热纤梭菌来源的纤维素酶进行水解，通过同步糖化发酵策略，乙醇产量达到 61 g/L（Herring et al.，2016）。

## 5.3　C3 有机醇

### 5.3.1　化学工业中的三碳醇

三碳（C3）醇是一大类含有三个碳原子的醇类化合物统称，包括一元醇、二元醇和三元醇等（图 5-5）。其中，三碳（C3）一元醇的分子中只含有一个羟基。按照分子中羟基的位置，分为丙醇和异丙醇。丙醇（propanol），又称正丙醇或 1-丙醇，按 IUPAC 命名法称为丙-1-醇（propan-1-ol），是一种三碳伯醇，其羟基位于碳 1 位。在化工合成过程中，丙醇往往是一氧化碳和氢合成甲醇时的副产物，也可以在微生物发酵过程中少量自然产生（Gérardy et al.，2020）。丙醇在化工、医药等领域是重要的溶剂，也能够作为消毒剂。丙醇还可以作为前体合成乙酸正丙酯等其他化学品，广泛应用于医药、农业等领域（Walther and François，2016）。异丙醇（isopropanol）又称 2-丙醇，其羟基位于碳 2 位，IUPAC 名为丙-2-醇（propan-2-ol），相当于 1-甲基乙醇，与丙醇互为同分异构体。异丙醇是最简单的仲醇。异丙醇可以由丙烯水合或丙酮加氢制备。异丙醇主要被用作工业生产过程的溶剂或清洁剂，同时作为化学中间体转化其他产品（George et al.，1983）。

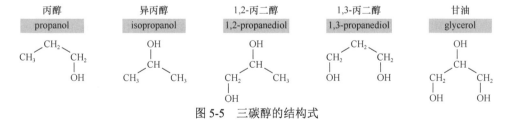

图 5-5　三碳醇的结构式

三碳（C3）二元醇包括 1,2-丙二醇和 1,3-丙二醇。其分子特征是含有 2 个羟基。1,2-丙二醇（1,2-propanediol）通常称为丙二醇，IUPAC 名为丙-1,2-二醇（propane-1,2-diol）。从分子结构上看，即 1,2-二羟基丙烷，分别在碳 1 和碳 2 位含有羟基，是一种重要的化工品。1,2-丙二醇最主要的用途是作为不饱和聚酯树脂的原料。同时,1,2-丙二醇也被广泛应用于食品、化妆品等领域的保湿剂、防腐剂以及增塑剂、防冻剂等。在医药领域,1,2-丙二醇可以用于药物的溶剂(Sato et al.,2020;Tao et al.,2021)。1,2-丙二醇的主要生产方法是化学法,包括环氧丙烷水合法和甘油氢解法。1,2-丙二醇可以用微生物法制备。能够天然发酵产生 1,2-丙二醇的微生物包括热丁酸梭菌、栖瘤胃拟杆菌等(Sánchez-Riera et al.,1987;Turner and Roberton,1979)。同时,目前已经有大量文献报道通过代谢工程改造大肠杆菌等微生物,可以从葡萄糖、乳酸等原料合成 1,2-丙二醇。1,3-丙二醇(1,3-propanediol)是 1,2-丙二醇的同分异构体,在碳 1 和碳 3 位含有两个羟基。1,3-丙二醇本身可以作为保护剂、溶剂、增稠剂等应用于药品、食品、化妆品等领域(Sato et al.,2020)。而 1,3-丙二醇最重要的用途是作为多种高性能聚合物的材料,包括聚对苯二甲酸丙二酯(PTT)和聚氨酯(PU)等。1,3-丙二醇可以利用化学法和生物法合成。其中利用微生物发酵法生产 1,3-丙二醇是工业微生物重要的突破,具有广泛的应用前景(Paul Alphy et al.,2022)。

三碳三元醇,即甘油(glycerol),也称为 1,2,3-三羟基丙烷,其分子中含有 3 个羟基。甘油以甘油酯的形式广泛存在于动植物体内。甘油是一种重要的化工原料和广泛应用的化学品。甘油不仅具有护肤等功效,还可以用来制造合成纤维、炸药、塑料等工业产品。甘油是美国能源部公布的 12 种最重要的生物基平台化合物之一(Clomburg and Gonzalez,2013)。甘油可以从天然油脂中提取,也可以通过化工或生物合成方法获得(Gérardy et al.,2020)。

在众多三碳醇化学品中,1,3-丙二醇是最为典型的利用生物工程优化手段建立生产工艺并实现产业化的化学品。本章我们将主要以 1,3-丙二醇为重点介绍 C3 醇的生物合成路线的建立及优化过程。该研究也是合成生物学和生物技术领域最活跃的研究主题之一。

### 5.3.2 1,3-丙二醇的特性及应用

1,3-丙二醇,即 1,3-二羟基丙烷,IUPAC 名为丙-1,3-二醇(propane-1,3-diol)。1,3-丙二醇的两个羟基分别位于三个碳的 1 位和 3 位,使其既具有极性,又能在参与反应后有一定的空间性。1,3-丙二醇是无味、无色或灰黄色的黏稠状透明液体,可溶于水、醇、醚等多种有机溶剂,微溶于苯和氯仿,其化学性质体现出醇的典型特征,能与酸反应后生成酯。1,3-丙二醇是一种重要的化学产品,本身可以作为溶剂、保湿剂、增塑剂、防冻剂等,应用于油墨、涂料、化妆品、医药等领域。而 1,3-丙二醇最具有前景的应用领域是作为聚合材料的单体(Nakamura and Whited,2003)。

1,3-丙二醇的主要应用价值与新型聚酯纤维——聚对苯二甲酸丙二酯(PTT)密切相关。聚酯纤维是有机二元酸和二元醇通过酯键连成线性大分子后产生的丝

状聚合物，主要用于纺织等领域。1894 年，沃尔兰德（Vorlander）最早用丁二酰
氯和乙二醇制得聚酯。后来开发出一系列脂肪族化合物形成的聚酯。但这类聚酯
分子质量和熔点都较低，易溶于水，故不具有纺织纤维的使用价值。1941 年，英
国的温菲尔德（Whinfield）和迪克松（Dickson）以芳香族二酸对苯二甲酸和乙二
醇为原料合成了聚对苯二甲酸乙二酯（PET），这种聚合物可通过熔体纺丝制成性
能优良的纤维。1953 年，合成 PET 纤维的工厂在美国首次建成，PET 迅速推广，
即在全世界范围内广泛应用的"涤纶"。但 PET 存在吸湿性差、弹性不足等缺点。
1979 年，日本帝人公司推出了由对苯二甲酸和丁二醇产生的聚对苯二甲酸丁二酯
（PBT）纤维制品。由于 PET 分子中的柔性部分较长，因而使 PBT 纤维的柔性和
弹性有所提高。

　　在此基础上，荷兰皇家壳牌集团在 20 世纪 90 年代开发了一种性能更为优异的
新型聚酯材料，即聚对苯二甲酸丙二酯（PTT）（Snowdon et al.，2018）。他们将聚
酯单元中的乙二醇由 1,3-丙二醇替代，通过对苯二甲酸和 1,3-丙二醇缩聚形成 PTT。
在 PTT 分子结构中，每个重复结构单元中有三个亚甲基单元，大分子链之间会产
生"奇碳效应"，改变了大分子链间排列（图 5-6）。PTT 综合了 PET 的刚性和 PBT
的柔性特点，在性能上同时具有尼龙的柔软性、腈纶的蓬松性和涤纶的抗污性等优
点，因此成为纤维材料领域最受关注的一类新型材料。国内外普遍认为 PTT 是 21
世纪的革命性合成纤维材料之一，应用领域极为广阔。但由于 1,3-丙二醇价格昂贵，
造成 PTT 的应用受到了限制。因此，降低成本成为 PTT 市场开拓的关键因素。而
PTT 合成的单体 1,3-丙二醇的大规模工业化生产是推动 PTT 产业化的关键。

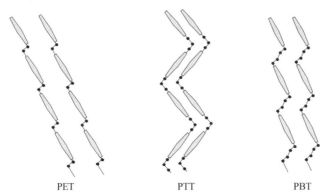

图 5-6　不同聚酯纤维：聚对苯二甲酸乙二酯（PET）、聚对苯二甲酸丙二酯（PTT）、聚对苯二
甲酸丁二酯（PBT）的结构示意图

### 5.3.3　1,3-丙二醇的合成

　　1,3-丙二醇生产方式主要有化学合成法和生物法，化学合成工艺主要有丙烯醛

水合氢化法和环氧乙烷羰基合成法两种（Zeng and Biebl，2002）。丙烯醛水合、氢化制备 1,3-丙二醇工艺方法主要由德国 Degussa 公司主导。丙烯醛为原料生产 1,3-丙二醇主要步骤包括丙烯醛水合制 3-羟基丙醛，然后 3-羟基丙醛经催化加氢制得 1,3-丙二醇。丙烯醛水合制备 3-羟基丙醛最早采用无机酸作催化剂，但存在产率低等问题。Degussa 公司以弱酸性离子交换树脂作为催化剂，使得丙烯醛的转化效率得到大幅提高。3-羟基丙醛加氢反应通常采用改进活性的 Ni 催化剂。壳牌公司开发了以环氧乙烷为原料的技术路线，该路线以乙烯为原料合成环氧乙烷，随后通过一步法或两步法合成 1,3-丙二醇。在一步法过程中，环氧乙烷直接在催化剂的作用下生成 1,3-丙二醇。两步法是环氧乙烷与 CO、$H_2$ 通过氢甲酰化反应制得 3-羟基丙醛，然后加氢得到 1,3-丙二醇。此外，化学合成法还包括羟醛缩合和烯醛缩合路线、甘油氢解路线等。但由于技术复杂等问题，目前没有得到广泛应用。

尽管化学法是目前全球生产 1,3-丙二醇的主要方法，但它存在生产成本高、资源消耗大、环境污染等问题。因此，为了实现 1,3-丙二醇绿色高效的生产，人们重点关注 1,3-丙二醇的生物法合成方式的建立与优化。以微生物发酵法为代表的化学品生物制造工艺，具有发酵原料成本低、生产周期短、生产方式环保等优点，被认为是最具有前景的生产工艺。近 20 年来，国内外针对 1,3-丙二醇的生物法合成路线开展了大量的工作（Nakamura and Whited，2003）。特别是国际著名大型企业，如美国杜邦、德国拜耳等，都投入了巨额资金和庞大科研力量进行 1,3-丙二醇的生物制造路线的研究，并已取得了一系列令人瞩目的成果。

### 5.3.4 利用天然微生物合成 1,3-丙二醇

1,3-丙二醇作为代谢产物，能够被某些微生物天然产生。能够产生 1,3-丙二醇的微生物包括克雷伯菌（*Klebsiella* sp.）、梭菌（*Clostridium* sp.）、乳杆菌（*Lactobacillus* sp.）和肠杆菌（*Enterobacter* sp.）等（Biebl et al.，1999；Forsberg，1987；Huang et al.，2002）。天然微生物所产生的 1,3-丙二醇主要是在甘油利用代谢过程中产生的。当微生物以甘油为碳源进行同化代谢时，存在两种相互关联的代谢途径，即甘油氧化代谢途径与甘油还原代谢途径。在甘油氧化代谢途径中，甘油在甘油脱氢酶（GlyDH）的作用下生成二羟基丙酮（DHA），DHA 随后经磷酸二羟丙酮激酶（DHAK）催化生成磷酸二羟丙酮（DHAP），或者甘油经甘油激酶（GLK）催化生成甘油-3-磷酸（G3P），甘油-3-磷酸脱氢酶（G3PDH）催化 G3P 生成 DHAP。之后，磷酸二羟丙酮通过磷酸化生成磷酸烯醇式丙酮酸（phosphoenolpyruvate，PEP），通过糖酵解途径进入中央代谢网络。在甘油的还原代谢途径中，甘油首先在甘油脱水酶的作用下脱去一个水分子形成 3-羟基丙醛，

3-羟基丙醛通过 1,3-丙二醇脱氢酶或 1,3-丙二醇氧化还原酶还原为 1,3-丙二醇。

克雷伯菌（*Klebsiella* sp.）是 1,3-丙二醇的天然产生菌之一，已被广泛用于 1,3-丙二醇的生产。工业上主要以甘油为原料利用克雷伯菌生产 1,3-丙二醇。

生产 1,3-丙二醇的克雷伯菌主要种属为肺炎克雷伯菌（*K. pneumoniae*）。在肺炎克雷伯菌的基因组中，参与 1,3-丙二醇合成的两种关键酶，即甘油还原代谢途径中的甘油脱水酶（GDHt）和 1,3-丙二醇还原酶（PDOR）基因，与其他一些功能相关的基因一般成簇存在，构成 dha 基因簇（Skraly et al.，1998）。该基因簇包括 GDHt 的编码基因（*dha B*）、PDOR 的编码基因（*dha T*）、甘油脱氢酶（GlyDH）的编码基因（*dha D*）、磷酸二羟丙酮激酶（DHAK）的编码基因（*dha K*）和调节基因（*dha R*）。肺炎克雷伯菌的 GDHt 需要辅酶 B12 来行使酶活，对氧较为敏感，易被氧或 3-羟基丙醛失活。同时，肺炎克雷伯菌存在甘油脱水酶的激活因子，可在金属离子 $Mg^{2+}$ 和 ATP 存在的条件下恢复已失活甘油脱水酶的活性。

利用天然肺炎克雷伯菌生产 1,3-丙二醇的优化过程中，主要工作包括对克雷伯菌的选育、进化和突变，以及以克雷伯菌为生产菌开展发酵工艺的优化。其中突变选育包括离子束、紫外线、等离子体等物理诱变手段，以及亚硝基胍等化学诱变手段。主要包括提高 1,3-丙二醇还原酶（PDOR）和甘油脱水酶（GDHt）等 1,3-丙二醇生产限速酶的活性。除肺炎克雷伯菌外，丁酸梭状芽孢杆菌、食二酸乳杆菌等同样被用于 1,3-丙二醇的生产。这些 1,3-丙二醇生产菌与肺炎克雷伯菌具有类似的合成 1,3-丙二醇基因簇及关键酶的调控机制。

### 5.3.5　利用基因工程菌合成 1,3-丙二醇

天然微生物只能以甘油为底物合成 1,3-丙二醇。利用代谢工程手段改造微生物细胞工厂，能够突破生产 1,3-丙二醇的原料限制，建立以葡萄糖等其他生物质原料生产 1,3-丙二醇的技术路线。目前，世界范围内已经开展了大量的工作，实现了利用不同的基因工程菌合成 1,3-丙二醇（Paul Alphy et al.，2022）。其中包括以大肠杆菌、酵母等典型的代谢工程宿主菌为基础，通过引入 1,3-丙二醇代谢途径构建合成 1,3-丙二醇的细胞工厂，也包括在克雷伯菌、梭菌、乳杆菌等天然合成 1,3-丙二醇宿主菌中进行代谢工程改造，以提高合成 1,3-丙二醇的合成能力。

利用基因工程菌合成 1,3-丙二醇的最经典合成路线是 2002 年美国杜邦公司与杰能科（Genencor International，Inc.）设计的以葡萄糖为原料直接转化 1,3-丙二醇的工作，首次实现了生物法合成 1,3-丙二醇的突破。杜邦公司选择了符合安全法规的大肠杆菌 K12 菌株为底盘细胞，开展 1,3-丙二醇合成菌株的构建工作。研究者首先将来自肺炎克雷伯菌的甘油脱水酶及 1,3-丙二醇氧化还原酶引入大肠杆菌，使大肠杆菌具有将甘油前体转化为 1,3-丙二醇的能力。在这一过程中，需要

共表达肺炎克雷伯菌的甘油脱水酶激活因子以提高甘油合成 3-羟基丙醛的能力。同时，利用大肠杆菌内源的氧化还原酶 Yqh D 具有更有效地将 3-羟基丙醛转化生成 1,3-丙二醇的能力。与此同时，研究者将来自酿酒酵母的甘油-3-磷酸脱氢酶（G3PDH）、3-磷酸甘油磷酸化酶（GPP2）引入大肠杆菌中，实现了以葡萄糖为原料生成甘油，从而打通了从葡萄糖原料直接合成 1,3-丙二醇的合成路线。在通过对大肠杆菌的葡萄糖摄入、3-磷酸甘油醛与磷酸二羟丙酮转化及其他代谢旁路进行优化后，所得的大肠杆菌工程菌株可转化葡萄糖生产 1,3-丙二醇达 135 g /L，转化率达 0.55 g/g 葡萄糖，生产强度达到 3.5 g /(L·h)（Nakamura and Whited，2003）。

生物法合成 1,3-丙二醇的工作主要包括以下几个重要环节。

### 1）不同微生物的选择

目前，合成 1,3-丙二醇最主要的工程菌株包括大肠杆菌、酿酒酵母、丙酮丁醇梭菌等。在工程菌株改造过程中，主要的代谢工程策略包括两个方面：强化经甘油合成 1,3-丙二醇的合成途径及消除竞争性的代谢旁路。其中最主要的工作是通过引入、强化甘油还原代谢途径实现 1,3-丙二醇的高效合成。其中的关键改造靶点为提高甘油脱水酶、1,3-丙二醇还原酶的活性。在引入外源催化元件过程中，肺炎克雷伯菌来源的甘油脱水酶基因被广泛应用，但由于该酶存在失活机制，需要同时强化肺炎克雷伯菌来源的甘油脱水酶激活因子。此外，该酶需要额外添加维生素 $B_{12}$ 才能维持正常的功能，从而提高了 1,3-丙二醇的生产成本。为了解决上述问题，可以选择、筛选非维生素 $B_{12}$ 依赖的甘油脱水酶。例如，丁酸梭菌甘油脱水酶的活性不依赖维生素 $B_{12}$，但对氧敏感，同样容易失活（O'Brien et al.，2004）。改造、筛选性能更优的甘油脱水酶将成为解决问题的关键。此外，需要阻断能够消耗甘油或其他前体物质的途径。例如，在肺炎克雷伯菌等天然合成 1,3-丙二醇菌株中，甘油氧化代谢途径能够为 1,3-丙二醇合成提供 NADH，同时也产生了一系列副产物（Yang et al.，2007）。1,3-丙二醇合成的主要副产物包括乳酸、2,3-丁二醇、乙醇和丁二酸等。

### 2）不同生物质原料的选择

甘油是天然生成 1,3-丙二醇微生物的主要原料。因此，在利用肺炎克雷伯菌、梭菌等细胞工厂合成 1,3-丙二醇时，利用天然甘油底物是主要选择之一。为了降低生产成本，在大规模生产过程中通常选择廉价的废甘油为原料。甘油作为碳源在发酵过程中存在一定的问题。在相关工作中，利用甘油与葡萄糖等其他碳源混合使用，或利用连续发酵策略改进工艺，都能够进一步提高 1,3-丙二醇转化率和产量等技术指标（Pan et al.，2022；Sabra et al.，2016）。合成 1,3-丙二醇的大肠杆菌、酿酒酵母等工程菌株通常采用葡萄糖为原料。由于上述菌株均为成熟的工业发酵菌种，因此相关发酵过程更有利于控制。除此之外，一些工作开展了利用木质纤维素等其他常见的替代生物质原料合成 1,3-丙二醇的工作（Xin et al.，2016）。上述替代生物质原料能够以单独或混合碳源的形式应用于 1,3-丙二醇的合成。

３）合成 1,3-丙二醇的途径

以甘油为前体，经 3-羟基丙醛合成 1,3-丙二醇是生物合成 1,3-丙二醇的天然途径，也是生物法合成 1,3-丙二醇的传统途径，也被大多数工作采用。但由于该途径依赖辅因子、关键酶失活等问题无法解决，人们同时也开展了利用其他非天然途径合成 1,3-丙二醇的工作。其中最主要的替代途径包括两个方面：一方面是以高丝氨酸为前体，经 2-酮-4-羟基丁酸合成 1,3-丙二醇的途径（图 5-7）。在这一途径中，高丝氨酸可以由葡萄糖等碳源，经草酰乙酸、天冬氨酸合成。高丝氨酸

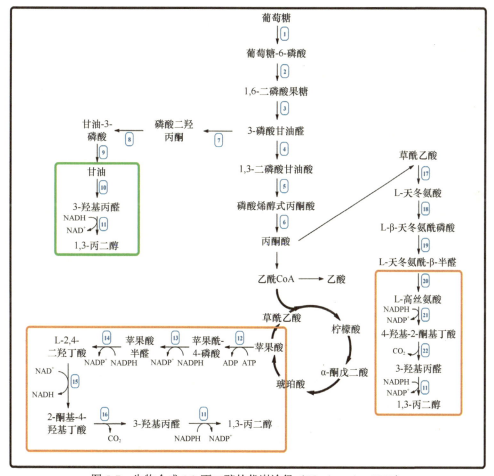

图 5-7　生物合成 1,3-丙二醇的代谢途径（Vivek et al.，2021）

通过高丝氨酸脱氢酶或转氨酶合成 2-酮-4-羟基丁酸,然后通过 2-酮-4-羟基丁酸脱羧酶催化的脱羧反应生成 3-羟基丙醛,并转化为 1,3-丙二醇。另一方面,有文献报道可以以苹果酸为前体,经苹果酸半醛等多步反应合成 2-酮-4-羟基丁酸,最终生产 1,3-丙二醇。此外,通过 3-羟基丙酰辅酶 A 中间体转化 3-羟基丙醛同样能够建立新的 1,3-丙二醇合成途径。但是,上述途径中的关键步骤往往缺乏天然高效的催化酶类,需要通过酶挖掘、改造等大量的工作,才能实现具有生产价值的新途径。

## 5.4　C4 有机醇

### 5.4.1　丁醇

目前,工业生产中生物丁醇发酵主要使用天然产丁醇的产溶剂梭菌(*Solventogenic clostridia*)。这类梭菌的发酵产物包括丙酮(acetone)、丁醇(butanol)和乙醇(ethanol),因此也称为 ABE(acetone-butanol-ethanol)发酵。但值得注意的是,利用 ABE 发酵同样面临多个难点。首先,发酵产物是多种物质的混合物,因此丁醇分离提取的成本较高;其次,天然菌株在生产中具有很多限制,如对氧耐受性低、生长较慢、需要复杂营养、遗传操作困难等;另外,丁醇对天然菌株具有致命的毒性,产溶剂梭菌对正丁醇的耐受性不超过 2%(*V/V*),发酵中丁醇产量一般不超过 20 g/L。微生物对丁醇的耐受性低是限制利用丁醇生物发酵生产的最大瓶颈之一。

通过合成生物技术创建多种丁醇高效合成工程菌,为利用廉价可再生能源高效生产丁醇提供技术支撑。丁醇生物法合成主要包括两种途径,一种是依赖辅酶 A 的合成途径,即乙酰辅酶 A 先合成丁酰辅酶 A,然后还原生成丁醇。另一种是依赖 2-酮酸的合成途径,即利用 2-酮酸脱羧还原生成丁醇(陈继良和蔡林洋,2020)(图 5-8)。依赖于辅酶 A 的丁醇合成途径是多数天然生产丁醇的野生菌所用的合成途径,近年来也被广泛用于构建异源工程菌。2008 年,美国加州大学洛杉矶分校的 James Liao 课题组通过将来自丙酮丁醇梭菌(*Clostridium acetobutylicum*)依赖辅酶 A 的丁醇合成途径必需基因在大肠杆菌中异源表达,获得了能够生产丁醇的大肠杆菌工程菌(Atsumi et al.,2008)。进一步通过酶活优化和敲除竞争性代谢途径后,最终获得的工程菌株在丰富培养基中可以生产552 mg/L 丁醇。该研究首次证明在异源微生物中通过构建丁醇合成途径可以实现丁醇的生产。在接下来的研究中,许多对丁醇耐受性更好的微生物也被设计使用该途径生产丁醇,如假单胞菌、芽孢杆菌和梭菌等。如 Zhang 等(2018)将该途径导入酪丁酸梭菌得到一株对丁醇耐受能力强的工程菌,该菌株分批发酵丁醇产量达到 26.2 g/L。来源于梭菌的依赖辅酶 A 的丁醇合成途径是目前使用最多的途径，但是该途径也面临许多限制，如关键酶的氧敏感性、热力学不支持、还原力需求多和异源表达低等。随着研究进展，依赖 2-酮酸的合成途径也逐渐被用于构建丁醇合成工程菌，如酿酒酵母和大肠杆菌等。例如，2008 年，James Liao 课题组将该途径用于大肠杆菌构建丁醇合成菌株，能够生产 0.8 g/L 的丁醇（Shen and Liao，2008）。赵惠民课题组则利用该途径改造酿酒酵母生产丁醇，该菌株发酵可以生成 0.835 g/L 的丁醇。

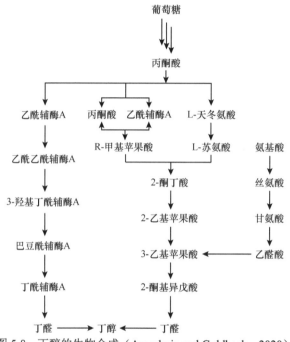

图 5-8　丁醇的生物合成（Azambuja and Goldbeck，2020）

除了合成途径的开发和改造，目前丁醇生物合成的研究还在不断扩展工程菌对廉价原料的利用，如糖、木质纤维素、甘蔗汁等。例如，中国科学院微生物研究所李寅课题组对通过木质纤维素水解物生产丁醇做了一系列相关研究，该研究提出了一个"Y 型人工菌群"的概念，将生产丁醇的同一出发菌改造成分别代谢葡萄糖和木糖的两株工程菌，实现了共同代谢葡萄糖与木糖合成丁醇的目的，丁醇产量可达 21 g/L（Zhao et al.，2019）。经过多年研究，目前通过合成生物学改造实现了微生物发酵法合成丁醇，但其产量较低，产业化依旧还有较远的路要走。未来，在丁醇生物合成的研究中需要解决诸多问题，如微生物对丁醇的耐受性、合成途径异源表达水平的提高、辅因子供给平衡和廉价原料的高效利用等。因此，未来还需在基因挖掘、途径设计和代谢工程改造等多个方面做出更多努力，才能最终实现这些基于合成生物学工程菌株的产业化利用。

### 5.4.2 异丁醇

相对于生物乙醇和正丁醇，异丁醇具有更多的优势，如辛烷值高、腐蚀性较小以及与现有汽油更兼容等。但天然条件下并没有微生物可以高效生产异丁醇，只有极个别的微生物可以生产极微量的异丁醇作为发酵副产物（Atsumi et al.，2008）。从 21 世纪初开始，美国杜邦公司、美国加州大学洛杉矶分校的 James Liao 课题组和美国的 Gevo 公司率先利用合成生物学技术，构建了异丁醇工程菌。杜邦公司结合支链氨基酸的生物合成途径和 Ehrlich 途径，在大肠杆菌中首次创建了异丁醇的生物合成途径（Donaldson et al.，2007）。之后，James Liao 课题组使用相似的思路，通过在大肠杆菌中引入外源的脱羧酶和醇脱氢酶，将缬氨酸合成途径中间产物 2-酮基异戊酸转化为异丁醇，实现了大肠杆菌生产异丁醇（图 5-9）（Atsumi et al.，2008）。在此基础上，进一步通过对竞争性代谢途径的弱化和关键酶活的优化，最终使获得的工程菌株在微好氧条件下发酵时能够生产 22 g/L 的异丁醇。

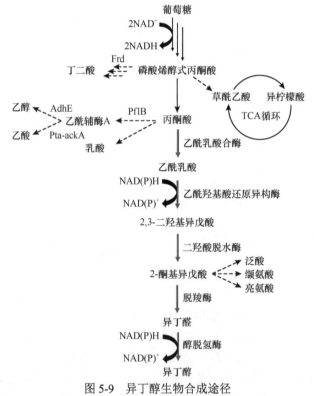

图 5-9　异丁醇生物合成途径

Frd：富马酸还原酶；AdhE：乙醇脱氢酶；Pta-ackA：磷酸乙酰转移酶-乙酸激酶；PflB：丙酮酸甲酸裂解酶；TCA 循环：三羧酸循环

在初期，异丁醇生物合成的研究主要集中于好氧发酵。这主要是由异丁醇合成中还原力供给不平衡造成的，即生产 1 mol 异丁醇需要消耗 1 mol 的 NADH 和 1 mol 的 NADPH，而 1 mol 葡萄糖代谢生产 2 mol 的 NADH。在有氧条件下，异丁醇生产可以利用 TCA 循环生成的 NADPH，但是好氧发酵由于大量碳原子用于细胞生长，很难达到理论最大转化率。厌氧发酵可以显著提高异丁醇的糖酸转化率，降低发酵成本，但还原力供给不平衡使异丁醇厌氧发酵的研究受到极大的限制。随着合成生物学的发展，目前已有多种策略用于解决这种限制，第一种是美国加州理工大学的 Frances Arnold 课题组通过将异丁醇合成途径中 NADPH 依赖型的关键酶乙酰羟基酸还原异构酶 IlvC 和醇脱氢酶突变为 NADH 依赖型从而显著提高了异丁醇厌氧发酵的转化率；第二种是中国科学院天津工业生物技术研究所张学礼课题组通过组合调控大肠杆菌转氢酶 PntAB 和 NAD 激酶 YfjB 提高 NADH 和 NADPH 相互转化，也实现了厌氧发酵异丁醇转化率的显著提高；第三种策略是通过激活 ED 途径实现还原力供给平衡改善异丁醇生产。

异丁醇合成的研究最初是从大肠杆菌开始的。目前，通过优化大肠杆菌生产异丁醇的最高产量已达到 50 g/L。除了大肠杆菌外，目前已有多种微生物都已被用于改造生产异丁醇，如谷氨酸棒杆菌、芽孢杆菌、蓝细菌和酵母等（Lakshmi et al.，2021），并展现了不同的优势特点。如谷氨酸棒杆菌对异丁醇具有比大肠杆菌更高的耐受性，Yamamoto 等（2013）通过改造谷氨酸棒杆菌获得的工程菌株在氧限制和油醇连续提取的条件下可以生产 73 g/L 的异丁醇（Yamamoto et al.，2013）。Lin 等（2014）通过改造获得能够高温生产异丁醇的地衣芽孢杆菌工程菌，可以利用葡萄糖或者纤维素生产异丁醇。虽然异丁醇生产的重要性已经讨论了很多年，并且近年来有大量关于异丁醇工程菌株创建的报道，但真正利用生物发酵实现异丁醇生产的实例还是非常少，这主要是由异丁醇生产率低下造成的。细胞毒性、低成本发酵原料能降低成本，但是不利于菌的转化。因此，近年来除了宿主细胞的不断扩展，对细胞耐受性（Su et al.，2021；Zhang et al.，2021；李书廷，2020）和原料利用的研究也逐渐展开。利用合成气（阚泉生等，2014）、餐厨废弃物（朱年青等，2021）和纤维素（Desai et al.，2014）等廉价原料生产异丁醇都已有报道。随着工程菌株合成效率的不断提高和廉价原料带来的生产成本的不断下降，未来通过生物合成技术替代石油基技术生产异丁醇将非常具有潜力。其中，美国的 Gevo 公司已经建厂并实现了异丁醇的工业化生产。

### 5.4.3　1,4-丁二醇

目前 1,4-丁二醇（图 5-10）的生产主要依靠化学合成，国内年产量高达 220 万 t。其化学生产方法主要有四种，包括炔醛法、顺酐法、丁二烯法和环氧丙烷法，目前主要的生产方法为炔醛法，占比高达 75%。炔醛法是以甲醛和乙炔为原料，乙炔和甲醛先聚合为 1,4-丁炔二醇，1,4-丁炔二醇进一步加氢还原为 1,4-丁二醇。

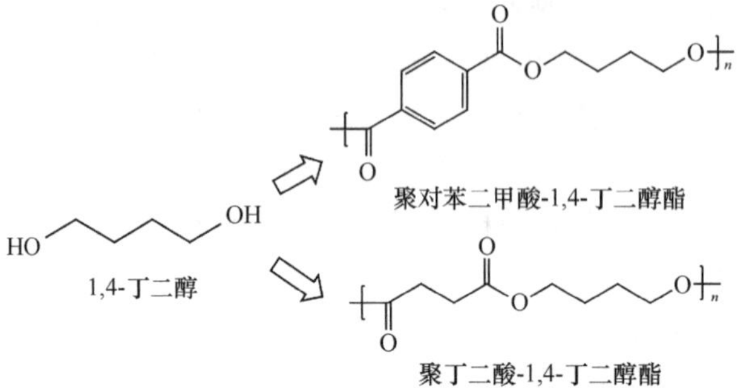

图 5-10　1,4-丁二醇及其合成的重要材料

　　顺酐法的工艺流程简单，投资小，主要分为三步：第一步，以顺酐与乙醇为原料进行酯化反应，包括单酯化反应和双酯化反应，合成顺丁烯二酸二乙酯；第二步，顺丁烯二酸二乙酯加氢氢解制备得到 BDO；第三步，为产物的分离与精制。

　　丁二烯法经济价值不高，该流程分为以下三步：第一步，丁二烯、乙酸和氧气反应生成 1,4-二乙酰氧基丁二烯；第二步，1,4-二乙酰氧基丁二烯和氢气反应生成 1,4-二烯乙酰氧基丁烷；第三步，1,4-二烯乙酰氧基丁烷水解后得到 1,4-丁二醇。

　　环氧丙烷法工艺流程简单，但中间产物丙烯醇毒性较大。主要分为三步：第一步，环氧丙烷异构化得到丙烯醇；第二步，丙烯醇与合成气在催化剂作用下合成 4-羟基丁醛；第三步，4-羟基丁醛加氢催化生成 1,4-丁二醇。

　　在生物合成方面，微生物不存在 1,4-丁二醇合成途径，因此，1,4-丁二醇的生物从头合成法具有一定的难度。Genomatica 公司根据已知化合物官能团的转换，计算出 10 000 种可能的 1,4-丁二醇的合成途径，并基于操作可行性，筛选出两种最优的 1,4-丁二醇的合成途径。这两条 1,4-丁二醇合成途径均存在中间产物 4-羟基丁酸到 1,4-丁二醇的步骤，区别在于葡萄糖到 4-羟基丁酸的途径有两条，因此，该生物合成途径分两部分分析（图 5-11）。

　　第一部分为从葡萄糖合成 4-羟基丁酸，该途径分为氧化 TCA 途径和还原 TCA 途径两条。在氧化 TCA 途径中，α-酮戊二酸在 α-酮戊二酸脱羧酶催化下脱羧合成琥珀酸半醛，进而在 4-羟基丁酸脱氢酶作用下将醛基还原为羟基，合成产物 4-羟基丁酸。在还原 TCA 途径中，琥珀酸在琥珀酰辅酶 A 合成酶的催化下合成琥珀酰辅酶 A，进而在辅酶 A 依赖型丁二酸半醛脱氢酶的作用下还原为琥珀酸半醛，进而合成中间产物 4-羟基丁酸。

　　第二部分为从 4-羟基丁酸合成 1,4-丁二醇。4-羟基丁酸在 4-羟基丁酸辅酶 A

转移酶的作用下合成 4-羟基丁酰辅酶 A，进而在 4-羟基丁酰辅酶 A 还原酶的作用下还原为 4-羟基丁醛，随后在醇脱氢酶催化下还原为 1,4-丁二醇。Genomatica 团队对该条途径进行优化后，产量达到 200 g/L（Yim et al.，2011）。

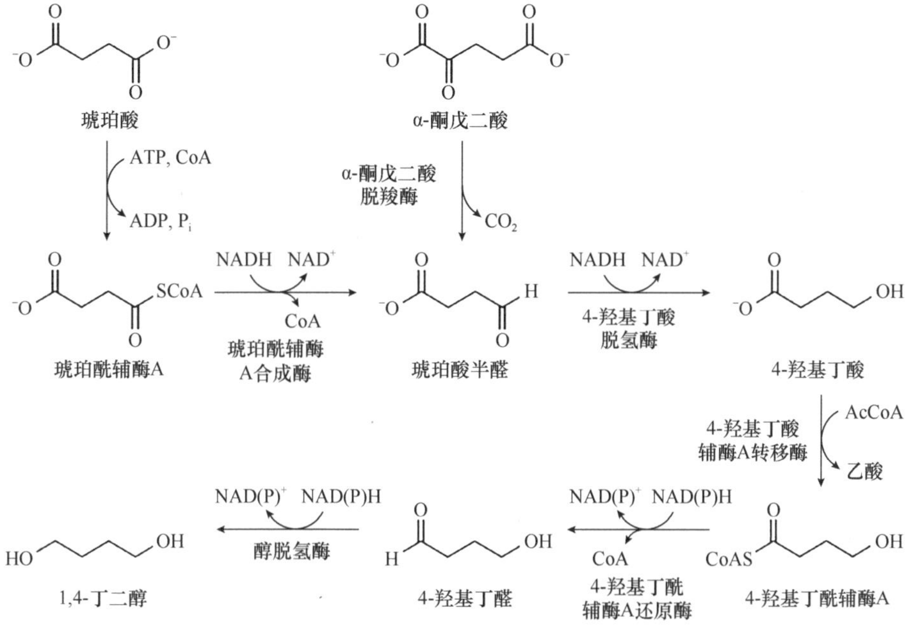

图 5-11　1,4-丁二醇的葡萄糖合成途径（Yim et al.，2011）

　　第二个 1,4-丁二醇的从头合成途径起始原料为木糖，木糖在木糖脱氢酶的作用下脱氢合成木糖酸，进而在木糖酸脱水酶作用下脱水合成 2-酮-3-脱氧-木糖酸，进而在 α-酮基异戊酸脱羧酶作用下合成 3,4-二羟基丁醛，随后在醇脱氢酶作用下还原为 1,2,4-丁三醇。1,2,4-丁三醇在二醇脱水酶作用下脱水合成 4-羟基丁醛，最终在醇脱氢酶作用下合成产物 1,4-丁二醇（图 5-12）。该途径中脱水、脱羧、还原等步骤并无严格的先后顺序。美国伊利诺伊大学香槟分校首先对该途径做了研究，获得了 0.44 g/L 的产量（Liu and Lu，2015）。随后，北京化工大学也针对该途径进行了研究，最终实现了 0.209 g/L 的产量（Wang et al.，2017）。

　　明尼苏达大学张科春等对上述代谢途径做了进一步深入研究，发现木糖、L-阿拉伯糖、D-半乳糖醛酸可以通过类似的非磷酸化代谢途径合成共同的产物——2,5-二氧代戊酸，进而通过脱羧、还原等步骤合成 1,4-丁二醇（Tai et al.，2016）（图 5-13）。

　　综上，1,4-丁二醇在未来会有非常好的发展前景，但由于目前的 1,4-丁二醇从头合成途径的生产成本还较高，生物合成丁二酸后再加氢还原的半生物合成方法可能是未来最适于工业生产的 1,4-丁二醇合成途径。

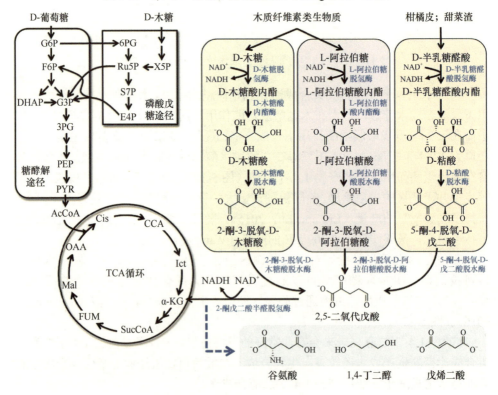

木糖

NAD(P)H
NAD(P)⁺

木糖酸

木糖酸
脱水酶
H₂O

3-脱氧-D-甘油-戊酮糖酸

α-酮异戊
酸脱羧酶
CO₂

3,4-二羟基丁醛

醇脱氢酶
NAD(P)H
NAD(P)⁺

1,2,4-丁三醇

二醇
脱水酶
H₂O

4-羟基丁醛

醇脱氢酶
NAD(P)⁺  NAD(P)H

1,4-丁二醇

图 5-12　1,4-丁二醇的木糖合成途径（Wang et al.，2017）

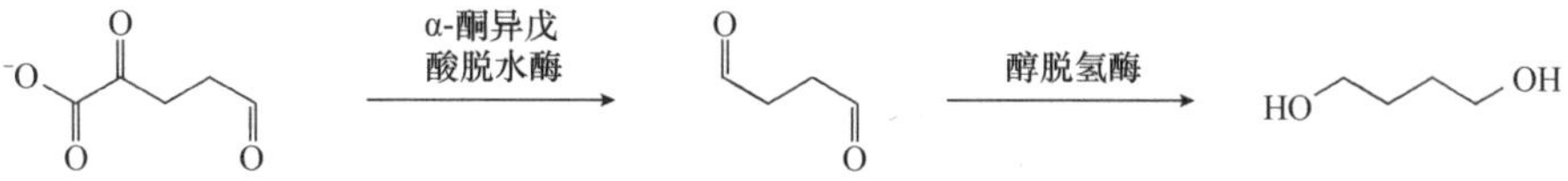

图 5-13　木糖、L-阿拉伯糖、D-半乳糖醛酸合成 1,4-丁二醇　（Tai et al., 2016）

G6P: 葡萄糖-6-磷酸; F6P: 果糖-6-磷酸; G3P: 甘油-3-磷酸; DHAP: 磷酸二羟丙酮; 3PG, 3-磷酸甘油酸; PEP: 磷酸烯醇式丙酮酸; PYR: 丙酮酸; AcCoA: 乙酰辅酶 A; Cis: 柠檬酸; CCA: 顺乌头酸; Ict: 异柠檬酸; α-KG: α-酮戊二酸; SucCoA: 琥珀酰辅酶 A; FUM, 富马酸酶; Mal: 苹果酸; OAA: 草酰乙酸; X5P: 木酮糖-5-磷酸; Ru5P: 核酮糖-5-磷酸; 6PG: 6-磷酸葡糖酸; S7P: 景天庚酮糖-7-磷酸; E4P: 赤藓糖-4-磷酸; TCA 循环: 三羧酸循环

## 5.5　总结与展望

　　生物制造底层技术与关键核心技术研发不断取得突破，新产品开发速度和过程工艺的绿色环保水平大幅度提升。合成生物技术的快速发展，极大促进了高效微生物细胞工程菌株的构建效率，推进了有机醇生物合成替代石油基化学合成。目前，运输燃料（包括乙醇、丁醇、异丁醇等）和化学产品原料（1,4-丁二醇、1,3-丙二醇等）的生物合成已经取得了显著进展。比如，研究者已经发展了第 3 代燃料乙醇合成技术，实现了秸秆等非粮原料高效转化合成燃料乙醇，为将来缓解能源危机，实施碳中和策略提供了科技支撑。但是实现多种有机醇低成本、高效率大规模生物合成，还需要继续攻坚克难。未来有机醇生物合成研究可以从以下几个方面深入开展：①结合系统生物学和工程生物学，系统研究有机醇合成过程的底层科学问题。运用交叉学科知识，多维度研究有机醇底盘细胞的生理活动，阐释微生物胞内物质代谢和能量转化的调控机制，有机醇耐受新机制，以及微生物对发酵环境的适应机制等，鉴定影响生物合成的全新调控网络及关键靶点，为有机醇高效细胞工厂的构建奠定理论基础。②提升计算生物学的介入深度，微生物的代谢及其调控较为复杂，需要大力发展计算生物学，构建可靠的代谢网络模型、代谢通量计算新算法以及代谢流分析新工具等，结合多种高通量组学数据，积极探讨机器学习和人工智能在有机醇合成途径及其调控网络设计重构中的介入，从整体水平制定其代谢工程改造策略，减少盲目性，提升代谢改造效率和菌种代谢能力上限。③扩展有机醇发酵底物，现在有机醇的需求量已经超过上千万吨，燃料乙醇的市场需求便超过 500 万 t，需要充足的发酵原料作为支撑。现在发酵产业所用原料大部分为淀粉糖，存在与民争粮的问题，发酵原料短缺将是未来有机醇发酵产业所需解决的问题。因此，需要开发以秸秆生物质、一碳原料等非粮物质为发酵原料的微生物细胞工厂及其发酵设备及工艺，维持有机醇生物质制造的可持续发展，实现社会发展和经济效率的双赢。

本章参编人员：田朝光　张学礼　陶　勇　李金根

刘德飞　刘伟丰　朱欣娜　刘萍萍　于　勇

# 参 考 文 献

陈继良, 蔡林洋, 2020. 生物发酵法生产丁醇的优化策略. 中国酿造, 39(4): 13-18.

阚泉生, 屈涛, 郑长征, 等, 2014. 合成气合成异丁醇的研究进展. 山东化工, 43(4): 52-55, 59.

李书廷, 2020. 全局调控因子工程改进大肠杆菌乙酸钠和异丁醇耐受性及耐受机制研究. 天津: 天津大学硕士学位论文.

田宜水, 单明, 孔庚, 等, 2021. 我国生物质经济发展战略研究. 中国工程科学, 23(1): 133-140.

朱年青, 潘浩, 高怡轩, 等, 2021. 餐厨废弃物高值转化制备异丁醇的研究. 山东化工, 50(10): 16-18.

Alexander L, Hatcher C, Mazarei M, et al., 2020. Development and field assessment of transgenic hybrid switchgrass for improved biofuel traits. Euphytica, 216: 25.

Ali S S, Nugent B, Mullins E, et al., 2016. Fungal-mediated consolidated bioprocessing: the potential of *Fusarium oxysporum* for the lignocellulosic ethanol industry. AMB Express, 6(1): 13.

Araújo W A, 2016. Ethanol industry: Surpassing uncertainties and looking forward// Salles-Filho S L M, Cortez L A B, da Silveira J M F J. Global Bioethanol: Evolution, Risks, and Uncertainties. London : Academic Press:1-33.

Argyros D A, Tripathi S A, Barrett T F, et al., 2011. High ethanol titers from cellulose by using metabolically engineered thermophilic, anaerobic microbes. Appl Environ Microb, 77(23): 8288-8294.

Atsumi S, Cann A F, Connor M R, et al., 2008. Metabolic engineering of *Escherichia coli* for 1-butanol production. Metab Eng, 10(6): 305-311.

Atsumi S, Hanai T, Liao J C, 2008. Non-fermentative pathways for synthesis of branched-chain higher alcohols as biofuels. Nature, 451(7174): 86-89.

Azambuja S P H, Goldbeck R, 2020. Butanol production by *Saccharomyces cerevisiae*: perspectives, strategies and challenges. World J Microb Biot, 36(3): 48.

Biebl H, Menzel K, Zeng A P, et al., 1999. Microbial production of 1,3-propanediol. Appl Microbiol Biotechnol, 52(3): 289-297.

Carreón-Rodríguez O E, Gutiérrez-Ríos R M, Acosta J L, et al., 2019. Phenotypic and genomic analysis of *Zymomonas mobilis* ZM4 mutants with enhanced ethanol tolerance. Biotechnol Rep (Amst), 23: e00328.

Chandel A K, Albarelli J Q, Santos D T, et al., 2019. Comparative analysis of key technologies for cellulosic ethanol production from Brazilian sugarcane bagasse at a commercial scale. Biofuel Bioprod Biorefin, 13(4): 994-1014.

Chen Y Y, Sheng J Y, Jiang T, et al., 2016. Transcriptional profiling reveals molecular basis and novel genetic targets for improved resistance to multiple fermentation inhibitors in *Saccharomyces cerevisiae*. Biotechnol Biofuels, 9: 9.

Chou Y C, Linger J, Yang S H, 2015. Genetic engineering and improvement of a *Zymomonas mobilis* for arabinose utilization and its performance on pretreated corn stover hydrolyzate. J Biosci Bioeng, 5(2): 100179.

Clomburg J M, Gonzalez R, 2013. Anaerobic fermentation of glycerol: a platform for renewable fuels and chemicals. Trends Biotech, 31(1): 20-28.

den Haan R, Rose S H, Lynd L R, et al., 2007. Hydrolysis and fermentation of amorphous cellulose by recombinant *Saccharomyces cerevisiae*. Metab Eng, 9(1): 87-94.

den Haan R, van Rensburg E, Rose S H, et al., 2015. Progress and challenges in the engineering of non-cellulolytic microorganisms for consolidated bioprocessing. Curr Opin Biotechnol, 33: 32-38.

Desai S H, Rabinovitch-Deere C A, Tashiro Y, et al., 2014. Isobutanol production from cellobiose in *Escherichia coli*. Appl Microbiol Biotechnol, 98(8): 3727-3736.

Dien B S, Cotta M A, Jeffries T W, 2003. Bacteria engineered for fuel ethanol production: current status. Appl Microbiol Biotechnol, 63(3): 258-266.

Donaldson G, Eliot A, Dennis F, et al., 2007. Fermentative production of four carbon alcohols. EP3301182B1.

Dunn K L, Rao C V, 2014. Expression of a xylose-specific transporter improves ethanol production by metabolically engineered *Zymomonas mobilis*. Appl Microbiol Biotechnol, 98(15): 6897-6905.

Farwick A, Bruder S, Schadeweg V, et al., 2014. Engineering of yeast hexose transporters to transport D-xylose without inhibition by D-glucose. Proceedings of the National Academy of Sciences of the United States of America, 111(14): 5159-5164.

Forsberg C W, 1987. Production of 1,3-propanediol from glycerol by *Clostridium acetobutylicum* and Other *Clostridium* Species. Appl Environ Microbiol, 53(4): 639-643.

Fujita Y, Takahashi S, Ueda M, et al., 2002. Direct and efficient production of ethanol from cellulosic material with a yeast strain displaying cellulolytic enzymes. Appl Environ Microbiol, 68(10): 5136-5141.

Gao J, Li Z K, Dong M, et al., 2020. Thermodynamic analysis of ethanol synthesis from hydration of ethylene coupled with a sequential reaction. Front Chem Sci Eng, 14(5): 847-856.

George H A, Johnson J L, Moore W E, et al., 1983. Acetone, isopropanol, and butanol production by *Clostridium beijerinckii* (syn. *Clostridium butylicum*) and *Clostridium aurantibutyricum*. Appl Environ Microbiol, 45(3): 1160-1163.

Gérardy R, Debecker D P, Estager J, et al., 2020. Continuous flow upgrading of selected $C_2$-$C_6$ platform chemicals derived from biomass. Chem Rev, 120(15): 7219-7347.

Gold N D, Martin V J J, 2007. Global view of the Clostridium thermocellum cellulosome revealed by quantitative proteomic analysis. J Bacteriol, 189(19): 6787-6795.

González-Ramos D, Gorter de Vries A R, Grijseels S S, et al., 2016. A new laboratory evolution approach to select for constitutive acetic acid tolerance in *Saccharomyces cerevisiae* and identification of causal mutations. Biotechnol Biofuels, 9: 173.

Ha S J, Galazka J M, Joong Oh E, et al., 2013. Energetic benefits and rapid cellobiose fermentation by *Saccharomyces cerevisiae* expressing cellobiose phosphorylase and mutant cellodextrin transporters. Metab Eng, 15: 134-143.

Hahn-Hägerdal B, Galbe M, Gorwa-Grauslund M F, et al., 2006. Bio-ethanol—the fuel of tomorrow from the residues of today. Trends Biotech, 24(12): 549-556.

Halder P, Azad K, Shah S, et al., 2019. Prospects and technological advancement of cellulosic bioethanol ecofuel production//Azad K. Advances in Eco-Fuels for a Sustainable Environment. Duxford: Woodhead Publishing: 211-236.

He Y Q, Zhang J, Bao J, 2014. Dry dilute acid pretreatment by co-currently feeding of corn stover feedstock and dilute acid solution without impregnation. Bioresour Technol, 158: 360-364.

He Y Q, Zhang J, Bao J, 2016. Acceleration of biodetoxification on dilute acid pretreated lignocellulose feedstock by aeration and the consequent ethanol fermentation evaluation. Biotechnol Biofuels, 9: 19.

Hector R E, Qureshi N, Hughes S R, et al., 2008. Expression of a heterologous xylose transporter in a *Saccharomyces cerevisiae* strain engineered to utilize xylose improves aerobic xylose consumption. Appl Microbiol Biotechnol, 80(4): 675-684.

Hendriks A T W M, Zeeman G, 2009. Pretreatments to enhance the digestibility of lignocellulosic biomass. Bioresour Technol, 100(1): 10-18.

Herring C D, Kenealy W R, Joe Shaw A, et al., 2016. Strain and bioprocess improvement of a thermophilic anaerobe for the production of ethanol from wood. Biotechnol Biofuels, 9: 125.

Hon S, Olson D G, Holwerda E K, et al., 2017. The ethanol pathway from *Thermoanaerobacterium saccharolyticum* improves ethanol production in *Clostridium thermocellum*. Metab Eng, 42: 175-184.

Hortsch R, Corvo P, 2020. The biorefinery concept: producing cellulosic ethanol from agricultural residues. Chemie Ingenieur Technik, 92(11): 1803-1809.

Huang H, Gong C S, Tsao G T, 2002. Production of 1,3-propanediol by *Klebsiella pneumoniae*. Appl Biochem Biotechnol, 98-100: 687-698.

Jeon E, Hyeon J E, Eun L S, et al., 2009. Cellulosic alcoholic fermentation using recombinant *Saccharomyces cerevisiae* engineered for the production of *Clostridium cellulovorans* endoglucanase and *Saccharomycopsis fibuligera* β-glucosidase. Fems Microbiol Lett, 301(1): 130-136.

Jiang Y J, Xin F X, Lu J S, et al., 2017. State of the art review of biofuels production from lignocellulose by thermophilic bacteria. Bioresour Technol, 245(Pt B): 1498-1506.

Jiao J L, Li J J, Bai Y, 2018. Ethanol as a vehicle fuel in China: A review from the perspectives of raw material resource, vehicle, and infrastructure. J Clean Prod, 180: 832-845.

Jönsson L J, Martín C, 2016. Pretreatment of lignocellulose: formation of inhibitory by-products and strategies for minimizing their effects. Bioresour Technol, 199: 103-112.

Karim A, Gerliani N, Aïder M, 2020. *Kluyveromyces marxianus*: An emerging yeast cell factory for applications in food and biotechnology. Int J Food Microbiol, 333: 108818.

Lakshmi N M, Binod P, Sindhu R, et al., 2021. Microbial engineering for the production of isobutanol: current status and future directions. Bioengineered, 12(2): 12308-12321.

Li J G, Lin L C, Sun T, et al. 2020a. Direct production of commodity chemicals from lignocellulose using *Myceliophthora thermophila*. Metab Eng, 61: 416-426.

Li J Y, Zhang Y L, Li J G, et al., 2020b. Metabolic engineering of the cellulolytic thermophilic fungus *Myceliophthora thermophila* to produce ethanol from cellobiose. Biotechnol Biofuels, 13: 23.

Li X G, San X G, Zhang Y, et al., 2010. Direct synthesis of ethanol from dimethyl ether and syngas over combined H-Mordenite and Cu/ZnO catalysts. ChemSusChem, 3(10):1192-1199.

Lin P P, Rabe K S, Takasumi J L, et al., 2014. Isobutanol production at elevated temperatures in thermophilic *Geobacillus thermoglucosidasius*. Metab Eng, 24: 1-8.

Liu H W, Lu T, 2015. Autonomous production of 1,4-butanediol via a *de novo* biosynthesis pathway in engineered *Escherichia coli*. Metab Eng, 29: 135-141.

Liu Z, Inokuma K, Ho S H, et al., 2015. Combined cell-surface display- and secretion-based strategies for production of cellulosic ethanol with *Saccharomyces cerevisiae*. Biotechnol Biofuels, 8: 162.

Luo P, Zhang Y N, Suo Y K, et al., 2018. The global regulator IrrE from *Deinococcus radiodurans* enhances the furfural tolerance of *Saccharomyces cerevisiae*. Biochem Eng J, 136: 69-77.

Lynd L R, Liang X Y, Biddy M J, et al., 2017. Cellulosic ethanol: status and innovation. Curr Opin Biotechnol, 45: 202-211.

Marcos M, García-Cubero M, González-Benito G, et al., 2013. Optimization of the enzymatic hydrolysis conditions of steam-exploded wheat straw for maximum glucose and xylose recovery. J Chem Technol Biot, 88(2): 237-246.

Matsuzaki C, Nakagawa A, Koyanagi T, et al., 2012. *Kluyveromyces marxianus*-based platform for direct ethanol fermentation and recovery from cellulosic materials under air-ventilated conditions. J Biosci Bioeng, 113(5): 604-607.

Mohagheghi A, Linger J G, Yang S H, et al., 2015. Improving a recombinant *Zymomonas mobilis* strain 8b through continuous adaptation on dilute acid pretreated corn stover hydrolysate. Biotechnol Biofuels, 8: 55.

Monteiro N, Altman I, Lahiri S, 2012. The impact of ethanol production on food prices: The role of interplay between the U.S. and Brazil. Energy Policy, 41: 193-199.

Mosier N, Wyman C, Dale B, et al., 2005. Features of promising technologies for pretreatment of lignocellulosic biomass. Bioresour Technol, 96(6): 673-686.

Nakamura C E, Whited G M, 2003. Metabolic engineering for the microbial production of 1,3-propanediol. Curr Opin Biotechnol, 14(5): 454-459.

Nigam P S, Singh A, 2011. Production of liquid biofuels from renewable resources. Prog Energy Combust Sci, 37(1): 52-68.

O'Brien J R, Raynaud C, Croux C, et al., 2004. Insight into the mechanism of the B12-independent glycerol dehydratase from *Clostridium butyricum*: preliminary biochemical and structural characterization. Biochemistry, 43(16): 4635-4645.

Oh E J, Jin Y S, 2020. Engineering of *Saccharomyces cerevisiae* for efficient fermentation of cellulose. FEMS Yeast Res, 20(1): foz089.

Oladi S, Aita G M, 2017. Optimization of liquid ammonia pretreatment variables for maximum enzymatic hydrolysis yield of energy cane bagasse. Ind Crop Prod, 103: 122-132.

Padella M, O'Connell A, Prussi M, 2019. What is still limiting the deployment of cellulosic ethanol? analysis of the current status of the sector. Appl Sci, 9(21): 4523.

Pan D T, Wang X D, Wang J B, et al., 2022. Optimization and feedback control system of dilution rate for 1,3-propanediol in two-stage fermentation: A theoretical study. Biotechnol Prog, 38(1): e3225.

Parisutham V, Kim T H, Lee S, 2014. Feasibilies of consolidated bioprocessing microbes: from pretreatment to biofuel production. Bioresour Technol, 161: 431-440.

Paul Alphy M, Hakkim Hazeena S, Binoop M, et al., 2022. Synthesis of C2-C4 diols from bioresources: pathways and metabolic intervention strategies. Bioresour Technol, 346: 126410.

Phillips C, Beeson W T, Cate, J H, et al., 2011. Cellobiose dehydrogenase and a copper-dependent polysaccharide monooxygenase potentiate cellulose degradation by *Neurospora crassa*. ACS

Chem Biol, 6(12): 1399-1406.

Reider Apel A, Ouellet M, Szmidt-Middleton H, et al., 2016. Evolved hexose transporter enhances xylose uptake and glucose/xylose co-utilization in *Saccharomyces cerevisiae*. Sci Rep, 6: 19512.

Sabra W, Wang W, Surandram S, et al., 2016. Fermentation of mixed substrates by *Clostridium pasteurianum* and its physiological, metabolic and proteomic characterizations. Microb Cell Fact, 15(1): 114.

Sánchez-Riera F, Cameron D C, Cooney C L, 1987. Influence of environmental factors in the production of R(−)-1,2-propanediol by *Clostridium thermosaccharolyticum*. Biotechnol Lett, 9(7): 449-454.

Santos S C, de Sousa A S, Dionísio S R, et al., 2016. Bioethanol production by recycled *Scheffersomyces stipitis* in sequential batch fermentations with high cell density using xylose and glucose mixture. Bioresour Technol, 219: 319-329.

Sato R, Tanaka T, Ohara H, et al., 2020. Engineering *Escherichia coli* for direct production of 1,2-propanediol and 1,3-propanediol from starch. Curr Microbiol, 77(11): 3704-3710.

Shaw A J, Covalla S F, Miller B B, et al., 2012. Urease expression in a *Thermoanaerobacterium saccharolyticum* ethanologen allows high titer ethanol production. Metab Eng, 14(5): 528-532.

Shaw A J, Miller B B, Rogers S R, et al., 2015. Anaerobic detoxification of acetic acid in a thermophilic ethanologen. Biotechnol Biofuels, 8: 75.

Shen C R, Liao J C, 2008. Metabolic engineering of *Escherichia coli* for 1-butanol and 1-propanol production via the keto-acid pathways. Metab Eng, 10(6): 312-320.

Skraly F A, Lytle B L, Cameron D C, 1998. Construction and characterization of a 1,3-propanediol operon. Appl Environ Microbiol, 64(1): 98-105.

Slininger P J, Shea-Andersh M A, Thompson S R, et al., 2015. Evolved strains of *Scheffersomyces stipitis* achieving high ethanol productivity on acid- and base-pretreated biomass hydrolyzate at high solids loading. Biotechnol Biofuels, 8: 60.

Snowdon M R, Mohanty A K, Misra M, 2018. Effect of compatibilization on biobased rubber-toughened poly(trimethylene terephthalate): Miscibility, morphology, and mechanical properties. ACS Omega, 3(7): 7300-7309.

Songdech P, Ruchala J, Semkiv M V, et al., 2020. Overexpression of transcription factor $ZNF_1$ of glycolysis improves bioethanol productivity under high glucose concentration and enhances acetic acid tolerance of *Saccharomyces cerevisiae*. Biotechnol J, 15(7): e1900492.

Su Y D, Shao W J, Zhang A L, et al., 2021. Improving isobutanol tolerance and titers through EMS mutagenesis in *Saccharomyces cerevisiae*. FEMS Yeast Res, 21(2): foab012.

Swinnen S, Henriques S F, Shrestha R, et al., 2017. Improvement of yeast tolerance to acetic acid through Haa1 transcription factor engineering: towards the underlying mechanisms. Microb Cell Fact, 16(1): 7.

Tai Y S, Xiong M Y, Jambunathan P, et al., 2016. Engineering nonphosphorylative metabolism to generate lignocellulose-derived products. Nat Chem Biol, 12(4): 247-253.

Tao Y M, Bu C Y, Zou L H, et al., 2021. A comprehensive review on microbial production of 1,2-propanediol: micro-organisms, metabolic pathways, and metabolic engineering. Biotechnol Biofuels, 14(1): 216.

Turner K W, Roberton A M, 1979. Xylose, arabinose, and rhamnose fermentation by *Bacteroides ruminicola*. Appl Environ Microbiol, 38(1): 7-12.

Valdivia M, Galan J L, Laffarga J, et al., 2016. Biofuels 2020: Biorefineries based on lignocellulosic materials. Microb Biotechnol, 9(5): 585-594.

van Zyl W H, Lynd L R, den Haan R, et al., 2007. Consolidated bioprocessing for bioethanol production using *Saccharomyces cerevisiae*. Adv Biochem Eng Biotechnol, 108: 205-235.

Vivek N, Hazeena S H, Alphy M P, et al., 2021. Recent advances in microbial biosynthesis of C3 - C5 diols: Genetics and process engineering approaches. Bioresour Technol, 322: 124527.

Walther T, François J M, 2016. Microbial production of propanol. Biotechnol Adv, 34(5): 984-996.

Wang J, Jain R, Shen X L, et al., 2017. Rational engineering of diol dehydratase enables 1,4-butanediol biosynthesis from xylose. Metab Eng, 40: 148-156.

Wang M, Yu C Z, Zhao H M, 2016. Directed evolution of xylose specific transporters to facilitate glucose-xylose co-utilization. Biotech Bioeng, 113(3): 484-491.

Wei N, Quarterman J, Kim S R, et al., 2013. Enhanced biofuel production through coupled acetic acid and xylose consumption by engineered yeast. Nat Commun, 4: 2580.

Wu B, Wang Y W, Dai Y H, et al., 2021. Current status and future prospective of bio-ethanol industry in China. Renew Sust Energ Rev, 145: 111079.

Xia J, Yang Y F, Liu C G, et al., 2019. Engineering *Zymomonas mobilis* for robust cellulosic ethanol production. Trends Biotech, 37(9): 960-972.

Xin B, Wang Y, Tao F, et al., 2016. Co-utilization of glycerol and lignocellulosic hydrolysates enhances anaerobic 1,3-propanediol production by *Clostridium diolis*. Sci Rep, 6: 19044.

Xiong W, Reyes L H, Michener W E, et al., 2018. Engineering cellulolytic bacterium *Clostridium thermocellum* to co-ferment cellulose-and hemicellulose-derived sugars simultaneously. Biotech Bioeng, 115(7): 1755-1763.

Yamamoto S, Suda M, Niimi S, et al., 2013. Strain optimization for efficient isobutanol production using *Corynebacterium glutamicum* under oxygen deprivation. Biotech Bioeng, 110(11): 2938-2948.

Yanase S, Yamada R, Kaneko S, et al., 2010. Ethanol production from cellulosic materials using cellulase-expressing yeast. Biotechnol J, 5(5): 449-455.

Yang G, Tian J S, Li J L, 2007. Fermentation of 1,3-propanediol by a lactate deficient mutant of *Klebsiella oxytoca* under microaerobic conditions. Appl Microbiol Biotechnol, 73(5): 1017-1024.

Yee K L, Jansen L E, Lajoie C A, et al., 2018. Furfural and 5-hydroxymethyl-furfural degradation using recombinant manganese peroxidase. Enzyme and Microb Tech, 108: 59-65.

Yim H, Haselbeck R, Niu W, et al. 2011. Metabolic engineering of *Escherichia coli* for direct production of 1,4-butanediol. Nat Chem Biol, 7(7): 445-452.

Zabed H, Sahu J N, Boyce A N, et al., 2016. Fuel ethanol production from lignocellulosic biomass: An overview on feedstocks and technological approaches. Renew Sust Energ Rev, 66: 751-774.

Zabed H, Sahu J N, Suely A, et al., 2017. Bioethanol production from renewable sources: Current perspectives and technological progress. Renew Sust Energ Rev, 71: 475-501.

Zeng A P, Biebl H, 2002. Bulk chemicals from biotechnology: the case of 1,3-propanediol production and the new trends. Adv Biochem Eng Biotechnol, 74: 239-259.

Zhang J, Zhang B, Wang D M, et al., 2014. Xylitol production at high temperature by engineered

*Kluyveromyces marxianus*. Bioresour Technol, 152: 192-201.

Zhang J, Zong W M, Hong W, et al., 2018. Exploiting endogenous CRISPR-Cas system for multiplex genome editing in *Clostridium tyrobutyricum* and engineer the strain for high-level butanol production. Metab Eng, 47: 49-59.

Zhang Q, Bao J, 2017. Industrial cellulase performance in the simultaneous saccharification and co-fermentation (SSCF) of corn stover for high-titer ethanol production. BioB, 4(1): 17.

Zhang T X, Chen H Y, Ni Z, et al., 2015. Expression and characterization of a new thermostable esterase from *Clostridium thermocellum*. Appl Biochem Biotech, 177(7): 1437-1446.

Zhang W, Shao W, Zhang A, 2021. Isobutanol tolerance and production of *Saccharomyces cerevisiae* can be improved by engineering its TATA-binding protein Spt15. Lett Appl Microbiol, 73(6): 694-707.

Zhao C H, Sinumvayo J P, Zhang Y P, et al., 2019. Design and development of a "Y-shaped" microbial consortium capable of simultaneously utilizing biomass sugars for efficient production of butanol. Metab Eng, 55: 111-119.

Zheng T Y, Olson D G, Murphy S S J, et al., 2017. Both adhE and a separate NADPH-dependent alcohol dehydrogenase gene, *adhA*, are necessary for high ethanol production in *Thermoanaerobacterium saccharolyticum*. J Bacteriol, 199(3):e00542-16.

Zou S L, Zhang K, You L, et al., 2012. Enhanced electrotransformation of the ethanologen *Zymomonas mobilis* ZM4 with plasmids. Eng Life Sci, 12(2):152-161.

# 第6章　长链脂肪酸工业合成生物学

## 6.1　引　　言

脂肪酸是细胞的重要组成成分。脂肪酸合成途径广泛存在于微生物和动植物细胞中，是生物生长繁殖必需的同化代谢途径。脂肪酸除了用于合成细胞膜、参与细胞生长代谢，还可以通过适当的修饰衍生转化为脂肪酸甲酯、脂肪酸乙酯、脂肪醇、脂肪烷烃等。这些衍生物是理想的生物柴油替代能源。脂肪酸及其衍生物在能源、医药、营养健康品和功能食品等领域具有广泛的应用。与燃料乙醇相比，脂肪酸衍生的生物燃料，特别是脂肪酸酯、脂肪醇、烷烃等具有更高的能量密度和燃烧性能，逐渐成为汽油、柴油和航空燃料的主要替代品（Feng et al.，2015；Nawabi et al.，2011；Schirmer et al.，2010；Shi et al.，2012；Steen et al.，2010）。除此之外，ω-3 和 ω-6 类型的多不饱和脂肪酸具有软化血管、健脑益智等功效，在医药和功能食品领域展现了广阔的开发前景（Dalile et al.，2019；van der Hee and Wells，2021）。中长链脂肪酸类化合物，包括长链二元酸和氨基脂肪酸等，是用途十分广泛的重要基础化工原料，是合成长碳链聚酰胺（高级尼龙）的主要原料（李占朝，2009；邵冲，2014；王茜茜等，2019）。

目前，脂肪酸及其衍生物主要通过提取天然动植物油脂获得，随着人们对资源与环境问题的日益关注，利用微生物生产脂肪酸及其衍生物以代替传统化石和动植物来源的相应产品受到广泛关注（Chae et al.，2020；Cho et al.，2020；Huf et al.，2011；Kalscheuer et al.，2006；Werner et al.，2017；Wu et al.，2017；Yu et al.，2018a）。利用微生物发酵来生产高值化学品是一种可再生且环境友好的生产模式。代谢工程与合成生物技术的快速发展，使得人们能够充分利用微生物的代谢潜能，通过改造细胞内部的代谢途径，人为地调节脂肪酸链长、不饱和度和胞内油脂含量以生产特定的脂肪酸及其衍生物。利用分子生物学手段对微生物原始代谢途径进行改造和优化是生产脂肪酸及其衍生物的有效手段。为了构建微生物细胞工厂以生产这些脂肪酸及其衍生物，研究者们在改造模式微生物（大肠杆菌和酿酒酵母），以及其他潜在底盘细胞工厂（包括解脂耶氏酵母、圆红冬孢酵母、斯达氏油脂酵母、蓝藻等）方面做了大量的工作。本章综述了面向生物燃料（脂肪酸酯、脂肪醇和烷烃）、功能营养品（ω-3 和 ω-6 类型多不饱和脂肪酸）和生物基材料化学品（长链二元酸、ω-氨基十二烷酸等）等方面应用的脂肪酸及其衍生物的研究进展，着重介绍在微生物细胞中如利用合成生物学技术和代谢工程策略理性改造代谢途径以实现脂肪酸及其衍生物的合成。

## 6.2 脂肪酸类生物燃料的微生物制造

随着全球经济的高速发展和国际局势的变化，人类对能源的需求与日俱增。近年来，通过生物资源生产的绿色清洁、可持续循环再生的生物燃料有望替代石油、煤炭等传统化石能源，是可再生能源开发利用的重要方向，受到了各国政府和科研人员的广泛关注，并取得了许多令人振奋的成果（Hahn-Hägerdal et al.，2006；Sánchez and Cardona，2008；Zaldivar et al.，2001）。脂肪酸（fatty acid，FA）是一类羧酸化合物，由碳氢组成的烃类基团连接羧基构成。由于脂肪酸具有多功能性，可通过其合成各种衍生化合物，包括游离脂肪酸（Zhou et al.，2016b）、脂肪醇（Feng et al.，2015）、脂肪酸乙酯（Shi et al.，2012；Steen et al.，2010）或脂肪酸甲酯（Nawabi et al.，2011）和脂肪烷烃/烯烃（Schirmer et al.，2010）等，这些衍生化合物可作为生物柴油和生物汽油中的平台分子，用于制成混合生物燃料。相较于其他生物燃料，脂肪烷烃和烯烃具有能量密度高、易于储存和运输、性能优良等优点。根据美国市场研究公司 Grand View Research 报告，预计到 2027 年市场规模将以 5.8%的复合年增长率增长。目前，全球脂肪酸类化合物需求超过 200 万 t，预计到 2025 年将超过 470 万 t。

传统上，脂肪酸及其衍生物的生产主要依赖于不可持续且能源消耗巨大的物理化学方法。虽然所涉及的工艺已经相当成熟，但生产过程需要多步反应，费时费力且效率较低，尤其是环境污染的问题与当前绿色可持续发展的战略方针背道而驰。相比之下，从可再生和可持续资源中生产酯类的微生物作为细胞工厂生产脂肪酸类生物燃料是一种极具前景的替代生产方式。虽然自然界中存在许多微生物可以产生脂肪酸衍生物，但所产生化合物的产量、结构和组成并不适合直接应用于工业生产中（Howard and Blomquist，2005；Jetter and Kunst，2008；Schirmer et al.，2010）。随着对天然宿主中脂肪酸衍生物生物合成途径及相关酶的深入研究（图 6-1），以及相关突破性技术的发展（Church et al.，2014；Clomburg and Gonzalez，2010；Dai and Nielsen，2015；Fatma et al.，2016；Hassan et al.，2015；Hu et al.，2019；Liao et al.，2016；Nielsen and Keasling，2016；Zhang et al.，2021a，2021b），各种微生物宿主，包括细菌、真菌和藻类等已被设计用于生产脂肪酸类生物燃料的细胞工厂（Fatma et al.，2016；Hassan et al.，2015；Hu et al.，2019；Liao et al.，2016；Zhang et al.，2021a，2021b；Zhou et al.，2016b）。然而，脂肪酸类生物燃料细胞工厂仍面临几个瓶颈问题。这些问题包括：缺乏对用于自然宿主工程的认知和成熟的遗传工具，细胞生长代谢过程中产物和副产物积累对细胞的毒性，存在底物竞争途径，工程菌株中氧化还原失衡，以及催化酶活性低等。目前，人们已在工程微生物系统中生产脂肪酸衍生化学品方面进行诸多努力，旨在缩小与已开发的商业化生产路线的差距。本节详细综述了近年来脂肪酸及其衍生物微生物制造方面的研究进展，重点论述了在微生物细胞理性改造代谢途径的过程中以提高产物生产速率为目标开展的途径设计、途径优化，以及酶改造方面的进展。

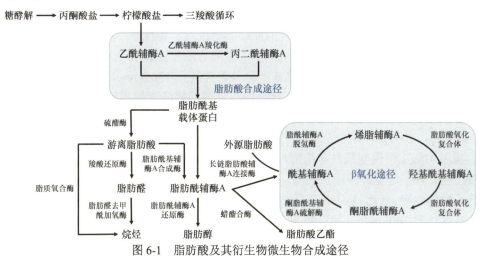

图 6-1　脂肪酸及其衍生物微生物合成途径

## 6.2.1　脂肪酸酯类生物燃料

由长链脂肪酸和短链醇反应而生成的脂肪酸短链酯，包括脂肪酸乙酯（fatty acid ethyl ester，FAEE）和脂肪酸短支链酯（fatty acid short and branched chain ester，FASBE），可作为生物燃料。它们是石油基燃料的优秀替代品。脂肪酸酯目前主要由植物油和动物脂肪通过催化剂与醇发生酯化反应生产（Toftgaard et al.，2014），具有效率低、生产成本高、易造成环境污染等缺点。从可再生和可持续原料中利用微生物生产脂肪酸短链酯是一种有前途的方法，受到广泛关注。在过去的几十年里，各种微生物，如大肠杆菌、酿酒酵母（*Saccharomyces cerevisiae*）、解脂耶氏酵母（*Yarrowia lipolytica*）和圆红冬孢酵母（*Rhodosporidium toruloides*）等已经被改造用来生产 FAEE。Kalscheuer 等（2006）通过异源表达来自运动发酵单胞菌的丙酮酸脱羧酶（pyruvate decarboxylase，PDC）、醇脱氢酶（alcohol dehydrogenase，ADH）和来自贝氏不动杆菌（*Acinetobacter baylyi*）的蜡酯合酶（wax ester synthase，WS）基因，首次在大肠杆菌中成功生产 FAEE。Elbahloul 和 Steinbüchel（2010）通过外源添加油酸对该基因工程菌株进行分批式补料发酵，FAEE 产量最高可达 19 g/L。Shi 等（2012）在酿酒酵母中异源表达了 5 种蜡酯合酶，发现来自除烃海杆菌（*Marinobacter hydrocarbonoclasticus*）的蜡酯合酶对乙醇偏好性最高，FAEE 产量可达 6.3 mg/L。随后，Yu 等（2012）以甘油为碳源，通过敲除甘油合成途径增加内源乙醇供给；外源添加脂肪酸，可将 FAEE 产量提高到 0.52 g/L。目前，在大肠杆菌和酿酒酵母中，FAEE 的生产依然受到脂质前体供应的限制，外源脂肪酸的添加可以显著提高产量（Elbahloul and Steinbüchel，2010；Yu et al.，2012），以上结果表明利用产脂能力较强的宿主菌株对 FAEE 的生产是有利的。之后，Xu 等（2016）在解脂耶氏酵母中引入蜡酯合酶，构建了 FAEE 细胞工厂，并发现蜡酯合酶的亚细胞定位对于菌株中 FAEE 的生产至关重要。在胞质中表达来自 *A. baylyi* ADP1 的蜡酯合酶仅能得到 7.1 mg/L 的产量，而将蜡酯合酶定位于内质网时，FAEE 产量显著提高到 136.5 mg/L。在进一步的研究中，Gao 等（2018）发现，过表达来自除烃海杆菌的蜡酯合酶得到 0.4 g/L 的 FAEE，通过敲除 β-氧化相关基因增加乙酰辅酶 A 的供应，产量提高到 1.18 g/L。最近，Zhang 等（2021b）以圆红冬孢酵母为出发菌株，通过补料发酵生产 FAEE，产量达到 9.97 g/L，说明圆红冬孢酵母有潜力作为一个高效生产脂肪酸衍生物的平台微生物。为了避免外源添加乙醇，Yu 等（2020）在解脂耶氏酵母中构建了内源生产乙醇的途径，然而，FAEE 产量小于 1 mg/L，当培养基中加入 2% 的乙醇时，FAEE 的产量达到 360 mg/L。由此可见，乙醇供应不足是制约 FAEE 在解脂耶氏酵母从头合成的主要瓶颈。未来，针对不同宿主代谢特点，可以设计和应用各种新的代谢工程和合成生物学策略，最大限度地提高乙醇生物合成和脂酰辅酶 A 生物合成，以及优化平衡工程菌株中乙醇与脂酰辅酶 A 之间的碳通量。

FASBE 作为一种生物燃料，将其添加到生物柴油中可以改善低温流动性能（Tao et al.，2015），然而目前关于 FASBE 的生物合成研究很少。Guo 等（2014）通过在工程大肠杆菌中过表达 2-酮酸脱羧酶（2-keto acid decarboxylase，KDC）基因 *Aro10* 和乙醇脱氢酶基因 *Adh2*，构建支链醇合成途径，又引入来自 *A. baylyi* ADP1 的蜡酯合酶，首次实现从头合成 FASBE，产量达 36 mg/L。Teo 等（2015）首次将酿酒酵母用于生产 FASBE，通过敲除磷脂代谢中编码肌醇-3-磷酸合酶的 *INO1* 基因的负调节因子 *Rpd3* 和 *Opi1*，提高脂酰辅酶 A 的通量，并过表达支链醇合成途径的相关基因 *Ilv2*、*Ilv5* 和 *Ilv3*，增加支链醇的供应，最终 FASBE 的产量达到 230 mg/L，合成的产物包括乙基酯、异丁基酯、异戊基酯和戊基酯。Tao 等（2015）将相同的 FASBE 合成策略应用于毕赤酵母中，FASBE 的产量为 169 mg/L。另有研究表明，改造 WS/DGAT 中的一个特定残基，可以提高该酶对短链脂肪醇底物的偏好性（Barney et al.，2013），未来可以通过改造 WS/DGAT 来提高其对支链醇的偏好性和最终 FASBE 产量。Avalos 等（2013）通过线粒体定位极大地改善了支链醇的生产，该思路可以为后续提高 FASBE 的前体物供给提供指导。此外，已有研究表明细胞内脂肪酰辅酶 A 产量低是生产 FASBE 的瓶颈，未来可以选择能积累大量脂质的宿主来构建 FASBE 细胞工厂，如产油酵母和圆红冬孢酵母在一定条件下发酵生产的脂质可以达到其自身干重的 70%（Li et al.，2007）。

### 6.2.2　脂肪醇类生物燃料

脂肪醇是末端含有—OH 基团的长链碳氢化合物（超过 10 个碳），在多种行业中具有重要应用。长链脂肪醇（>C12）主要用于表面活性剂、润滑剂、洗涤剂、药品和化妆品；而中链脂肪醇（C6～C12）由于其高能量密度，可用作柴油类生物燃料（Zhang et al.，2018；Zhou et al.，2018）。通过化学催化，将烯烃和石蜡等石化产品与脂肪、油脂和动植物蜡等天然资源转化为脂肪酸或甲酯，再经加氢反应制成脂肪醇。而在大肠杆菌、酵母等微生物合成过程中，脂肪醇以脂肪酸代谢的中间体——硫酯（即脂肪酰辅酶 A）作为底物合成。解脂耶氏酵母、酿酒酵母和圆红冬孢酵母等产油微生物具有产生大量脂质和关键脂肪酰中间体的能力。利用脂肪酰辅酶 A/酰基载体蛋白（acyl carrier protein，ACP）作为底物的脂肪酰辅酶 A 还原酶（FAR）直接催化上述底物生成脂肪醇；另一种途径可通过 ACP 还原酶（AAR）生成脂肪醛，进而由醛还原酶（ALR）或者醇脱氢酶（ADH）催化生成脂肪醇。

研究人员尝试利用来自不同来源宿主的酶来改善工程菌株中的脂肪醇生产，显著提高了脂肪醇生产水平。通过整合来自拟南芥的脂肪酰辅酶 A 还原酶（FAR）基因首次实现了脂肪醇在大肠杆菌中的生产（Doan et al.，2009）。Steen 等（2010）在工程大肠杆菌中表达天然的 *fadD* 基因（编码脂肪酰辅酶 A 合成酶以增加脂肪酰辅酶 A 的含量）和 *acr1* 基因[来自醋酸钙不动杆菌（*Acinetobacter calcoaceticus*）的编码脂肪酰辅酶 A 还原酶]，提高了宿主菌株 C12～C16 脂肪醇的产量（约 60 mg/L）。同样，通过表达来自不同生物体的硫酯酶（thioesterase，TE），也可以进一步提高不同成分脂肪醇的产量（Liu et al.，2013；Steen et al.，2010）。Liu 等（2013）研究了来自海洋杆菌（*Marinobacter aquaeolei*）的 FAR 对大肠杆菌脂肪醇产生的影响，将 FAR 与不同碳链长度的特异性酰基-ACP 硫酯酶共表达，得到具有多样化碳链长度的脂肪醇。两种脂肪酰辅酶 A 还原酶在体内对 C12～C18 脂肪酰基链表现出广泛的底物特异性。另外，调整酶表达水平也会导致脂肪醇生产水平的提高。Youngquist 等（2013）在大肠杆菌中过表达了 TE、FadD、酰基辅酶 A/醛还原酶，通过平衡每个基因的表达水平，使 C12～C14 脂肪醇产量达到了 1.6 g/L；Rude 等（2016）发现在大肠杆菌中表达来自自养型蓝藻细菌（*Synechococcus elongatus*）的酰基-ACP 还原酶时，S18W、D16E、V345P 氨基酸位点的突变会特异性产生 C14 和 C16 脂肪醇，另外还发现具有改良性能的酶突变（S18W、C63G、M21L、S113K、A281L 和 T154A）可使宿主菌株的脂肪醇产量显著提高（主要成分为 C12 醇）。在另一项研究中，通过计算机预测过表达和敲除的目标基因，当大肠杆菌中过表达戊糖磷酸途径中的 *zwf*（编码葡萄糖-6-磷酸脱氢酶）基因时，可以通过增加 NADPH 的供应，显著提高脂肪醇的产量。结合敲除编码磷酸葡萄糖酸脱水酶、磷酸烯醇式丙酮酸合成酶、乳酸脱氢酶、异柠檬酸裂解酶、磷酸乙酰转移酶、丙酮酸氧化酶和丙酮酸甲酸裂解酶等靶点基因，将有助于去除发酵副产物，促进乙酰辅酶 A 的供应，并防止葡萄糖代谢通过 Entner-Doudoroff 途径转移，最终大肠杆菌产生 12.5 g/L 的长链脂肪醇（C16 和 C18）（Wang et al.，2016a，2016b）。

在生产脂肪醇的过程中，酿酒酵母作为模式真菌相较于细菌宿主的不同之处在于，酿酒酵母使用 I 型脂肪酸合成酶（FAS）而不是 II 型 FAS。与大肠杆菌相比，脂肪酰辅酶 A 的合成路线在酵母中更短，脂肪酰辅酶 A 可以通过醇还原酶直接转化为醇。Runguphan 和 Keasling（2014）在酿酒酵母中过表达了所有三个脂肪酸生物合成酶，即乙酰辅酶 A 羧化酶 1（ACC1）、脂肪酸合成 1（FAS1）和脂肪酸合成 2（FAS2），当与甘油三酯（TAG）生产相结合时，工程菌株将脂质积累到其干细胞重量的 17% 以上，脂质积累量比对照菌株提高了四倍。在天然酿酒酵母中通过 β-氧化循环缩短的脂肪酰辅酶 A 存在于过氧化物酶体中。Sheng 等（2016）将过氧化物酶体设计成区室化的细胞器，通过过氧化物酶靶向信号肽标记 FAR，以截取从 β-氧化途径中产生的中链脂肪酰辅酶 A，并将其转化为多功能中链脂肪醇（C10 和 C12），最终生产了 1.3 g/L 脂肪醇，包括 6.9% 的正癸醇、27.5% 的 1-十二醇、2.9% 的 1-十四醇和 62.7% 的 1-十六烷醇（Sheng et al.，2016）。Fillet 等（2015）在酿酒酵母中通过定量分析蛋白质水平和代谢通量、工程酶水平和定位，利用 "pull-push-block" 碳通量工程和辅助因子平衡等方法，最终使脂肪醇的产量在摇瓶中达到了 1.2 g/L，通过分批式补料发酵脂肪醇产量为 6.0 g/L。

除在上述模式微生物外，许多研究人员报道了在蓝藻（Cyanobacteria sp.）、解脂耶氏酵母、斯达氏油脂酵母（Lipomyces starkeyi）和圆红冬孢酵母生产脂肪醇的研究成果。蓝藻生产脂肪醇的研究主要集中在集胞藻（Synechocystis sp.）中，策略主要包括表达不同来源的 FAR、调节表达水平、阻断竞争途径等。由于产油微生物可以产生大量脂质，因此具备产生脂肪醇关键脂肪酰基中间体的能力。Cordova 等（2019）在解脂耶氏酵母中筛选并表达 FAR 变体，通过双相发酵将脂肪醇产量在摇瓶中提高到了 1.5 g/L，在 2 L 生物反应器中总脂肪醇产量为 5.8 g/L。另外，通过在斯达氏油脂酵母、解脂耶氏酵母和圆红冬孢酵母中过表达脂肪酰辅酶 A 还原酶，分别产生了 0.77 g/L、5.75 g/L 和 8 g/L 的脂肪醇（Fillet et al.，2015；Wang et al.，2016a，2016b；Zhang et al.，2019）。目前，产油脂酵母的代谢工程仍处于起步阶段，发酵产品的成本仍然过高，限制了其商业化应用。主要原因之一是异源途径关键酶活性较低，导致目标化合物合成的通量低。未来需要侧重于发现或设计具有更高活性、稳定性和特异性的新型酶，同源和异源途径需要进一步优化和平衡，以达到更高的产量。同样重要的是，脂质生产的改善通常伴随着细胞生长的减少，未来的研究应侧重于更加平衡的新陈代谢，例如，使用进化工程（Liu et al.，2015），或建立基因组规模的代谢模型预测来达到细胞生长和产物合成二者之间的平衡（Kerkhoven et al.，2016）。

### 6.2.3　烷烃类生物燃料

　　碳氢化合物是化石资源的主要成分之一。为使工业微生物实现高产量烷烃的生产，多种不同来源的酶被引入到模式工业微生物如大肠杆菌、酿酒酵母和解脂耶氏酵母当中并使得绿色生物制造烷烃成为一种具有竞争力的途径。自蓝藻中烷烃合成途径相关的 AAR/ADO 首次被发现以来（Schirmer et al.，2010），蓝藻中的 AAR/ADO 合成途径被广泛应用于遗传背景清楚、操作系统完备的大肠杆菌（Schirmer et al.，2010；Cao et al.，2016）和酿酒酵母（Buijs et al.，2015；Zhou et al.，2016a，2016b）等模式菌株的改造当中。该途径以大肠杆菌和酿酒酵母体内活化的脂肪酸（以脂肪酰-CoA/ACP 两种形式存在）作为底物，通过两步法生产烷烃：首先 AAR 将脂肪酰-CoA/ACP 还原成脂肪醛；其次 ADO 将脂肪醛还原成烷烃。在引入该途径的大肠杆菌工程菌中，Cao 等（2006）通过敲除内源竞争代谢途径、过表达上游酶、降解脂质及调控电子传递系统模板，烷烃的产量提升至 101.7 mg/L，最终通过分批式补料发酵后产量可达 1.31 g/L。在酿酒酵母引入 AAR/ADO 酶产烷烃的报道当中，Buijs 等（2015）首次实现了在酿酒酵母中生产长链烷烃，且通过敲除脂肪醛降解的基因，烷烃的产量为 22.0 mg/g DCW。

　　为进一步提高酿酒酵母中烷烃的产量，研究发现，以游离脂肪酸（free fatty acid，FFA）为底物来生产烷烃，比使用活化的脂肪酸更加有效。采用对游离脂肪酸具有催化活性的羧酸还原酶（carboxylic acid reductase，CAR）及其辅酶因子取代 AAR 构建了 CAR/ADO 途径。Zhou 等（2016b）在高产游离脂肪酸的酿酒酵母工程菌中通过过表达上游代谢通路以增加 FFA 供体、消除醛还原、脂肪醇合成和 β-氧化三个竞争旁路，实现了 0.8 mg/L 的烷烃产量。采用相同的消除竞争途径的策略，Kang 等（2017）引入 CAR/ADO 途径后同时筛选了不同来源的 ADO 酶以提升酶的活性，最终烷烃产量为 1.1 mg/L。与之类似，采用相同的竞争旁路消除策略后，Zhou 等（2016a）在另一株高产游离脂肪酸的酿酒酵母，通过定位 CAR/ADO 酶到过氧化物酶体，同时过表达过氧化物酶体生成酶以增加过氧化物酶体数量，最终产量提升至 3.55 mg/L。为实现中链烷烃的生产，Zhu 等（2017）在一株高产中链脂肪酸的酿酒酵母工程菌中引入了 CAR/ADO 途径，通过对过氧化物酶体相关基因及醛降解基因的旁路进行敲除，最终产量为 49 μg/(L·OD)。油脂酵母解脂耶氏酵母因其具备内源性游离脂肪酸含量高的特点，Xu 等（2016）在引入 CAR/ADO 途径到细胞质后，烷烃的产量可达 23.3 mg/L。

　　脂肪酸 α-双加氧酶（fatty acid α-dioxygenase，DOX）与 CAR 具有类似的催化活性，可催化游离脂肪酸生成脂肪醛，进而协同 ADO 催化生成烷烃。在引入

DOX/ADO 途径的酿酒酵母工程菌中，Foo 等（2017）通过全细胞催化外源的游离脂肪酸，同时对内源性的编码脂肪酸降解酶的基因进行敲除，最终产量为 73.5 μg/L。目前就蓝藻来源的 AAR/ADO 及其衍生的途径而言，在大肠杆菌中酶表现出的活性更高，而在酿酒酵母和解脂耶氏酵母中活性较低，原因可能是作为原核生物来源的外源酶与同为原核生物的大肠杆菌更容易兼容，因此表现出更高的活性（Zhou et al.，2016a）；其次，作为一种氧化还原反应，酵母中相对缺乏的关键性反应物还原性辅酶 Ⅱ NADPH 可能进一步限制了反应的发生（Zhou et al.，2018）。

Sorigué 等（2017）在藻类中发现另一种全新的生产烷烃的脂肪酸光脱羧酶（fatty acid photodecarboxylase，FAP），并在大肠杆菌中验证了其酶活性及代谢通路。FAP 酶可催化 fatty acyl-CoA/ACP/FFA 进行一步脱羧反应生产相应的烷烃（若底物本身含有不饱和的双键，则产物为烯烃），特别需要指出的是，FAP 酶催化反应发生的过程中，不依赖 NADPH 作为还原性物质来提供电子和能量，而依靠蓝光激发的光子作为能量。在初次引入 FAP 途径到解脂耶氏酵母的报道中，Bruder 等（2019）通过引入该途径到高产脂肪酸的工程菌中，并对其脂肪酸的其他竞争性代谢通路进行敲除，摇瓶发酵产量达到 10.87 mg/L，通过批式补料发酵可使产量达到 58.7 mg/L。为进一步提升产量，Li 等（2020）首先引入 FAP 途径到解脂耶氏酵母中实现了 15.3 mg/L 的产量，随后通过敲除烷烃降解途径的基因、过表达 FAP、优化培养基的 C/N 比等调控手段，将摇瓶发酵的产量进一步提升至 113 mg/L，最终批式补料发酵产量可达 1.47 g/L。

脂肪酸类生物燃料因其具有热值高、不易挥发等优良性受到广泛关注。尽管脂肪酸类生物燃料商业化存在各种阻碍，如低产量、耐受性和原料适应性差等，微生物细胞工厂因其绿色可持续的生产过程，仍然是一个极具潜力的生产方式。在不久的未来，研究人员通过对不同途径的酶进行开发、利用合成生物学的手段进行理性改造，以及对宿主选择上的优化等手段为微生物合成烷烃类生物燃料提供更多空间和可能。合成生物学的快速发展，将为生物能源产业提供理论和技术支撑，并推动脂肪族生物燃料生物制造的商业化应用。

## 6.3　功能营养品类脂肪酸的微生物合成

脂肪酸在人体中多以脂类形式存在。脂类是人体储能和供能的重要物质，也是重要的信号分子和膜体结构成分。根据碳链长度，脂肪酸可以分为短链脂肪酸（short-chain fatty acid，SCFA；C2～C4）、中链脂肪酸（medium-chain fatty acid，MCFA；C6～C12）、长链脂肪酸（long-chain fatty acid，LCFA；C14～C18）和超长链脂肪酸（very long-chain fatty acid，VLCFA；≥C20）。根据碳链中是否存在双键，脂肪酸分为饱和脂肪酸和不饱和脂肪酸。不饱和脂肪酸又可根据双键数量分为单不饱和脂肪酸和多不饱和脂肪酸；根据距离甲基端最近的双键的位置，不饱和脂肪酸又分为 ω-3、ω-6、ω-9 等类型；根据立体异构的不同，不饱和脂肪酸又有顺式脂肪酸和反式脂肪酸之分，自然界中顺式脂肪酸占主导。代表性的功能营养品类脂肪酸结构如图 6-2 所示。

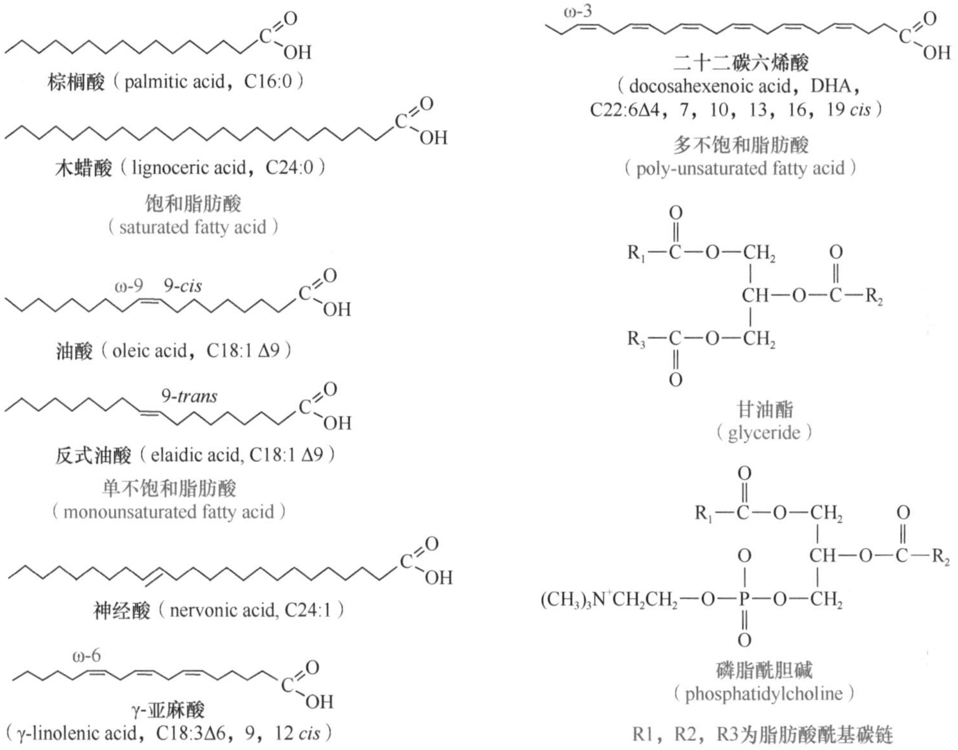

图 6-2　脂肪酸和脂类分子的结构示例

人体不能合成机体所需的所有脂肪酸，某些脂肪酸为人体必需，但自身不能合成或者合成不足，因此被称为必需脂肪酸。明确定义的必需脂肪酸有 ω-3 和 ω-6 类型的多不饱和脂肪酸。ω-3 必需脂肪酸包括 α-亚麻酸（α-linolenic acid，ALA）、二十碳五烯酸（eicosapentaenoic acid，EPA）、二十二碳六烯酸（docosahexenoic acid，DHA）等。ω-6 必需脂肪酸包括亚油酸（linoleic acid，LA）、γ-亚麻酸（γ-linolenic acid，GLA）、花生四烯酸（arachidonic acid，ARA）等。除了多不饱和脂肪酸外，单不饱和脂肪酸和某些饱和脂肪酸对人体健康也具有重要作用，例如，棕榈酸（palmitoleic acid）、神经酸（nervonic acid）、山萮酸（behenic acid；C22:0）和木蜡酸（lignoceric acid；C24:0）等。此外，糖脂、脂蛋白等参与人体生理代谢过程，甾醇酯、异戊烯醇酯等化合物与脂类代谢调控密切关联。进入 21 世纪，酶学、基因工程、代谢工程、合成生物学等学科的发展有力推动了脂肪酸的研究与创新应用。必需脂肪酸 ARA、EPA、DHA 等已开发为商业化的营养健康品和功能食品，糖脂、脂蛋白、萜类油脂等也在医药和功能食品领域展现了广阔的开发前景。

### 6.3.1 功能脂肪酸合成微生物底盘细胞

功能脂肪酸在细胞中多以甘油三酯形式存在。尽管非产油的经典模式生物，如大肠杆菌和酿酒酵母，也被用于脂肪酸及其衍生物的合成研究（Wu et al.，2017；Yu et al.，2018b），通常认为产油微生物是功能脂肪酸合成的优势宿主。在产油细菌中，红球菌（*Rhodococcus* sp.）能够利用木质纤维素水解液、工业废弃物中的多种碳源，在氮源缺乏情况下积累油脂，尤其是混浊红球菌（*R. opacus*）多用于合成甘油三酯、脂肪酸及其衍生物，其中游离长链脂肪酸和超长链脂肪酸的产量可以超过 50 g/L（Kim et al.，2019）。甲基微菌（*Methylomicrobium buryatense*）可以利用甲烷合成脂肪酸及其衍生物（Garg et al.，2018）。蓝细菌和微藻能够通过光合作用转化 $CO_2$ 合成油脂和脂肪酸，其中，小球藻（*Chlorella vulgaris*）宿主受到较多的关注（Sakarika and Kornaros，2019）。目前已经鉴定的产油酵母有数十种，其中解脂耶氏酵母、斯达氏油脂酵母、圆红冬孢酵母和产油丝孢酵母（*Cutaneotrichosporon oleaginosus*）展现了各自的优势（Grubisic et al.，2022；Spagnuolo et al.，2019；Xue et al.，2018）。在遗传背景和遗传工具方面，解脂耶氏酵母最具优势，圆红冬孢酵母次之，而斯达氏油脂酵母和产油丝孢酵母的遗传工具相对较少（Görner et al.，2016；Zhang，2022）。在底物代谢方面，除了解脂耶氏酵母，其他三种酵母都能代谢木糖，尤其是产油丝孢酵母，代谢木糖时不存在分解代谢物阻遏，并且其木糖代谢效率与葡萄糖代谢基本相当（Yaguchi et al.，2017）；圆红冬孢酵母和产油丝孢酵母对木质纤维素水解液抑制物有较强的耐受性，并且能够代谢抑制物和木质素来源的芳香族化合物（Yaegashi et al.，2017）。此外，产油丝孢酵母还能够有效代谢粗甘油。产油微生物的选择不能一概而论，需要综合考虑原料类型、目标产物、菌种遗传工具和遗传背景等多个方面（Cho et al.，2020；Spagnuolo et al.，2019）。如果以生产能源油脂为目标，混浊红球菌、产油丝孢酵母和圆红冬孢酵母因具有底物代谢和抗逆性优势，可以优先考虑；如果以生产高值功能脂肪酸为目标，可以考虑 GRAS（generally recognized as safe）安全级，并且遗传背景较清楚且易于基因组编辑的解脂耶氏酵母。

### 6.3.2 功能脂肪酸的微生物合成途径

脂肪酸的延长可发生在线粒体或内质网，但是线粒体仅能通过类似于逆 β-氧化反应的过程合成十六碳以下的脂肪酸，长链和超长链脂肪酸的延长和去饱和主要发生在内质网。内质网上的脂肪酸延长酶复合物包含四个离散的酶，脂肪酸延长过程与脂肪酸合成酶类似，首先经 3-酮脂酰辅酶 A 合成酶（3-ketoacyl-CoA synthase，KCS）缩合增加两个碳，然后酮脂酰辅酶 A 经 3-酮脂酰辅酶 A 还原酶（3-ketoacyl-CoA reductase，KCR）还原，继而 3-羟脂酰辅酶 A 脱水酶（3-hydroxyacyl-CoA dehydrase，HCD）催化脱除一分子水，再经羟脂酰辅酶 A 还原酶（enoyl-CoA reductase，ECR）还原，完成一个延长循环（图 6-3）。脂肪酸延长和脂肪酸合成途径的不同点在于，脂肪酸延长酶的底物为酰基辅酶 A，而脂肪酸合成以酰基-ACP 的形式转移脂酰基。此外，脂肪酸延长酶是膜结合蛋白，而脂肪酸合成酶是可溶蛋白。在真核生物中，长链和超长链脂肪酸的去饱和通常也发生在内质网上，由于脂肪酸的多样性和去饱和位置不同，自然界存在一系列脂肪酸去饱和酶。长链和超长链多不饱和脂肪酸的合成主要有两种途径：一种为有氧去饱和/延长途径（aerobic desaturase/ elongase pathway）；另一种主要存在于微藻和海洋细菌中，称为聚酮合酶（polyketide synthase，PKS）途径，该途径中双键的形成不需要氧的参与（Metz et al.，2001）。希瓦氏菌（*Shewanella* sp.）、裂壶藻（*Schizochytrium* sp.）等微生物的多不饱和脂肪酸聚酮合酶含有多个催化亚基，催化反应类似脂肪酸合成酶，每个循环包含缩合、还原、脱水、还原四个步骤。与脂肪酸合成酶不同的是，聚酮合酶具有特定的脱水酶（dehydratase，DH）活性，可以引入双键，并且可以周期性地跳过还原步骤，在脂肪酸酰基链中保留双键。

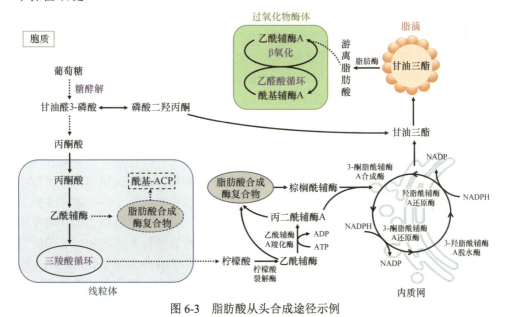

图 6-3　脂肪酸从头合成途径示例

乙酰辅酶 A 的来源不限于柠檬酸裂解。ACP：脂酰载体蛋白；NADPH：还原型烟酰胺腺嘌呤二核苷酸磷酸；NADP：烟酰胺腺嘌呤二核苷酸磷酸；ADP：腺苷二磷酸；ATP：腺苷三磷酸

如前所述，脂肪酸延长酶复合物包含一个缩合酶、一个脱水酶和两个还原酶。缩合酶催化第一步反应，与另外三个酶相比，缩合酶的底物专一性较强，是内质网上脂肪酸延长的限速酶。根据序列相似性和底物专一性的不同，已发现的缩合酶分为两类，一类是 KCS 型或称 FAE 型（fatty acid elongation type），另一类是 ELO 型（elongation defective type）（Haslam and Kunst, 2013）。缩合酶 KCS 和 ELO 没有明显的序列相似性。KCS 常存在于植物和微藻中，主要催化饱和脂肪酸和单不饱和脂肪酸的延长；ELO 广泛存在于动植物和真核微生物中，可延长一系列脂肪酸，尤其是多不饱和脂肪酸（Qiu et al., 2020）。

根据模式生物的研究可知，同一物种中往往存在多种缩合酶，在拟南芥中已鉴定到 21 个 *KCS* 基因和 4 个 *ELO* 基因，在油菜（*Brassica napus*）中已鉴定到 58 个 *KCS* 基因和 14 个 *ELO* 基因，在酿酒酵母中发现了 3 个 *ELO* 基因（Oh et al., 1997；Xue et al., 2020）。同一物种存在多样的缩合酶，预示了脂肪酸合成的生理重要性，也说明不同缩合酶的底物偏好性可能差别很大。酿酒酵母的 ELO1 酶偏好延长 14:0-酰基辅酶 A 到棕榈酸，ELO2 延长 20:0-酰基辅酶 A 到 22:0 脂肪酸的活性最高，而 ELO3 更倾向于延长 24:0-酰基辅酶 A 到 26:0 脂肪酸（Oh et al., 1997）。同样，不同 KCS 的底物偏好性和专一性也可能差异很大，选择缩合酶时要依据目标产物而定。需要指出的是，同一种缩合酶在不同的宿主中也可能表现出明显不同的底物偏好性，在开展工程菌株构建时要综合考虑酶和宿主的特点。

脂肪酸去饱和酶是一种特殊的加氧酶，以氧作为辅因子，催化移除脂酰基链上的两个氢原子，形成双键。根据位置选择性，脂肪酸去饱和酶通常分为两类：一类称为 $\Delta x$ 去饱和酶或前端去饱和酶（front end desaturase），指从脂肪酸羧基端算起，在第 $x$ 和 $x+1$ 个碳原子之间引入一个双键的脂肪酸去饱和酶；另一类称为 $\omega y$ 去饱和酶或甲基末端去饱和酶（methyl end desaturase），指从脂肪酸甲基端算起，在第 $y$ 和 $y+1$ 个碳原子之间引入一个双键的脂肪酸去饱和酶。根据酰基载体的不同，脂肪酸去饱和酶可分为酰基辅酶 A 去饱和酶（acyl-CoA desaturase）、酰基 ACP 去饱和酶（acyl-ACP desaturase）和酰基脂质去饱和酶（acyl-lipid desaturase）。酰基 ACP 去饱和酶主要发现于植物质体中；酰基辅酶 A 去饱和酶广泛存在于真核生物的内质网上；植物和微藻存在多种酰基脂质去饱和酶，底物可以是甘油糖脂、磷脂、鞘脂等。在某些低等植物、微藻和真菌中，去饱和主要发生在磷脂酰胆碱的 sn-2 位（Meesapyodsuk and Qiu, 2012）。脂肪酸去饱和酶不仅需要氧，也需要电子供体。动植物、微藻、真菌的酰基辅酶 A 去饱和酶和磷脂去饱和酶，采用细胞色素 b5、细胞色素 b5 还原酶和 NADH 作为电子传递系统。植物和微藻的质体甘油糖脂去饱和酶，采用铁氧化还原蛋白、铁氧化还原蛋白还原酶和 NADPH 作为电子传递系统。尽管不同的脂肪酸去饱和酶存在位置和底物选择性差异，但它们具有相似的催化机制。这些酶都属于金属蛋白，借助二铁中心

（di-iron center）激活氧分子，以便从酰基链中移除两个氢原子，形成双键。哺乳动物的脂肪酸去饱和酶以 $\omega y$ 去饱和酶为主，大部分植物的脂肪酸去饱和酶以 $\Delta x$ 去饱和酶为主，而某些微藻含有两类去饱和酶，负责合成超长链多不饱和脂肪酸。总体而言，脂肪酸去饱和酶具有丰富的多样性，可供多类功能脂肪酸的微生物工程化合成所用。下面简要介绍几种主要的不饱和脂肪酸，如 DHA、EPA 和神经酸的微生物合成进展。

### 1. DHA 的微生物合成

早期，DHA 的主要来源是深海鱼油，如今微生物合成已成为 DHA 的重要来源。破囊壶菌科的某些物种，如裂殖壶菌（*Aurantiochytrium limacinum*），能够高产富含 DHA 的油脂，并且具有生长速度快、发酵密度高、DHA 和 EPA 比例适合婴幼儿食用等优势，已被用作 DHA 生产菌株。裂殖壶菌拥有两条独立的脂肪酸合成途径：一条是常规的脂肪酸合成酶/延长酶/去饱和酶途径；另一条为聚酮合酶复合物或称 PKS 合成酶，主要负责合成 DHA 等超长链多不饱和脂肪酸（Hauvermale et al.，2006）。不同于其他真核微生物内质网上的去饱和酶/延长酶途径，聚酮合酶复合物以乙酰辅酶 A 和丙二酰辅酶 A 为底物从头合成 DHA。而常规的脂肪酸延长酶以胞质脂肪酸合成酶产生的酰基辅酶 A 为底物，去饱和酶以酰基辅酶 A 或酰基脂质为底物（Morabito et al.，2019）。聚酮合酶途径对裂殖壶菌的生存是必需的，将其敲除会引起裂殖壶菌的死亡。虽然常规的脂肪酸合成酶/延长酶/去饱和酶途径和聚酮合酶途径都可以独立合成脂肪酸，但有研究表明，在破囊壶菌（*Thraustochytrium aureum*）中两种途径之间存在碳流联系。敲除脂肪酸合成酶途径的 $\Delta 12$ 去饱和酶，部分碳可流向聚酮合酶途径（Matsuda et al.，2012）。早期的研究把培养条件和培养基成分作为裂殖壶菌高产油脂和 DHA 的主要考量因素，随着裂殖壶菌电转化和生物转化遗传技术的建立，通过代谢工程提高 DHA 产量具备了技术基础。通过高表达苹果酸酶提高 NADPH 还原力的供应，并结合高表达脂肪酸延长酶基因 *ELO3*，解除 C16 酰基辅酶 A 对乙酰羧化酶的反馈抑制，裂殖壶菌的 DHA 产量可提高 40%（Wang et al.，2019）。在裂殖壶菌中过表达氧压防御途径中的硫氧还蛋白还原酶、乙醛脱氢酶、谷胱甘肽过氧化物酶和葡萄糖-6-磷酸脱氢酶基因，可以提高胞内活性氧的清除能力，油脂和 DHA 的产量可分别提高 80% 和 114%（Han et al.，2021）。目前，裂殖壶菌产油可达到 100 g/L，DHA 的产量可达 50 g/L。针对脂肪酸合成酶/延长酶/去饱和酶途径和聚酮合酶途径的研究增加了对裂殖壶菌 DHA 合成的认识，应用理性设计和工程改造方法有望继续提高裂殖壶菌的 DHA 产量。

### 2. EPA 的微生物合成

杜邦公司以解脂耶氏酵母为宿主合成 EPA 可以作为代谢工程合成多不饱和脂

肥酸的经典案例。解脂耶氏酵母本身不合成 ω-3 脂肪酸，但合成亚油酸酰基辅酶 A 可作为 EPA 合成的前体。厌氧聚酮酶合成途径和有氧去饱和/延长途径都可以合成 EPA，前者主要存在于微藻和海洋细菌中，杜邦选择了有氧去饱和/延长途径合成 EPA（Xue et al.，2013）。有氧去饱和/延长途径又包含两种分支途径，一种是 Δ6 途径，另一种是 Δ9 途径。两种分支途径的区别在于前两个酶，Δ6 途径先经 Δ6 去饱和酶再经 C18/20 延长酶合成 DGLA（20:3 n-6，dihomo-gamma-linoleic acid）和/或 ETA（20:4 n-3，eicosatetraenoic acid），Δ9 途径先经 Δ9 延长酶再经 Δ8 去饱和酶合成 DGLA 和/或 ETA（图 6-4）。为了避免合成过多的亚麻酸，杜邦选择了 Δ9 途径，采用多种策略实现了高产 EPA，包括脂肪酸延长酶和去饱和酶的筛选、强启动子表达、多拷贝表达、酰基转移酶高表达、敲除 *PEX10* 基因、削弱脂肪酸 β-氧化等。杜邦通过工程菌株构建、发酵优化和放大等系统工作，使解脂耶氏酵母合成 EPA 达到油脂的 50% 和细胞干重的 25%，并且以解脂耶氏酵母来源的 EPA 为原料开发了两个商业产品（Xie et al.，2015）。

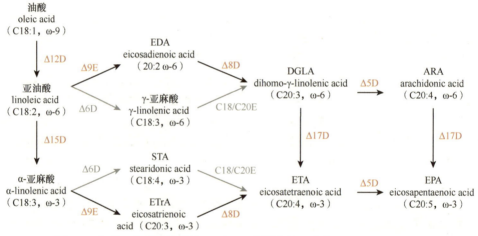

图 6-4　合成二十碳五烯酸的 Δ6 和 Δ9 代谢途径（改自 Xie et al.，2015）

本代谢途径省略了从葡萄糖到油酸的合成过程；图中所示的脂肪酸去饱和酶简写为 D，脂肪酸延长酶简写为 E。EDA：二十碳二烯酸；STA：十八碳四烯酸；ETrA：二十碳三烯酸；DGLA：二高-γ-亚麻酸；ETA：二十碳四烯酸；ARA：花生四烯酸；EPA：二十碳五烯酸

在微藻类群中，三角褐指藻（*Phaeodactylum tricornutum*）合成 EPA 可占细胞总脂肪酸的 35%；在海洋细菌中，希瓦氏菌（*Shewanella* sp.）合成 EPA 可达总脂肪酸的 24%～40%（Xia et al.，2020）。这些天然含有较高 EPA 的微藻和海洋细菌也展现出应用开发价值，具体的研究和开发方案需要评估生物安全性、法规、技术可行性、产量提升潜力等多个方面。

### 3. 神经酸的微生物合成

神经酸天然存在于多类生物中，包括鲨鱼、蒜头果、元宝枫、碎米荠、少数微藻和霉菌（Fan et al.，2018）。其中，蒜头果（*Malania oleifera*）是自然界发现的神经酸含量最高的植物，其种仁含油量在 60% 左右，而油脂中的神经酸含量可高达 40% 以上。但蒜头果种植困难，且生长周期长。目前，市售神经酸产品主要来自元宝枫籽油提取物，供应量有限、价格高。采用微生物合成生物学方法合成神经酸提供了一条有潜力的神经酸获取方式。不同于 EPA 和 DHA，神经酸属于 ω-9 脂肪酸，而且只有一个不饱和键。微生物以 C18:1-酰基辅酶 A 为底物，通过脂肪酸延长酶的作用即可合成神经酸。3-酮脂酰辅酶 A 合成酶 KCS 是神经酸合成的关键酶之一，但是 KCS 的延长能力和底物偏好性不同，选择有效的 KCS 对合成神经酸至关重要。在圆红冬孢酵母中表达碎米荠（*Cardamine occulta*）来源的 *KCS* 基因，可以同时合成神经酸和芥酸（Fillet et al.，2017）。解脂耶氏酵母因具有高产油和易于遗传改造等优势，具有发展为神经酸细胞工厂的潜力。理论上，解脂耶氏酵母可通过两条途径合成神经酸，一条是以 C18:1-酰基辅酶 A 为底物，经 KCS 催化合成神经酸，另一条是以 C18:0-酰基辅酶 A 为底物，经 KCS 延长至 C24:0-酰基辅酶 A 或进一步酯化形成含有 C24:0 的酰基脂质，然后经去饱和合成神经酸（图 6-5）。然而，已报道的 C24:0 去饱和酶数量很少，且底物专一性不强，当前采用 KCS 延长途径合成神经酸更易实现。除了 KCS 的选择，KCS 在细胞器的定位、脂酰基转移酶的选择、高产油基因的表达、内质网结构调节等也是影响神经酸高产的因素。

随着代谢工程和合成生物学的发展，应用微生物合成特定种类的脂肪酸正在改变传统功能脂肪酸的获取方式。微生物合成功能脂肪酸具有可"定制化"设计合成、不占用耕地、不受季节限制等优势。目前，微生物来源的 ARA、EPA、DHA 等已经商业化应用。但是，受限于"遗传修饰（genetic modification）"相关法规，绝大多数已商业化的功能脂肪酸仍依赖传统诱变菌株或自然筛选菌株生产。毋庸置疑，代谢工程和合成生物学已成为创制微生物高产工程菌的有力工具，但是工程菌在食品和营养品方面的应用亟须法规的进一步完善（Xu et al.，2023）。

## 6.4  长链二元酸等生物基材料化学品的微生物合成

二元酸通常指直碳链两端均为羧基的有机化合物，习惯上将碳原子数超过十的二元酸称为长链二元酸，如月桂二酸，其分子结构含有十二个碳原子。长链二元酸是一类用途十分广泛的重要基础化工原料，是合成长碳链聚酰胺（高级尼龙）、热熔胶、高级润滑油和人工香料等多种产品的基础材料。近年来，长链二元酸逐渐在合成医药中间体、检测试剂及治疗药物等方面展现出特殊作用，更加有利于

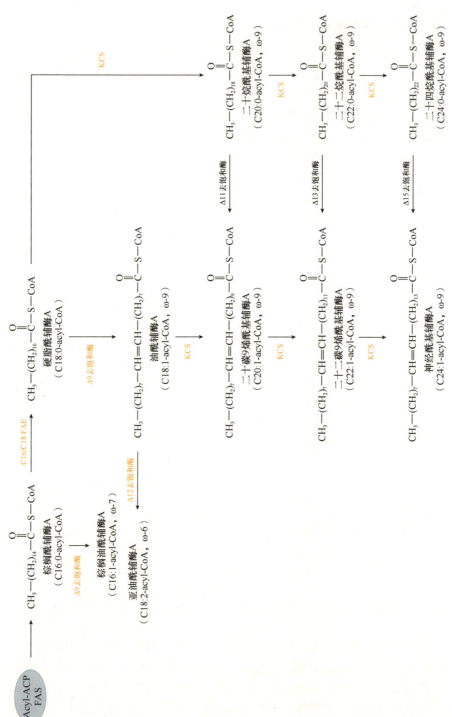

图 6-5 神经酸合成代谢途径

FAS: 脂肪酸合成酶复合物；FAE: 脂肪酸延长酶；KCS: 3-酮脂酰辅酶 A 合成酶；ACP: 酰基载体蛋白；Acyl-ACP: 酰基-ACP

促进长链二元酸应用研发的拓展。长链二元酸的生产技术有化学合成法和生物发酵法两种，只有美国、德国、日本和中国等少数国家掌握（Huf et al.，2011；陈远童，2007）。国外生产技术主要利用化学合成法，但这种方法合成条件苛刻，需要 200℃以上的高温、100 个以上的大气压，以及 10 个以上的合成步骤，此外还需防火、防爆、防毒设备。由于化学合成法生产技术复杂、对环境要求苛刻、生产成本高、环境污染严重、产品单一等因素，以英威达为代表的生产企业已经陆续关停。我国从 20 世纪 60 年代开始，由中国科学院微生物研究所方心芳院士提出创新研发设想。这一设想以石油正构烷烃为原料，通过收集、鉴定发酵烷烃的微生物菌种，筛选出生产性能稳定的菌株，采用诱变育种技术，选出了优良菌株，并进行逐级扩大发酵试验，实现了利用发酵法生产长链二元酸的生物技术，开辟了长链二元酸的新来源。基于方心芳院士的研究成果，后续的中国科学家和国内企业在培育高产菌株、优化发酵工艺、建立分离提取方法等方面取得了突出成绩，长链二元酸生产技术在多家公司实现了产业化生产。中国成为采用生物发酵法规模化生产长链二元酸的唯一国家。此外，长链脂肪酸可以通过生物过程转化为相应的脂肪酸类衍生物，如 ω-氨基脂肪酸是一类重要的脂肪酸衍生物，具有 α-羧基和 ω-氨基双官能团，可以进一步缩合生成聚酰胺聚合体，是重要的聚酰胺合成单体。本节重点介绍长链二元酸和 ω-氨基十二烷酸的微生物合成。

## 6.4.1 长链二元酸的微生物合成

油脂酵母能够以烷烃或脂肪酸类物质为底物，通过 ω-氧化转化生成长链二元酸（Chae et al.，2020；Huf et al.，2011；Werner and Zibek，2017）。烷烃经初级氧化变为相应链长的脂肪酸，这个过程通常发生在内质网或过氧化物酶体中。首先，烷烃被羟化酶复合物氧化为脂肪醇，该复合物涉及细胞色素 P450（cytochrome P450，因其在 450nm 有特异吸收峰而得名）单加氧酶（ALK 或 CYP）及 NADPH 依赖型细胞色素 P450 还原酶（NCP）。这一步为限速步骤。在内质网中，脂肪醇被 NAD(P)$^+$依赖型脂肪醇脱氢酶进一步氧化为脂肪醛，而长链脂肪醇氧化为醛则主要在过氧化物酶体由脂肪醇氧化酶（FAO）催化完成。NAD(P)$^+$依赖性脂肪醛脱氢酶（FALDH）催化脂肪醛转化为脂肪酸。一方面，脂肪酸可以通过内质网的 ω-氧化途径转化为长链二元酸。在 ω-氧化过程中，脂肪酸首先在碳链 ω 位被 ω-羟化酶复合物氧化形成相应的 ω-羟基脂肪酸。ω-羟基脂肪酸被 NAD(P)$^+$依赖型脂肪醇脱氢酶或 FAO 进一步氧化成 ω-醛基脂肪酸。在不同物种中，这两个酶作用的主次不尽相同。维斯假丝酵母（*Candida viswanathii*）中的 NAD(P)$^+$依赖型脂肪醇脱氢酶在 ω-羟基的氧化中起主导作用（Lu et al., 2010）。而在解脂耶氏酵母（*Yarrowia lipolytica*）中，则是 FAO 起主要作用（Gabriel et al., 2014；Gatter et al., 2014）。

最后在脂肪醛脱氢酶（FALDH）的作用下，进一步将醛类化合物转化为长链二元酸。另一方面，脂肪酸或二元酸也能通过 β-氧化发生降解形成乙酰辅酶 A。β-氧化的初始步骤由酰基辅酶 A 氧化酶（POX 或 FOX1）催化为 α,β-烯酰辅酶 A（Cohen et al.，1985）；接着由多功能酶（MFE 或 FOX2）催化，该酶作为烯酰辅酶 A 水合酶和 β-羟酰辅酶 A 脱氢酶复合物，催化产生 β-羟酰辅酶 A 和 β-酮脂酰辅酶 A，最后由 β-酮脂酰辅酶 A 硫解酶（POT1 或 FOX3）分解形成乙酰辅酶 A。哺乳动物的 β-氧化主要发生在过氧化物酶体和线粒体中，而在一些低等的真菌中主要发生在过氧化物酶体（Feron et al.，2005）。

长期以来，酵母细胞的 β-氧化被认为主要发生在过氧化物酶体。近年来，研究人员发现，同哺乳动物细胞相似，酵母细胞的 β-氧化可能同时存在于线粒体内（Gabriel et al.，2014）。独特的 ω-氧化代谢途径并不天然存在于酿酒酵母及大肠杆菌等大多数微生物细胞内。哺乳动物、植物及某些特定的真菌和细菌中存在脂肪酸的选择性末端氧化途径（Schrewe et al.，2011）。Sathesh-Prabu 和 Lee（2015）将 CYP450 介导的 ω-氧化途径在大肠杆菌中异源表达，在发酵 20 h 时十二碳二元酸和十四碳二元酸的产量分别达到 41 mg/L 和 163 mg/L；并且，在发酵时加入血红素前体，十二碳二元酸和十四碳二元酸的产量分别增加到了 159 mg/L 和 410 mg/L。科学家们做了很多尝试，通过合成生物学手段，将 ω-氧化代谢途径进行异源表达，长链二元酸产量都非常低，最高产量在 0.57 g/L，大多数在 0.1 g/L 以下（Bowen et al.，2016；Haushalter et al.，2017；Yu et al.，2018a）。酵母是一种非常适合生产脂肪酸类可再生能源的菌株，因为其体内天然存在烷烃和脂肪酸降解途径关键酶（Funk et al.，2017），代表菌株包括热带假丝酵母（*Candida tropicalis*）、麦芽糖假丝酵母（*C. maltosa*）和解脂耶氏酵母等，它们都能氧化长链烷烃生成相应的脂肪酸，或者经过进一步氧化生成相应的 α-、ω-脂肪二酸（Scheller et al. 1998；Sumita et al.，2002）。针对长链二元酸生产进行研究和代谢工程改造的酵母主要有热带假丝酵母（Cao et al.，2006）、解脂耶氏酵母（Gatter et al.，2014）、维斯假丝酵母（Picataggio et al.，1991）、球拟假丝酵母（*Starmerella bombicola*）（de Graeve et al.，2019）、麦芽糖假丝酵母（Picataggio et al.，1992），以及近年来发现的季也蒙假丝酵母（*C. guilliermondii*）（Werner and Zibek，2017）。

热带假丝酵母作为长链二元酸生产菌种且已应用于产业化生产。近年来，由于 ITS（internal transcribed spacer）等分子鉴定系统的广泛应用，长链二元酸生产菌种热带假丝酵母已经被重新定义为维斯假丝酵母（*C. viswanathii*）。凯赛生物报道，从胜利油田采集土样并分离得到清酒假丝酵母（*C. sake*），再经化学诱变得到高产长链二元酸的不同菌株，产量约为 17～124 g/L（C12～C16）（上海凯赛生物技术研发中心有限公司和凯赛生物产业有限公司，2016a，2016b，2016c，2016d）。美国 Henkel 公司（后来改为 Cognis 公司，2010 年 BASF 又完成了对 Cognis 公司的收购）通过敲除维斯假丝酵母 *Pox4* 和 *Pox5* 两对等位基因来完全阻断 β-氧化活性。利用改造后的菌株进行发酵，以烷烃为原料生产十二碳二元酸的产量为 140 g/L、生产强度为 0.9 g/(L·h)、摩尔转化率为 80%（推测 20% 烷烃由于挥发而损失），以十四碳脂肪酸甲酯为原料生产十四碳二元酸，产量为 210 g/L、生产强度为 1.3 g/(L·h)、摩尔转化率为 100%。经过自然诱变或合成生物学改造可以使菌种的生产性能进一步得到提升。研究表明，细胞色素 P450 单加氧酶催化氧化烷烃和脂肪酸降解的第一步，这也是工业生产长链羟基脂肪酸和二元羧酸的重要限速步骤，因此，过表达 ω-氧化途径的关键酶是生产长链羟基脂肪酸和脂肪二酸的重要手段（Huf et al.，2011）。过表达细胞色素 P450 单加氧酶和 NADPH 依赖型 P450 还原酶（CPR）以达到增强 ω-氧化限速步骤活性的目的，生产强度可提高 30%（Mobley，1999；Picataggio et al.，1991，1992）。Mishra 等（2016）通过全基因组范围的代谢建模鉴定了维斯假丝酵母 iCT646 中 640 个独特的基因和 945 个代谢反应（Mishra et al.，2016），将其与解脂耶氏酵母的代谢网络比较（Pan and Hua，2012；Loira et al.，2012），发现维斯假丝酵母主要集中于脂质代谢，并且存在一条详细的 ω-氧化途径，而这条途径有望为高产菌株的设计提供新的靶点（Mishra et al.，2016）。另外，他们还发现，通过基本的代谢流分析，在维斯假丝酵母中大约 60% 的底物是通过 ω-氧化，而剩余的底物在经过初级的 α-氧化后被分泌出去或者合成其他的高级脂肪酸，因此可在发酵期通过加入脂肪酸合成抑制剂或者引入抑制脂肪酸合成酶表达的基因从而减少脂肪酸的合成，进而增加产量（Mishra et al.，2016）。

受制于高效遗传操作系统和清晰分子遗传背景知识的缺乏，目前工业化生产的长链二元酸生产菌种维斯假丝酵母的改进基本是通过长期的诱变选育获得。随着下游产品应用领域的拓展，长链二元酸的市场需求呈现逐年递增的趋势，反过来促进生产技术的不断革新进步，主要包括菌种、工艺及设备，进一步降低了生产成本，提高产品质量。随着合成生物学技术快速发展，特别是 CRISPR/Cas9 等基因编辑工具的应用，极大地提高了生产菌种分子改造的效率，使得基因敲除、基因插入、启动子替换及组合方式等遗传操作更加便捷。在分子改造的策略方面，组学数据结合发酵工艺分析确定关键靶点，仍然有很大希望通过以下几个方面工作来提升生产菌种的性能：增强 ω-氧化活性（增加基因拷贝数、强启动子替换及挖掘高效基因等），调控 β-氧化活性（通过基因敲除或密码子调控等转录和翻译调控手段，改变过氧化物酶体生长相关基因，抑制 β-氧化代谢中间体的跨膜运输，或干扰 β-氧化途径中相关酶的正确亚细胞定位），优化辅因子和还原力的平衡与再生，促进清除长链二元酸代谢的副产物等。随着合成生物技术的发展，将进一步提升长链二元酸的合成效率。

### 6.4.2　ω-氨基十二烷酸的微生物合成

对于脂肪酸的生物胺化反应，过去的研究主要集中于低分子量的短链脂肪酸如乳酸、琥珀酸等。以中长链脂肪酸衍生物为单体合成的一些生物塑料表现出与聚乙烯和其他生物塑料相似甚至更优的物理化学性质，但其生物合成目前仍是一项具有挑战性的任务。ω-氨基十二烷酸是生物塑料家族中高性能成员尼龙 12 的聚合单体之一。利用生物途径，以可再生资源合成 ω-氨基十二烷酸在聚合高分子工业中具有较高的发展潜力和应用价值。尼龙 12 具有优异的耐热性、耐磨性、耐化学腐蚀性、抗紫外线等能力，因此在大多数轿车的燃油和制动系统中经常用作涂层剂。尼龙 12 的工业生产一直以来依赖于原油蒸汽裂解（200～300℃）（Dachs and Schwartz，1962）。虽然已有报道通过酶法水解单体 ω-月桂内酰胺使其开环形成 ω-氨基十二烷酸，从而替代原始的高温盐酸水解方法（Asano et al.，2008；Fukuta et al.，2009），但该法仍然存在冗长的 ω-月桂内酰胺化学合成步骤。近年来，随着原油使用过程带来的严重环境污染问题，迫使人们开发更加清洁环保的可再生资源。同时，人们也追求更加安全高效的工业生产工艺。以可再生资源为底物，构建微生物细胞工厂生产尼龙（Curran et al.，2013；Kind et al.，2014）、聚酯（Lee et al.，2005）等材料的新型生物合成方法得到了大众的广泛关注和认可。近年来关于生物合成 ω-氨基十二烷酸的报道中，利用多种生物酶转化，如细胞色素 P450 单加氧酶、醇脱氢酶（ADH）、烷烃羟化酶 AlkBGT、Baeyer-Villiger 单加氧酶（BVMO）、酯酶和 ω-转氨酶（ω-TA）等，可将十二烷酸有效地转化为 ω-氨基十二烷酸（Ahsan et al.，2018a；Ladkau et al.，2016；Song et al.，2014）。

目前，细菌中发现的很多潜在脂肪酸 ω-羟化酶还有待表征，而大部分已表征的 ω-羟化酶不仅催化活性较低且位点选择性较差。比如巨大芽孢杆菌来源的 ω-羟化酶 CYP102A1（P450-BM3）虽然能以较高速率催化中链（C12～C20）脂肪酸氧化，也是目前在细菌中发现的催化效率最高的 P450 酶（Narhi and Fulco，1987），但其位点选择性不专一，对靠近端点位的 ω-1、ω-2、ω-3 位具有几乎相同的氧化活性（Meinhold et al.，2006）。来自海洋杆菌（*Marinobacter aquaeolei*）的 ω-羟化酶 CYP153A M. aq.对中链饱和脂肪酸和长链不饱和脂肪酸具有 ω 位选择性氧化能力，经 Malca 等（2012）改造后的 CYP153A M. aq.G307A 对不同中链脂肪酸 ω 位的氧化活性提高了 2～20 倍。Scheps 等（2013）将 CYP153A M. aq.G307A 与 CYP102A1 的还原酶结构域融合表达构建了一种嵌合体蛋白，并在胞内验证了其对十二烷酸的羟化活性，ω 位选择性达到 95%（Scheps et al.，2013）。此融合蛋白随后被用来与醇脱氢酶 AlkJ 和 ω-转氨酶（ω-TA）共表达生产 ω-氨基十二烷酸。以十二烷酸为底物时，副梭状分枝杆菌（*Mycobacterium parascrofulaceum*）来源的 ω-羟化酶 MprCYP153A、AlkJ 和 ω-TA 共表达，全细胞催化反应 5 h 内仅产生

0.6 mmol/L 的 ω-氨基十二烷酸；而 CYP153A M. aq.G307A、AlkJ 和 ω-TA 共表达后，ω-氨基十二烷酸产率提高了 2.5 倍（Ahsan et al.，2018a，2018b）。随后，Ge 等（2020）在大肠杆菌 BL21（DE3）中使用 CYP153A M. aq.G307A 构建了类似的三步酶催化体系，过表达葡萄糖脱氢酶、L-丙氨酸脱氢酶和 5′-磷酸吡哆醛合成酶，实现了与内源代谢途径偶联及辅因子的自循环，最终实现了产物 ω-氨基十二烷酸对十二烷酸 96.5% 的转化率。

目前，细菌来源的 P450 酶，包括 CYP153AL.m（*Limnobacter* sp. 105 MED）、CYP153AA.d（*Alcanivorax dieselolei*）、CYP153AS.f（*Solimonas flava*）等都具有将十二烷酸氧化为 ω-羟基十二烷酸的能力（Joo et al.，2019）。此外，另一个细菌中研究和应用比较广泛的 ω-羟化酶系统是 AlkBGT，来源于恶臭假单胞菌 GPo1，该酶对中链（C5～C12）脂肪酸的 ω 位氧化具有高度特异性（Tsai et al.，2017）。Grant 等（2011）首次报道了该酶对十二烷的氧化活性，利用改造的大肠杆菌作为发酵菌株，在特定反应器中，正十二醇和正十二烷酸的产量分别达到 2 g/L 和 19.7 g/L。已有研究证明 AlkBGT 能作用于正十二烷酸的结构类似物十二烷酸甲酯，通过偶联不同来源的 ω-转氨酶，实现 ω-氨基十二烷酸甲酯的合成（Ladkau et al.，2016；Schrewe et al.，2013）。近年来，研究证明了 AlkBGT 在大肠杆菌中对十二烷酸的 ω 位氧化能力，同时共表达 FadL 提高菌株对脂肪酸摄取能力，产物 ω-羟基十二烷酸产量达到 249.03 mg/L（He et al.，2019）。上述研究说明在 ω-氨基十二烷酸合成领域，AlkBGT 羟化酶体系极具开发潜力。

除了上述以正十二烷酸为底物合成 ω-氨基十二烷酸的生物途径之外，科研工作者对羧酸还原酶的研究和开发为 ω-氨基十二烷酸的生物合成提供了另一个思路：级联表达羧酸还原酶和转氨酶由一元或二元羧酸合成胺或二胺。Evonik Degussa 公司在专利中描述了一种共表达羧酸还原酶、磷酸泛乙烯基转移酶、转氨酶和丙氨酸脱氢酶的全细胞反应体系，以十二烷酸和十二烷二元酸为底物，分别得到了 11.6 mg/L 和 40.5 mg/L 的十二胺和 1,12-二氨基十二烷（Schaffer et al.，2017）。Citoler 等（2019）则在体外级联了氯酚红红球菌（*Mycolicibacterium chlorophenolicum*）来源的羧酸还原酶（McCAR）和 ω-TA，22 h 此反应将 61% 的十二烷酸转化为了十二烷胺（Citoler et al.，2019）。但天然的羧酸还原酶对二元羧酸的两个羧基均具有还原活性，如何控制十二烷二酸单一羧基的还原、减少副产物产生是目前羧酸还原酶应用于二元羧酸还原合成 ω-氨基脂肪酸的重大难题。

生物催化具有选择性高、底物谱宽、催化效率高、单株多步反应、环境友好等优点，可作为传统化学合成工艺的替代方法，具有广阔的发展前景。目前在 ω-氨基十二烷酸的生物合成研究中，主要是以正十二烷酸为底物，通过不同来源的 ω-羟化酶、醛脱氢酶、ω-转氨酶级联催化实现 ω-氨基十二烷酸的生产，其中 ω-羟化酶对十二烷酸的氧化是整个途径的限速步骤。多步生物催化合成往往会对实际工业应用产生负面影响，因为随着催化步骤的增加，产生副产物的种类也会增加。此外，多个重组蛋白的异源表达和多酶反应的高效生物转化是一项具有挑战性的任务。想要实现 ω-氨基十二烷酸的工业化生物转化合成，未来我们在高效酶的挖掘和改造、表达优化，代谢途径的调控和平衡，底物和产物的跨膜运输，以及适合疏水性化合物大规模生物反应器的设计等方面还需要开展大量的工作。

## 6.5　总结与展望

近年来，合成生物学和代谢工程的技术进步极大地推动了基于脂肪酸的化学品生产的商业化。然而，这些碳氢化合物在生物技术生产中的低产率仍然是商业化的主要瓶颈。过去大量的研究工作大多数集中在了识别和优化脂肪酸衍生化合物生产的生物途径（如碳代谢流的重新整合、高效酶基因的挖掘等）。在未来研究中，可以考虑对复杂的代谢系统进行系统分析，利用合成生物学理念和技术，结合基因组学、蛋白质组学、代谢组学等方法，从基因改造到过程优化进行系统整合，并结合针对明确目标的高效、全面的工程策略以更有效地提高目标产物的生产效率和产量。此外，随着脂肪类化合物的微生物合成向商业化方向发展，宿主的选择起着至关重要的作用。目前，微生物宿主一般采用遗传操作体系完善的模式生物。相较于脂肪酸代谢能力较高的产油微生物，模式生物工程菌株会存在底物利用范围窄、产物耐受性低、抗逆性差等缺点。因此选择合适的宿主，构建其完善的遗传操作体系是进一步提高微生物源燃料生产竞争力的重要途径之一。与传统化石能源市场产品相比，脂肪酸类生物燃料的微生物工业化生产水平至少达到实验室中 85% 的理论产量，并将其扩大到工业上可行的生物反应器水平（Sharma and Yazdani，2021）。未来需要选择和开发高效的下游生产工艺（如生物质分离、产品提取和回收，以及经济地利用现有的发酵设施）进行产品的商业规模生产。目前，已有许多企业（如美国加利福尼亚州的 LS9 和 Amyris 及马萨诸塞州的 Novogy）关注脂肪酸类生物燃料的商业化生产并建立试验工厂以测试和完善该工艺，并希望在 3～5 年内出售改进后的生物柴油，向炼油厂提供合成生物油进行进一步加工。此外，随着近年对人体脂肪酸种类、生理功能和作用机制的认识加深，更多的脂肪酸展现了开发为功能食品、营养品，甚至成药的潜力。有理由相信，在政产学研的有机推动下，微生物合成技术将变革现有的功能脂肪酸获取方式，开创功能脂肪酸应用大产业。

本章参编人员：于　波　史硕博　王士安　赖小勤　王丽敏

## 参 考 文 献

陈远童, 1999. 微生物发酵生产长链二元酸. 精细与专用化学品, (3/4): 21-23.
陈远童, 2002. 长链二元酸工业化前景及展望. 微生物学通报, 29(2): 104.

陈远童, 2007. 生物合成长链二元酸新产业的崛起. 生物加工过程, 5(4): 1-4.

李占朝, 2009. 十二碳二元酸的精制工艺研究. 北京: 北京化工大学硕士学位论文.

上海凯赛生物技术研发中心有限公司, 凯赛生物产业有限公司, 2016a. 清酒假丝酵母及其发酵方法. CN103243032B.

上海凯赛生物技术研发中心有限公司, 凯赛生物产业有限公司, 2016b. 清酒假丝酵母及其发酵方法. CN103243033B.

上海凯赛生物技术研发中心有限公司, 凯赛生物产业有限公司, 2016c. 清酒假丝酵母及其发酵方法. CN103243034.

上海凯赛生物技术研发中心有限公司, 凯赛生物产业有限公司, 2016d. 清酒假丝酵母及其发酵方法. CN103243035B.

邵冲, 2014. 十二碳二元酸粗品重结晶纯化工艺的研究. 无锡: 江南大学硕士学位论文.

王茜茜, 戴璐, 介素云, 等, 2019. 长链脂肪族二元酸的合成及其在缩聚反应中的应用. 化学进展, 31(1): 70-82.

Ahsan M M, Jeon H P, Nadarajan S P, et al., 2018a. Biosynthesis of the Nylon 12 monomer, ω-aminododecanoic acid with novel CYP153A, AlkJ, and ω-TA enzymes. Biotechnol J, 13(4): e1700562.

Ahsan M M, Patil M D, Jeon H, et al., 2018b. Biosynthesis of Nylon 12 monomer, ω-aminododecanoic acid using artificial self-sufficient P450, AlkJ and ω-TA. Catalysts, 8(9): 400.

Asano Y, Fukuta Y, Yoshida Y, et al., 2008. The screening, characterization, and use of ω-laurolactam hydrolase: a new enzymatic synthesis of 12-aminolauric acid. Biosci Biotechnol Biochem, 72(8): 2141-2150.

Avalos J L, Fink G R, Stephanopoulos G, 2013. Compartmentalization of metabolic pathways in yeast mitochondria improves the production of branched-chain alcohols. Nat Biotechnol, 31(4): 335-341.

Barney B M, Mann R L, Ohlert J M, 2013. Identification of a residue affecting fatty alcohol selectivity in wax ester synthase. Appl Environ Microbiol, 79(1): 396-399.

Bowen C H, Bonin J, Kogler A, et al., 2016. Engineering *Escherichia coli* for conversion of glucose to medium-chain ω-hydroxy fatty acids and α, ω-dicarboxylic acids. ACS Synth Biol, 5(3): 200-206.

Bruder S, Moldenhauer E J, Lemke R D, et al., 2019. Drop-in biofuel production using fatty acid photodecarboxylase from *Chlorella variabilis* in the oleaginous yeast *Yarrowia lipolytica*. Biotechnol Biofuels, 12: 202.

Buijs N A, Zhou Y J, Siewers V, et al., 2015. Long-chain alkane production by the yeast *Saccharomyces cerevisiae*. Biotechnol Bioeng, 112(6): 1275-1279.

Cao Z, Gao H, Liu M, et al., 2006. Engineering the acetyl-CoA transportation system of *Candida tropicalis* enhances the production of dicarboxylic acid. Biotechnol J, 1(1): 68-74.

Chae T U, Ahn J H, Ko Y S, et al., 2020. Metabolic engineering for the production of dicarboxylic acids and diamines. Metab Eng, 58: 2-16.

Cho I J, Choi K R, Lee S Y, 2020. Microbial production of fatty acids and derivative chemicals. Curr Opin Biotechnol, 65:129-141.

Church G M, Elowitz M B, Smolke C D, et al., 2014. Realizing the potential of synthetic biology. Nat Rev Mol Cell Biol, 15(4): 289-294.

Citoler J, Derrington S R, Galman J L, et al., 2019. A biocatalytic cascade for the conversion of fatty acids to fatty amines. Green Chem, 21(18): 4932-4935.

Clomburg J M, Gonzalez R, 2010. Biofuel production in *Escherichia coli*: the role of metabolic engineering and synthetic biology. Appl Microbiol Biotechnol, 86(2): 419-434.

Cohen G, Fessl F, Traczyk A, et al., 1985. Isolation of the catalase a gene of *Saccharomyces cerevisiae* by complementation of the *cta1* mutation. Mol Gen Genet, 200(1): 74-79.

Cordova L T, Butler J, Alper H S, 2019. Direct production of fatty alcohols from glucose using engineered strains of *Yarrowia lipolytica*. Metab Eng Commun, 10: e00105.

Curran K A, Leavitt J M, Karim A S, et al., 2013. Metabolic engineering of muconic acid production in *Saccharomyces cerevisiae*. Metab Eng, 15: 55-66.

Dachs K, Schwartz E, 1962. Pyrrolidone, capryllactam and laurolactam as new monomers for polyamide fibers. Angew Chem Int Ed, 1(8): 430-435.

Dai Z J, Nielsen J, 2015. Advancing metabolic engineering through systems biology of industrial microorganisms. Curr Opin Biotechnol, 36: 8-15.

Dalile B, Van Oudenhove L, Vervliet B, et al., 2019. The role of short-chain fatty acids in microbiota-gut-brain communication. Nat Rev Gastroenterol Hepatol, 16(8): 461-478.

de Graeve M, Van de Velde I, Saey L, et al., 2019. Production of long-chain hydroxy fatty acids by *Starmerella bombicola*. FEMS Yeast Res, 19(7): foz067.

Doan T T P, Carlsson A S, Hamberg M, et al., 2009. Functional expression of five *Arabidopsis* fatty acyl-CoA reductase genes in *Escherichia coli*. J Plant Physiol, 166(8): 787-796.

Elbahloul Y, Steinbüchel A, 2010. Pilot-scale production of fatty acid ethyl esters by an engineered *Escherichia coli* strain harboring the p(Microdiesel) plasmid. Appl Environ Microbiol, 76(13): 4560-4565.

Fan Y, Meng H M, Hu G R, et al., 2018. Biosynthesis of nervonic acid and perspectives for its production by microalgae and other microorganisms. Appl Microbiol Biotechnol, 102(7): 3027-3035.

Fatma Z, Jawed K, Mattam A J, et al., 2016. Identification of long chain specific aldehyde reductase and its use in enhanced fatty alcohol production in *E. coli*. Metab Eng, 37: 35-45.

Feng X Y, Lian J Z, Zhao H M, 2015. Metabolic engineering of *Saccharomyces cerevisiae* to improve 1-hexadecanol production. Metab Eng, 27: 10-19.

Feron G, Blin-Perrin C, Krasniewski I, et al., 2005. Metabolism of fatty acid in yeast: Characterisation of β-oxidation and ultrastructural changes in the genus *Sporidiobolus* sp. cultivated on ricinoleic acid methyl ester. FEMS Microbiol Lett, 250(1): 63-69.

Fillet S, Gibert J, Suárez B, et al., 2015. Fatty alcohols production by oleaginous yeast. J Ind Microbiol Biotechnol, 42(11): 1463-1472.

Fillet S, Ronchel C, Callejo C, et al., 2017. Engineering *Rhodosporidium toruloides* for the production of very long-chain monounsaturated fatty acid-rich oils. Appl Microbiol Biotechnol, 101(19):7271-7280.

Foo J L, Susanto A V, Keasling J D, et al., 2017. Whole-cell biocatalytic and *de novo* production of alkanes from free fatty acids in *Saccharomyces cerevisiae*. Biotechnol Bioeng, 114(1): 232-237.

Fukuta Y, Komeda H, Yoshida Y, et al., 2009. High yield synthesis of 12-aminolauric acid by "enzymatic transcrystallization" of ω-laurolactam using ω-laurolactam hydrolase from

*Acidovorax* sp. T31. Biosci Biotechnol Biochem, 73(5): 980-986.

Funk I, Rimmel N, Schorsch C, et al., 2017. Production of dodecanedioic acid via biotransformation of low cost plant-oil derivatives using *Candida tropicalis*. J Ind Microbiol Biotechnol, 44(10): 1491-1502.

Gabriel F, Accoceberry I, Bessoule J J, et al., 2014. A Fox2-dependent fatty acid ß-oxidation pathway coexists both in peroxisomes and mitochondria of the ascomycete yeast *Candida lusitaniae*. PLoS One, 9(12): e114531.

Gao Q, Cao X, Huang Y Y, et al., 2018. Overproduction of fatty acid ethyl esters by the oleaginous yeast *Yarrowia lipolytica* through metabolic engineering and process optimization. ACS Synth Biol, 7(5): 1371-1380.

Garg S, Wu H, Clomburg J M, et al., 2018. Bioconversion of methane to C-4 carboxylic acids using carbon flux through acetyl-CoA in engineered *Methylomicrobium buryatense* 5GB1C. Metab Eng, 48:175-183.

Gatter M, Förster A, Bär K, et al., 2014. A newly identified fatty alcohol oxidase gene is mainly responsible for the oxidation of long-chain ω-hydroxy fatty acids in *Yarrowia lipolytica*. FEMS Yeast Res, 14(6): 858-872.

Ge J W, Yang X H, Yu H W, et al., 2020. High-yield whole cell biosynthesis of Nylon 12 monomer with self-sufficient supply of multiple cofactors. Metab Eng, 62: 172-185.

Görner C, Redai V, Bracharz F, et al., 2016. Genetic engineering and production of modified fatty acids by the non-conventional oleaginous yeast *Trichosporon oleaginosus* ATCC 20509. Green Chem, 18(7):2037-2046.

Grant C, Woodley J M, Baganz F, 2011. Whole-cell bio-oxidation of n-dodecane using the alkane hydroxylase system of *P. putida* GPo1 expressed in *E. coli*. Enzyme Microb Technol, 48(6-7): 480-486.

Grubisic M, Galić Perečinec M, Peremin I, et al., 2022. Optimization of pretreatment conditions and enzymatic hydrolysis of corn cobs for production of microbial lipids by *Trichosporon oleaginosus*. Energies, 15(9): 3208.

Gunstone F, Hamilton R J, 2001. Oleochemical manufacture and applications. Sheffield: Sheffield Academic Press.

Guo D Y, Zhu J, Deng Z X, et al., 2014. Metabolic engineering of *Escherichia coli* for production of fatty acid short-chain esters through combination of the fatty acid and 2-keto acid pathways. Metab Eng, 22: 69-75.

Hahn-Hägerdal B, Galbe M, Gorwa-Grauslund M F, et al., 2006. Bio-ethanol-the fuel of tomorrow from the residues of today. Trends Biotechnol, 24(12): 549-556.

Han X, Li Z H, Wen Y, et al., 2021. Overproduction of docosahexaenoic acid in *Schizochytrium* sp. through genetic engineering of oxidative stress defense pathways. Biotechnol Biofuels, 14(1): 70.

Haslam T M, Kunst L, 2013. Extending the story of very-long-chain fatty acid elongation. Plant Science, 210: 93-107.

Hassan S N, Sani Y M, Abdul Aziz A R, et al., 2015. Biogasoline: An out-of-the-box solution to the food-for-fuel and land-use competitions. Energy Convers Manage, 89: 349-367.

Haushalter R W, Phelan R M, Hoh K M, et al., 2017. Production of odd-carbon dicarboxylic acids in *Escherichia coli* using an engineered biotin-fatty acid biosynthetic pathway. J Am Chem Soc,

139(13): 4615-4618.

Hauvermale A, Kuner J, Rosenzweig B, et al., 2006. Fatty acid production in *Schizochytrium* sp.: Involvement of a polyunsaturated fatty acid synthase and a type I fatty acid synthase. Lipids, 41(8): 739-747.

He Q F, Bennett G N, San K Y, et al., 2019. Biosynthesis of medium-chain ω-hydroxy fatty acids by AlkBGT of *Pseudomonas putida* GPo1 with native FadL in engineered *Escherichia coli*. Front Bioeng Biotechnol, 7: 273.

Honda Malca S, Scheps D, Kühnel L, et al., 2012. Bacterial CYP153A monooxygenases for the synthesis of omega-hydroxylated fatty acids. Chem Commun, 48(42): 5115-5117.

Howard R W, Blomquist G J, 2005. Ecological, behavioral, and biochemical aspects of insect hydrocarbons. Annu Rev Entomol, 50: 371-393.

Hu Y T, Zhu Z W, Nielsen J, et al., 2019. Engineering *Saccharomyces cerevisiae* cells for production of fatty acid-derived biofuels and chemicals. Open Biol, 9(5): 190049.

Huf S, Krügener S, Hirth T, et al., 2011. Biotechnological synthesis of long-chain dicarboxylic acids as building blocks for polymers. Eur J Lipid Sci Technol, 113(5): 548-561.

Jetter R, Kunst L, 2008. Plant surface lipid biosynthetic pathways and their utility for metabolic engineering of waxes and hydrocarbon biofuels. Plant J, 54(4): 670-683.

Joo S Y, Yoo H W, Sarak S, et al., 2019. Enzymatic synthesis of ω-hydroxydodecanoic acid by employing a cytochrome P450 from *Limnobacter* sp. 105 MED. Catalysts, 9(1): 54.

Kalscheuer R, Stölting T, Steinbüchel A, 2006. Microdiesel: *Escherichia coli* engineered for fuel production. Microbiology, 152(Pt 9): 2529-2536.

Kang M K, Zhou Y J, Buijs N A, et al., 2017. Functional screening of aldehyde decarbonylases for long-chain alkane production by *Saccharomyces cerevisiae*. Microb Cell Fact, 16(1): 74.

Kerkhoven E J, Pomraning K R, Baker S E, et al., 2016. Regulation of amino-acid metabolism controls flux to lipid accumulation in *Yarrowia lipolytica*. NPJ Syst Biol Appl, 2(1): 16005.

Kim H M, Chae T U, Choi S Y, et al., 2019. Engineering of an oleaginous bacterium for the production of fatty acids and fuels. Nat Chem Biol, 15(7): 721-729.

Kind S, Neubauer S, Becker J, et al., 2014. From zero to hero - production of bio-based nylon from renewable resources using engineered *Corynebacterium glutamicum*. Metab Eng, 25: 113-123.

Ladkau N, Assmann M, Schrewe M, et al., 2016. Efficient production of the Nylon 12 monomer ω-aminododecanoic acid methyl ester from renewable dodecanoic acid methyl ester with engineered *Escherichia coli*. Metab Eng, 36: 1-9.

Lee S Y, Park S H, Hong S H, et al., 2005. Fermentative production of building blocks for chemical synthesis of polyesters. Biopolymers Online. https://doi.org/10.1002/3527600035.bpol3b10. [2024-06-14].

Li J B, Ma Y S, Liu N, et al., 2020. Synthesis of high-titer alka(e)nes in *Yarrowia lipolytica* is enabled by a discovered mechanism. Nat Commun, 11(1): 6198.

Li Y H, Zhao Z B, Bai F W, 2007. High-density cultivation of oleaginous yeast *Rhodosporidium toruloides* Y4 in fed-batch culture. Enzyme Microb Technol, 41(3): 312-317.

Liao J C, Mi L, Pontrelli S, et al., 2016. Fuelling the future: microbial engineering for the production of sustainable biofuels. Nat Rev Microbiol, 14(5): 288-304.

Liu A Q, Tan X M, Yao L, et al., 2013. Fatty alcohol production in engineered *E. coli* expressing

Marinobacter fatty acyl-CoA reductases. Appl Microbiol Biotechnol, 97(15): 7061-7071.

Liu L Q, Pan A, Spofford C, et al., 2015. An evolutionary metabolic engineering approach for enhancing lipogenesis in *Yarrowia lipolytica*. Metab Eng, 29: 36-45.

Loira N, Dulermo T, Nicaud J-M, et al., 2012. A genome-scale metabolic model of the lipid-accumulating yeast *Yarrowia lipolytica*. BMC Syst Biol, 6(1): 35.

Lu W H, Ness J E, Xie W C, et al., 2010. Biosynthesis of monomers for plastics from renewable oils. J Am Chem Soc, 132(43): 15451-15455.

Malca H, Scheps D, Kuhnel L, et al., 2012. Bacterial CYP153A monooxygenases for the synthesis of omega-hydroxylated fatty acids. Chem Commun (Camb), 48(42): 5115.

Matsuda T, Sakaguchi K, Hamaguchi R, et al., 2012. Analysis of Δ12-fatty acid desaturase function revealed that two distinct pathways are active for the synthesis of PUFAs in *T. aureum* ATCC 34304. J Lipid Res, 53(6): 1210-1222.

Meesapyodsuk D, Qiu X, 2012. The front-end desaturase: structure, function, evolution and biotechnological use. Lipids, 47(3): 227-237.

Meinhold P, Peters M W, Hartwick A, et al., 2006. Engineering cytochrome P450 BM3 for terminal alkane hydroxylation. Adv Synth Catal, 348(6): 763-772.

Metz J G, Roessler P, Facciotti D, et al., 2001. Production of polyunsaturated fatty acids by polyketide synthases in both prokaryotes and eukaryotes. Science, 293(5528): 290-293.

Mishra P, Park G Y, Lakshmanan M, et al., 2016. Genome-scale metabolic modeling and in silico analysis of lipid accumulating yeast *Candida tropicalis* for dicarboxylic acid production. Biotechnol Bioeng, 113(9): 1993-2004.

Mobley D P, 1999. Biosynthesis of long-chain dicarboxylic acid monomers from renewable resources. New York, United States, US Department of Energy.

Morabito C, Bournaud C, Maës C, et al., 2019. The lipid metabolism in thraustochytrids. Prog Lipid Res, 76: 101007.

Narhi L O, Fulco A J, 1987. Identification and characterization of two functional domains in cytochrome P-450BM-3, a catalytically self-sufficient monooxygenase induced by barbiturates in *Bacillus megaterium*. J Biol Chem, 262(14): 6683-6690.

Nawabi P, Bauer S, Kyrpides N, et al., 2011. Engineering *Escherichia coli* for biodiesel production utilizing a bacterial fatty acid methyltransferase. Appl Environ Microbiol, 77(22): 8052-8061.

Nielsen J, Keasling J, 2016. Engineering cellular metabolism. Cell, 164(6): 1185.

Oh C S, Toke D A, Mandala S, et al., 1997. ELO2 and ELO3, homologues of the *Saccharomyces cerevisiae* ELO1 gene, function in fatty acid elongation and are required for sphingolipid formation. J Biol Chem, 272(28): 17376-17384.

Pan P C, Hua Q, 2012. Reconstruction and *in silico* analysis of metabolic network for an oleaginous yeast, *Yarrowia lipolytica*. PLoS One, 7(12): e51535.

Picataggio S, Deanda K, Mielenz J, 1991. Determination of *Candida tropicalis* acyl coenzyme a oxidase Isozyme function by sequential gene disruption. Mol Cell Biol, 11(9): 4333-4339.

Picataggio S, Rohrer T, Deanda K, et al., 1992. Metabolic engineering of *Candida tropicalis* for the production of long–chain dicarboxylic acids. Bio/Technology, 10(8): 894-898.

Qiu X, Xie X, Meesapyodsuk D, 2020. Molecular mechanisms for biosynthesis and assembly of nutritionally important very long chain polyunsaturated fatty acids in microorganisms. Prog

Lipid Res, 79: 101047.

Rude M, Trinh N, Schirmer A, et al., 2016. Acyl-ACP reductase with improved properties. US20160348080.

Runguphan W, Keasling J D, 2014. Metabolic engineering of *Saccharomyces cerevisiae* for production of fatty acid-derived biofuels and chemicals. Metab Eng, 21: 103-113.

Sakarika M, Kornaros M, 2019. *Chlorella vulgaris* as a green biofuel factory: comparison between biodiesel, biogas and combustible biomass production. Bioresour Technol, 273: 237-243.

Sánchez Ó J, Cardona C A, 2008. Trends in biotechnological production of fuel ethanol from different feedstocks. Bioresour Technol, 99(13): 5270-5295.

Sathesh-Prabu C, Lee S K, 2015. Production of long-chain α, ω-dicarboxylic acids by engineered *Escherichia coli* from renewable fatty acids and plant oils. J Agric Food Chem, 63(37): 8199-8208.

Schaffer S, Corthals J, Wessel M, et al., 2017. Producing amines and diamines from a carboxylic acid or dicarboxylic acid or a monoester thereof. US9725746B2.

Scheller U, Zimmer T, Becher D, et al., 1998. Oxygenation cascade in conversion of n-alkanes to α, ω-dioic acids catalyzed by cytochrome P450 52A3. J Biol Chem, 273(49): 32528-32534.

Scheps D, Honda Malca S, Richter S M, et al., 2013. Synthesis of ω-hydroxy dodecanoic acid based on an engineered CYP153A fusion construct. Microb Biotechnol, 6(6): 694-707.

Schirmer A, Rude M A, Li X Z, et al., 2010. Microbial biosynthesis of alkanes. Science, 329(5991): 559-562.

Schrewe M, Ladkau N, Bühler B, et al., 2013. Direct terminal alkylamino-functionalization via multistep biocatalysis in one recombinant whole-cell catalyst. Adv Synth Catal, 355(9): 1693-1697.

Schrewe M, Magnusson A O, Willrodt C, et al., 2011. Kinetic analysis of terminal and unactivated C-H bond oxyfunctionalization in fatty acid methyl esters by monooxygenase-based whole-cell biocatalysis. Adv Synth Catal, 353(18): 3485-3495.

Shaigani P, Awad D, Redai V, et al., 2021. Oleaginous yeasts-substrate preference and lipid productivity: a view on the performance of microbial lipid producers. Microb Cell Fact, 20(1): 220.

Sharma A, Yazdani S S, 2021. Microbial engineering to produce fatty alcohols and alkanes. J Ind Microbiol Biotechnol, 48(1-2): kuab011.

Sheng J Y, Stevens J, Feng X Y, 2016. Pathway compartmentalization in peroxisome of *Saccharomyces cerevisiae* to produce versatile medium chain fatty alcohols. Sci Rep, 6(1): 26884.

Shi S B, Valle-Rodríguez J O, Khoomrung S, et al., 2012. Functional expression and characterization of five wax ester synthases in *Saccharomyces cerevisiae* and their utility for biodiesel production. Biotechnol Biofuels, 5(1): 7.

Song J W, Lee J H, Bornscheuer U T, et al., 2014. Microbial synthesis of medium-chain α, ω-dicarboxylic acids and ω-aminocarboxylic acids from renewable long-chain fatty acids. Adv Synth Catal, 356(8): 1782-1788.

Soong Y H V, Zhao L, Liu N, et al., 2021. Microbial synthesis of wax esters. Metab Eng, 67: 428-442.

Sorigué D, Légeret B, Cuiné S, et al., 2017. An algal photoenzyme converts fatty acids to hydrocarbons. Science, 357(6354): 903-907.

Spagnuolo M, Yaguchi A, Blenner M, 2019. Oleaginous yeast for biofuel and oleochemical production. Curr Opin Biotech, 57: 73-81.

Steen E J, Kang Y S, Bokinsky G, et al., 2010. Microbial production of fatty-acid-derived fuels and chemicals from plant biomass. Nature, 463(7280): 559-562.

Sumita T, Iida T, Hirata A, et al., 2002. Peroxisome deficiency represses the expression of n-alkane-inducible *YlALK1* encoding cytochrome P450ALK1 in *Yarrowia lipolytica*. FEMS Microbiol Lett, 214(1): 31-38.

Tao H, Guo D Y, Zhang Y C, et al., 2015. Metabolic engineering of microbes for branched-chain biodiesel production with low-temperature property. Biotechnol Biofuels, 8(1): 92.

Teo W S, Ling H, Yu A-Q, et al., 2015. Metabolic engineering of *Saccharomyces cerevisiae* for production of fatty acid short- and branched-chain alkyl esters biodiesel. Biotechnol Biofuels, 8(1): 177.

Toftgaard Pedersen A, Nordblad M, Nielsen P M, et al., 2014. Batch production of FAEE-biodiesel using a liquid lipase formulation. J Mol Catal B: Enzym, 105: 89-94.

Tsai Y F, Luo W I, Chang J L, et al., 2017. Electrochemical hydroxylation of C3–C12 n-alkanes by recombinant alkane hydroxylase (AlkB) and rubredoxin-2 (AlkG) from *Pseudomonas putida* GPo1. Sci Rep, 7(1): 8369.

van der Hee B, Wells J M, 2021. Microbial regulation of host physiology by short-chain fatty acids. Trends Microbiol, 29(8): 700-712.

Wang F Z, Bi Y L, Diao J J, et al., 2019. Metabolic engineering to enhance biosynthesis of both docosahexaenoic acid and odd-chain fatty acids in *Schizochytrium* sp. S31. Biotechnol Biofuels, 12(1): 141.

Wang G K, Xiong X C, Ghogare R, et al., 2016a. Exploring fatty alcohol-producing capability of *Yarrowia lipolytica*. Biotechnol Biofuels, 9(1): 107.

Wang W, Wei H, Knoshaug E, et al., 2016b. Fatty alcohol production in *Lipomyces starkeyi* and *Yarrowia lipolytica*. Biotechnol Biofuels, 9(1): 227.

Werner N, Dreyer M, Wagner W, et al., 2017. *Candida guilliermondii* as a potential biocatalyst for the production of long-chain α, ω-dicarboxylic acids. Biotechnol Lett, 39(3): 429-438.

Werner N, Zibek S, 2017. Biotechnological production of bio-based long-chain dicarboxylic acids with oleogenious yeasts. World J Microbiol Biotechnol, 33(11): 194.

Wu J J, Zhang X, Xia X D, et al., 2017. A systematic optimization of medium chain fatty acid biosynthesis via the reverse beta-oxidation cycle in *Escherichia coli*. Metab Eng, 41: 115-124.

Xia Y, Zhang Y T, Sun J Y, et al., 2020. Strategies for enhancing eicosapentaenoic acid production: from fermentation to metabolic engineering. Algal Res, 51: 102038.

Xie D M, Jackson E N, Zhu Q, 2015. Sustainable source of omega-3 eicosapentaenoic acid from metabolically engineered *Yarrowia lipolytica*: from fundamental research to commercial production. Appl Microbiol Biotechnol, 99(4): 1599-1610.

Xu P, Qiao K J, Ahn W S, et al., 2016. Engineering *Yarrowia lipolytica* as a platform for synthesis of drop-in transportation fuels and oleochemicals. Proc Natl Acad Sci, 113(39): 10848-10853.

Xu Q Q, Tang Q Y, Xu Y, et al., 2023. Biotechnology in future food lipids: Opportunities and challenges. Annu Rev Food Sci Technol, 14: 225-246.

Xue S J, Chi Z, Zhang Y, et al., 2018. Fatty acids from oleaginous yeasts and yeast-like fungi and their potential applications. Crit Rev Biotechnol, 38(7): 1049-1060.

Xue Y F, Jiang J Y, Yang X, et al., 2020. Genome-wide mining and comparative analysis of fatty acid elongase gene family in *Brassica napus* and its progenitors. Gene, 747: 144674.

Xue Z X, Sharpe P L, Hong S P, et al., 2013. Production of omega-3 eicosapentaenoic acid by metabolic engineering of *Yarrowia lipolytica*. Nat Biotechnol, 31(8): 734-740.

Yaegashi J, Kirby J, Ito M, et al., 2017. *Rhodosporidium toruloides*: a new platform organism for conversion of lignocellulose into terpene biofuels and bioproducts. Biotechnol Biofuels, 10(1): 241.

Yaguchi A, Robinson A, Mihealsick E, et al., 2017. Metabolism of aromatics by *Trichosporon oleaginosus* while remaining oleaginous. Microb Cell Fact, 16(1): 206.

Youngquist J T, Schumacher M H, Rose J P, et al., 2013. Production of medium chain length fatty alcohols from glucose in *Escherichia coli*. Metab Eng, 20: 177-186.

Yu A Q, Zhao Y, Li J, et al., 2020. Sustainable production of FAEE biodiesel using the oleaginous yeast *Yarrowia lipolytica*. Microbiology Open, 9(7): e1051.

Yu J L, Qian Z G, Zhong J J, 2018a. Advances in bio-based production of dicarboxylic acids longer than C4. Eng Life Sci, 18(9): 668-681.

Yu K O, Jung J, Kim S W, et al., 2012. Synthesis of FAEEs from glycerol in engineered *Saccharomyces cerevisiae* using endogenously produced ethanol by heterologous expression of an unspecific bacterial acyltransferase. Biotechnol Bioeng, 109(1): 110-115.

Yu T, Zhou Y J, Huang M T, et al., 2018b. Reprogramming yeast metabolism from alcoholic fermentation to lipogenesis. Cell, 174 (6): 1549-1558.

Zaldivar J, Nielsen J, Olsson L, 2001. Fuel ethanol production from lignocellulose: a challenge for metabolic engineering and process integration. Appl Microbiol Biotechnol, 56(1): 17-34.

Zhang J L, Cao Y X, Peng Y Z, et al., 2019. High production of fatty alcohols in *Yarrowia lipolytica* by coordination with glycolysis. Sci China Chem, 62(8): 1007-1016.

Zhang W G, 2022. Chronotropic effects and mechanisms of long-chain omega-3 polyunsaturated fatty acids on heartbeat: the latest insights. Nutr Rev, 80(1): 128.

Zhang Y, Guo X, Yang H Y, et al., 2021a. The studies in constructing yeast cell factories for the production of fatty acid alkyl esters. Front Bioeng Biotechnol, 9: 799032.

Zhang Y, Peng J, Zhao H M, et al., 2021b. Engineering oleaginous yeast *Rhodotorula toruloides* for overproduction of fatty acid ethyl esters. Biotechnol Biofuels, 14(1): 115.

Zhang Y M, Nielsen J, Liu Z H, 2018. Metabolic engineering of *Saccharomyces cerevisiae* for production of fatty acid-derived hydrocarbons. Biotechnol Bioeng, 115(9): 2139-2147.

Zhou Y J, Buijs N A, Zhu Z W, et al., 2016b. Production of fatty acid-derived oleochemicals and biofuels by synthetic yeast cell factories. Nat Commun, 7(1): 11709.

Zhou Y J, Buijs N A, Zhu Z, et al., 2016a. Harnessing yeast peroxisomes for biosynthesis of fatty-acid-derived biofuels and chemicals with relieved side-pathway competition. J Am Chem Soc, 138(47): 15368-15377.

Zhou Y J, Kerkhoven E J, Nielsen J, 2018. Barriers and opportunities in bio-based production of hydrocarbons. Nat Energy, 3(11): 925-935.

Zhu Z W, Zhou Y J, Kang M K, et al., 2017. Enabling the synthesis of medium chain alkanes and 1-alkenes in yeast. Metab Eng, 44: 81-88.

# 第7章 芳香族化合物工业合成生物学

## 7.1 引　言

　　芳香族化合物（aromatic compound）指的是分子中含有苯环结构的一类有机化合物，如芳香醇、芳香酸、芳香烃等。芳香族化合物是一类重要的精细化学品，广泛应用于化工、食品、医药、香料和饲料等领域。目前，芳香族化合物的生产方式主要是通过传统化石能源产物"三苯"的衍生转化。此外，少数芳香族化合物也可以通过植物提取法进行生产。近年来，随着化石能源储量的减少、人类生存环境的逐渐恶化和人们环境保护意识的增强，利用生物合成学技术，构建绿色高效的细胞工厂生产芳香族化合物的替代合成方式逐渐成为合成生物学研究的热点和前沿。近30年来，微生物合成芳香族化合物研究取得了一系列重大研究进展，许多芳香族化合物已经实现了工业化发酵生产，有效推动了国民经济乃至世界经济的绿色可持续发展。

　　莽草酸途径（shikimate pathway）是生物体合成芳香族化合物的共同合成代谢途径。三种芳香族氨基酸（包括 L-苯丙氨酸、L-酪氨酸、L-色氨酸）及其衍生物、叶酸（维生素 $B_9$）、黄酮类、芪类、芳香类生物碱、木质素、单宁酸等产物均可以通过该代谢途径进行合成。除了动物细胞以外，莽草酸途径广泛存在于植物、藻类、真菌和细菌等细胞内。如图 7-1 所示，莽草酸途径以糖酵解途径的中间产物磷酸烯醇式丙酮酸（phosphoenolpyruvate，PEP）和磷酸戊糖途径（pentose phosphate pathway）的中间产物赤藓糖-4-磷酸（D-erythrose 4-phosphate，E4P）为前体，在 DAHP 合酶的催化作用下缩合生成 3-脱氧-D-阿拉伯庚酮糖酸-7-磷酸（3-deoxy-D-arabino-heptulosonate-7-phosphate，DAHP）。DAHP 依次在 3-脱氢奎尼酸合酶、3-脱氢奎尼酸脱水酶、莽草酸脱氢酶、莽草酸激酶、5-烯醇丙酮酰莽草酸-3-磷酸合酶、分支酸合酶的催化作用下，依次转化为 3-脱氢奎尼酸（3-dehydroquinate）、3-脱氢莽草酸（3-dehydroshikimate）、莽草酸（shikimate）、莽草酸-3-磷酸（shikimate-3-phosphate）、5-烯醇丙酮酰莽草酸-3-磷酸（5-enolpyruvylshikimate 3-phosphate，EPSP），最终生成分支酸（chorismate）。以分支酸为前体，通过两条合成代谢途径转化为三种芳香族氨基酸，其中一条合成代谢途径经由预苯酸分别合成 L-苯丙氨酸（L-phenylalanine）和 L-酪氨酸（L-tyrosine），另一条经由邻氨基苯甲酸生成 L-色氨酸（L-tryptophan）。以莽草酸途径中间代谢产物 3-脱氢莽草酸和分支酸，以及上述三种芳香族氨基酸为前体，通过代谢途径的理性设计可以进一步合成多种芳香族化合物。

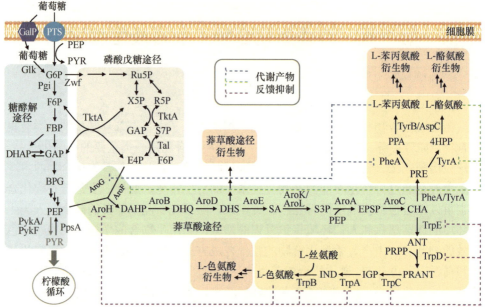

图 7-1　大肠杆菌（*Escherichia coli*）中的芳香族化合物生物合成途径（吴凤礼，2021）

PTS：磷酸转移酶转运系统；GalP：半乳糖透性酶；Glk，葡萄糖激酶；Pgi，葡萄糖-6-磷酸异构酶；Zwf，葡萄糖-6-磷酸脱氢酶；TktA，转酮醇酶；Tal，转醛醇酶；PpsA，磷酸烯醇式丙酮酸合酶；PykA/PykF，丙酮酸激酶；AroF/AroG/AroH，DAHP 合酶；AroB，3-脱氢奎尼酸合酶；AroD，3-脱氢奎尼酸脱水酶；AroE，莽草酸脱氢酶；AroK/AroL，莽草酸激酶；AroA，EPSP 合酶；AroC，分支酸合酶；PheA，分支酸变位酶/预苯酸脱水酶；TyrA，分支酸变位酶/预苯酸脱氢酶；TyrB，芳香族氨基酸转氨酶；AspC，天冬氨酸转氨酶；TrpE，邻氨基苯甲酸合酶；TrpD，邻氨基苯甲酸磷酸核糖转移酶；TrpC，吲哚-3-甘油磷酸合酶；TrpA，色氨酸合酶 α 亚基；TrpB 色氨酸合酶 β 亚基。化合物英文缩写和中文名称：PEP，磷酸烯醇式丙酮酸；G6P，葡萄糖-6-磷酸；F6P，果糖-6-磷酸；FBP，果糖-1,6-二磷酸；DHAP，磷酸二羟丙酮；GAP，3-磷酸甘油醛；BPG，1,3-二磷酸甘油酸；PYR，丙酮酸；Ru5P，核酮糖-5-磷酸；R5P，核糖-5-磷酸；X5P，木酮糖-5-磷酸；S7P，景天庚酮糖-7-磷酸；E4P，赤藓糖-4-磷酸；DAHP，3-脱氧-D-阿拉伯庚糖酸-7-磷酸；DHQ，3-脱氢奎尼酸；DHS，3-脱氢莽草酸；SA，莽草酸；S3P，莽草酸-3-磷酸；EPSP，5-烯醇丙酮酰莽草酸-3-磷酸；CHA，分支酸；PRE，预苯酸；PPA，苯丙酮酸；4HPP，4-羟基苯丙酮酸；ANT，邻氨基苯甲酸；PRPP，5-磷酸核糖-1-焦磷酸；PRANT，N-（5′-磷酸核糖）-氨基苯甲酸；IGP，3-磷酸甘油吲哚；IND，吲哚

## 7.2　芳香族化合物生物合成代谢关键酶与途径设计构建

### 7.2.1　关键酶的设计合成与调控

芳香族化合物的生物合成涉及多条代谢途径，包括糖酵解途径、磷酸戊糖途径、莽草酸途径、芳香族氨基酸分支途径。这些代谢途径均含有影响目标产物合成效率的关键位点。

### 1. 转酮醇酶

转酮醇酶 TktA 是磷酸戊糖途径中合成 E4P 的关键酶。TktA 既可以催化木酮糖-5-磷酸和核糖-5-磷酸形成 3-磷酸甘油醛和景天庚酮糖-7-磷酸，又可以催化 3-磷酸甘油醛和果糖-6-磷酸形成木酮糖-5-磷酸和 E4P。这两个反应均为可逆反应。细胞在以葡萄糖为碳源时，过表达 tktA 可以显著提高胞内 E4P 的供给能力，从而有利于莽草酸途径下游代谢产物的生物合成（Li et al., 1999）。

### 2. 葡萄糖-6-磷酸异构酶

葡萄糖-6-磷酸异构酶 Pgi 是糖酵解途径中的第二步反应的催化酶，催化葡萄糖-6-磷酸生成果糖-6-磷酸。由于葡萄糖-6-磷酸既可以在 Pgi 的作用下生成果糖-6-磷酸进入糖酵解途径，也可以由葡萄糖-6-磷酸脱氢酶 Zwf 催化生成 6-磷酸葡萄糖酸-δ-内酯进入磷酸戊糖途径。在自然状态下，细胞内的葡萄糖进入糖酵解途径的代谢流大约是磷酸戊糖途径代谢流的 3 倍。因此，对 pgi 的表达量进行弱化调控，有利于提高磷酸戊糖途径代谢流，为芳香族化合物的生物合成提供更多的合成前体 E4P 和辅因子 NADPH。

### 3. DAHP 合酶

DAHP 合酶催化 PEP 和 E4P 缩合生成 DAHP，是莽草酸途径的关键酶，其酶活性高低直接影响莽草酸途径的代谢流量。大肠杆菌 DAHP 合酶有三个同工酶，分别为 AroF、AroG、AroH。它们在整个酶活性中所占的比值大约为 20:80:1，分别受 L-酪氨酸、L-苯丙氨酸和 L-色氨酸的反馈抑制（鄢芳清等，2017）。利用酶定点突变或酶定向进化技术对 DAHP 合酶进行突变，通过筛选获得解除对应芳香族氨基酸反馈抑制的 DAHP 合酶突变体。过表达 DAHP 合酶突变体基因可以显著提高莽草酸途径的代谢流量，从而增强莽草酸途径下游产物的合成能力。表 7-1 对已报道的大肠杆菌中不同类型的 DAHP 合酶突变体进行了归纳总结。莽草酸途径的代谢工程研究主要对 AroF 和 AroG 突变体进行表达调控。

表 7-1　大肠杆菌 DAHP 合酶解除反馈抑制重要突变体

| DAHP 合酶 | 突变位点 | 对应反馈抑制氨基酸 |
|---|---|---|
| AroF^fbr | P148L | |
| | N8K | L-酪氨酸 |
| | 缺失 I11 | |
| AroG^fbr | D146N | |
| | D146N，A202T | L-苯丙氨酸 |
| | P150L | |
| | S180F | |

| DAHP 合酶 | 突变位点 | 对应反馈抑制氨基酸 |
|---|---|---|
| AroH^fbr | P18L<br>V147M<br>G149D 或 G149C<br>A177T | L-色氨酸 |

#### 4. 分支酸变位酶/预苯酸脱水酶和分支酸变位酶/预苯酸脱氢酶

分支酸在分支酸变位酶作用下生成预苯酸，随后分为两个分支途径：一条途径在预苯酸脱水酶作用下脱水、脱羧生成苯丙酮酸，再经过转氨酶催化合成L-苯丙氨酸；另一条途径由预苯酸脱氢酶催化，脱氢、脱羧后形成4-羟基苯丙酮酸，随后在转氨酶作用下转化为L-酪氨酸。在大肠杆菌中，分支酸变位酶/预苯酸脱水酶 PheA 和分支酸变位酶/预苯酸脱氢酶 TyrA 为双功能酶，均含有两个功能域，其中N端包含分支酸变位酶结构域（CM domain），C端分别为预苯酸脱水酶结构域（PDT domain）或预苯酸脱氢酶结构域（PDH domain）。在酿酒酵母（*Saccharomyces cerevisiae*）中，分支酸变位酶、预苯酸脱水酶、预苯酸脱氢酶则为三个独立的催化酶，其中分支酸变位酶（ARO7）催化分支酸生成预苯酸，而预苯酸脱水酶（PHA2）和预苯酸脱氢酶（TYR1）分别将预苯酸转化为苯丙酮酸和 4-羟基苯丙酮酸。分支酸变位酶/预苯酸脱水酶和分支酸变位酶/预苯酸脱氢酶分别受 L-苯丙氨酸和 L-酪氨酸的反馈抑制。只有解除反馈抑制才能积累大量的L-苯丙氨酸、L-酪氨酸以及相应的衍生物。表 7-2 对已报道的大肠杆菌 PheA 和 TyrA 解除反馈抑制突变体进行了归纳总结。

#### 5. 邻氨基苯甲酸合酶

分支酸在邻氨基苯甲酸合酶 TrpE 作用下，以谷氨酰胺作为氨基供体，以丙酮酸的形式脱去分支酸分子上的 PEP 侧链基团，生成 L-色氨酸支路的合成前体邻氨基苯甲酸（anthranilic acid）。在细胞内，TrpE 与催化第二步反应的邻氨基苯甲酸磷酸核糖转移酶 TrpD 结合，以异源四聚体复合物（$TrpE_2TrpD_2$）的形式发挥催化活性。TrpE 是一种变构酶，受 L-色氨酸分子的反馈抑制。表 7-2 对大肠杆菌中 TrpE 解除反馈抑制突变体进行了归纳总结。过表达调控 TrpE^fbr 突变体可以有效促进 L-色氨酸及其衍生物的生物合成。

**表 7-2　大肠杆菌芳香族氨基酸支路途径关键酶解除反馈抑制重要突变体**

| 催化酶 | | 突变位点 | 对应反馈抑制氨基酸 |
|---|---|---|---|
| 分支酸变位酶/预苯酸脱氢酶 | TyrA^fbr | M53I，A354V | L-酪氨酸 |

| 催化酶 | | 突变位点 | 对应反馈抑制氨基酸 |
|---|---|---|---|
| 分支酸变位酶/预苯酸脱水酶 | PheA$^{fbr}$ | T326P<br>缺失 301～386 或 338～386 位点氨基酸 | L-苯丙氨酸 |
| 邻氨基苯甲酸合酶 | TrpE$^{fbr}$ | M293T<br>M293T，S40L | L-色氨酸 |

### 7.2.2　重要转运蛋白与转录因子调控

底物进入细胞内以及目标产物分泌至细胞外的过程均需要特定的转运蛋白来协助完成。因此，对转运蛋白的调控有助于增强细胞的底物利用能力和目标产物的外排能力。此外，莽草酸途径还受相关转录因子的负调控。为了保证细胞内代谢途径的畅通，需要解除转录因子的代谢调控作用。

#### 1. 葡萄糖转运蛋白和葡萄糖激酶调控

提高底物（如葡萄糖）向细胞内的转运能力，有助于增加莽草酸途径的代谢流量。当以葡萄糖为底物时，大肠杆菌利用磷酸转移酶系统（phosphotransferase system，PTS）将胞外一分子葡萄糖转运至胞内生成一分子葡萄糖-6-磷酸的同时，伴随一分子 PEP 的消耗。如果利用非 PTS 依赖型葡萄糖转运系统代替 PTS 系统，可以减少莽草酸途径合成前体 PEP 的消耗（Floras et al.，1996）。葡萄糖特异型 PTS 复合体编码基因包含 ptsG、ptsH、ptsI，敲除其中任何一个基因均会阻断葡萄糖向细胞内的转运过程。因此，在 PTS 缺陷型大肠杆菌细胞内，将内源半乳糖透性酶 GalP 或运动发酵单胞菌（Zymomonas mobilis）来源的葡萄糖透性酶 Glf 与葡萄糖激酶 Glk 进行共表达，重构葡萄糖转运系统（Hernández-Montalvo et al.，2003；Yi et al.，2003）。葡萄糖首先在 GalP 或 Glf 作用下被转运至细胞内，然后在 Glk 作用下生成葡萄糖-6-磷酸，从而进入糖酵解途径或磷酸戊糖途径。重构葡萄糖转运系统既满足细胞代谢过程中对葡萄糖的需求，又减少细胞内 PEP 的消耗，从而为莽草酸途径提供充足的合成前体 PEP。

#### 2. 芳香族化合物转运蛋白调控

芳香族氨基酸对合成途径中的关键酶有代谢产物反馈抑制作用。过表达调控相关转运蛋白，增强目标产物向细胞外的运输能力，有助于减弱目标产物的反馈抑制效应。例如，在生产三种芳香族氨基酸的大肠杆菌中分别过表达芳香族氨基酸外排转运蛋白编码基因 yddG，可以显著提高相应生产菌株的芳香族氨基酸产量（Doroshenko et al.，2007）。

微生物细胞具有吸收并利用某些芳香族化合物的能力，表明细胞膜上存在向细胞内转运这些芳香族化合物的转运蛋白。敲除相关转运蛋白基因可以避免细胞对这些产物的分解和利用。例如，敲除芳香族氨基酸透性酶编码基因 *aroP*，可以降低胞内芳香族氨基酸的浓度。莽草酸转运蛋白 ShiA 既能向细胞内转运莽草酸，也能转运 3-脱氢莽草酸。敲除高产莽草酸工程菌株中的莽草酸转运蛋白编码基因 *shiA*，有助于进一步提高莽草酸的产量（Lee et al.，2021a）。

**3. 转录因子调控**

除了代谢产物可以对莽草酸途径和芳香族氨基酸合成途径中的关键酶产生反馈抑制作用以外，某些转录因子也可以负调控关键酶基因的表达。例如，转录因子 TyrR 可以负调控莽草酸途径中的 *aroF*、*aroG* 和 *aroL* 以及 L-苯丙氨酸和 L-酪氨酸合成途径中 *tyrB* 等基因的表达 （Pittard et al.，2005）。敲除 tyrR 可以显著上调这些催化酶的表达水平，从而有助于提高 L-苯丙氨酸和 L-酪氨酸的产量。此外，色氨酸合成途径中的转录因子 TrpR 对 L-色氨酸的合成也起负调控作用（Chen et al.，2018）。

### 7.2.3　生物合成途径设计构建

莽草酸途径和芳香族氨基酸合成途径广泛存在于植物、真菌和细菌等细胞内。以微生物细胞作为底盘细胞，利用代谢工程手段对内源合成途径进行设计优化或设计构建异源合成途径，使底盘细胞不仅能够定向合成并积累传统芳香族化合物，而且可以合成新型芳香族化合物。

**1. 经典合成途径的设计优化**

利用代谢工程手段对底盘细胞的莽草酸途径和芳香族氨基酸合成途径进行设计优化，可以使底盘细胞定向合成并积累各种芳香族化合物。芳香族化合物生物合成途径的改造策略可以总结为"进""通""节""堵""出"五个方面。

"进"：增强底物摄取能力。增强底物（如葡萄糖、木糖、甘油等）向细胞内的转运能力，从而增加前体物质供应和代谢流量。用非 PTS 依赖型葡萄糖转运系统代替 PTS 系统，重构底盘细胞的葡萄糖转运途径是芳香族化合物生物合成研究的常用策略。当以葡萄糖为底物时，一方面可以增强细胞对葡萄糖的转运能力，另一方面可以减少细胞内莽草酸途径前体 PEP 的消耗。

"通"：使合成途径畅通，如采取解除代谢产物反馈抑制、过表达关键酶元件、调控转录因子、基因精细表达调控等手段。芳香族氨基酸生物合成途径有两个关键的节点受代谢产物的反馈抑制，分别是催化 PEP 和 E4P 缩合生成 DAHP 的 DAHP 合酶和催化分支酸进入芳香族氨基酸分支途径的催化酶。对于第一个关键节点，前文已经提到大肠杆菌细胞中存在三种 DAHP 合酶，分别为 AroG、AroF、

AroH。它们分别受 L-苯丙氨酸、L-酪氨酸和 L-色氨酸的反馈抑制，其中 AroG 和 AroF 起主要催化作用。大肠杆菌的代谢工程改造也主要对 AroG 和 AroF 的解除反馈抑制突变体（AroG$^{fbr}$ 和 AroF$^{fbr}$）进行过表达调控，从而增加莽草酸途径的代谢流量。另一个关键节点分支酸变位酶/预苯酸脱水酶 PheA、分支酸变位酶/预苯酸脱氢酶 TyrA 和邻氨基苯甲酸合酶 TrpE，分别控制 L-苯丙氨酸、L-酪氨酸和 L-色氨酸的生物合成，并受相应氨基酸的反馈抑制。过表达这些关键酶的突变体基因 pheA$^{fbr}$、tyrA$^{fbr}$ 和 trpE$^{fbr}$ 可以显著提高相应芳香族氨基酸及其衍生物的产量。莽草酸途径和芳香族氨基酸合成途径中还存在负调控转录因子。例如，转录因子 TyrR 对莽草酸途径中关键基因 aroF、aroG 和 aroL，以及 L-苯丙氨酸和 L-酪氨酸合成途径中 tyrB 的表达起负调控作用，敲除 tyrR 可以显著提高上述酶的催化活性。此外，转录因子 TrpR 对 L-色氨酸的合成也起负调控作用。芳香族化合物的生物合成途径是多个代谢途径耦合在一起的代谢网络，其各个代谢途径之间互相依赖、互相制衡，只有达到各个代谢途径之间的合理适配，才能使目标产物的合成水平达到最大化。因此，需要利用不同强度的启动子对不同代谢途径中的关键酶编码基因进行多位点组合调控，才能合成途径畅通。关于基因精细表达调控的内容将在后面章节 4.1 中做详细阐释。

"节"：阻断或弱化代谢副产物合成途径，使代谢流量更多地流向目标产物。芳香族化合物合成途径有三处关键的节点需要进行代谢工程调控，分别是葡萄糖-6-磷酸进入 EMP 和 PPP 途径节点、PEP 进入莽草酸途径和转化为丙酮酸节点、分支酸进入三种芳香族氨基酸分支途径节点。①提高磷酸戊糖途径代谢流量比例，增加莽草酸途径前体 E4P 供应。野生型大肠杆菌在以葡萄糖为碳源时，进入 EMP 和 PPP 途径的碳代谢流量比例大约为 70% 和 27%，导致细胞内 E4P 与 PEP 的比例极其不平衡（Leighty and Antoniewicz，2013）。对 EMP 途径中催化第二步反应的葡萄糖-6-磷酸异构酶 Pgi 和 PPP 途径中催化第一步反应的葡萄糖-6-磷酸脱氢酶 Zwf 进行表达调控，促使代谢流量进入 PPP 途径，增强细胞内 E4P 的合成能力。②降低 TCA 循环途径代谢流，增加莽草酸途径前体 PEP 供应。在自然条件下，PEP 主要转化为丙酮酸，只有少量的 PEP 进入莽草酸途径。丙酮酸激酶（PykA 和 PykF）催化 PEP 合成丙酮酸，而 PEP 合酶 PpsA 催化丙酮酸合成 PEP。因此，利用代谢工程手段对丙酮酸激酶基因 pykA 或 pykF 进行敲除或弱化表达调控，同时对 PEP 合酶基因 ppsA 进行过表达调控，这样一方面可以阻断 PEP 转化为丙酮酸，另一方面可以使胞内的丙酮酸逆向合成 PEP，从而为莽草酸途径提供更多的合成前体。③降低分支酸到其他芳香族氨基酸分支途径代谢流，促使细胞积累目标芳香族氨基酸。例如，在构建高产 L-苯丙氨酸菌株时，阻断 L-酪氨酸合成途径，有利于提高 L-苯丙氨酸产量；反之，则用来构建高产 L-酪氨酸菌株。L-色氨酸合成途径代谢流量很小，又存在代谢产物反馈抑制效应。因此，在构建 L-苯丙氨酸或 L-酪氨酸高产菌株时,无须改造 L-色氨酸合成途径。在构建高产 L-色氨酸菌株时,阻断 L-苯丙氨酸和 L-酪氨酸合成途径有利于提高 L-色氨酸产量。但是由于代谢产物反馈抑制效应的存在,未阻断这两个分支途径也可获得较高的 L-色氨酸产量,表明只要保证 L-色氨酸合成途径的畅通,该分支途径则不是影响 L-色氨酸生物合成的主要因素。

"堵":阻断目标产物降解或转化利用途径。例如,3-脱氢莽草酸是莽草酸途径中的代谢中间产物。在构建高产 3-脱氢莽草酸工程菌株时,通过敲除或弱化表达调控莽草酸脱氢酶基因 aroE,阻断 3-脱氢莽草酸到下游产物的转化,则可以使发酵液中积累高浓度的 3-脱氢莽草酸。色氨酸酶 TnaA 催化 L-色氨酸转化为吲哚和 L-丝氨酸。因此,敲除色氨酸酶基因 tnaA 可以减少 L-色氨酸的降解。在某些时候,虽然通过基因敲除的方式可以阻断目标产物向下游衍生产物的转化,但是由于细胞无法继续合成下游相关产物,如果这些产物又是细胞生长必需的营养物质,则会导致细胞无法正常生长或者需要向培养基中补充这些营养物质。例如,在构建高产 3-脱氢莽草酸工程菌株时,利用弱启动子和将起始密码子 ATG 替换为 TTG 组合弱化调控的方式弱化 aroE 的表达,既可以促使细胞积累 DHS,又不影响细胞生长,无须在培养基中添加芳香族氨基酸等营养物质(中国科学院天津工业生物技术研究所,2021a)。

"出":增加目标产物向细胞外运输,降低产物反馈抑制或细胞毒性。在 7.2.2 节"2. 芳香族化合物转运蛋白调控"中提到,过表达芳香族氨基酸外排蛋白基因 yddG 可以降低芳香族氨基酸的反馈抑制效应,从而提高其产量。此外,采用水相-有机相两相发酵的方式,将目标产物不断萃取到有机相,使目标产物和细胞得到有效分离,从而减弱目标产物的细胞毒性。该方法将在 7.4.3 节"产物毒性控制"中做详细介绍。

**2. 新型合成途径的设计构建**

除了经典的莽草酸途径以外,人工设计构建的一些新型合成途径同样可以合成莽草酸途径的前体或中间代谢产物。

PEP 和 E4P 在 DAHP 合酶的催化作用下缩合生成 DAHP,随后进入莽草酸途径。PEP 除了作为莽草酸途径的合成前体以外,也参与 PTS 系统转运葡萄糖的过程和 TCA 循环途径。因此,细胞内的 PEP 供应能力是限制芳香族化合物生物合成水平的重要因素之一。如果利用丙酮酸代替 PEP 来合成 DAHP,则可以避免与 PTS 系统和 TCA 循环途径竞争 PEP。2-酮-3-脱氧-6-磷酸葡糖酸(KDPG)醛缩酶是 ED 途径中的关键酶,能够催化 2-酮-3-脱氧-6-磷酸葡糖酸裂解为 3-磷酸甘油醛和丙酮酸。据报道,部分物种的 KDPG 醛缩酶催化的反应为可逆反应,且催化底物专一性较差,可以催化丙酮酸与不同醛类物质的缩合反应。基于该特性,密歇根州立大学的 J. W. Frost 研究组分别对大肠杆菌和肺炎克雷伯菌（*Klebsiella pneumoniae*）来源的 KDPG 醛缩酶 DgoA 进行定向进化筛选，获得了缩合反应催化活性显著提高的 KDPG 醛缩酶突变体 DgoA*。该突变体能够催化丙酮酸与 E4P 缩合反应生成 DAHP（图 7-2A），有效回补 DAHP 合酶缺失菌株的 DAHP 合成能力（Ran et al., 2004）。该研究组利用 KDPG 醛缩酶突变体对莽草酸途径进行了重构，获得了 3-脱氢莽草酸产量达 12 g/L 的基因工程重组菌株。

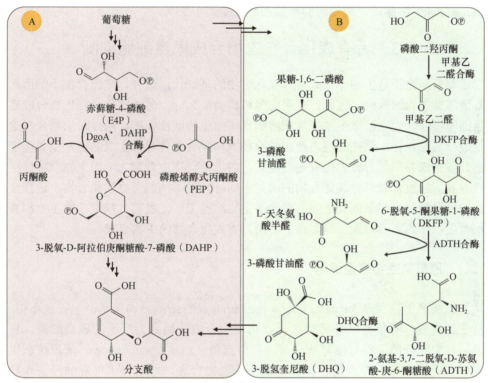

图 7-2　新型莽草酸合成代谢途径

DgoA*：2-酮-3-脱氧-6-磷酸葡糖酸醛缩酶突变体

　　经典的莽草酸途径以 PEP 和 E4P 为前体缩合生成 DAHP 后，DAHP 在 3-脱氢奎尼酸合酶的作用下生成 3-脱氢奎尼酸，然后转化为莽草酸途径下游相关产物。据报道，大多数古细菌基因组中缺乏莽草酸途径前两步生化反应所需催化酶的编码基因，表明古细菌中存在 3-脱氢奎尼酸的替代合成途径。通过对詹氏甲烷球菌（*Methanocaldococcus jannaschii*）的 3-脱氢奎尼酸生物合成途径进行解析发现，糖酵解途径中的磷酸二羟丙酮（dihydroxyacetone phosphate，DHAP）首先在甲基乙二醛合酶作用下生成甲基乙二醛（methylglyoxal），然后甲基乙二醛在 DKFP 合酶的催化作用下通过缩合反应生成 6-脱氧-5-酮果糖-1-磷酸（6-deoxy-5-ketofructose-1-

phosphate，DKFP），随后 DKFP 与 L-天冬氨酸半醛（L-aspartate semialdehyde）在 ADTH 合酶作用下生成 2-氨基-3,7-二脱氧-*D*-苏氨酸-庚-6-酮糖酸（2-amino-3,7-dideoxy-D-threo-hept-6-ulosonic acid，ADTH），最后 ADTH 在 3-脱氢奎尼酸合酶作用下生成 3-脱氢奎尼酸（图 7-2B）。将古细菌中 3-脱氢奎尼酸的替代合成途径与经典的莽草酸途径整合在一起，即可构建新型莽草酸途径。Zhang 等（2015）将新型莽草酸途径与经典莽草酸途径共同整合至谷氨酸棒状杆菌（*Corynebacterium glutamicum*）细胞内，成功将莽草酸的产量提升了 57%。

## 7.3 芳香族化合物生物合成底盘细胞创制

莽草酸途径是生物体合成芳香族化合物的基础代谢途径，广泛存在于细菌和真菌等微生物细胞内。因此，按照细胞结构类型划分，芳香族化合物生物合成底盘细胞可以分为原核微生物底盘细胞和真核微生物底盘细胞。通过对生物合成途径进行理性设计，调控细胞内源合成途径或构建并优化异源合成途径，使底盘细胞具备合成并积累芳香族化合物的能力。由于不同宿主细胞之间的生物学特性存在差异，导致合成芳香族化合物的潜力不同。针对不同的芳香族化合物，选择合适的底盘细胞有利于创制更为高效的微生物细胞工厂。目前，以原核微生物和真核微生物作为底盘细胞，均实现了不同芳香族化合物的生物合成。

### 7.3.1 原核微生物底盘细胞

原核微生物（prokaryotic microorganism）具有细胞结构简单、生长速率快、易于遗传操作等优点，是芳香族化合物生物合成应用最为广泛的底盘细胞。目前，在大肠杆菌、谷氨酸棒状杆菌、假单胞菌（*Pseudomonas* spp.）等原核微生物中实现了多种芳香族化合物的高效绿色生物合成，并取得了可观的经济和社会效益。

大肠杆菌是分子生物学和生物技术领域应用最为广泛的宿主细胞，同时也是优良的合成生物学底盘细胞。大肠杆菌具备清晰的遗传和代谢网络背景、高效的遗传操作工具、多样化的调控元件等优势。过去 30 年来，各种芳香族化合物在大肠杆菌细胞内实现了高效生物合成。若干重要的芳香族化合物，如 L-苯丙氨酸、L-酪氨酸、L-色氨酸和左旋多巴等已经在大肠杆菌中实现了大规模工业化发酵生产，并且与传统的生产方式相比具有显著的技术优势和成本优势。王钦宏研究组在高产 3-脱氢莽草酸底盘细胞基础上，通过强化 L-酪氨酸合成途径、消除代谢产物反馈抑制、调控氧化还原水平、优化产物转运和补料发酵条件等手段，实现了 L-酪氨酸的高效生物合成（产量＞85 g/L）（中国科学院天津工业生物技术研究所，2022a）；随后在高产 L-酪氨酸菌株基础上，通过激活内源羟化酶、强化细胞氧摄取能力、优化发酵条件等手段，进一步实现了治疗帕金森病特效药左旋多巴的高效生物合成（产量＞90 g/L）（中国科学院天津工业生物技术研究所，2020）。

谷氨酸棒状杆菌是一种非致病性的革兰氏阳性菌，是绿色生物制造产业的核心菌株之一，广泛应用于生产氨基酸、有机酸、聚合物前体、芳香族化学品等领域。谷氨酸棒状杆菌除了具备清晰的遗传背景和高效的遗传操作手段以外，对芳香族化合物具有较强的耐受性，在生产细胞毒性较强的芳香族化合物方面具有天然优势。例如，Kubota 等（2016）通过摇瓶发酵测试，发现谷氨酸棒状杆菌对对氨基苯甲酸的耐受性显著强于大肠杆菌、酿酒酵母、恶臭假单胞菌。因此，Kubota 等（2016）选取谷氨酸棒状杆菌作为底盘细胞，通过强化内源莽草酸途径，过表达异源 *pabAB* 和 *pabC* 基因，构建了对氨基苯甲酸产量高达 43 g/L 的基因工程菌株（Kubota et al.，2016）。Kogure 等（2016）采用类似的方法，发现谷氨酸棒状杆菌在添加 500 mmol/L 原儿茶酸的培养基中仍然能够正常生长，而其他测试菌株对原儿茶酸的耐受性低于 250 mmol/L，最终创制了原儿茶酸产量高达 82.7 g/L 的谷氨酸棒状杆菌基因工程菌株。

假单胞菌属细菌[如恶臭假单胞菌、铜绿假单胞菌（*Pseudomonas aeruginosa*）、台湾假单胞菌（*Pseudomonas taiwanensis*）等]因具有多功能的细胞代谢能力和对化学胁迫的独特耐受性，广泛用来合成各种芳香族化合物（Schwanemann et al.，2020）。假单胞菌既能以简单碳源（如葡萄糖）为底物从头合成芳香族化合物，也可以将复杂可再生生物质资源（如木质素）或塑料垃圾衍生物（如对苯二甲酸）分解成高附加值的芳香族化学品。因此，假单胞菌在生物质资源和塑料废弃物转化利用方面具有广阔的应用前景。

## 7.3.2 真核微生物底盘细胞

真核微生物（eukaryotic microorganism）的细胞结构和代谢网络更加复杂多样化，在合成某些芳香族化合物，尤其是合成复杂的芳香族天然产物方面具有独特的优势。

酿酒酵母作为一种单细胞真核模式微生物，具有清晰的遗传背景、完善的基因操作工具和成熟的工业发酵体系等优势，常被用于构建各种细胞工厂。但是由于酿酒酵母细胞代谢更加复杂，导致其工程菌株的芳香族化合物产量普遍低于原核微生物菌株。目前，只有少数几种芳香族化合物能够达到较高产量。例如，Hassing 等（2019）在酿酒酵母中过量表达 *ARO4*、*ARO7*、*3ABP*、*TKL1*、*ARO10*、*PYK1*$^{D146N}$、*EcaroL* 和 *ARO3*$^{K222L}$，并敲除 *ARO3* 和 *ARO8*，最终使得 2-苯乙醇产量达到 1.59 g/L。由于酿酒酵母细胞内环境适合表达细胞色素 P450 超家族等某些关键催化酶，尤其是真核生物来源的催化酶，所以酿酒酵母在异源合成复杂芳香族天然产物方面具有天然优势。例如，江会锋研究团队利用合成生物学和生物信息学技术，成功从灯盏花基因组中筛选到了灯盏花素合成途径中的关键酶（P450酶 EbF6H 和糖基转移酶 EbF7GAT），并以酿酒酵母为底盘细胞成功构建了高效合成灯盏花素的细胞工厂（Liu et al., 2018b）。

解脂耶氏酵母是一种严格好氧的非常规酵母（unconventional yeast），有典型的二型性生长（两型现象），属于一般公认安全的工业微生物菌种。它具有对化学胁迫耐受性强、底物利用谱广、乙酰辅酶 A 供应充足、产物分泌能力强等优点，因此非常适合用于各种工业产品的微生物发酵生产（荣兰新等，2022）。目前，2-苯乙醇、对香豆酸、白藜芦醇、紫色杆菌素等芳香族化合物在解脂耶氏酵母细胞内均实现了高效生物合成。例如，Gu 等（2020）在解脂耶氏酵母中过表达 *ylPAR4*、*ylARO10*、*ylARO7*、*ylPHA2* 和 *scARO7$^{G141S}$*，并敲除 *ylPYK*，使得解脂耶氏酵母YL35 菌株以葡萄糖为底物可以合成 2.42 g/L 2-苯乙醇。

## 7.4 芳香族化合物生物合成研究策略

随着芳香族化合物生物合成研究的不断深入，多种代谢工程与合成生物学研究策略得到了广泛应用。下面对一些主要的研究策略进行梳理和总结（图 7-3），以期为芳香族化合物工业菌种的创制提供参考。

### 7.4.1 基因精细表达调控

细胞内的代谢活动是由许多条代谢途径组成的复杂网络系统，而每条代谢途径又是由多种生物酶催化的一系列酶促反应。每种生物酶的表达量既要满足催化反应的需要，又不能过量表达而引起代谢网络的失衡或物质和能量的浪费。利用不同强度的基因表达调控元件（如启动子元件、RBS 元件）对目的基因进行转录水平或翻译水平的精细表达调控是一种简便、有效的调控手段。大肠杆菌细胞膜上的半乳糖透性酶 GalP 将外界环境中的葡萄糖转运至细胞内，随后葡萄糖在葡萄糖激酶 Glk 作用下生成葡萄糖-6-磷酸，从而进入糖酵解途径或磷酸戊糖途径。葡萄糖的转运速率和磷酸化速率只有与细胞代谢速率合理适配，才能实现细胞生长和产物合成的最优化。Lu 等（2012）在 PTS 系统缺陷型大肠杆菌菌株中，利用 3种不同强度（强、中、弱）的组成型启动子对 *galP* 和 *glk* 的表达进行组合调控，获得了生长速率和葡萄糖利用速率均较高的最佳启动子组合。该工程菌株不但具有较高的葡萄糖利用速率，而且能够提供充足的 PEP 供给，可以作为芳香族化合物生物合成研究的底盘细胞。Kim 等（2015）在 L-酪氨酸生物合成研究中，为了

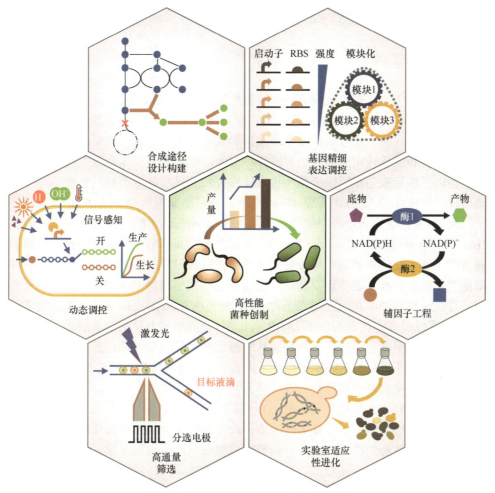

图 7-3　芳香族化合物生物合成研究策略

RBS：核糖体结合位点；NAD+：烟酰胺腺嘌呤二核苷酸或辅酶 I；NADH：还原型烟酰胺腺嘌呤二核苷酸或还原型辅酶 I；NADP+：烟酰胺腺嘌呤二核苷酸磷酸或辅酶 II；NADPH：还原型烟酰胺腺嘌呤二核苷酸磷酸或还原型辅酶 II

实现莽草酸途径和 TCA 循环途径碳代谢流的平衡，利用 5 种不同强度的 5′-非翻译区序列（包含 RBS 元件）对磷酸烯醇式丙酮酸合酶 PpsA 的表达进行翻译后调控，最终使得 L-酪氨酸的合成能力比对照菌株提高了大约 7 倍。

除了利用调控元件对基因进行精细表达调控以外，模块化调控也是一种有效的代谢工程调控手段，即将代谢途径基因分成几个功能互补的模块，然后对每个模块分别进行调控，从而获得最佳的调控组合。模块化调控的构建可以采取质粒的形式，也可以将其整合至染色体上。Lin 等（2014）设计了一条新的顺,顺-粘康酸合成途径，然后利用低、中、高拷贝数的质粒分别构建了大肠杆菌内源的分支酸合成模块、异源的水杨酸和顺,顺-粘康酸合成模块，并对这些模块在细胞内进行组合分析，最终使顺,顺-粘康酸的产量提升了 275 倍。

## 7.4.2 辅因子工程

代谢途径中的许多酶促反应，如脱氢反应、还原反应、羟化反应等，均需要辅因子（如 NADH/NAD$^+$、NADPH/NADP$^+$、FADH$_2$/FAD 等）的参与。这些辅因子虽然在细胞内的含量较低，但是却发挥着重要的生理功能。如果细胞内辅因子失衡，物质和能量代谢则难以正常进行。因此，增加芳香族化合物生物合成途径中的辅因子供给或构建辅因子循环再生体系有利于提高目标产物的合成能力。莽草酸途径中催化 3-脱氢莽草酸合成莽草酸的莽草酸脱氢酶以 NADPH 作为辅因子，而 L-酪氨酸合成途径中催化预苯酸生成 4-羟基苯丙酮酸的预苯酸脱氢酶以 NAD(P)$^+$作为辅因子。Kogure 等（2016）检测不同莽草酸生产菌株细胞内辅因子和 ATP 含量，发现莽草酸产量较高菌株细胞内的 NADPH/NADP$^+$比例显著低于莽草酸产量较低菌株，表明莽草酸的生物合成过程需要消耗 NADPH。另有研究表明，过表达葡萄糖-6-磷酸脱氢酶基因 *zwf*、转氢酶基因 *pantAB* 或 NAD 激酶基因 *nadK* 均可以提高胞内 NADPH/NADP$^+$的比例，从而增强莽草酸的合成能力。Wang 等（2022）利用高产 3-脱氢莽草酸菌株发酵生产 3-脱氢莽草酸，然后创制并优化了 NADPH 循环再生的全细胞催化剂（共表达莽草酸脱氢酶与葡萄糖脱氢酶），建立了高效接力生物合成莽草酸的技术体系。

某些芳香族化合物的生物合成过程也需要辅因子的参与，如没食子酸、2-苯乙醇、L-苯乳酸、酪醇、左旋多巴等。因此，这些化合物生产菌株的构建除了需要提高相应催化酶的酶活力以外，也需要增强细胞内的辅因子供给能力。为了实现 2-苯乙醇的高效生物合成，Wang 等（2017）利用谷氨酸脱氢酶的脱氨和 NAD(P)H 再生活性，将芳香族氨基酸转氨酶和醇脱氢酶催化反应偶联在一起，构建了 NAD(P)H 循环再生系统，采用全细胞催化的方式将 L-苯丙氨酸高效催化转化为 2-苯乙醇。

## 7.4.3 产物毒性控制

芳香族化合物普遍具有较强的细胞毒性，如没食子酸、原儿茶酸、对氨基苯甲酸、2-苯乙醇、苯乙烯、酪醇、对香豆酸等。因此，研究人员尝试了多种方法来降低芳香族化合物的细胞毒性，增强细胞的生物合成能力。

### 1. 选用耐受性强的底盘细胞或提高底盘细胞的耐受性

利用实验室适应性进化（adaptive laboratory evolution，ALE）技术可以对底盘细胞（如生长缓慢、对某种产物敏感、底物利用率低等）按照设定的培养条件进行适应性驯化改良，逐渐自发积累有益突变，提高底盘细胞的发酵生产性能或对有毒代谢产物的耐受性。例如，王钦宏等对原儿茶酸生产菌株在含有 5.5 g/L 原儿茶酸的培养基中进行传代驯化培养 105 代，成功将细胞生物量 $OD_{600}$ 由驯化前的 1.5 提升至 2.9，原儿茶酸产量由 25 g/L 提升至 33 g/L（中国科学院天津工业生物技术研究所，2022b）。Krömer 等（2013）通过 29 次传代培养，将酿酒酵母对对氨基苯甲酸的耐受性浓度由 0.62 g/L 逐渐提高至 1.65 g/L，驯化菌株的生长速率达到野生型菌株的 88.5%。

此外，选用耐受性更强的底盘细胞也是一种有效的替代方案。不同的底盘细胞对某种芳香族化合物的耐受能力不同。选用耐受性强的底盘细胞有利于获得更高的产量或转化率。Kubota 等（2016）研究谷氨酸棒状杆菌、大肠杆菌、酿酒酵母、恶臭假单胞菌共 4 种底盘细胞对对氨基苯甲酸的耐受性，发现谷氨酸棒状杆菌在含有 400 mmol/L 对氨基苯甲酸的培养基中仍然生长，而其他 3 种底盘细胞对对氨基苯甲酸的耐受浓度均不超过 200 mmol/L。因此，谷氨酸棒状杆菌更适合作为对氨基苯甲酸生物合成的底盘细胞。

**2. 利用酶催化法合成芳香族化合物**

对于有细胞毒性的芳香族化合物，可以采用全细胞催化或体外酶催化的方式，将前体物质催化转化为相应的芳香族化合物，从而有效降低或避免细胞毒性对产物合成的不利影响。7.5.1 节"芳香族化合物的生物合成方式"将会对全细胞催化和体外酶催化进行具体阐述。

**3. 将有毒性的目标化合物转化为无毒产物**

将有毒的芳香族化合物转化为无毒的衍生物或转化为水不溶性沉淀，然后采用化学方法再将其转化为目标产物。例如，醛类化合物的化学稳定性较差，很难在细胞内大量积累。糖基化产物的形成有助于降低芳香族化合物的细胞毒性。Hansen 等（2009）首先在粟酒裂殖酵母基因组上整合 3 个外源基因（3-脱氢莽草酸脱水基因 *3dsd*、芳香族羧酸还原酶基因 *acar*、O-甲基转移酶基因 *omt*），同时敲除醇脱氢酶基因 *adh6*，使细胞能够合成并积累香草醛，然后表达异源的 UDP-葡萄糖基转移酶基因，将香草醛转化为细胞毒性较低的香草醛 β-D-葡萄糖苷，使细胞的合成能力得到进一步提升。此外，对氨基苯甲酸与还原糖 （如葡萄糖、甘露糖、木糖、阿拉伯糖等）共存时，氨基与还原糖的醛基会自发形成糖基化产物，从而降低对氨基苯甲酸的细胞毒性（Kubota et al.，2016）。该产物在酸性条件下会水解为对氨基苯甲酸和相应的还原糖。

除了目标产物外，某些代谢途径或酶催化反应中的副产物也会抑制细胞生长或降低酶促反应速率。沸石是一种天然的多孔水合铝硅酸盐材料，具有吸附 $NH_4^+$ 的特性，可以用来降低脱氨类反应产生的 $NH_4^+$ 对细胞的毒害。Wang 等（2017）

在全细胞催化 L-苯丙氨酸合成 2-苯乙醇的反应体系中添加 1 g/L 沸石，使得底物的摩尔转化率由 60.8%提高至 74.4%。

**4. 采用两相发酵的策略**

两相发酵是指利用目标产物在水相和有机相中的溶解度或分配系数差异，将目标产物从水相不断地萃取到有机相中，使目标产物和细胞得到有效分离，从而减弱目标产物的细胞毒性。该发酵方式在苯酚和 2-苯乙醇等有较强细胞毒性的芳香族化合物生物合成研究中得到广泛应用。例如，Kim 等（2014）利用甘油三丁酸酯萃取的两相发酵方法，将大肠杆菌工程菌株的苯酚产量由 1.69 g/L 提升至 3.79 g/L。因为 2-苯乙醇具有较好的脂溶性，所以可以采用一些脂肪酸/油脂作为萃取剂进行两相发酵。Chreptowicz 和 Mierzejewska（2018）以菜籽油作为萃取剂，采用酿酒酵母 JM2014 菌株进行两相发酵，成功将 2-苯乙醇的产量提高了 2.7 倍。但是，由于有机溶剂对发酵设备中的有机塑料垫片等密封部件往往具有较强的腐蚀性，或具有较强的气味，或具有油状特性，导致发酵过程中容易出现各种问题，并且残留的有机溶剂会严重影响目标产物的质量，因此两相发酵方法在实际生产中的应用较少。

### 7.4.4　高通量筛选

利用基因组随机诱变或人工构建突变体文库等手段虽然可以获得大量的突变体，但是传统筛选方法耗时费力、效率低。高通量筛选技术，如流式细胞术、液滴微流控等分选技术，可以简便、快速地从数以万计的突变体文库中筛选出阳性突变体。下面根据检测信号或指标的不同，将高通量筛选技术分为以下三类：基于荧光信号变化筛选、基于颜色或吸光度变化筛选、基于生长速率指标筛选。

**1. 基于荧光信号变化筛选**

基于荧光信号变化筛选大多数是利用转录因子类型的传感器。Li 等利用转录组测序技术筛选出能够特异性响应 DHS 浓度变化的基因 *cusR*，将其与绿色荧光蛋白基因 *gfp* 进行融合表达，形成能够特异性响应胞内 3-脱氢莽草酸浓度变化的生物传感器，然后利用流式细胞术和液滴微流控筛选技术从随机突变体文库中均成功筛选到 3-脱氢莽草酸产量显著提高的大肠杆菌（Li et al.，2019；Tu et al.，2020）。Liu 等（2018a）利用转录因子 ShiR 和其作用的靶基因 *shiA* 启动子序列，在谷氨酸棒状杆菌中设计构建了响应莽草酸浓度变化的生物传感器，成功从 *tktA* 基因的 RBS 随机文库中筛选到莽草酸产量提高 90%的菌株。基于转录因子 TyrR 和 PadR 的生物传感器也成功应用于 L-苯丙氨酸和对香豆酸高产菌株的筛选研究（Liu et al.，2017；Siedler et al.，2017）。

除了转录因子类型的传感器外，Abatemarco 等（2017）开发了一种基于 RNA 适配体的生物传感器，将胞外产物浓度变化信号转化为荧光信号，实现了 L-酪氨酸高产菌株的筛选，并证明该方法也适用于 L-苯丙氨酸和 L-色氨酸高产菌株的筛选。

某些关键中间代谢产物或合成前体（如 E4P、PEP）供应直接影响芳香族化合物的产量。因此，构建响应中间代谢产物的生物传感器可以间接表征目标产物的合成能力。为了实现对中心代谢途径（如 EMP 和 PPP）中间代谢产物的实时监控，Ding 等（2020）以人源次黄嘌呤-鸟嘌呤磷酸核糖转移酶为配体结合域，通过酶定向进化技术分别建立了 5-磷酸核糖-1-焦磷酸、E4P 和 3-磷酸甘油酸生物传感器。然后结合流式细胞术筛选提高了 E4P 生物传感器的响应度，并将该元件成功应用于 L-苯丙氨酸高产菌株的高通量筛选研究。这项工作不仅为实时动态检测 EMP 与 PPP 途径的代谢过程提供了很好的技术支撑，也为大范围分子生物传感器的设计开发提供了一种新型研究策略。

### 2. 基于颜色或吸光度变化筛选

代谢产物如果具有特殊颜色或在某一波长条件下具有特征性吸收峰，则可以建立基于颜色或吸光度变化的高通量筛选方法。例如，L-酪氨酸是黑色素的合成前体。在产 L-酪氨酸的大肠杆菌中表达酪氨酸酶基因会导致菌落变黑，并且在一定浓度范围内，黑色深浅与 L-酪氨酸产量的高低呈正相关。基于该原理，Santos 等（2012）建立了一种基于菌落颜色变化的高通量筛选方法，在全局性转录调控因子的随机突变体文库中成功筛选到 3 株 L-酪氨酸产量提高 91%～113% 的高产菌株。霍亚楠等（2020）利用对香豆酸在 310 nm 处有特征性吸收峰的特性，建立了对香豆酸的高通量检测方法，利用该方法从酪氨酸解氨酶随机突变体文库中筛选到了催化活性提高 1 倍的突变体。

### 3. 基于生长速率指标筛选

将细胞的生长速率与酶催化活性或产物浓度相耦合，即细胞生长速率越快，酶催化活性或产物浓度越高，从而在突变体文库中筛选出催化活性或产量显著提高的突变体。例如，Liu 等（2017）利用 TyrR 传感器控制链霉素抗性基因 strA 的表达，构建了基于细胞生长速率的 L-苯丙氨酸筛选系统。突变体的 L-苯丙氨酸产量越高，则细胞在添加链霉素固体培养基上的生长速率越快，细胞的抗药性越强。通过四轮突变筛选，L-苯丙氨酸产量提高菌株所占比例达 68.9%，提升水平最高达 160.2%。Kramer 等（2020）利用大肠杆菌作为宿主细胞，阻断细胞内 NADPH 到 NADH 的转化，促使细胞内积累大量 NADPH，并引起细胞内还原力失衡，导致细胞生长速率极其缓慢。基于该菌株的生长特性，该研究团队建立了 NADPH 依赖型催化酶的高通量筛选方法，并将其应用于 NADPH 依赖型羧酸还原酶突变体文库的筛选。羧酸还原酶突变体的催化活性越高，则细胞内的 NADPH/NADP$^+$ 越趋于平衡，细胞生长速率越快。该筛选系统也可以应用于其他 NADPH 依赖型催化酶突变体文库的筛选研究。

### 7.4.5　动态调控

利用系统代谢工程技术对芳香族化合物合成途径中的关键基因进行组合调控，虽然可以有效提高目标产物的合成能力，但是往往会导致底盘细胞出现各种生理问题，如物质和能量浪费、有毒中间代谢产物积累、辅因子失衡等。如何平衡细胞生长与生产成为限制工业菌株生产性能提升的关键因素。利用代谢途径动态调控技术可以使细胞生长和产物合成达到动态平衡，从而使目标产物的合成能力达到最大化。已报道的动态调控方式主要分为以下 3 种类型：基于发酵参数的调控、基于代谢产物的调控、基于群体感应的调控（Shen et al.，2019）。例如，Yang 等（2018）利用恶臭假单胞菌 KT2440 来源的能够特异性响应顺,顺-粘康酸的转录因子 CatR 和受其阻遏调控的启动子 $P_{MA}$，设计构建了一个能够动态分配 PEP 进入糖酵解途径和莽草酸途径的调控系统，使调控菌株的顺,顺-粘康酸合成水平比对照菌株提升了 16.3 倍。具体调控过程如下：首先，顺,顺-粘康酸的积累抑制 CatR 的转录激活活性，促进启动子 $P_{MA}$ 带动的顺,顺-粘康酸合成途径基因的表达；其次，CatR 的转录激活活性被抑制，导致 PEP 羧化酶的表达水平下调，促进 PEP 进入莽草酸途径。相反，当顺,顺-粘康酸浓度较低时，顺,顺-粘康酸合成途径基因的表达被抑制，同时 PEP 转化为草酰乙酸后进入 TCA 循环途径。

除了上述策略以外，其他策略也广泛应用于芳香族化合物的代谢工程研究，例如，基因组学、转录组学、蛋白质组学、代谢组学等组学分析技术，以及将这些组学技术整合在一起的多组学分析技术。组学分析技术有助于全面系统分析微生物细胞在生产条件下的生理代谢状况以及存在的问题，用于指导反向代谢工程研究中对代谢调控机制的阐释。

## 7.5　芳香族化合物生物合成

### 7.5.1　芳香族化合物的生物合成方式

如果将合成前体和产物合成方式考虑在内，芳香族化合物的生物合成可以归纳为以下四种合成方式：以简单碳源为底物的从头合成、全细胞催化合成、体外酶催化合成、生物-化学偶联合成。

## 1. 从头合成

从头合成是指微生物细胞通过细胞内的代谢途径，将葡萄糖、木糖、甘油等简单可再生原料转化为芳香族化合物的生物合成过程。从头合成具有培养方式简单、物料成本低、合成效率高的特点，是应用最为广泛的生物合成方式。但是从头合成涉及多条代谢途径，每条代谢途径均含有影响碳代谢流量的关键调控位点，因此需要对细胞内的代谢途径进行设计、重构、优化，促进合成途径与代谢网络合理适配。此外，芳香族化合物的生物合成转化率一般较低。以 3-脱氢莽草酸生物合成为例，当底盘细胞以葡萄糖为碳源时，其理论摩尔转化率为 86%，但是在发酵过程中的实际转化率很难达到 50%。为了提高底物转化率，可以采取"开源节流"的策略，对 TCA 循环途径和脱羧反应进行合理优化调控，减少碳流量损失，促使更多的碳流量进入莽草酸途径。

## 2. 全细胞催化合成

全细胞催化合成是以表达所需催化酶的全细胞作为催化剂，在特定反应条件下将底物直接转化为相应目标产物的生物合成方式。全细胞催化剂的制备过程比较简单，可以将培养好的细胞直接作为催化剂进行催化反应，无须破碎细胞或分离纯化生物酶。对于那些合成途径较为复杂或细胞毒性较强或生物合成过程需要消耗大量辅因子的芳香族化合物，采用全细胞催化的方式有利于获得更高的产量或转化率。例如，针对原儿茶酸具有较强细胞毒性的问题，王钦宏研究组开发了一种生物发酵和全细胞催化偶联合成的方式，即首先通过生物发酵制备高浓度的 3-脱氢莽草酸发酵液（＞100 g/L），然后利用表达 3-脱氢莽草酸脱水酶的全细胞作为催化剂，可以数小时内将 3-脱氢莽草酸完全转化为原儿茶酸（＞90 g/L），从而避免原儿茶酸的细胞毒性对生物合成效率的影响（中国科学院天津工业生物技术研究所，2021c）。细胞内一般含有少量的辅因子。对于某些消耗辅因子的反应可以合理利用这些残留的辅因子完成催化反应，而无需外源添加辅因子。例如，Wang 等（2022）将莽草酸脱氢酶和葡萄糖脱氢酶相耦合，构建了一种辅因子循环再生的催化反应体系。利用表达上述催化酶的细胞作为全细胞催化剂，在无须添加 $NADP^+$ 辅因子的条件下，实现了将含有高浓度 3-脱氢莽草酸的发酵液完全转化为莽草酸。

## 3. 体外酶催化合成

体外酶催化合成是利用未纯化的粗酶液、纯化后的酶液或固定化酶作为催化剂，在特定反应条件下将底物直接转化为相应目标产物的生物合成方式。与全细胞催化不同的是，体外酶催化需要用特殊处理的酶作为催化剂，催化剂制备过程相对比较繁琐。体外酶催化具有反应专一性强、代谢副产物少、产物易于纯化、不受产物毒性抑制等优点。例如，Strohmeier 等（2019）将葡萄糖脱氢酶、羧酸还原酶和 ATP 再生模块耦合在一起，构建了 NADPH 和 ATP 循环再生与目标产物合成相耦合的体外多酶催化体系，可以将含有羧基的化合物（如苯甲酸、苯甲酸的氯代或甲氧基化合物、反式肉桂酸等）催化为相应的醛类化合物，并且该催化反应具有很强的立体选择性。

**4. 生物-化学偶联合成**

生物-化学偶联合成是首先通过微生物发酵的方式合成某种前体化合物，然后再通过化学催化方法将前体化合物转化为目标产物的合成方式。因为某些催化反应很难通过生物催化的方式来完成或者生物催化的反应成本远高于化学催化的反应成本，所以采用化学催化的方式来完成这些反应步骤可以显著降低反应成本。例如，通过微生物发酵的方式可以获得高浓度的 3-脱氢莽草酸，但是 3-脱氢莽草酸很难继续转化为没食子酸。密歇根州立大学的 J. W. Frost 研究组首先通过分批补料发酵获得高浓度的 3-脱氢莽草酸发酵液，然后通过简单的分离纯化手段获得 3-脱氢莽草酸粗品，最后利用含铜金属催化剂和氧化剂，实现了 3-脱氢莽草酸到没食子酸的高效化学催化合成，摩尔转化率最高达 74%（Kambourakis and Frost，2000）。

### 7.5.2 莽草酸途径化合物及其衍生物的生物合成

莽草酸途径除了为芳香族氨基酸生物合成提供合成前体以外，其中间代谢产物（如 3-脱氢莽草酸、分支酸）也可以衍生为多种重要化合物（图 7-4）。因此，构建高产莽草酸途径中间代谢产物的底盘细胞对于芳香族化合物的生物合成研究具有重要意义。

3-脱氢莽草酸是莽草酸途径中第三步酶催化反应的产物，具有化学性质较稳定、极易溶于水、对细胞毒性小的特点，并且其合成过程不需要额外消耗还原力和能量。因此，微生物细胞大量合成 3-脱氢莽草酸，既不会影响自身生长，也不会扰乱细胞内辅因子和能量代谢平衡。针对 3-脱氢莽草酸生物合成研究，多个研究团队采用不同的技术手段均实现了 3-脱氢莽草酸的高效生物合成。J. W. Frost 研究组通过质粒过表达关键基因的方式，先后分析了转酮醇酶、磷酸烯醇式丙酮酸合酶、葡萄糖转运系统对提高莽草酸途径代谢流的重要作用，获得了一系列高产 3-脱氢莽草酸工程菌株（Li et al.，1999）。韩国仁荷大学 Eung-Soo Kim 研究组通过敲除 *aroE*、*tyrR*、*ptsG* 和 *pykA*，在基因组上过表达合成途径关键基因 *aroB*、*aroD*、*aroF*、*aroG*、*ppsA* 和 *galP*，获得 3-脱氢莽草酸产量高达 117 g/L 工程菌株 InhaM103（Choi et al.，2019）。该菌株以葡萄糖和甘油混合碳源为底物，并且需要添加大量的有机氮源底物，分批补料发酵周期长达 120 h。中国科学院天津工业生物技术研究所王钦宏研究组利用系统代谢工程手段对合成途径中的关键基因（*galP*、*glk*、*pgi*、*tktA*、*pykF*、*pykA*、*aroF*、*aroB*、*tyrR*）进行多位点组合调控，

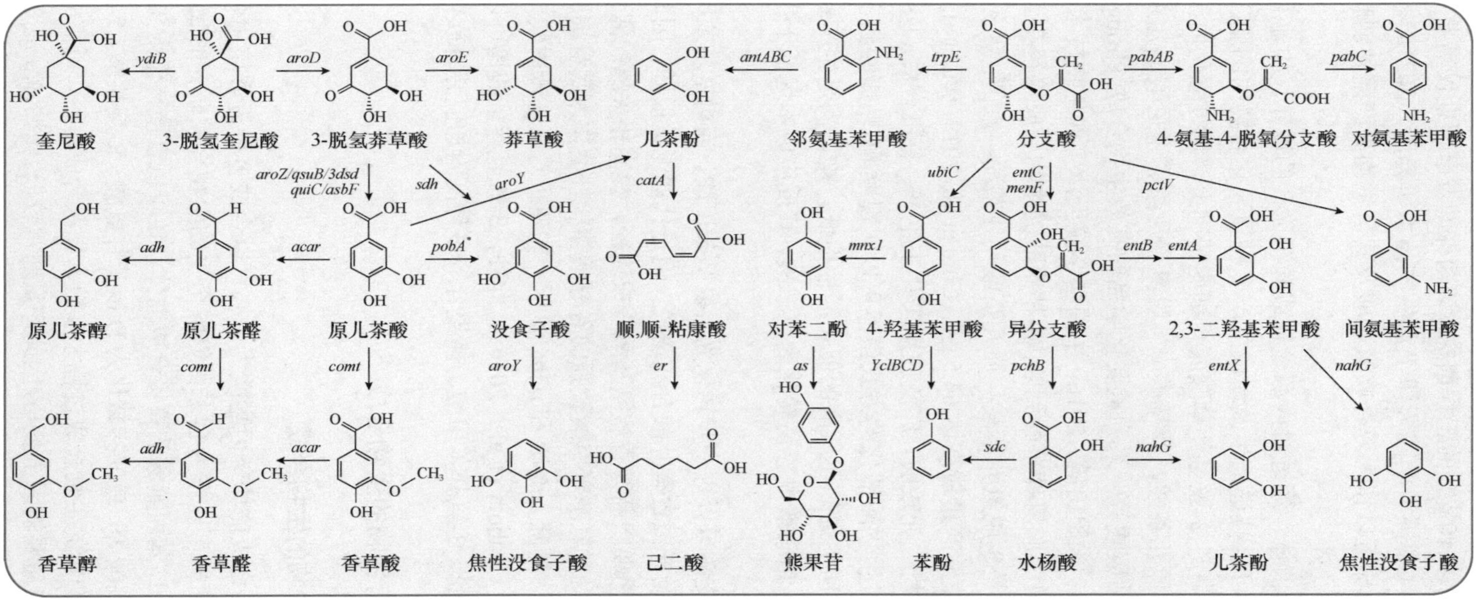


图 7-4　莽草酸途径芳香族衍生物的生物合成

基因及其编码的酶：*ydiB*，奎尼酸/莽草酸脱氢酶；*aroD*，3-脱氢奎尼酸脱水酶；*aroE*，莽草酸脱氢酶；*aroZ/qsuB/3dsd/asbF/quiC*，3-脱氢莽草酸脱水酶；*acar*，芳基羧酸还原酶；*comt*，咖啡酸-*O*-甲基转移酶；*adh*，醇脱氢酶；*aroY*，原儿茶酸脱羧酶；*catA*，邻苯二酚 1,2-双加氧酶；*er*，烯醇还原酶；*sdh*，莽草酸脱氢酶；*pobA**，4-羟基苯甲酸羟化酶突变体；*ubiC*，分支酸裂解酶；*mnx1*,4-羟基苯甲酸-1-羟化酶；*as*，熊果苷合酶；*trpE*，邻氨基苯甲酸合酶；*antABC*，邻氨基苯甲酸 1,2-双加氧酶；*entC/menF*，异分支酸合酶；*entB*，异分支酸酶；*pchB*，异分支酸丙酮酸裂解酶；*YclBCD*，4-羟基苯甲酸脱羧酶；*nahG*，水杨酸单加氧酶；*sdc*，水杨酸脱羧酶；*entA*，2,3-二氢-2,3-二羟基苯甲酸脱氢酶；*entX*，2,3-二羟基苯甲酸脱羧酶；*pabAB*，4-氨基-4-脱氧分支酸合酶；*pabC*，4-氨基-4-脱氧分支酸裂解酶；*pctV*，3-氨基苯甲酸合酶

获得 3-脱氢莽草酸产量＞110 g/L 的工程菌株。该菌株的发酵周期仅需要 52 h，葡萄糖摩尔转化率＞40%（中国科学院天津工业生物技术研究所，2021a）。上述高产 3-脱氢莽草酸工程菌株可以作为芳香族氨基酸及其衍生物高产菌种创制的优良底盘细胞。

以 3-脱氢莽草酸为前体，通过对内源途径或异源途径的设计、构建和优化，3-脱氢莽草酸底盘细胞可以被进一步改造成生产多种重要化合物的细胞工厂（图7-4）。王钦宏研究组在高产 3-脱氢莽草酸底盘细胞基础上，通过强化内源途径或整合异源途径，实现了原儿茶酸、莽草酸、3-脱氢奎尼酸、奎尼酸、儿茶酚、水杨酸、熊果苷、顺,顺-粘康酸等一系列重要化学品的高效生物合成（Song et al.，2022；Wang et al.，2022；宋国田等，2016；中国科学院天津工业生物技术研究所，2021b，2022b）。已报道 3-脱氢莽草酸到顺,顺-粘康酸的生物合成途径有五条，其中生物合成效率较高的是 3-脱氢莽草酸—原儿茶酸—儿茶酚—顺,顺-粘康酸途径，该合成途径的顺,顺-粘康酸产量最高达 64.5 g/L（Choi et al.，2019；Wu et al.，2018）。己二酸是一种重要的有机二元羧酸，广泛应用于化工生产、有机合成、医药合成、润滑剂制造等领域。通过生物酶催化的方式虽然可以实现顺,顺-粘康酸到己二酸的生物合成，但是该反应所需烯醇还原酶的催化活性很低，难以满足生产要求。通过化学加氢反应，顺,顺-粘康酸很容易转化为己二酸，其反应成本远低于生物催化合成成本。

3-脱氢莽草酸经分支酸可以进一步转化为对氨基苯甲酸，而对氨基苯甲酸是合成叶酸的前体物质。大肠杆菌含有叶酸合成途径，但是代谢流量很低。因此，构建对氨基苯甲酸生产菌株需要阻断芳香族氨基酸合成途径，提高相关酶的催化活性。Kubota 等（2016）以耐受对氨基苯甲酸较强的谷氨酸棒状杆菌作为底盘细胞，强化内源莽草酸途径，过表达异源 *pabAB* 和 *pabC* 基因，构建了对氨基苯甲酸产量高达 43 g/L 的基因工程菌株（Kubota et al.，2016）。此外，3-脱氢莽草酸还可以转化为没食子酸、香草醛、苯酚、3-氨基苯甲酸、熊果苷等多种高附加值芳香族化合物。

### 7.5.3 芳香族氨基酸衍生物的生物合成

#### 1. L-苯丙氨酸衍生物的生物合成

以 L-苯丙氨酸及其合成前体苯丙酮酸为中心可以合成多种芳香族化合物（图7-5）。高产 L-苯丙氨酸菌株可以作为 L-苯丙氨酸衍生物生物合成研究的底盘细胞。

苯丙酮酸除了作为 L-苯丙氨酸的直接合成前体，还可以直接转化为 D/L-苯乳酸、D-苯丙氨酸、S-扁桃酸等，或间接转化为 D/L-苯甘氨酸、R-扁桃酸、2-苯乙醇、L-高苯丙氨酸等。这些产物的生物合成过程大多数为异源合成途径，所需酶的催化活性普遍较低，部分反应需要辅因子参与，因此产量通常较低。例如，Koma 等（2012）

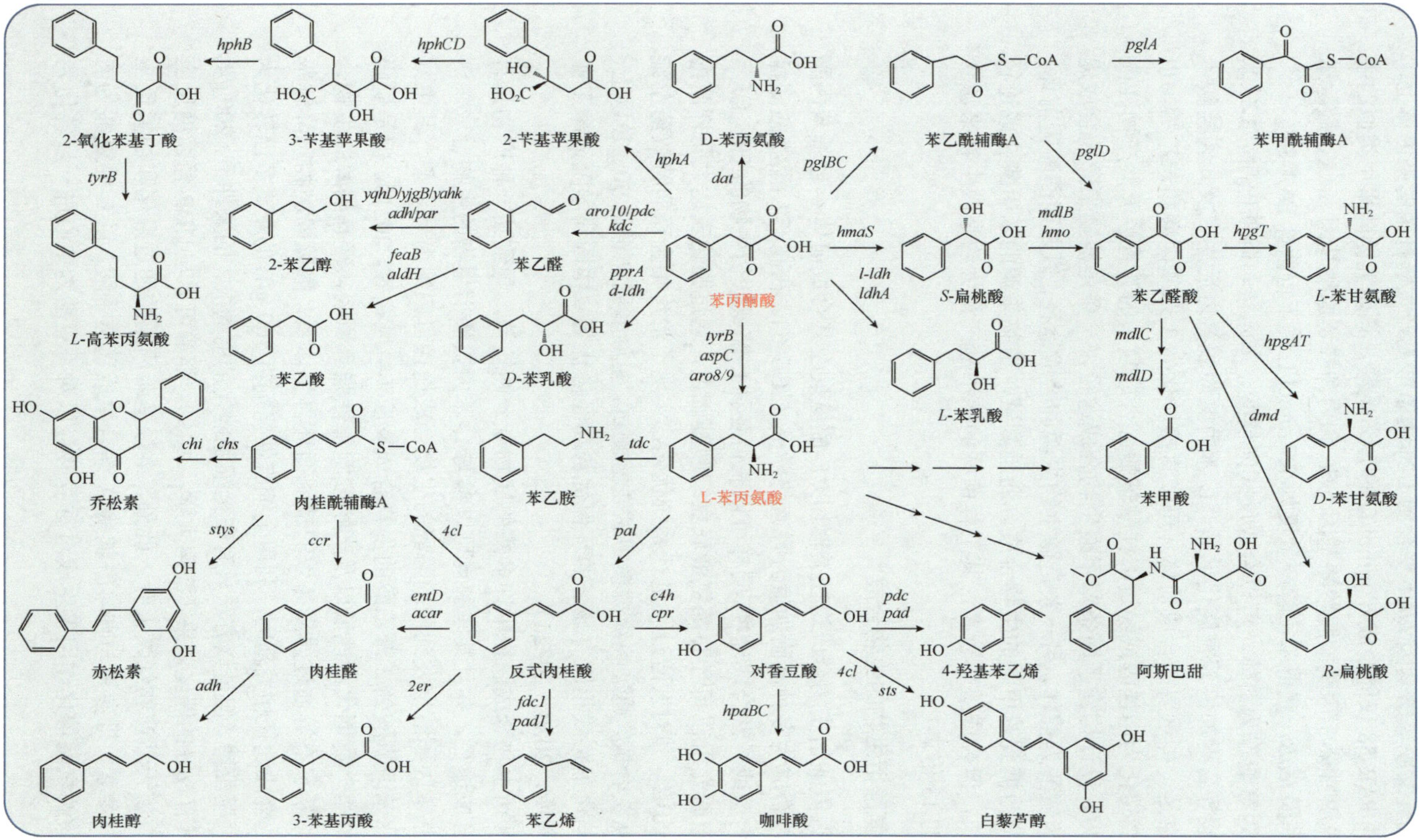

图 7-5 L-苯丙氨酸衍生物的生物合成

基因及其编码的酶: d-ldh, D-乳酸脱氢酶; hphA, 苯基苯乙酸合酶; hphB, 苯基苯乙酸脱氢酶; hphCD, 3-苯基苹果酸脱氢酶; kdc, 2-酮酸脱羧酶; aro10/pdc, 苯丙酮酸脱羧酶; 3-苯基苹果酸异构酶; aldH, D-氨基酸脱氢酶; 2-酮酸脱羧酶; adh/yjgB, 醇脱氢酶; par, 羰基还原酶; yqhD/yjgB/yahk, 醇脱氢酶 E1 组分 α/β 亚基; pglA, 羟脂酰辅酶 A 脱水酶; feaB, 苯乙醛脱氢酶; dat, D-氨基酸转氨酶; mdlB, 基转移酶; pglBC, 丙酮酸脱氢酶 E1 组分 α/β 亚基; pglA, 羟脂酰辅酶 A 脱水酶; hmaS, 苯乙酸脱氢酶; hmo, L-4-羟基扁桃酸氧化酶; mdlD, 苯甲醛脱S-扁桃酸脱氢酶; hpgT, L-(4-羟基)苯基甘氨酸转氨酶; hpgAT, D-(4-羟基)苯基甘氨酸转氨酶; dmd, D-扁桃酸脱氢酶; mdlC, 苯乙醛酸脱羧酶; 苯甲醛脱氢酶; tyrB/aro8/aro9, 芳香族氨基酸转氨酶; tdc, 酪氨酸脱羧酶; aspC, 天冬氨酸转氨酶; pal, 苯丙氨酸解氨酶; pprA, 苯丙酮酸还原酶; acar, 羧基还原酶; entD, 磷酸泛酰巯基乙胺基转移酶; 4cl, 4-香豆酸: 辅酶 A 连接酶; ccr, 肉桂酰辅酶 A 还原酶; c4h, 肉桂酸 4-羟化酶; cpr, 细胞色素 P450 还原酶; fdc1, 阿魏酸脱羧酶; pad1, 磷酸丙烯酸脱羧酶 1; 2er, 2-烯酯还原酶; stys, 剂蒜紫碱合酶; chs, 查耳酮合酶; 查耳酮异构酶

将两个拷贝的乳酸脱氢酶基因 *ldhA* 整合到 L-苯丙氨酸高产大肠杆菌的染色体上，所得工程菌株 PAR-58 仅能合成 6 mmol/L 的 L-苯乳酸。该研究团队采用类似的手段，过表达异源吲哚-3-丙酮酸脱羧酶基因 *ipdC* 和内源醛还原酶基因 *yahK*，敲除苯乙醛脱氢酶基因 *feaB*，获得苯乙醇产量仅为 7.7 mmol/L 的工程菌株 PAR-84。

以 L-苯丙氨酸作为前体，可以合成反式肉桂酸、苯乙烯、阿斯巴甜、3-苯基丙酸、苯甲酸等高附加值芳香族化学品。L-苯丙氨酸脱氨之后生成反式肉桂酸。反式肉桂酸也是一种重要的合成前体，可以直接转化为 3-苯基丙酸和苯乙烯，也可以经肉桂醛转化为肉桂醇或经过肉桂酰辅酶 A 合成复杂的芳香族天然产物。Luo 和 Lee（2020）设计构建了两条苯甲酸生物合成途径，一条是植物来源的合成途径，以 L-苯丙氨酸为前体，另一条是微生物来源的合成途径，以苯丙酮酸为前体，均实现了由葡萄糖到苯甲酸的生物合成。通过测试，植物来源的苯甲酸合成途径虽然路径较长，但合成效率较高，其工程菌株的苯甲酸产量大约是微生物来源合成途径菌株的 13 倍。

### 2. L-酪氨酸衍生物的生物合成

与 L-苯丙氨酸衍生物合成途径类似，以 L-酪氨酸及其合成前体 4-羟基苯丙酮酸为中心可以合成为多种高附加值芳香族化学品（图 7-6）。在高产 L-酪氨酸底盘细胞内整合内源或异源合成途径，同样可以获得各种 L-酪氨酸衍生物的细胞工厂。例如，王钦宏研究组在高产 L-酪氨酸底盘细胞基础上，通过强化表达大肠杆菌内源羟化酶 HpaBC，并对发酵过程进行系统优化，实现了治疗帕金森病特效药左旋多巴的高效从头合成。通过吨级规模中试发酵测试，左旋多巴产量达 90 g/L 以上，其生产成本与化工路线相比有显著的环保优势和经济优势（中国科学院天津工业生物技术研究所，2020，2022a）。

L-酪氨酸衍生物合成途径中许多酶的底物专一性较差，导致某一种产物具有多条可能的合成途径，并且某些酶也可以参与 L-苯丙氨酸衍生物的生物合成。例如，从 4-羟基苯丙酮酸出发到羟基酪醇的生物合成途径可归纳为十余条，其中部分酶也能催化苯丙酮酸到 2-苯乙醇的生物合成反应（吴凤礼等，2021）。但是受限于消耗大量辅酶、酶催化活性低以及产物细胞毒性强等原因，羟基酪醇的生物合成效率较低。蔡宇杰等通过建立高效的辅酶循环再生体系，敲除酚类物质降解基因，强化表达合成途径相关基因，利用全细胞催化剂将 200 g/L 的左旋多巴转化为 169.2 g/L 的羟基酪醇，但是该方法只有在全细胞催化剂用量很大的条件下（200 g/L 湿菌体）才具有较好的催化效果（江南大学，2019）。酪醇可以与 UDP-葡萄糖反应生成复杂芳香族天然产物红景天苷。此外，4-羟基苯丙酮酸通过羟化和加氢反应可以转化为丹参素，丹参素与咖啡酰辅酶 A 缩合生成迷迭香酸。以 L-酪氨酸为前体，在酪氨酸解氨酶催化作用下生成对香豆酸，以对香豆酸为中心进一步转化为

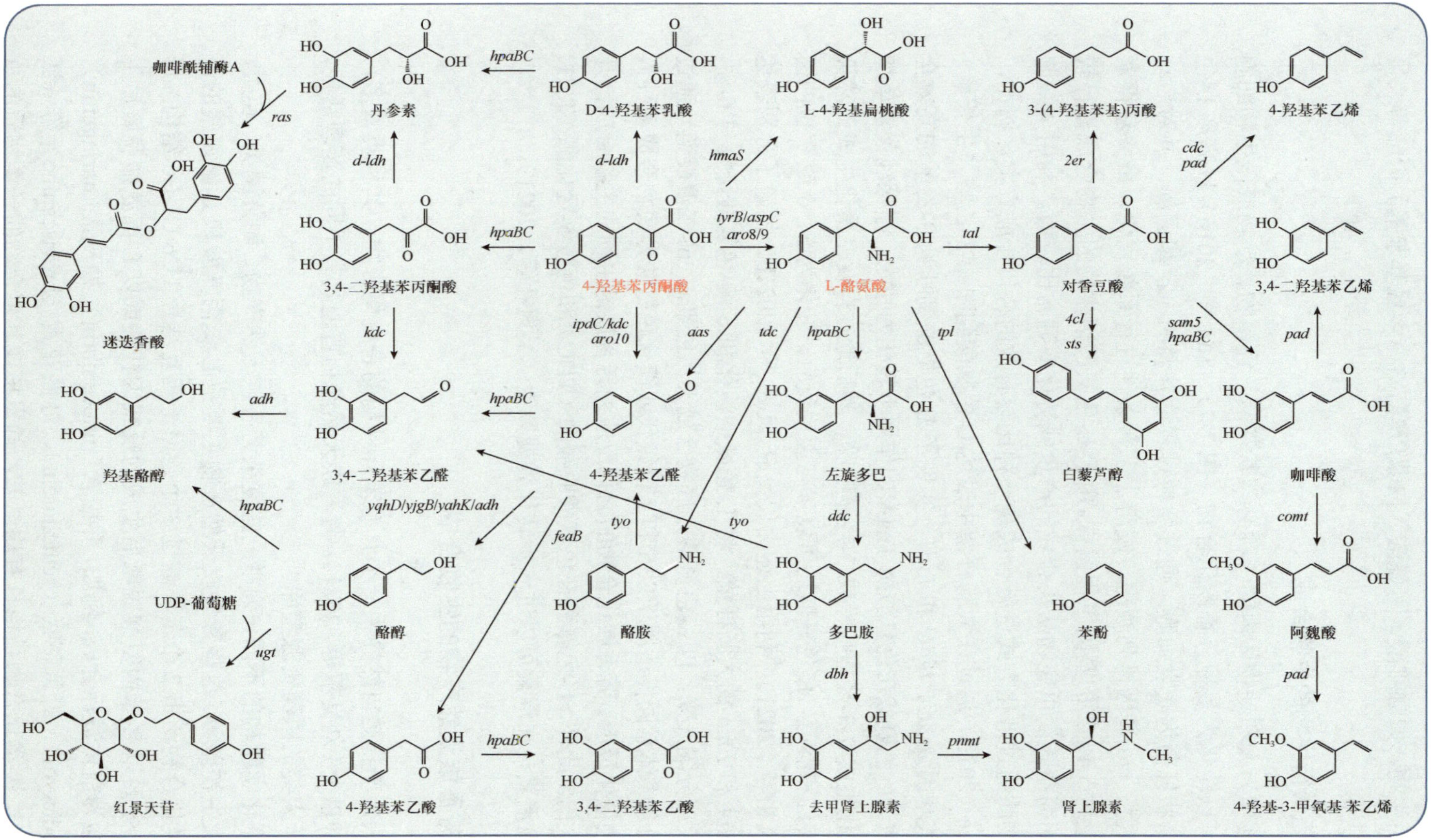

图 7-6　L-酪氨酸衍生物的生物合成

基因及其编码的酶：d-ldh，D-乳酸脱氢酶；hpaBC，4-羟基苯乙酸 3-羟化酶；ras，迷迭香酸合成酶；aro10，苯丙酮酸脱羧酶；kdc，2-酮酸脱羧酶；adh/yjgB，醇脱氢酶；ddc，左旋多巴脱羧酶；yqhD/yahK，醛还原酶；dbh，多巴胺 β-单加氧酶；tyo，酪氨酸 N-甲基转移酶；pnmt，苯乙醇胺 N-甲基转移酶；ugt，尿苷二磷酸依赖性糖基转移酶；tyrB/aro8/aro9，芳香族氨基酸转氨酶；feaB，苯乙醛脱氢酶；aspC，天冬氨酸转氨酶；hmaS，L-4-羟基扁桃酸合成酶；aas，芳香醛合成酶；tdc，酪氨酸脱羧酶；tpl，酪氨酸酚裂解酶；tal，酪氨酸解氨酶；2er，2-烯醇还原酶；4cl，4-香豆酸；辅酶 A 连接酶；sts，茋合酶；sam5，4-香豆酸羟化酶；cdc，对香豆酸脱羧酶；氨酸脱羧酶；comt，咖啡酸酚脱羧酶；pad，酚酸脱羧酶

多种芳香族衍生物,如咖啡酸、阿魏酸、白藜芦醇、3-(4-羟基苯基)丙酸等(吴凤礼等,2021)。

**3. L-色氨酸衍生物的生物合成**

L-色氨酸作为人和动物体内的一种必需氨基酸,经植物、动物或微生物细胞内代谢过程可以转化为多种芳香族化合物(图7-7)。Sun等(2016)以高产L-色氨酸谷氨酸棒状杆菌为底盘细胞,通过质粒过表达异源的 *vio* 基因簇,并对启动子和 RBS 类型、*vio* 基因排列顺序、发酵工艺等条件进行系统优化,最终获得紫色杆菌素产量达 5.4 g/L 的基因工程菌株。由于 L-色氨酸衍生物的生物合成途径较长,导致以葡萄糖等简单底物从头合成的产量或转化率通常比较低。利用全细胞催化剂或生物酶通过催化方式进行合成是一种比较有效的替代合成方案。例如,Romasi 和 Lee(2013)通过在大肠杆菌中表达 L-色氨酸到吲哚-3-乙酸(生长素)合成途径相关基因 *aspC*、*idpC* 和 *iad1*,实现了 L-色氨酸到吲哚-3-乙酸的高效全细胞催化合成。L-色氨酸在色氨酸酶 TnaA 的作用下转化为吲哚,吲哚经黄素单加氧酶 Fmo 催化生成 2-3-羟基吲哚或 3-羟基吲哚,然后通过自发二聚化生成天然染料分子——靛红和靛蓝。L-色氨酸还可以参与卤代反应,转化为 5、6 或 7 位的卤代产物(吴凤礼等,2021)。利用上述卤代反应,Lee 等(2021b)构建了分别表达 *Fre-SttH*、*TnaA* 和 *Fmo* 的大肠杆菌,将 L-色氨酸溴化和 6-溴-色氨酸降解与 6-溴-吲哚二聚化反应分隔开来,以 L-色氨酸为底物合成天然色素 6,6′-二溴靛蓝。通过测试,该生物合成体系同样适用于以 5 和 7 位氯代或溴代色氨酸为底物合成多种人工色素的生物催化反应。芳香族化合物的卤代反应为芳香族衍生物的生物合成打开了新的合成大门。此外,L-色氨酸在色氨酸脱羧酶(TDC)和色胺 5-羟化酶(T5H)作用下生成血清素,血清素可以进一步转化为褪黑素(吴凤礼等,2021)。

### 7.5.4 复杂芳香族天然产物的生物合成

芳香族天然产物是自然界中一类具有苯环结构的有机化合物,其种类繁多,数量达数万种以上(刘良叙等,2021)。芳香族天然产物普遍具有不同的药理活性,是大自然赋予人类的医药资源宝库。

下面根据化学结构的不同,列举一些复杂芳香族天然产物,如黄酮类、芪类、苄基异喹啉类生物碱等。这些芳香族天然产物主要是 L-苯丙氨酸和 L-酪氨酸的衍生物。黄酮类化合物泛指 2 个苯环通过 3 个碳原子相互结合(C6-C3-C6 结构)形成的化合物,主要以 L-苯丙氨酸脱氨后生成的反式肉桂酸或以 L-酪氨酸脱氨后生成的对香豆酸为前体进行合成,例如,乔松素(pinocembrin)、柚皮素(naringenin)、圣草酚(eriodictyol)、野黄芩素(scutellarein)、灯盏花素(breviscapine)等(江晶洁等,2019)。芪类化合物是指具有均二苯乙烯母核或其聚合物的一类物质的总

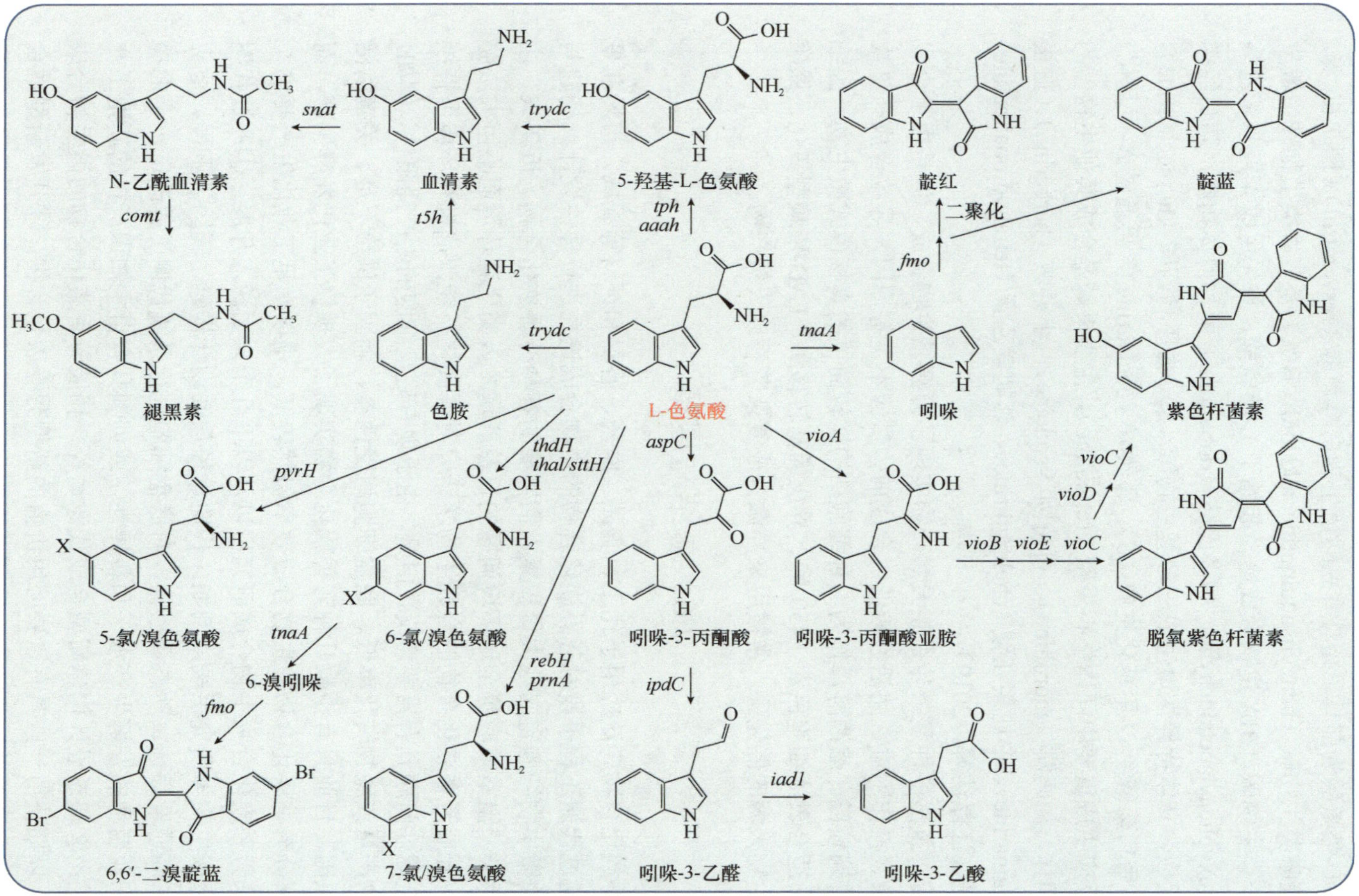


图 7-7　L-色氨酸衍生物的生物合成

基因及其编码的酶：*tph*、*vioD*，色氨酸羟化酶；*aaah*，芳香族氨基酸羟化酶；*trydc*，色氨酸脱羧酶；*t5h*，色胺 5-羟化酶；*snat*，5-羟色胺-*N*-乙酰转移酶；*comt*，咖啡酸-*O*-甲基转移酶；*vioA*，L-氨基酸氧化酶；*vioB*，亚氨基苯丙酮酸二聚合酶；*vioC*，单加氧酶；*vioE*，紫色杆菌素生物合成蛋白；*tnaA*，色氨酸酶；*fmo*，黄素-单加氧酶；*aspC*，天冬氨酸转氨酶；*ipdC*，吲哚-3-丙酮酸脱羧酶；*iad1*，吲哚-3-乙酸脱氢酶；*pyrH*，色氨酸 5-卤化酶；*thdH/thal/sttH*，色氨酸 6-卤化酶；*rebH/prnA*，色氨酸 7-卤化酶，图中 X 代表卤原子氯或溴

称，例如，以 L-苯丙氨酸为前体，经反式肉桂酸衍生为赤松素（pinosylvin）（图7-5）；以 L-酪氨酸为前体，经对香豆酸衍生为白藜芦醇（resveratrol）（图7-6）等。苄基异喹啉类生物碱（benzylisoquinoline alkaloid，BIA）是芳香类生物碱中数量最多的一类生物碱。BIA 生物合成途径起始于 L-酪氨酸，首先生成 4-羟基苯乙醛（4-hydroxyphenylacetaldehyde）和多巴胺（dopamine）两种前体物质，随后经类曼尼希反应，立体特异性地生成三羟基生物碱（S）-去甲乌药碱（norcoclaurine）。（S）-去甲乌药碱经 O-甲基化生成（S）-乌药碱（coclaurine），再通过 N-甲基化、羟基化反应生成重要中间体牛心果碱（reticuline）。牛心果碱是合成其他生物碱的关键中间体，如吗啡（morphine）、可待因（codeine）、小檗碱（berberine）、血根碱（sanguinarine）、白屈菜红碱（chelerythrine）、延胡索乙素（tetrahydropalmatine）等生物碱（江晶洁等，2019）。

目前，虽然多种复杂芳香族天然产物实现了异源微生物合成，但是由于合成途径复杂、操作困难、酶活性较低、合成前体供应不足等原因，导致合成产量或转化率普遍较低。酿酒酵母作为一种细胞结构比较简单的真核模式微生物，因细胞环境较适合表达细胞色素 P450 酶、异戊烯基转移酶、FAD-依赖型氧化还原酶等真核生物来源的催化酶，常被用来异源合成复杂芳香族天然产物。

## 7.6  总结与展望

芳香族化合物广泛应用于化工、食品、医药、香料和饲料等领域，市场前景广阔。通过代谢工程手段对芳香族化合物的生物合成途径进行理性设计、构建与优化，使微生物细胞定向地大量积累人们需要的各种芳香族化合物。近年来，由于白色污染、温室效应等全球环境问题的日益严重，人类生存环境面临巨大威胁与挑战。开展芳香族化合物的合成生物学研究对解决化石能源危机和环境可持续发展等全球性问题具有重要意义。但是，由于现有底盘细胞的生产局限性，例如，目标产物产量或底物转化率低、底盘细胞耐受性差、辅因子供给不足、关键酶活性低等原因，目前只有少数几种芳香族化合物实现了大规模工业化发酵生产，而其他大部分芳香族化合物的生物合成效率仍然较低，难以满足工业化生产要求。

未来芳香族化合物生物合成研究可以从以下几个方面深入开展：①通过代谢工程与合成生物学研究手段，例如，代谢途径理性设计构建、辅因子工程、适应性进化、高通量筛选、动态调控等，对底盘细胞进行系统代谢工程改造，全面提升现有工业菌种的发酵生产水平和鲁棒性，或创制具有自主知识产权的新型工业生产菌种；②通过设计构建新型合成代谢途径，拓展芳香族化合物的微生物合成产物谱，以期获得一些具有重要应用价值的新型芳香族化合物；③开发新型适合生产芳香族化合物的底盘细胞，提高芳香族化合物生物合成效率和耐受性；④开发新型简便、高效的生物学元件，包括启动子元件、RBS 元件、催化酶元件等，为芳香族化合物合成代谢途径的构建优化提供合适的元器件；⑤开发新型代谢工程与合成生物学研究使能技术，为芳香族化合物生物合成研究提供坚实的技术支撑。我们相信，随着合成生物学和代谢工程研究技术的不断进步，越来越多的芳香族化合物将在微生物细胞中实现高效生物合成。

本章参编人员：王钦宏　吴凤礼

# 参 考 文 献

霍亚楠, 吴凤礼, 宋国田, 等, 2020. 定向进化改造酪氨酸解氨酶提高大肠杆菌合成对香豆酸产量. 生物工程学报, 36(11): 2367-2376.

江晶洁, 刘涛, 林双君, 2019. 基于莽草酸途径微生物合成芳香族化合物及其衍生物的研究进展. 生命科学, 31(5): 430-448.

江南大学, 2019. 一种生产羟基酪醇的方法. 201811234787.2.

刘良叙, 李朝风, 王嘉伟, 等, 2021. 芳香类天然产物的合成生物学研究进展. 生物工程学报, 37(6): 2010-2025.

荣兰新, 刘士琦, 朱坤, 等, 2022. 代谢工程改造解脂耶氏酵母合成羧酸的研究进展. 生物工程学报, 38(4): 1360-1372.

宋国田, 江小龙, 陈五九, 等, 2016. 产顺,顺-粘康酸细胞工厂的构建与优化. 生物工程学报, 32(9): 1212-1223.

吴凤礼, 王晓霜, 宋富强, 等, 2021. 芳香族化合物微生物代谢工程研究进展. 生物工程学报, 37(5): 1771-1793.

鄢芳清, 韩亚昆, 李娟, 等, 2017. 大肠杆菌芳香族氨基酸代谢工程研究进展. 生物加工过程, 15(5): 32-39, 85.

中国科学院天津工业生物技术研究所, 2020. 生产左旋多巴大肠杆菌重组菌株及其构建方法与应用. ZL201711003046.9.

中国科学院天津工业生物技术研究所, 2021a. 生产 3-脱氢莽草酸大肠杆菌重组菌株及其构建方法与应用. ZL201711002831.2.

中国科学院天津工业生物技术研究所, 2021b. 生产奎尼酸相关的大肠杆菌重组菌株及其构建方法与应用. ZL201810490824.X.

中国科学院天津工业生物技术研究所, 2021c. 一种生产原儿茶酸的方法. 202111135396.7.

中国科学院天津工业生物技术研究所, 2022a.发酵法生产酪氨酸的大肠杆菌及其构建方法与应用. ZL201711343436.0.

中国科学院天津工业生物技术研究所, 2022b. 一株生产原儿茶酸的大肠杆菌基因工程菌及其构建方法与应用. ZL201711390790.9.

Abatemarco J, Sarhan M F, Wagner J M, et al., 2017. RNA-aptamers-in-droplets (RAPID) high-throughput screening for secretory phenotypes. Nat Commun, 8: 332.

Chen Y Y, Liu Y F, Ding D Q, et al., 2018. Rational design and analysis of an *Escherichia coli* strain for high-efficiency tryptophan production. J Ind Microbiol Biotechnol, 45(5): 357-367.

Choi S S, Seo S Y, Park S O, et al., 2019. Cell factory design and culture process optimization for dehydroshikimate biosynthesis in *Escherichia coli*. Front Bioeng Biotechnol, 7: 241.

Chreptowicz K, Mierzejewska J, 2018. Enhanced bioproduction of 2-phenylethanol in a biphasic system with rapeseed oil. New Biotechnol, 42: 56-61.

Ding D Q, Li J L, Bai D Y, et al., 2020. Biosensor-based monitoring of the central metabolic pathway metabolites. Biosens Bioelectron, 167: 112456.

Doroshenko V, Airich L, Vitushkina M, et al., 2007. YddG from *Escherichia coli* promotes export of aromatic amino acids. FEMS Microbiol Lett, 275(2): 312-318.

Floras N, Xiao J, Berry A, et al., 1996. Pathway engineering for the production of aromatic compounds in *Escherichia coli*. Nat Biotechnol, 14(5): 620-623.

Gu Y, Ma J B, Zhu Y L, et al., 2020. Engineering Yarrowia lipolytica as a chassis for De novo synthesis of five aromatic-derived natural products and chemicals. ACS Synth Biol, 9(8): 2096-2106.

Hansen E H, Moller B L, Kock G R, et al., 2009. De novo biosynthesis of vanillin in fission yeast(*Schizosaccharomyces pombe*) and baker's yeast(*Saccharomyces cerevisiae*). Appl Environ Microbiol, 75(9): 2765-2774.

Hassing E J, de Groot P A, Marquenie V R, et al., 2019. Connecting central carbon and aromatic amino acid metabolisms to improve de novo 2-phenylethanol production in *Saccharomyces cerevisiae*. Metab Eng, 56, 165-180.

Hernández-Montalvo V, Martínez A, Hernández-Chavez G, et al., 2003. Expression of galP and glk in a *Escherichia coli* PTS mutant restores glucose transport and increases glycolytic flux to fermentation products. Biotechnol Bioeng, 83(6): 687-694.

Kambourakis S, Frost J W, 2000. Synthesis of gallic acid: $Cu^{2+}$-mediated oxidation of 3-dehydroshikimic acid. J Org Chem, 65: 6904-6909.

Kim B, Park H, Na D, et al., 2014. Metabolic engineering of *Escherichia coli* for the production of phenol from glucose. Biotechnol J, 9(5): 621-629.

Kim S C, Min B E, Hwang H G, et al., 2015. Pathway optimization by re-design of untranslated regions for L-tyrosine production in *Escherichia coli*. Sci Rep, 5: 13853.

Kogure T, Kubota T, Suda M, et al., 2016. Metabolic engineering of *Corynebacterium glutamicum* for shikimate overproduction by growth-arrested cell reaction. Metab Eng, 38: 204-216.

Kogure T, Suda M, Hiraga K, et al., 2021. Protocatechuate overproduction by *Corynebacterium glutamicum* via simultaneous engineering of native and heterologous biosynthetic pathways. Metab Eng, 65: 232-242.

Koma D, Yamanaka H, Moriyoshi K, et al., 2012. Production of aromatic compounds by metabolically engineered *Escherichia coli* with an expanded shikimate pathway. Appl Environ Microbiol, 78(17): 6203-6216.

Kramer L, Le X, Rodriguez M, et al., 2020. Engineering carboxylic acid reductase (CAR)through a whole-cell growth-coupled NADPH recycling strategy. ACS Synth Biol, 9(7): 1632-1637.

Krömer J O, Nunez-Bernal D, Averesch N J H, et al., 2013. Production of aromatics in *Saccharomyces cerevisiae*—a feasibility study. J Biotechnol, 163(2): 184-193.

Kubota T, Watanabe A, Suda M, et al., 2016. Production of para-aminobenzoate by genetically engineered *Corynebacterium glutamicum* and non-biological formation of an N-glucosyl byproduct. Metab Eng, 38: 322-330.

Lee H N, Seo S Y, Kim H J, et al., 2021a. Artificial cell factory design for shikimate production in

*Escherichia coli*. J Ind Microbiol Biotechnol, 48(9-10): kuab043.

Lee J, Kim J, Song J E, et al., 2021b. Production of Tyrian purple indigoid dye from tryptophan in *Escherichia coli*. Nat Chem Biol, 17(1): 104-112.

Leighty R W, Antoniewicz M R, 2013. COMPLETE-MFA: complementary parallel labeling experiments technique for metabolic flux analysis. Metab Eng, 20: 49-55.

Li K, Mikola M R, Draths K M, et al., 1999. Fed-batch fermentor synthesis of 3-dehydroshikimic acid using recombinant *Escherichia coli*. Biotechnol Bioeng, 64(1): 61-73.

Li L P, Tu R, Song G T, et al., 2019. Development of a synthetic 3-dehydroshikimate biosensor in *Escherichia coli* for metabolite monitoring and genetic screening. ACS Synth Biol, 8(2): 297-306.

Lin Y H, Sun X X, Yuan Q P, et al., 2014. Extending shikimate pathway for the production of muconic acid and its precursor salicylic acid in *Escherichia coli*. Metab Eng, 23: 62-69.

Liu C, Zhang B, Liu Y M, et al., 2018a. New Intracellular Shikimic Acid Biosensor for Monitoring Shikimate Synthesis in *Corynebacterium glutamicum*. ACS Synth Biol, 7(2): 591-601.

Liu X N, Cheng J, Zhang G H, et al., 2018b. Engineering yeast for the production of breviscapine by genomic analysis and synthetic biology approaches. Nat Commun, 9: 448.

Liu Y F, Zhuang Y Y, Ding D Q, et al., 2017. Biosensor-based evolution and elucidation of a biosynthetic pathway in *Escherichia coli*. ACS Synth Biol, 6(5): 837-848.

Lu J, Tang J L, Liu Y, et al., 2012. Combinatorial modulation of galP and glk gene expression for improved alternative glucose utilization. Appl Microbiol Biotechnol, 93(6): 2455-2462.

Luo Z W, Lee S Y, 2020. Metabolic engineering of *Escherichia coli* for the production of benzoic acid from glucose. Metab Eng, 62: 298-311.

Pittard J, Camakaris H, Yang J, 2005. The TyrR regulon. Mol Microbiol, 55(1): 16-26.

Ran N Q, Draths K M, Frost J W, 2004. Creation of a shikimate pathway variant. J Am Chem Soc, 126(22): 6856-6857.

Romasi E F, Lee J, 2013. Development of indole-3-acetic acid-producing *Escherichia coli* by functional expression of IpdC, AspC, and Iad1. J Microbiol Biotechnol, 23(12): 1726-1736.

Santos C N S, Xiao W H, Stephanopoulos G, 2012. Rational, combinatorial, and genomic approaches for engineering L-tyrosine production in *Escherichia coli*. Proc Natl Acad Sci U S A, 109(34): 13538-13543.

Schwanemann T, Otto M, Wierckx N, et al., 2020. *Pseudomonas* as versatile aromatics cell factory. Biotechnol J, 15(11): e1900569.

Shen X L, Wang J, Li C Y, et al., 2019. Dynamic gene expression engineering as a tool in pathway engineering. Curr Opin Biotechnol, 59: 122-129.

Siedler S, Khatri N K, Zsohár A, et al., 2017. Development of a bacterial biosensor for rapid screening of yeast p-coumaric acid production. ACS Synth Biol, 6(10): 1860-1869.

Song G T, Wu F L, Peng Y F, et al., 2022. High-level production of catechol from glucose by engineered *Escherichia coli*. Fermentation, 8(7): 344.

Strohmeier G A, Eiteljorg I C, Schwarz A, et al., 2019. Enzymatic one-step reduction of carboxylates to aldehydes with cell-free regeneration of ATP and NADPH. Chemistry, 25(24): 6119-6123.

Sun H, Zhao D, Xiong B, et al., 2016. Engineering *Corynebacterium glutamicum* for violacein hyper production. Microb Cell Fact, 15:148.

Tu R, Li L P, Yuan H L, et al., 2020. Biosensor-enabled droplet microfluidic system for the rapid screening of 3-dehydroshikimic acid produced in *Escherichia coli*. J Ind Microbiol Biotechnol, 47(12): 1155-1160.

Wang P C, Yang X W, Lin B X, et al., 2017. Cofactor self-sufficient whole-cell biocatalysts for the production of 2-phenylethanol. Metab Eng, 44: 143-149.

Wang X S, Wu F L, Zhou D, et al., 2022. Cofactor self-sufficient whole-cell biocatalysts for the relay-race synthesis of shikimic acid. Fermentation, 8(5): 229.

Wu F L, Cao P, Song G T, et al., 2018. Expanding the repertoire of aromatic chemicals by microbial production. J Chem Technol Biot, 93(10): 2804-2816.

Yang Y P, Lin Y H, Wang J, et al., 2018. Sensor-regulator and RNAi based bifunctional dynamic control network for engineered microbial synthesis. Nat Commun, 9: 3043.

Yi J, Draths K M, Li K, et al., 2003. Altered glucose transport and shikimate pathway product yields in E. coli. Biotechnol Prog, 19: 1450-1459.

Zhang B, Jiang C Y, Liu Y M, et al., 2015. Engineering of a hybrid route to enhance shikimic acid production in *Corynebacterium glutamicum*. Biotechnol Lett, 37(9): 1861-1868.

# 第8章  健康糖与甜味剂生物合成

## 8.1  引    言

随着全球范围内人们对降低肥胖、糖尿病等各种健康风险的日益重视,多国已经实施了糖税政策,旨在从食品加工及供应端控糖,以解决国民摄糖过量问题。我国发布的《国民营养计划(2017—2030 年)》明确提出了"三减三健"的行动计划,将"减糖"列入未来国民营养工作重点。随着《健康中国行动(2019—2030年)》提出合理膳食,为食物中添加糖每日摄入量提供科学建议,对添加糖设置不产生健康危害的科学临界值,提倡人均每日添加糖摄入量不高于 25 g,糖摄入量控制在总能量摄入的 10%以下。

根据《健康中国饮料食品减糖行动白皮书(2021)》对全球用糖现状的分析数据,中国的糖消费量位居全球第三,仅次于印度和欧盟。同时,数据显示,2019年全球 60%的糖尿病患者生活在亚洲,我国糖尿病确诊患者已达 1.16 亿。尽管"减糖行动"势在必行,但从目前人们饮食量和食品含糖量来看,膳食指南"减糖控糖"战略的实施仍具有较大"挑战性"。随着"减糖"浪潮的推动,我国工业生物转化合成技术创新及产业化水平迅速提高,支撑着甜味剂清洁与可持续发展,推动新型、安全的健康糖及天然高倍甜味剂的开发与应用,将为食品、饮料"减糖"提供解决方案和保障。

甜味剂是一类重要的食品添加剂,添加在食品中具有增加食品口感、调节风味或与风味物质协同发挥增效作用。三大类甜味剂包括糖醇类、非糖天然甜味剂和人工合成甜味剂。生活中长期食用的糖,如葡萄糖、果糖、蔗糖、乳糖、麦芽糖、海藻糖等,既是天然的甜味剂,同时也是人类重要的营养素,通常我们将其列为食品原料(图 8-1)。随着工业生物技术的创新发展,以甘蔗基或淀粉基等糖生物质原料,利用生物发酵或酶催化合成新型的 D-阿洛酮糖、D-塔格糖、赤藓糖醇、木糖醇等一系列具有特殊生理功能的低热量、低升糖指数(GI)、几乎不被人体利用代谢的健康糖或糖醇,其具有一定甜味,又不会因口腔细菌产酸导致龋齿。这类健康糖与糖醇将有助于控制体重、控制餐后血糖升高以及保持口腔健康。还有一些低热量健康糖可调节改善肠道有益菌群定植,对促进人类健康发挥重要作用。

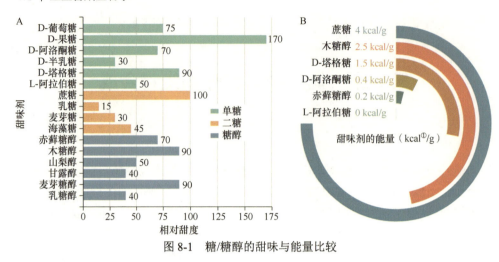

图 8-1 糖/糖醇的甜味与能量比较

## 8.2 低热量稀少糖与功能性糖醇生物合成

### 8.2.1 低热量稀少糖

#### 1. 低热量稀少糖发展趋势

D-阿洛酮糖和 D-塔格糖是重要的稀少类单糖，两者分别是果糖 3 位、4 位差向异构体，具有低热量、低升糖指数、可预防肥胖及糖尿病等重要生理功能特性（Hossain et al.，2015）；其甜度是蔗糖的 70%～90%，具有蔗糖相似加工性能，是新一代理想的蔗糖替代品。这两种稀少糖分别在 2003 年、2011 年被美国食品药品监督管理局（FDA）确定为 GRAS（generally recognized as safe）食品，作为甜味剂已在日本、韩国、美国等国家获得市场准入，应用到饮料、食品、保健品等领域并被开发出数百种产品。2019 年 4 月，FDA 宣布一项重大利好声明，宣布将 D-阿洛酮糖不再计入"添加糖""总糖"营养标签，这一举措推动了新一代稀少糖的全球化发展。

2001 年国际稀少糖协会首次提出了稀少糖的概念，2002 年完善了其定义，即"自然界天然存在，但含量极少的单糖及其衍生物"（Izumori，2002）。自然界中天然存在的稀少糖超过 50 种，除了 D-阿洛酮糖、D-塔格糖作为代表性稀少糖外，还包括赤藓糖醇、阿洛糖醇、半乳糖醇等功能性糖醇。同年，日本学者 Izumori Ken 首次提出了稀少糖的生物转化生产策略——Izumoring 方法，并以葡萄糖、果糖、半乳糖等来源丰富的单糖作为原料，采用差向异构酶、醛酮异构酶和多元醇脱氢酶进行生物转化，实现了果糖至阿洛酮糖、半乳糖至塔格糖、阿洛酮糖至阿洛糖醇等

---

① 1 cal =4.184 J

生物转化。目前，重要的稀少糖工业制备主要也是采取 Izumoring 方法。截至目前，具有代表性的稀少糖——D-阿洛酮糖已经由韩国 CJ 第一制糖、日本松谷化学、英国泰莱、美国宜瑞安等全球大型食品配料公司实现生产。我国多家淀粉糖企业也开始起步，建立了千吨级的中试生产线，推动了国内新型低卡糖的发展。

2019 年，FDA 将 D-阿洛酮糖热量值重新定为 0.4 kcal/g，并宣布其不纳入食品总糖、添加糖的标签之内。科学研究数据已经证明了 D-阿洛酮糖具有调节血糖、脂代谢等有益人体健康的生理功能，可以预防肥胖症、糖尿病、高血压、高脂血症和动脉粥样硬化等疾病。此外，文献报道 D-阿洛酮糖还是合成其他稀少糖（如 D-阿卓糖、D-阿洛糖、阿洛糖醇等）的主要材料。基于 Izumoring 策略的单糖生物转化技术，日本香川大学稀少糖研究中心已成功合成 10 余种 D-型或 L-型稀少糖（Zhang et al.，2016）。在食品中添加 D-阿洛酮糖，不仅能提高食品的凝胶性，还可以与食品蛋白发生美拉德反应改善其风味。相对于 D-果糖和 D-葡萄糖，D-阿洛酮糖可以生成更多的具有抗氧化作用的美拉德反应产物，维持食品更长时间的抗氧化水平（Sun et al.，2008）；基于 D-阿洛酮糖特殊的生理功能及优良的加工性能，其被美国食品导航网评价为最理想的蔗糖替代品，已经在美国、日本、韩国、墨西哥、新加坡、智利、哥伦比亚和哥斯达黎加等国家与地区被批准作为甜味剂应用于食品、乳品、饮料、焙烤及医药等领域（Oshima et al.，2006）。

### 2. 糖酶挖掘与稀少糖转化合成

由于稀少糖及其衍生物在自然界含量极少，且化学法制备产物纯化步骤繁复、化学污染严重，其工业化生产尚未取得突破性进展。20 世纪 90 年代，日本香川大学开展了利用生物酶法制备 D-阿洛酮糖的研究，由于酶转化反应的高效性与专一性，且目标产物纯化精制工艺易操作，因此，Izumoring 稀少糖转化策略引起了广泛关注。研究主要聚焦高效催化酶元件开发，包括产酶微生物筛选鉴定、酶挖掘表征、酶分子改造和晶体结构解析；进一步开展食品级微生物菌株构建、发酵工艺优化、酶固定化转化和工业测试等广泛研究（Li et al.，2011；Mu et al.，2011；Shin et al.，2017；Yang et al.，2016）。

基于稀少糖转化合成的 Izumoring 策略，主要包括了醛酮糖异构酶、差向异构酶和氧化还原酶，用于催化单糖之间异构反应、单糖与糖醇的氧化还原反应。研究人员在此基础上，进一步挖掘了异构酶、脱氢酶、醛缩酶、磷酸酶等一系列的新型催化元件，构建了基于醛酮/酮糖异构、氧化还原、羟醛缩合、磷酸化/去磷酸化等合成模块，设计构建了多酶级联反应的生物合成技术路线，合成了 15 种 D/L 构型的 C4～C7 稀少糖（Li et al.，2011；Yang et al.，2015a，2015b，2016）。

在稀少糖合成异构转化模块中，酮糖 3-差向异构酶（DAE）作为 D-阿洛酮糖生物转化的关键酶催化元件被发现，建立了 D-果糖与 D-阿洛酮糖、D-塔格糖与

D-山梨糖之间的转化路线。目前，已经报道了多种不同微生物来源的酮糖 3-差向异构酶，实现了以果糖为原料合成 D-阿洛酮糖的工业生产。例如，1993 年日本学者 Izumori 等首先发现了来源于菊苣假单胞菌（*Pseudomonas cichorii*）的差向异构酶并进行了深入研究，2006 年韩国学者 Kim 等发现了根瘤农杆菌（*Agrobacterium tumefaciens*），2011 年和 2012 年沐万孟、江波和孙媛霞团队相继发现了来源于解纤维梭菌（*Clostridium cellulolyticum*）和瘤胃球菌（*Ruminococcus* sp.）的 DAE（Izumori et al.，2014；Kim et al.，2006；Mu et al.，2011；Zhu et al.，2012），近年来，国内外学者发现了多种具有应用潜力的酶蛋白并对其展开了较深入研究及应用开发。

Men 等（2014）从嗜热枯草菌和瘤胃球菌中分别获得 D-葡萄糖异构酶和 D-阿洛酮糖 3-差向异构酶（DPE）基因，构建了共表达体系，利用双酶偶联反应以 D-葡萄糖、高果糖浆等廉价原料开发新型的"健康低卡糖"；Zhu 等（2020）利用菊芋果糖基生物质原料开发了 D-阿洛酮糖及低热量混合糖浆，对改善人类健康具有重要意义。Patel 等（2016）采用根瘤农杆菌来源的 AtDAE 催化 700 g/L D-果糖，反应 30 min 得到 178g/L 的 D-阿洛酮糖。近年，开发了不同来源 DAE 的枯草芽孢杆菌、谷氨酸棒杆菌等食品级产酶工程菌，不需要添加诱导剂及抗生素，建立了高密度的安全产酶发酵技术，以及酶固定化反应器连续转化技术，实现了 D-阿洛酮糖低成本工业化生产。

利用羟醛缩合反应催化 C—C 键连接，探索以甲醛、甲醇、乙醛及甘油等小分子底物合成稀少糖及其衍生物的新途径，转化低碳化合物合成稀少糖或糖醇，获得高附加值的从丙糖到庚糖的化合物，丰富了稀少糖多样性，是未来生物合成解决低碳生产高附加值的有效途径。醛缩酶具有较强的立体选择性，催化不对称羟醛缩合反应，以磷酸二羟丙酮（DHAP）为供体，醛分子作为受体可以得到邻二醇的非对映异构体，可合成各种稀有己酮糖。例如，DHAP 依赖的醛缩酶（RhaD）可通过羟醛缩合反应合成 D-山梨糖、D-阿洛酮糖、L-果糖、L-木酮糖等多种稀少糖（图 8-2）。然而，DHAP 价格昂贵并且稳定性差，限制 DHAP 依赖的醛缩酶的应用，以谷氨酸棒杆菌（*Corynebacterium glutamicum*）为底盘微生物，通过代谢工程手段改造菌株，积累胞内 DHAP 的含量，在工程菌中构建由醛缩酶和去磷酸化酶组成的缩醛途径，建立了基于 DHAP 依赖型醛缩酶合成稀有己酮糖技术平台，可以利用甲醛合成 D-赤藓酮糖（D-erythrulose），以羟基乙醛合成 L-木酮糖（L-xylulose），以 L-甘油醛合成 L-果糖（L-fructose），以 D-赤藓糖合成了不同构型的景天庚酮糖（3R,4S,5R,6R-heptulose 和 3R,4R,5R,6R-heptulose），综上所述，该工程菌株具有合成 C4、C5、C6、C7 稀少酮糖的能力（Brovetto et al.，2011；Iturrate et al.，2010；Yang et al.，2015a）。

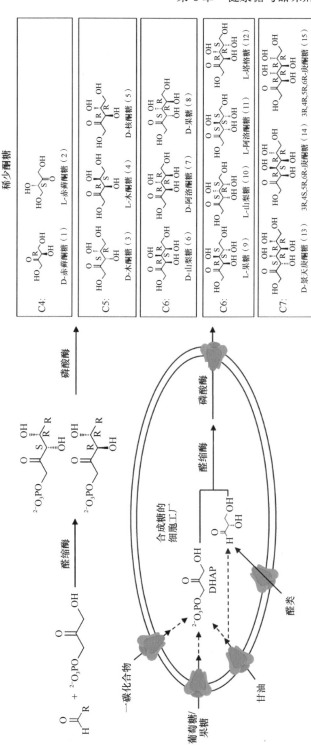

图 8-2　低碳转化稀少糖途径构建

利用单糖异构转化技术生产稀少糖仍然受热力学平衡限制，存在转化率低且分离成本高等缺点。通过模拟生物体内的能量激活转化循环系统，构建合成稀少糖的经济路线及安全工程菌，实现了从廉价的淀粉生物质原料合成稀少糖（Tian et al.，2022；Wang et al.，2020a）。此外，通过新酶设计挖掘和酶分子改造优化，提升酶蛋白分子的工业应用性能，开发食品级安全的酶表达制备技术，提高稀少糖生产的生物安全性。进一步地，筛选和优化酶固定化介质，建立酶固定化技术，开发酶膜固定化连续反应工艺和绿色分离提取工艺，推动我国稀少糖产业向健康、绿色方向发展（Tseng et al.，2014）。

### 8.2.2 功能性糖醇

#### 1. 功能性糖醇发展趋势

功能性糖醇是含有两个以上羟基的多元醇，通常以相应的还原糖经加氢而制得，根据结构糖醇分为单糖醇与多糖醇。单糖醇主要包括赤藓糖醇、木糖醇、山梨醇、甘露醇、阿洛糖醇、半乳糖醇等，是功能糖醇的重要组成部分。多糖醇包括麦芽糖醇、异麦芽酮糖醇、乳糖醇等，其是以淀粉、蔗糖、乳糖等为原料生产的一类重要功能性糖醇。功能性糖醇具有低热值、低 GI 值，入口有清凉感，保湿性好，耐热性较高，对酸、碱性稳定，不发生美拉德反应等特性。

功能性糖醇一方面促进体内有益菌的生长和繁殖，解决人体由于生理功能失调导致的便秘、腹泻等问题；另一方面促进人体对某些微量元素的吸收，保持人体健康。1999 年，国际食品法典委员会（CAC）批准木糖醇、山梨糖醇、麦芽糖醇、乳糖醇四种功能性糖醇作为在食品中每日允许摄入量（ADI）不受限制的食品添加剂。木糖醇主要是以玉米芯中木糖为原料，经还原生成木糖醇，其甜度与蔗糖接近，热量为 2.4 kcal/g，代谢不受胰岛素调节。山梨糖醇、麦芽糖醇分别由葡萄糖、麦芽糖制得，作为甜味剂风味柔和，具有较好的温度和化学稳定性，还可促进钙的吸收，且无热量，不被消化，不易引起龋齿病。甘露糖醇是一种高渗透组织脱水剂，具有利尿、脱水、解毒等作用，在临床上被广泛应用。近年，随着人们更注重健康的饮食及生活方式，零糖饮料、低碳食品及医药保健品的市场快速发展，糖醇的应用领域不断被拓展。

糖醇类产品作为甜味剂可预防肥胖、龋齿，并有助于控制血糖。在我国 2 型糖尿病人群数量显著增加的情况下，糖醇类物质作为食糖的替代品，对预防和控制慢性疾病至关重要。2019 年，全球糖醇市场规模约为 67 亿美元，年复合增长率为 7.75%，预计规模在 2027 年将达到 121.7 亿美元。我国是全球功能性糖醇产品的重要生产国，功能性糖醇出口基本呈现逐年增加趋势，特别是 2016 年以后山梨醇、甘露醇出口退税利好政策的出台，使糖醇出口量增加，预示着我国糖醇企业国际市场的开拓能力提升。

### 2. 功能性糖醇生物转化合成

利用生物催化与微生物发酵技术生产功能性糖醇是绿色生物技术发展趋势。赤藓糖醇是分子量最小的四碳多元醇，作为甜味剂与其他糖醇相比有许多相似的特性，但它是唯一一种通过自然发酵技术生产的糖醇。1999 年，赤藓糖醇被国际食品添加剂委员会批准作为食品甜味剂。2003 年，欧盟食品科学委员会（SCF）认定赤藓糖醇用于食品是安全的，并于 2016 年批准赤藓糖醇作为风味增强剂用于低能量或无添加糖饮料。目前，全球已有至少 55 个国家批准赤藓糖醇作为食品添加剂，其甜度为蔗糖的 60%～70%，甜味纯正，口感清凉。

采用耐高渗酵母或细菌进行微生物发酵，使葡萄糖转化成赤藓糖醇。菌种选育研究主要聚焦在耐高渗酵母生产菌株，如假丝酵母属（*Candida*）、球拟酵母属（*Torulopsis*）、丛梗孢酵母属（*Moniliella*）、三角酵母属（*Trigonopsis*）、接合酵母属（*Zygosaccharomyces*）、毕赤酵母属（*Pichia*）和汉逊酵母属（*Hansenula*）等（Kim et al., 2000; Lee et al., 2010, 2003; Park et al., 2011; Ryu et al., 2000; Yang et al., 1999; 高慧，2013）。真菌发酵合成赤藓糖醇是通过磷酸戊糖途径（PPP）。首先，酵母摄入葡萄糖转化为葡萄糖-6-磷酸，经过 PPP 生成赤藓糖-4-磷酸，在赤藓糖-4-磷酸酶的作用下去磷酸化生成赤藓糖，赤藓糖在赤藓糖还原酶的作用下生成赤藓糖醇。转酮酶是磷酸戊糖途径中的关键酶，需要高活性的转酮酶来生成大量的中间产物，进而合成赤藓糖醇。在乳酸菌等细菌中，合成赤藓糖醇途径与酵母菌不同，葡萄糖经过糖酵解生成葡萄糖-6-磷酸，葡萄糖-6-磷酸在磷酸葡萄糖异构酶的作用下异构转化为果糖-6-磷酸，在磷酸转酮酶作用下，果糖-6-磷酸裂解成乙酰磷酸和赤藓糖-4-磷酸，其在赤藓糖-4-磷酸脱氢酶作用下生成赤藓糖醇-4-磷酸，然后在去磷酸酶作用下生成赤藓糖醇（图 8-3）。

由于赤藓糖醇发酵过程需要高浓度葡萄糖底物，而细菌的环境胁迫耐受能力弱。因此，在自然界中高糖环境筛选耐高渗酵母或通过理化诱变方法获得发酵菌株是提高赤藓糖醇产量的有效手段；同时，采用基因编辑、代谢调控等生物技术可降低副产物形成，从而提高目标产物的产量。Lee 等（2003）报道起始葡萄糖质量浓度为 400 g/L 时，球拟酵母（*Torulopsis* sp.）仍然能够高效生产赤藓糖醇。Yang 等（1999）报道木兰假丝酵母（*Candida magnoliae*）的突变株生产赤藓糖醇的浓度比野生菌株提高 25%，生产速率提高 30%。Lee 和 Lim（2003）经 UV 诱变处理筛选获得 *Penicillium* sp. KJ81 菌株，不仅其赤藓糖醇的产量大幅增加，且同时降低副产物甘油的生成。高慧（2013）利用 Cre-Loxp 系统敲除 *Torula* sp. 菌株的 3-磷酸甘油脱氢酶基因，菌株杂交融合，经优化发酵工艺，最终赤藓糖醇产量达到 253 g/L，且副产物甘油浓度大幅降低。

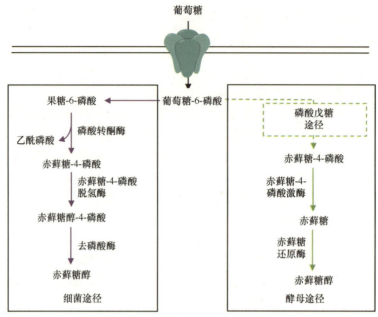

图 8-3 功能性赤藓糖醇合成途径

阿洛糖醇（allitol）作为一种六碳稀少糖醇，具有低热量、不易被利用、防龋齿等有益人体健康的功能，也是一种药物中间体，常被用作合成治疗糖尿病、病毒感染的药物原料。另外，该糖醇作为多羟基化合物，是植物中可携带矿质养分在韧皮部中进行快速运输的物质，因此，近年来将糖醇与多种微量元素进行螯合，开发糖醇系列产品应用于有机农业领域。Han 等（2014）通过菌种筛选获得一株能将 D-阿洛酮糖转化为阿洛糖醇的菌株 G4A4，利用该菌的静息细胞可以将 D-阿洛酮糖转化为阿洛糖醇，最高转化率可达到 87%。进一步从该菌中克隆得到能够将 D-阿洛酮糖转化为阿洛糖醇的核糖醇脱氢酶（RDH）基因，将该基因和 D-阿洛酮糖 3-差向异构酶（DPE）基因导入大肠杆菌；同时，建立辅酶再生体系，为氧化还原反应提供还原力，利用多酶偶联反应转化 D-果糖生成阿洛糖醇，在最适反应条件下，对 D-果糖进行全细胞转化，阿洛糖醇的最高产量达到 48.62 g/L，具有较强的应用前景（Zhu et al.，2015）。

## 8.3 功能性寡糖生物合成

### 8.3.1 功能性寡糖发展趋势

功能性寡糖由 2～10 个单糖通过糖苷键连接形成直链或支链的低度聚合糖，在胃肠道中不易被机体消化而直接进入大肠，选择性促进乳酸菌、双歧杆菌等有益菌增殖，抑制有害菌生长，有效刺激肠道蠕动，减少便秘，调节肠道微生态平衡，已作为膳食纤维和益生元被添加到食品中（杜晨红等，2019）。同时，功能性寡糖具有抑菌、抗病毒、抵抗炎症反应、提高机体免疫功能、调节血糖、降血压血脂等多种生理功能（Liu et al.，2018；杨绍青等，2019）。由于功能性寡糖结构和来源的差异，其生理功能表现出较大差异，常见的功能性寡糖包括壳寡糖、果寡糖、大豆寡糖、异麦芽寡糖等（表 8-1）。目前，低聚果糖和低聚半乳糖是食品工业中应用最广泛的功能性寡糖，木寡糖和果胶寡糖生产成本相对较低，在食品工业中的应用范围逐渐扩大（Babbar et al.，2016；Moreno et al.，2017）。功能性寡糖作为新兴的活性物质被不断研究开发，带动了我国功能性寡糖的迅速发展。

表 8-1　主要功能性寡糖比较

| 产品种类 | 成分 | 原料 | 生产方式 |
|---|---|---|---|
| 低聚异麦芽糖 | 异麦芽糖、异麦芽三糖、异麦芽四糖、异麦芽五糖和潘糖 | 玉米粉 | α-葡萄糖苷酶催化 |
| 低聚木糖 | 木二糖、木三糖、木四糖 | 木屑、玉米芯、菜籽壳 | 内切型木聚糖酶催化 |
| 低聚果糖 | 蔗果三糖、蔗果四糖、蔗果五糖 | 蔗糖/菊粉 | β-果糖基转移酶/内切菊粉酶催化 |
| 低聚半乳糖 | 半乳糖基乳糖、半乳糖基半乳糖、半乳糖基葡萄糖 | 高浓度乳糖乳清 | β-半乳糖苷酶催化 |
| 大豆低聚糖 | 蔗糖、棉子糖、水苏糖 | 大豆、大豆粕或大豆胚芽 | 提取分离 |
| 低聚甘露糖 | 由 2~10 个甘露糖组成的低度聚合糖 | 魔芋、角豆胶、瓜儿豆胶 | β-甘露聚糖酶催化 |
| 壳寡糖 | 2~10 个氨基葡萄糖通过 β-1,4-糖苷键连接起来的寡糖 | 壳聚糖 | 壳聚糖酶催化 |
| 水苏糖 | 2 分子半乳糖、葡萄糖和果糖 | 大豆或大豆低聚糖 | 提取分离 |
| 海藻糖 | 葡萄糖 | 淀粉 | 淀粉酶和海藻糖合成酶催化 |
| 褐藻寡糖 | β-D-聚甘露糖醛酸和 α-L-聚古罗糖醛酸组成的线型低聚寡糖 | 褐藻胶 | 褐藻胶裂解酶催化 |

　　功能性寡糖的制备方法主要有物理法、化学法、生物酶法和化学-酶法，其中生物酶法被广泛应用。研究人员基于酶催化的绿色多糖降解技术获得了多种功能性低聚糖，例如，α-葡萄糖苷酶降解玉米中的 α-1,4-糖苷键并获得低聚异麦芽糖，β-甘露聚糖酶水解魔芋粉中 β-1,4-糖苷键制备甘露寡糖，木聚糖酶水解玉米芯中的 β-1,4-糖苷键制备低聚木糖,褐藻胶裂解酶水解褐藻胶制备由 β-D-聚甘露糖醛酸和 α-L-聚古罗糖醛酸组成的低聚寡糖。糖苷转移酶也被开发用于功能性寡糖的制备，例如，β-半乳糖苷酶催化半乳糖基转移到半乳糖受体上制备低聚半乳糖，β-果糖基转移酶催化蔗糖合成低聚果糖等（Chen et al.，2018；Gosling et al.，2010；Yun，1996）。

　　多酶级联反应合成功能性寡糖是生物制造领域的一项重要技术手段，在设计构建非天然化合物合成途径方面具有显著优势（Zhang，2015）。越来越多功能糖合成相关酶的发现与表征，为单糖聚合制备功能性寡糖的合成路线设计提供了更多的选择性。研究人员利用热力学原理设计了功能性寡糖的合成途径，与多糖水解技术相比，该途径可定向合成特定结构寡糖分子。Tian 等（2019）构建了由蔗糖合成酶、UDP-葡萄糖 4-差向异构酶、肌醇半乳糖苷合成酶、棉子糖合成酶和水苏糖合成酶组成的多酶反应体系，成功转化蔗糖合成了肌醇半乳糖、棉子糖和水苏糖三种寡糖（Tian et al.，2019）。新颖的合成途径和复杂的级联反应还需要解决酶元件活性低、稳定性和底物特异性差等难题，利用酶分子定向进化或从头设计创建新酶分子等策略，可提升或解决复杂合成代谢中酶的催化活性和适配性等问题。

我国功能性寡糖的研究始于 20 世纪 80 年代，在"九五"期间形成产业化，并被广泛应用于食品健康产业，主要产品包括麦芽寡糖、木寡糖和壳寡糖等。近年来，我国的功能糖产量已占到全球总产量的三分之一以上，但主要以原料的形式向国外出口，缺少真正具有高附加值且形成国际影响力的产品。我国成功研发的功能性寡糖有几十种，但实现产业化的仅有几种，主要有异麦芽寡糖、果寡糖、低聚木糖、低聚半乳糖、大豆寡糖和壳寡糖等。功能性寡糖产业化的主要限制因素是关键酶制剂核心生产技术不成熟，工具酶的工业应用催化性能有待提升。

### 8.3.2 功能性寡糖生物合成技术

#### 1. 岩藻糖基功能性寡糖生物合成

母乳低聚糖（HMO）是母乳中一种结构多样的复合低聚糖，在人乳中的含量仅次于乳糖和脂类，是人乳中的第三大营养成分，对婴幼儿的健康及生长发育起到关键作用（图 8-4）。2′-岩藻糖基乳糖（2′-fucosyllactose，2′-FL）在母乳中的 200

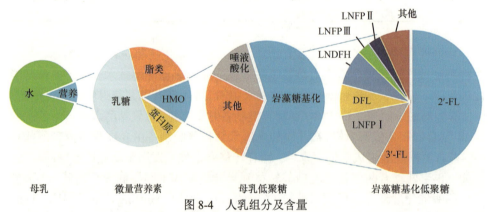

图 8-4　人乳组分及含量

HMO：母乳低聚糖；LNFP Ⅰ：乳酰-N-岩藻五糖 Ⅰ；LNFP Ⅱ：乳酰-N-岩藻五糖 Ⅱ；LNFP Ⅲ：乳酰-N-岩藻五糖
Ⅲ；DFL：二岩藻糖基乳糖；LNDFH：乳酰-N-二岩藻糖；2′-FL：2′-岩藻糖基乳糖；3′-FL：3′-岩藻糖基乳糖

多种 HMO 中含量最高，约占 30%（Bode，2012）。母乳中的 α-1,2-岩藻糖基转移酶 2（α-1,2-fucosyltransferase 2，FUT2）在母乳低聚糖岩藻糖基化的过程中起到重要的作用，是 2′-FL 合成的关键酶。目前，2′-FL 的合成方法主要包括 3 种：化学法、酶法、全细胞合成法（Agoston et al.，2019；Albermann et al.，2001；Castanys-Muñoz et al.，2013）。

　　2013 年，丹麦 Glycom A/S 公司公布了公斤级 2′-FL 的化学合成方法（Castanys-Muñoz et al.，2013）。经过多步化学反应，耗时 200 多小时，制备获得纯度较高的 2′-FL，得率为 19.8%～27.3%。此生产过程工艺复杂、反应条件要求高、产物得率低和使用大量有毒试剂等，限制了该方法的大规模应用。

　　酶法合成 2′-FL 目前尚处于开发阶段，合成 2′-FL 的两种酶分别为：α-1,2-岩藻糖基转移酶和 α-L-岩藻糖苷酶（图 8-5）。2′-FL 酶法合成工艺与化学工艺相比具备反应条件可控、反应时间短和产物组成简单易于纯化的优点，具有良好的发展前景。FUT2 催化 GDP-岩藻糖和乳糖发生基团置换，生成 2′-FL 和 GDP。在 GDP-岩藻糖作为岩藻糖基供体生产 2′-FL 的工艺中，由于 GDP-岩藻糖原料成本高，2′-FL 生产规模化难以实现。为了降低生产成本，研究人员将 GDP-D-甘露糖作为起始底物，利用三酶两步催化策略成功合成 2′-FL。首先，GDP-甘露糖-4,6-脱水酶（GDP-mannose-4,6-dehydratase，Gmd）和 GDP-岩藻糖合成酶催化 GDP-甘露糖和 NADPH 生成 GDP-岩藻糖，转化率为 78%；其次，FUT2 催化 GDP-岩藻糖和乳糖合成 2′-FL，其得率为 65%（Agoston et al.，2019）。研究如何通过提高 FUT2 高效表达及乳糖为受体时的催化活性等方式来提高 2′-FL 的得率是未来 FUT2 酶法合成的方向。

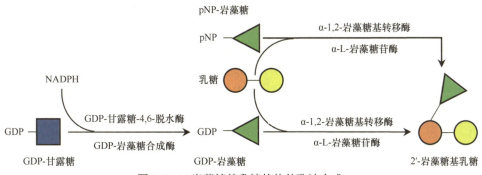

图 8-5　2′-岩藻糖基乳糖的体外酶法合成

　　目前，α-L-岩藻糖苷酶被归类于糖苷水解酶家族 29（GH29）和 GH95 家族。近年来，研究人员挖掘了多个不同来源的 α-L-岩藻糖苷酶，期望提高 2′-FL 的转化率，但这些酶的转糖苷效率较低，无法应用于 2′-FL 的大规模合成（Jung et al.，2019；Lezyk et al.，2016）。Sugiyama 等（2016）对来自两歧双歧杆菌（*Bifidobacterium*

*bifidum*）的 α-L-岩藻糖苷酶进行突变，突变体 N423H 和 N423D/D766N 在 pH 5.5
和 5.0 时催化活性显著提高，且 2'-FL 的转化率达到 85%。利用 α-L-岩藻糖苷酶
合成 2'-FL 一般采用 pNP-岩藻糖作为糖基供体，α-L-岩藻糖苷酶能够特异性水解
pNP-岩藻糖上的岩藻糖基并与乳糖合成 2'-FL，但该工艺因其反应产物中有 pNP，
无法在食品领域应用，而且成本较高，实现工业化生产 2'-FL 难度较大。开发安
全、廉价的岩藻糖基底物和转糖苷效率高的转糖苷酶将是未来实现 α-L-岩藻糖苷
酶工业化合成 2'-FL 的研究方向。

全细胞合成 2'-FL 是通过微生物代谢机制在胞内将外来的碳源合成为 GDP-
岩藻糖后，与进入胞内的乳糖经 FUT2 合成 2'-FL 的方法，是目前工业化生产 2'-FL
的主要方法。2'-FL 的生物合成需要在岩藻糖基转移酶的催化下发生糖基化反应。
乳糖作为岩藻糖基转移酶的受体，利用过表达乳糖透性酶 LacY 能有效提高乳糖
进入细胞的效率。半乳糖苷酶水解乳糖生成葡萄糖和半乳糖，抑制半乳糖苷酶
LacZ 催化活性能有效降低乳糖的代谢，提高 2'-FL 的转化率。全细胞合成 2'-FL
有两条途径，一是从头合成途径和补救合成途径（图 8-6），在从头合成途径中，
宿主细胞利用外源葡萄糖、甘油、蔗糖等碳源，经过一系列代谢合成 GDP-岩藻糖，
在 FUT2 的催化下与外源乳糖反应生成 2'-FL；二是在补救途径中，外源岩藻糖在
L-岩藻糖激酶/GDP-岩藻糖焦磷酸化酶（FKP）的作用下合成 GDP-岩藻糖，与外
源乳糖在 FUT2 的作用下生成 2'-FL。多种底盘工程菌被应用在工业中生产 2'-FL，
如大肠杆菌、酵母、枯草芽孢杆菌等，其中大肠杆菌应用最为广泛（史然和江正
强，2020）。

由于岩藻糖对菌体的代谢影响较低，补救途径合成 2'-FL 的产量更高，但由
于岩藻糖价格较高，因此生产成本高，缺乏实用价值。从头合成已成为目前工业
化生产 2'-FL 的研究焦点。Chin 等通过过表达 GDP-岩藻糖合成中的关键酶，显著
提高了 2'-FL 的转化率，最高产量可达到 23.1 g/L（Chin et al.，2015，2016；Faijes
et al.，2019）。Jung 等（2019）同时过表达从头合成途径和补救途径中的关键酶，
并敲除 *LacZ*、*fucI*、*fucK* 和 *rhaA* 基因，2'-FL 的产量达到 47.0 g/L。实现 2'-FL 的
国产化生产具有重要意义，国内多个大学及研究机构开展了关于 2'-FL 的合成研
究，取得了一定的成果（Chin et al.，2016）。

**2. 半乳糖基寡糖生物合成**

低聚半乳糖与低聚果糖相似，可通过合成或降解途径获得。半乳糖单元的来
源和催化方式决定了低聚半乳糖的糖苷键差异。植物来源的低聚半乳糖为 α-低聚
半乳糖，其通常由 α-半乳糖苷酶合成，或由果聚糖蔗糖酶催化棉子糖家族寡糖合
成。由于 α-低聚半乳糖苷酶的转苷活性研究较少，目前研究主要集中在乳糖来源
的 β-低聚半乳糖的生物合成，经 β-半乳糖苷酶催化得到半乳糖寡糖（Huerta et al.，

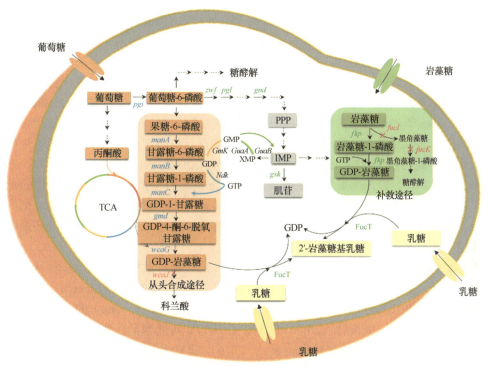

图 8-6　大肠杆菌合成 2′-FL 的代谢途径

基因及其编码的酶：*manA*，甘露糖-6-磷酸异构酶；*manB*，磷酸甘露糖变位酶；*manC*，甘露糖-1-磷酸鸟苷转移酶；*gmd*，GDP-D-甘露糖-4,6-脱水酶；*wcaG*，GDP-l-岩藻糖合成酶；*wcaJ*，GDP-岩藻糖转移酶；*fkp*，L-岩藻糖激酶/GDP-岩藻糖焦磷酸化酶；*fucI*，岩藻糖异构酶；*fucK*，岩藻糖激酶；*pgi*，葡萄糖-6-磷酸异构酶；*zwf*，葡萄糖-6-磷酸脱氢酶；*pgl*，葡萄糖 6-磷酸内酯酶；*gnd*，NAD⁺依赖性磷酸葡萄糖酸脱氢酶；*GuaA*：GMP 合成酶；*GuaB*：IMP 脱氢酶；*GmK*：鸟苷酸激酶；*Ndk*：核苷酸二磷酸激酶。FucT：α-1,2-岩藻糖基转移酶；PPP：磷酸戊糖途径；IMP：肌苷酸；XMP：黄苷酸；GDP：鸟苷二磷酸；GTP：鸟苷三磷酸；GMP：鸟苷酸

2011；Tzortzis et al.，2003；Vera et al.，2012）。β-半乳糖苷酶一方面能降解乳糖为葡萄糖和半乳糖，另一方面利用转半乳糖苷活性合成低聚半乳糖，这两种反应间的平衡决定了合成产率。不同来源的 β-半乳糖苷酶在催化特性及产物转化率方面表现出较大差异，半乳糖寡糖的最高转化率在 50%左右，其原因是半乳糖苷酶拥有较高的水解活性，导致大量乳糖被水解成半乳糖和葡萄糖。

　　Park 等（2007）鉴定了来自硫化叶菌（*Sulfolobus solfataricus*）的半乳糖苷酶，其低聚半乳糖转化率达到 50%～53%；Nguyen 等（2012）报道了来自德氏乳杆菌（*Lactobacillus delbrueckii*）的半乳糖苷酶，转化率达到 50%，比来自米曲霉的半乳糖苷酶（转化率 24%）显示出明显优势。游离酶反应在水溶液中进行，而水分子容易作为受体发生水解反应，所以降低反应体系中水的比例是提高低聚半乳糖转化率的有效手段。非水相酶法通过控制水相和有机相的比例，降低反应体系中水的含量，抑制糖的水解反应，增加初始糖浓度，从而能够提高转化率。Shin 和

Yang（1994）在 60℃、pH 6 条件下，在 95%环己烷-5%水的反应体系中，制备得到的低聚半乳糖最大浓度为 45%，而在水介质中的最高浓度为 38%。

为改善游离酶稳定性，提高工业价值，科研人员对 β-半乳糖苷酶固定化应用研究愈发深入。固定化酶虽然与底物的接触效率可能降低，但可以在不影响低聚半乳糖得率的情况下重复使用，从而节约成本（Cui and Jia，2015）。Jovanovic-Malinovska 等将来自米曲霉的 β-半乳糖苷酶进行固定化，低聚半乳糖的转化率从游离酶的 24%提高到 31%；环状芽孢杆菌半乳糖苷酶固定化后低聚半乳糖转化率从 41%提高到 64%（Jovanovic-Malinovska et al.，2012；Nguyen et al.，2007）。刘鑫龙等（2016）以 50%乳糖为底物，加入 2 mmol/L 的 $Mg^{2+}$、640 g/L 固定化的半乳糖苷酶，在 40℃、pH 6.5 的条件下，反应 4 h，低聚半乳糖的转化率为 71.5%。Rodriguez-Colinas 等（2011）对乳酸克鲁维酵母细胞进行透性化技术合成低聚半乳糖，其转化率由游离酶的 32%提高到 44%。

利用基因工程手段对 β-半乳糖苷酶进行改造，能有效提高半乳糖基转移酶转糖基活性，主要方法包括定点突变、定点饱和突变、随机突变等（Lu et al.，2020）。Hassan 等（2016）对来自奥氏嗜热盐丝菌（*Halothermothrix orenii*）的 β-半乳糖苷酶进行定点突变，突变体 Y269F、F417S 和 F417Y 对低聚半乳糖的转化率从野生型 39.3%提高到 50%以上（Hassan et al.，2016）。研究人员对来自 *S. solfataricus* P2 的 β-半乳糖苷酶进行定点饱和突变，突变体 F359Q 和 F441Y 合成低聚半乳糖的转化率从野生型的 50.9%分别提高到 58.3%和 61.7%（Lu et al.，2020）。在提高半乳糖苷酶转糖基活性的基础上，结合酶的固定化、全细胞转化等方法，可有效提高低聚半乳糖的转化率。

### 3. 甘露糖基寡糖生物合成

甘露寡糖结构主要有两种，一种是由葡萄糖和甘露糖残基通过 α-1,6-糖苷键、α-1,2-糖苷键、α-1,3-糖苷键、β-1,4-糖苷键和 β-1,3-糖苷键连接而成；另一种是由几个甘露糖分子连接而成。研究表明，甘露寡糖具有降血脂、调节肠道菌群、提高动物机体免疫力等功能，具有广阔的应用前景。

目前，甘露寡糖主要以甘露聚糖如魔芋粉、咖啡渣、槐豆胶、酵母细胞壁、植物半乳甘露聚糖等为原料经酶法制备获得。β-1,4-甘露聚糖酶（EC 3.2.1.78）随机水解甘露聚糖中 β-1,4-糖苷键生成不同聚合度的甘露寡糖。在 CAZY 数据库中，甘露聚糖酶归类于 GH5、GH26、GH45、GH113 和 GH134 家族，其中 GH45 和 GH134 家族表现出反转型催化机制，其他家族拥有保留型催化机制。β-甘露聚糖酶生产菌株通常有棒杆菌、链霉菌、北里孢菌和肠球菌等，生产胞外甘露聚糖酶通常由真菌或细菌分泌到细胞外获得（Chauhan et al.，2014；Jana et al.，2018；Suryawanshi et al.，2019）。Zhou 等（2018）利用来自 *Bacillus clausii* 的耐高温耐

碱的 β-甘露聚糖酶降解甘露聚糖，甘露寡糖的聚合度最高为 DP6。高温能够增加甘露聚糖的分散性，同时降低甘露聚糖的黏度，有利于甘露聚糖的水解。Luo 等（2017）利用来自嗜热菌——枯草芽孢杆菌的半乳糖苷酶在 100℃下降解刺槐豆胶，甘露糖和甘露寡糖的产率分别为 37.46% 和 63.64%，因此，嗜热的甘露聚糖酶在甘露寡糖制备中具有较大的应用潜力。

利用酶菌协同体内和体外转化技术，是未来发展寡糖生物制备的方向，Tian 等（2020）设计了一条"淀粉—甘露糖—甘露寡糖"生物转化合成的新技术路线。首先，利用酶级联催化实现转化淀粉合成甘露糖，转化率可达 81%。进一步，利用谷氨酸棒杆菌合成甘露寡糖及其衍生物，通过酶工程与代谢工程改造，提升合成效率，实现转化淀粉低成本制备非天然甘露寡糖，同时也为其他功能性寡糖的制备提供借鉴。

功能性寡糖作为糖生物工程产品的重要组成部分，其应用领域已从食品行业拓展至饲料、农药及化工等行业，市场前景巨大。开发生理活性独特、结构多样的复杂寡糖产品及其绿色合成技术，是未来功能性寡糖合成的研究方向。一方面，利用我国天然多糖原料丰富的优势，针对不同糖链结构及糖苷键类型，开发具有催化效率高、特异性强、适应极端环境的新型糖苷酶，建立"解聚—转苷—异构"等寡糖绿色加工合成技术。另一方面，在合适宿主细胞中构建寡糖合成的新颖途径和复杂级联反应，调控合成代谢物和产物之间相互作用，深度交叉融合生物信息学、计算生物学、蛋白质工程等多学科和技术，人工设计和改造获得高效的酶催化元件，重构与组装复杂的天然功能性寡糖合成途径，解决关键酶元件活性低、宿主相容性差等问题，突破天然化合物生物合成代谢的极限，促进具有结构多样性的功能性寡糖及其衍生物绿色生物制造技术发展。

## 8.4　天然高倍甜味剂生物合成

植物来源的天然高倍甜味剂，因其高甜度、低热量、高安全性及多种生物活性而受到广泛关注。天然高倍甜味剂包括不同类型化合物：萜类化合物（如甜菊糖苷、罗汉果甜苷和甘草酸等）、查耳酮类化合物（如新橙皮苷二氢查耳酮、柚皮苷二氢查耳酮、三叶苷等）和蛋白类（索马甜、莫奈林、布那珍等），这些化合物在天然植物中的含量低，且提取工艺复杂。随着消费者对天然甜味剂需求的快速增长，传统的植物种植及提取方法很大程度上限制了天然高倍甜味剂的大规模生产与应用。随着合成生物学技术如基因测序、基因编辑等底层技术的发展，植物中天然甜味剂生物合成的相关基因、代谢通路被分析鉴定，为天然甜味剂的转化合成途径及细胞工厂构建奠定基础，促进了绿色、可持续的天然甜味剂生物制造技术发展。

### 8.4.1 萜类甜味剂生物合成

我国具有富含天然甜味化合物的植物资源，例如，甜叶菊叶子提取物甜菊糖苷（steviol glycoside）是重要的天然甜味剂，甜度是蔗糖的 200～300 倍；甘草、罗汉果作为药食同源植物，其提取物作为甜味剂具有增强食品风味，同时具有零热量及多种重要生理活性；甘草酸（glycyrrhizic acid，GL）、罗汉果苷（mogroside）甜度是蔗糖的 200～500 倍，这些高倍甜味剂均属于萜类化合物，已被广泛用于食品与保健品。

#### 1. 甜菊糖苷化合物

甜叶菊（*Stevia rebaudiana*）是一种多年生草本植物，几个世纪以来，其叶子一直被用作天然甜味剂（Tao and Cho，2020）。甜菊糖苷是由多种结构相似的二萜类化合物组成的混合物，其基本结构由甜菊醇（steviol）和不同数量的葡萄糖残基组成（图 8-7A）。从 20 世纪 70 年代开始，甜菊糖苷不断被分离和鉴定，其中，甜菊苷（stevioside，ST）和莱鲍迪苷 A（rebaudioside A，Reb A）的含量最丰富，含量分别为 5%～10% 和 2%～9%，也是最先被市售的甜菊糖苷类甜味剂。莱鲍迪苷 D（rebaudioside D，Reb D）和莱鲍迪苷 M（rebaudioside M，Reb M）是微量甜菊糖苷，含量为 0.4%～0.5%，但甜度更高，后苦味更少，Reb M 在感官特性上表现出与蔗糖最相似的特性，提供快速、干净的甜味，因此，成为新型甜菊糖苷产品开发的方向之一（Olsson et al.，2016；Prakash et al.，2014）。

甜菊糖苷的生物合成主要通过甲基赤藓糖醇-4-磷酸（MEP）途径，可分为以下三个阶段（图 8-8A）。在第一阶段，二萜合成单元异戊烯焦磷酸（IPP）和二甲基烯丙基焦磷酸（DMAPP）经由一系列 MEP 途径相关的酶催化生成；在第二阶段，由 IPP 单元构建的牻牛儿基牻牛儿基焦磷酸（geranylgeranyl pyrophosphate，GGPP）环化为贝壳杉烯，然后经过细胞色素 P450 贝壳杉烯氧化酶（kaurene oxidase，KO）三步氧化反应生成异贝壳杉烯酸（*ent*-kaurenoic acid，*ent*-KA；该物质也是赤霉酸合成的中间化合物）；在贝壳杉烯酸-13-羟化酶（kaurenoic acid-13-hydroxylase，KAH）的作用下，贝壳杉烯酸羟基化产生甜菊醇。在第三阶段，由糖基转移酶（UDP-dependent glycosyltransferase，UGT）催化甜菊醇的 C13 和 C19 位发生糖基化反应，从而改变了受体分子的溶解度、生物活性和甜味（Gold et al.，2018；Kim et al.，1996）。目前，甜菊糖苷或其前体甜菊醇和异贝壳杉烯酸的生物合成途径已成功构建于大肠杆菌、酿酒酵母、细长聚球藻（Gold et al.，2018；Kim et al.，1996；Ko and Woo，2020；Wang et al.，2016）。研究人员在构建的甜菊糖从头合成的酵母工程菌株中，通过模块工程化的策略重构复杂的代谢网络，

A

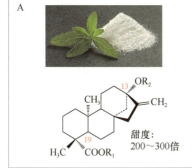

| 化合物 | R1 | R2 |
| --- | --- | --- |
| 甜菊醇 | H | H |
| 甜菊双糖苷 | H | Glc$\beta$(1-2)Glc$\beta$1 |
| 甜茶苷 | Glc$\beta$1 | Glc$\beta$1 |
| 甜菊苷 | Glc$\beta$1 | Glc$\beta$(1-2)Glc$\beta$1 |
| 莱鲍迪苷A | Glc$\beta$1 | Glc$\beta$(1-3)Glc$\beta$(1-2)Glc$\beta$1 |
| 莱鲍迪苷D | Glc$\beta$(1-2)Glc$\beta$1 | Glc$\beta$(1-3)Glc$\beta$(1-2)Glc$\beta$1 |
| 莱鲍迪苷M | Glc$\beta$(1-3)Glc$\beta$(1-2)Glc$\beta$1 | Glc$\beta$(1-3)Glc$\beta$(1-2)Glc$\beta$1 |

甜度：
200～300倍

B

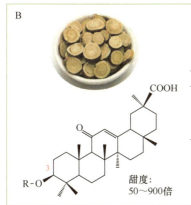

| 化合物 | R |
| --- | --- |
| 甘草次酸(GA) | H |
| 甘草次酸3-O-葡萄糖苷酸(GAMG) | $\beta$-GlcA |
| 甘草酸(GL) | $\beta$-GlcA-$\beta$-GlcA(2-1) |

甜度：
50～900倍

C

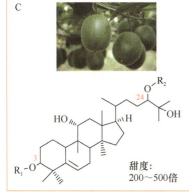

| 化合物 | R1 | R2 |
| --- | --- | --- |
| 罗汉果醇 | H | H |
| 罗汉果苷II E | Glc$\beta$1 | Glc$\beta$1 |
| 罗汉果苷III E | Glc$\beta$1 | Glc$\beta$(1-2) Glc$\beta$1 |
| 罗汉果苷III A | Glc$\beta$1 | Glc$\beta$(1-6) Glc$\beta$1 |
| 罗汉果苷IV A | Glc$\beta$(1-6) Glc$\beta$1 | Glc$\beta$(1-6) Glc$\beta$1 |
| 罗汉果苷IV E | Glc$\beta$(1-6) Glc$\beta$1 | Glc$\beta$(1-2) Glc$\beta$1 |
| 赛门苷 | Glc$\beta$1 | Glc$\beta$(1-6) Glc$\beta$(1-2) Glc$\beta$1 |
| 罗汉果苷V | Glc$\beta$(1-6) Glc$\beta$1 | Glc$\beta$(1-6) Glc$\beta$(1-2) Glc$\beta$1 |

甜度：
200～500倍

图 8-7　甜叶菊、甘草和罗汉果来源萜类甜味剂的相关化合物结构

甜茶苷（rubusoside）和莱鲍迪苷（rebaudioside）的产量分别达到了 1368.6 mg/L 和 132.7 mg/L（Xu et al.，2022b）。

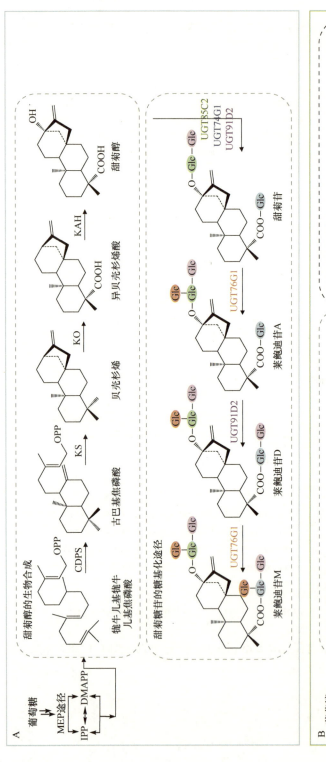

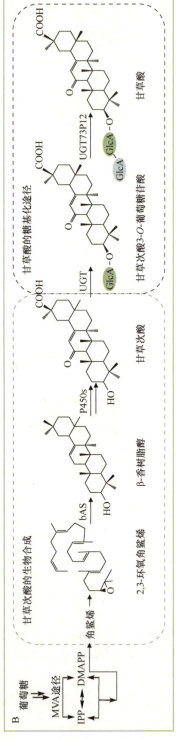

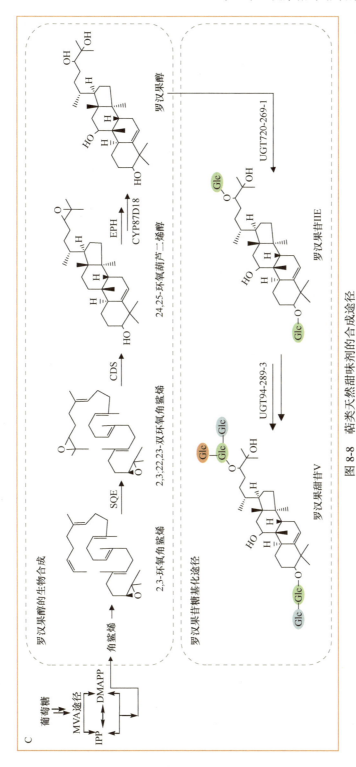

图 8-8 萜类天然甜味剂的合成途径

MEP 途径: 甲基赤藓糖醇-4-磷酸途径; IPP: 异戊烯焦磷酸盐; DMAPP: 二甲基烯丙基焦磷酸盐; CDPS: 柯巴基焦磷酸合成酶; KS: 贝壳杉烯合成酶; KO: 细胞色素 P450 贝壳杉烯氧化酶; KAH: 贝壳杉烯酸-13-羟化酶; MVA 途径: 甲羟戊酸途径; bAS: β-香树脂合成酶; SQE: 角鲨烯环氧酶; CDS: 葫芦二烯 醇合成酶; EPH: 环氧化物水解酶; OPP: 焦磷酸; GlcA: 葡萄糖醛酸残基

为了改善甜菊糖苷的口感，研究人员利用酿酒酵母中表达的甜叶菊来源的糖基转移酶 UGT76G1 对 ST 进行糖基化修饰，在 ST 的 C13 位的葡萄糖残基处引入 1,3-β-D-糖苷键形成 Reb A；优化反应条件，48 h 后 Reb A 的产量达到 1160.5 mg/L。在糖基转移酶所催化的糖基化反应中，昂贵的 UDP-葡萄糖作为糖供体被消耗，并产生抑制糖基转移酶活性的尿苷二磷酸（UDP）。为了循环利用 UDP 并原位再生 UDP-葡萄糖，来自 *Vigna radiata* 的蔗糖合酶与 UGT76G1 在毕赤酵母 GS115 中共同表达。研究发现当 mbSUS 和 UGT76G1 的基因拷贝数比例为 1∶3 时，Reb A 的产量在 26 h 内达到 261.2 mmol/L（252.6 g/L）（Chen et al., 2021; Huang et al., 2016）。

目前，已报道了不同来源的糖基转移酶催化 Reb A 生成 Reb D，例如，在 UGTSL2 与马铃薯来源蔗糖合酶 SUS1 的催化下，利用 Reb A 获得 17.4 g/L Reb D；构建多酶反应体系，以 20 g/L 的甜菊苷 ST 为底物得到 14.4 g/L 的 Reb D（Chen et al., 2020; Wang et al., 2020b）。在催化 Reb D 生成 Reb M 的过程中，糖基转移酶 SrUGT76G1 是关键酶元件，通过将 OsEUGT11 和 SrUGT76G1 共价固定在壳聚糖载体上，利用 Reb A 生成 4.82 g/L Reb M（转化率为 97.3%）。同时，共固定化酶重复使用 4 次后，仍能保留一半以上的初始活性（Wang et al., 2021）。为了减少副产物的产生，筛选能够积累所需甜味剂（如 Reb D 或 Reb M）的有效糖基转移酶突变体，研究者相继对 UGT76G1 的蛋白以及底物与蛋白复合物的晶体结构进行了解析，并利用分子对接和突变等手段对 UGT76G1 酶进行了深入研究，揭示其底物识别机制，减少副产物的产生（Liu et al., 2020; Yang et al., 2019）。

### 2. 甘草酸类化合物

甘草酸（glycyrrhizic acid，GL）是甘草中的主要活性成分，GL 由母核甘草次酸（glycyrrhetinic acid，GA）和两个连接于甘草次酸 C3-OH 上的葡萄糖醛酸组成，属于齐墩果烷型三萜皂苷（图 8-7B）。甘草次酸 3-*O*-葡萄糖苷酸（glycyrrhetinic acid 3-*O*-glucuronide，GAMG）比 GL 少一个葡萄糖醛酸基，表现出更高的生物活性，在治疗癌症和炎症等医药、食品领域具有更大优势，同时该物质的甜度是蔗糖的 941 倍，具有巨大的开发应用前景（Seki et al., 2008, 2011; Sun et al., 2020; Zhu et al., 2018）。

自 2013 年以来，乌拉尔甘草的转录组和基因组信息相继被发表，阐明了 GL 的五环三萜骨架 GA 的生物合成机制和途径。参与甘草次酸生物合成的主要基因已被克隆和表征，包括 β-香树脂合成酶（bAS）、细胞色素 P450 单加氧酶（CYP88D6、CYP72A154/CYP72A63）（Seki et al., 2008, 2011）。在 GA 的合成途径中，2,3-环氧角鲨烯首先通过 bAS 转化为 β-香树脂醇；然后，以 11-氧代-β-香脂素为中间体，通过 CYP88D6 和 CYP72A154/CYP72A63 多步氧化，最终生成甘草次酸。研究人员通过数据库关键基因挖掘与甘草次酸合成途径的解析，在酿酒酵母中实现了甘草次酸的从头合成，其产量为 15 μg/L，打通了甘草次酸合成技术路线（Seki et al.，2011），进一步，通过对酶元件改造及发酵工艺优化，GA 的产量达到 36.4 mg/L（Sun et al.，2020；Zhu et al.，2018）。

甘草酸生物合成的最后一步由糖基转移酶催化甘草次酸 C3-OH 的葡萄糖醛酸基化修饰。2019 年，研究人员从甘草中鉴定出糖基转移酶 GuUGT73F15（GuGT14），该酶在体外被验证可将葡萄糖醛酸基转移甘草次酸 C3-OH 产生 GAMG（Chen et al.，2019）。此外，甘草来源糖基转移酶 UGT73P12、乌拉尔甘草等植物来源的纤维素合酶超家族成员（cellulose synthase-like enzyme，Csl），以及哺乳动物糖基转移酶 UGT1A1 等三萜糖基转移酶活性被鉴定；同时，在工程化酿酒酵母中重建了 GL 的完整生物合成途径，分别产生 5.98 mg/L 和 2.31 mg/L 的 GL 和 GAMG（Nomura et al.，2019；Xu et al.，2021a）。

### 3. 罗汉果甜苷类化合物

罗汉果甜苷是罗汉果（*Siraitia grosvenorii*）中一类葫芦烷型四环三萜类化合物，占罗汉果干重的 3.75%～3.85%，具有高甜度、零热量和多种药理活性。罗汉果苷主要由罗汉果醇苷元和不同数量的葡萄糖基组成（图 8-7C），葡萄糖基在苷元中的连接位置、数目和立体构型对罗汉果苷的甜味具有重要影响，作为成熟罗汉果的主要功能成分罗汉果苷 V 的甜度是蔗糖甜度的 300 倍，赛门苷（siamenoside I，Sia）含量较少，其甜度是蔗糖的 563 倍，是迄今为止分离出来的最甜的罗汉果苷。

为解析罗汉果苷的生物合成途径，2011 年研究人员陆续开展了罗汉果全基因组和转录组测序，并对大量的候选基因进行表达与功能验证。2016 年，罗汉果甜苷的合成途径被完整解析，共涉及 5 个酶家族，包括角鲨烯环氧酶（SQE）、葫芦二烯醇合酶（CDS）、环氧化物水解酶（EPH）、细胞色素 P450（CYP）和 UDP-葡萄糖基转移酶（UGT）（Itkin et al.，2016）。该研究鉴定出了参与骨架化合物 C24 和 C25 羟基化的 EPH 酶，并提出罗汉果醇母核合成过程中羟基化反应的顺序，解决了罗汉果醇合成途径中的关键问题。2022 年，研究人员在酿酒酵母中构建了罗汉果醇的从头合成途径，并通过代谢流优化最终实现罗汉果醇的异源合成（产量为 9.1 μg/L），证明了该路径的可行性（图 8-8 C）（Dai et al.，2015；Wang et al.，2022）。

与罗汉果甜苷 V 相比，赛门苷因其高甜度而被研究人员所关注，但该化合物在自然界中含量较少，限制了进一步应用。为进一步提高该化合物的产量，研究人员通过半理性设计将赛门苷合成过程中的关键糖基转移酶 UGT94-289-2 进行改造，获得活性明显提高的突变体 UGT-M2（T181D/I194G），并与蔗糖酶偶联构建高效细胞转化体系，经优化后赛门苷（纯度＞96.4%）的产量达到 29.78 g/(L·d)（Xu et al.，2022a）。研究人员通过微生物筛选，发现一株名为 *Dekkera bruxellensis* 的酵母菌株，该菌株通过表达一种 β-葡萄糖苷酶（由 *Exg1* 基因编码）可选择性地将罗汉果苷 V 经一步生物转化水解为 Sia I，为生产 Sia I 提供了一种可行的方法（Wang et al.，2019）。除了合成天然的赛门苷外，研究人员利用环糊精葡糖基转移酶（CGTase）生物合成了口感更好的新型糖基化罗汉果苷 α-siamenoside I（α-SI），其葡萄糖单元通过 α-1,6-糖苷键与罗汉果苷 IIIE 的 C24 葡萄糖基的 C6'相连，其甜度是蔗糖的 508 倍，并且具有与天然赛门苷相似的良好稳定性（Xu et al.，2021b）。

### 8.4.2 黄酮类甜味剂生物合成

1963 年，研究人员以柑橘类果皮为原料成功制备了甜度高的二氢查耳酮衍生物。目前已发现多种二氢查耳酮苷类化合物具有极高甜度，如柚皮苷二氢查耳酮（naringin dihydrochalcone，NDC）、新橙皮苷二氢查耳酮（neohesperidin dihydrochalcone，NHDC）、橙皮苷二氢查耳酮和三叶苷等。新橙皮苷二氢查耳酮和柚皮苷二氢查耳酮甜度分别是蔗糖的 1000 倍，口感清爽、余味持久、稳定性好且无毒，可改善食品风味，在食品、药品和饲料等工业中作为甜味剂被广泛应用。1997 年，NHDC 被我国列入《食品添加剂使用卫生标准》。NHDC 和 NDC 可由新橙皮苷/柚皮苷在碱性条件下开环后催化加氢得到。新橙皮苷在植物中含量较低，故通常将来源广泛的橙皮苷、柚皮苷转化为新橙皮苷，再用于 NHDC 的制备。

二氢查耳酮类化合物的合成途径是苯丙素代谢途径的一部分，苯丙氨酸在苯丙氨酸解氨酶（PAL）、肉桂酸 4-羟化酶（C4H）和 4-香豆酸：辅酶 A 连接酶（4CL）催化下生成对香豆酰辅酶 A；在查耳酮合酶（CHS）的催化下，通过与三个丙二酰辅酶 A 单元的脱羧缩合和随后的环化形成根皮素，在糖基转移酶的催化作用下根皮素可先后生成三叶苷和柚皮苷二氢查耳酮；此外，研究人员推测根皮素在细胞色素 P450 和氧甲基转移酶，以及糖基转移酶的一系列作用下可生成新橙皮苷二氢查耳酮（图 8-9）。查耳酮合成相关的基因在酿酒酵母中进行表达，目前，已利用从头合成途径分别得到 65 mg/L 根皮素、32.8 mg/L 三叶苷、11.6 mg/L 柚皮苷二氢查耳酮，为二氢查耳酮类甜味的合成提供了新的合成途径（Choi et al.，2021；Eichenberger et al.，2017；Frydman et al.，2005；Ibdah et al.，2018；Robertson et al.，1974；Yahyaa et al.，2016）。

### 8.4.3 蛋白类甜味剂生物合成

甜味蛋白是重要的植物来源高倍甜味剂，目前共发现八种植物甜味蛋白，即

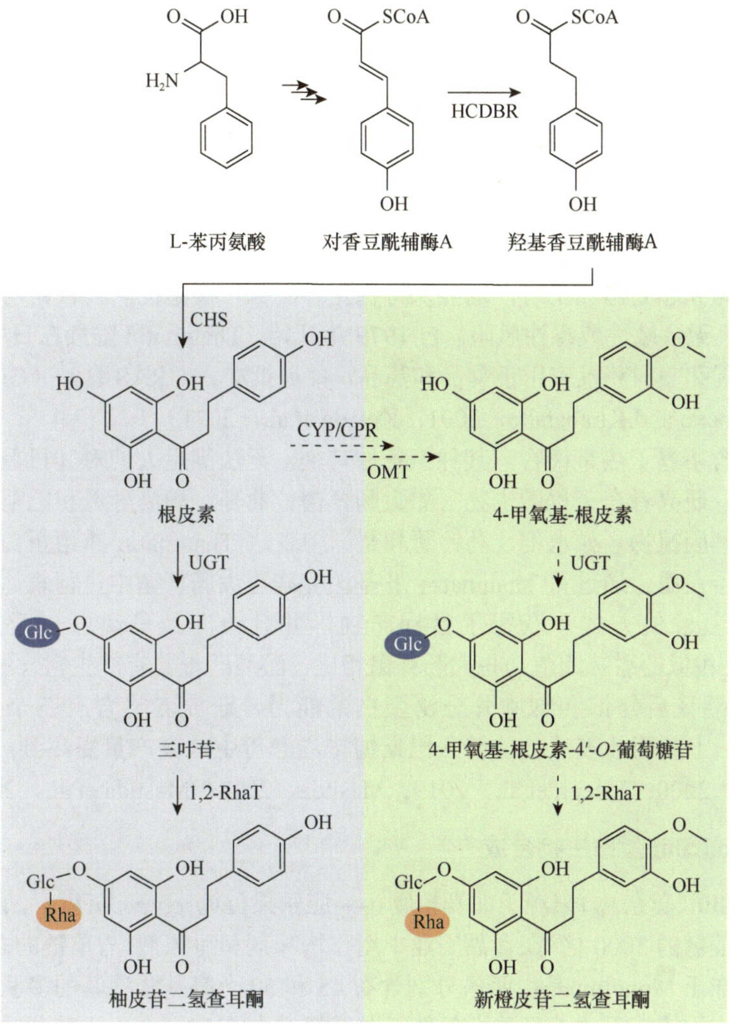

图 8-9 二氢查耳酮类甜味剂的生物合成途径

HCDBR：羟基肉桂酰辅酶 A 双键还原酶；CHS：查耳酮合酶；UGT：糖基转移酶；1,2-RhaT：1,2-鼠李糖基转移酶；CPR：细胞色素 P450 还原酶；CYP：细胞色素 P450；OMT：O-甲基转移酶；Glc：葡萄糖基；Rha：鼠李糖基。实线箭头表示路线已实现，虚线为推测路径

Brazzein、Thaumatin、Monellin、Curculin、Mabinlin、Miraculin、Pentadin 和 Neoculin；其中，Brazzein、Thaumatin、Monellin、Mabinlin、Pentadin 这 5 种本身具有甜味，为甜味蛋白；Miraculin 和 Neoculin 为甜味诱导蛋白，具有甜味调节功能，可以使包含酸味在内的其他味感变为甜味；Curculin 兼有前两类蛋白质的甜味特性。目前，这些甜味蛋白研究主要集中在 Thaumatin、Monellin、Mabinlin 和 Brazzein。

### 1. Thaumatin 蛋白生物合成

Thaumatin（索马甜）来源于非洲竹芋（*Thaumatococcus daniellii*）的果实，于 1972 年从该植物中被分离出来，其甜度是蔗糖的 3000 倍（按质量计算）。Thaumatin 是由 207 个氨基酸组成的单链多肽，共有两种主要成分（Thaumatin Ⅰ 和Ⅱ）和三种次要成分（Thaumatin a、b 和 c），其差异源于多肽链不同位点氨基酸变异。研究表明，当 Thaumatin 在 pH 低于 5.5 的条件下煮沸 1 h 或巴氏杀菌、罐装、烘烤和超高温加工时，均能保持稳定和甜味，实验证明其代谢与其他膳食蛋白类似，无致敏性或毒性风险。自 1979 年开始，Thaumatin 陆续在日本、英国、中国、韩国和美国获批应用于食品和药品，并被批准为 GRAS 食品（Gibbs et al.，1996；Kaneko and Kitabatake，2001；Kelada et al.，2021）。

非洲竹芋属于热带植物，其种植条件苛刻，无法满足人们对其日益增长的需求。因此，研究者在工程微生物（如大肠杆菌、曲霉、酿酒酵母和巴斯德毕赤酵母）和转基因植物（如水稻、马铃薯和梨）中表达 Thaumatin 重组蛋白，以获得更稳定的蛋白质。通过将 Thaumatin Ⅱ基因克隆至大肠杆菌中进行表达，同时采用包涵体复性的方式，获得了目标产物，并且该产品呈现出与天然来源的 Thaumatin 相似的甜味阈值。与大肠杆菌相比，酿酒酵母具有产生富含 S—S 键的蛋白质、翻译后修饰和细胞外分泌蛋白的能力，研究者将含有三个拷贝数的 Thaumatin Ⅰ基因的表达载体转入巴斯德毕赤酵母中，其产量提高到 100 mg/L（Daniell，2000；Joseph et al.，2019；Masuda，2016；Masuda et al.，2010）。

### 2. Monellin 蛋白生物合成

Monellin（莫奈林）来源于非洲植物——应乐果（*Dioscoreophyllum cumminsii*），其甜度是蔗糖的 3000 倍，在食品工业中用作增味剂和甜味剂。与单链的 Thaumatin 不同之处在于 Monellin 是由两条分别含有 45 和 50 个氨基酸残基的多肽链通过非共价相互作用连接而成。当酸性条件下温度超过 50℃时，会失去其甜味。为克服这一问题，研究人员尝试用不同的 linker 将两条多肽链连接在一起，发现其中一种单链衍生物在大肠杆菌中进行表达，可以表现出强大的甜味，并且在极端 pH 和温度条件下均能保持高度稳定。Monellin 已经在大肠杆菌、产朊假丝酵母和酵母中进行表达。大肠杆菌中使用 T7 启动子表达 Monellin 蛋白，并利用大肠杆菌偏好性密码子对该蛋白的基因序列进行密码子优化，结果发现，Monellin 的表达量是整个可溶性表达蛋白的 45%，纯化目的蛋白得率达到 43 mg/g 细胞干重（Bilal et al.，2022；Tyo et al.，2014）。

### 3. Brazzein 蛋白生物合成

Brazzein（布那珍）来源于非洲野生植物——忘忧果（*Pentadiplandra brazzeana*）

果实，其甜度是蔗糖的 2000 倍。Brazzein 是一种由 54 个氨基酸组成的单链多肽，在 80℃下孵育 4 h 仍能保持甜味。该多肽已在植物、酵母、乳酸菌和大肠杆菌等多种宿主中实现表达。在较早的报道中，在大肠杆菌和乳酸克鲁维酵母（*Kluyveromyces lactis*）中表达、纯化的重组 Brazzein 蛋白的甜度是蔗糖的 1800 倍。报道发现，其关键氨基酸残基突变衍生物比天然来源的 Brazzein 更甜，其中 Brazzein 突变体（H31R/E36D/E41A）的甜度是蔗糖 22 500 倍，比野生型 Brazzein 甜度高 18 倍。此外，乳酸克鲁维酵母表达产生的 Brazzein 显示出抗炎、抗过敏和抗氧化的潜力，使其在食品加工中更具吸引力（Berlec et al.，2006；Yun et al.，2016）。

**4. Mabinlin 蛋白生物合成**

Mabinlin（马槟榔甜蛋白）来源于我国云南等省的高海拔地区植物——马槟榔（*Capparis masaikai*），其甜度是蔗糖的 400 倍。Mabinlin 有 4 种同系物，分别为 Mabinlin Ⅰ、Ⅱ、Ⅲ、Ⅳ。其中，Mabinlin Ⅱ 的相关研究较多，其由 A（含有 33 个氨基酸残基）、B（含有 72 个氨基酸残基）两条链组成，热稳定性好，甜味在 80℃至少可保持 48 h 不被破坏，而 Mabinlin Ⅰ、Ⅲ和Ⅳ在 80℃下保持 0.5 h 甜味便丧失。根据大肠杆菌密码子对 Mabinlin Ⅱ基因进行优化导入至大肠杆菌 BL21（DE3）中进行表达，在最优诱导表达条件下，最终目的蛋白表达量占菌体蛋白的 33%左右，且具有与天然 Mabinlin 相近的甜度（Liu et al.，1993；Nirasawa et al.，1994）。

随着天然高倍甜味剂研究的深入，其应用价值被不断开发，市场需求也在不断扩大。近年，利用微生物合成天然高倍甜味剂的研究取得进展和突破，已实现了甜菊糖苷、甘草酸、柚皮苷二氢查耳酮、莫奈林等化合物的生物合成。然而，现阶段多数目标产物的产量较低，生产成本尚无法和植物提取法相比。因此，利用交叉学科知识，多维度地展开深入研究，构建天然高倍甜味剂的生物合成创新技术路线；进一步结合生物信息学分析、计算机辅助模拟、基因编辑等技术，选择合适的微生物作为底盘细胞，筛选、挖掘、改造获得特异性强、催化活性高的关键酶，开发不同种类的 UDP 糖基供体，构建高效合成甜味剂微生物细胞工厂，对传统种植提取模式的替代具有非常重要意义。

# 8.5　总结与展望

我国肥胖、糖尿病和亚健康人群数量不断增加，居民的健康意识提高，功能性甜味剂在食品、饮料、乳制品等下游行业中的应用市场巨大，这推动着多元化产品及核心技术不断迭代升级。健康糖、糖醇和天然高倍甜味剂不仅可作为食品中的功能性配料，还因其低热量、低升糖指数等特性，常被用作蔗糖的替代原料，以降低过量摄入食糖对人体产生的不良影响。未来，我们应基于市场需求导向开展新产品研发，聚焦自主关键核心技术创新，调整制糖产业结构，注重糖生物质资源与生产原料开发，发展新一代的健康糖与甜味剂的生物制造技术，提升其赋予食品的新功能，对保障国家食糖供应与安全，实施健康中国战略具有重大意义。

本章参编人员：孙媛霞　杨建刚　陈　朋　李　娇　董乾震

# 参 考 文 献

杜晨红, 杨东吉, 朱随亮, 等, 2019. 不同功能性寡糖对细菌增殖与黏附性影响. 动物营养学报, 31(5): 2378-2387.

高慧, 2013. 圆酵母 B84512 产赤藓糖醇发酵条件优化及其 GPD1 基因敲除. 无锡: 江南大学硕士学位论文.

刘鑫龙, 王立晖, 汤卫华, 等, 2016. 固定化半乳糖苷酶催化合成低聚半乳糖的研究. 食品工程, (1): 20-22,39

史然, 江正强, 2020. 2′-岩藻糖基乳糖的酶法合成研究进展和展望. 合成生物学, 1(4): 481-494.

杨绍青, 刘学强, 刘瑜, 等, 2019. 酶法制备几种功能性低聚糖的研究进展. 生物产业技术, (4): 16-25.

Agoston K, Hederos M J, Bajza I, et al., 2019. Kilogram scale chemical synthesis of 2′-fucosyllactose. Carbohydr Res, 476: 71-77.

Albermann C, Piepersberg W, Wehmeier U F, 2001. Synthesis of the milk oligosaccharide 2′-fucosyllactose using recombinant bacterial enzymes. Carbohydr Res, 334(2): 97-103.

Babbar N, Dejonghe W, Gatti M, et al., 2016. Pectic oligosaccharides from agricultural by-products: production, characterization and health benefits. Crit Rev Biotechnol, 36(4): 594-606.

Berlec A, Jevnikar Z, Majhenič A Č, et al., 2006. Expression of the sweet-tasting plant protein brazzein in *Escherichia coli* and *Lactococcus lactis*: a path toward sweet lactic acid bacteria. Appl Microbiol Biotechnol, 73(1): 158-165.

Bilal M, Ji L Y, Xu S, et al., 2022. Bioprospecting and biotechnological insights into sweet-tasting proteins by microbial hosts—a review. Bioengineered, 13(4): 9815-9828.

Bode L, 2012. Human milk oligosaccharides: every baby needs a sugar mama. Glycobiology, 22(9): 1147-1162.

Brovetto M, Gamenara D, Méndez P S, et al., 2011. C-C bond-forming lyases in organic synthesis. Chem Rev, 111(7): 4346-4403

Castanys-Muñoz E, Martin M J, Prieto P A, 2013. 2′-fucosyllactose: an abundant, genetically determined soluble glycan present in human milk. Nutr Rev, 71(12): 773-789.

Chauhan P S, Sharma P, Puri N, et al., 2014. Purification and characterization of an alkali-thermostable β-mannanase from *Bacillus nealsonii* PN-11 and its application in mannooligosaccharides preparation having prebiotic potential. Eur Food Res Technol, 238(6): 927-936.

Chen K, Hu Z M, Song W, et al., 2019. Diversity of O-glycosyltransferases contributes to the biosynthesis of flavonoid and triterpenoid glycosides in *Glycyrrhiza uralensis*. ACS Synth Biol, 8(8): 1858-1866.

Chen L L, Cai R X, Weng J Y, et al., 2020. Production of rebaudioside D from stevioside using a UGTSL2 Asn358Phe mutant in a multi-enzyme system. Microb Biotechnol, 13(4): 974-983.

Chen M Q, Zeng X, Zhu Q J, et al., 2021. Effective synthesis of Rebaudioside A by whole-cell biocatalyst *Pichia pastoris*. Biochem Eng J, 175: 108117.

Chen P, Zhu Y M, Men Y, et al., 2018. Purification and characterization of a novel alginate lyase from the marine bacterium *Bacillus* sp. Alg07. Mar Drugs, 16(3): 86.

Chin Y W, Kim J Y, Lee W H, et al., 2015. Enhanced production of 2′-fucosyllactose in engineered *Escherichia coli* BL21star(DE3) by modulation of lactose metabolism and fucosyltransferase. J Biotechnol, 210: 107-115.

Chin Y W, Seo N, Kim J H, et al., 2016. Metabolic engineering of *Escherichia coli* to produce 2′-fucosyllactose via salvage pathway of guanosine 5′-diphosphate (GDP)-l-fucose. Biotechnol Bioeng, 113(11): 2443-2452.

Choi S, Yu S, Lee J, et al., 2021. Effects of neohesperidin dihydrochalcone (NHDC) on oxidative phosphorylation, cytokine production, and lipid deposition. Foods, 10(6): 1408.

Cui J D & Jia S R, 2015. Optimization protocols and improved strategies of cross-linked enzyme aggregates technology: current development and future challenges. Crit Rev Biotechnol, 35(1): 15-28.

Dai L H, Liu C, Zhu Y M, et al., 2015. Functional characterization of cucurbitadienol synthase and triterpene glycosyltransferase involved in biosynthesis of mogrosides from *Siraitia grosvenorii*. Plant Cell Physiol, 56(6): 1172-1182.

Daniell S, 2000. Refolding the sweet-tasting protein thaumatin II from insoluble inclusion bodies synthesised in *Escherichia coli*. Food Chem, 71(1): 105-110.

Eichenberger M, Lehka B J, Folly C, et al., 2017. Metabolic engineering of *Saccharomyces cerevisiae* for *de novo* production of dihydrochalcones with known antioxidant, antidiabetic, and sweet tasting properties. Metab Eng, 39: 80-89.

Faijes M, Castejón-Vilatersana M, Val-Cid C, et al., 2019. Enzymatic and cell factory approaches to the production of human milk oligosaccharides. Biotechnol Adv, 37(5): 667-697.

Frydman A, Weisshaus O, Huhman D V, et al., 2005. Metabolic engineering of plant cells for biotransformation of hesperedin into neohesperidin, a substrate for production of the low-calorie sweetener and flavor enhancer NHDC. J Agric Food Chem, 53(25): 9708-9712.

Gibbs B F, Alli I, Mulligan C, 1996. Sweet and taste-modifying proteins: a review. Nutr Res, 16(9): 1619-1630.

Gold N D, Fossati E, Hansen C C, et al., 2018. A combinatorial approach to study cytochrome P450 enzymes for *de novo* production of steviol glucosides in baker's yeast. ACS Synth Biol, 7(12): 2918-2929.

Gosling A, Stevens G W, Barber A R, et al., 2010. Recent advances refining galactooligosaccharide production from lactose. Food Chem, 121(2): 307-318.

Han W J, Zhu Y M, Men Y, et al., 2014. Production of allitol from D-psicose by a novel isolated strain of *Klebsiella oxytoca* G4A4. J Basic Microbiol, 54(10) : 1073-1079.

Hassan N, Geiger B, Gandini R, et al., 2016. Engineering a thermostable *Halothermothrix orenii* β-glucosidase for improved galacto-oligosaccharide synthesis. Appl Microbiol Biotechnol, 100(8): 3533-3543.

Hossain A, Yamaguchi F, Matsuo T, et al., 2015. Rare sugar D-allulose: potential role and therapeutic monitoring in maintaining obesity and type 2 diabetes mellitus. Pharmacol Ther, 155: 49-59.

Huang F C, Hinkelmann J, Hermenau A, et al., 2016. Enhanced production of β-glucosides by *in-situ* UDP-glucose regeneration. J Biotechnol, 224: 35-44.

Huerta L M, Vera C, Guerrero C, et al., 2011. Synthesis of galacto-oligosaccharides at very high lactose concentrations with immobilized β-galactosidases from *Aspergillus oryzae*. Process Biochemistry, 46(1): 245-252.

Ibdah M, Martens S, Gang D R, 2018. Biosynthetic pathway and metabolic engineering of plant dihydrochalcones. J Agric Food Chem, 66(10): 2273-2280.

Itkin M, Davidovich-Rikanati R, Cohen S, et al., 2016. The biosynthetic pathway of the nonsugar, high-intensity sweetener mogroside V from *Siraitia grosvenorii*. Proc Natl Acad Sci USA, 113(47): E7619- E7628.

Iturrate L, Sánchez-Moreno I, Oroz-Guinea I, et al., 2010. Preparation and characterization of a bifunctional aldolase/kinase enzyme: a more efficient biocatalyst for C-C bond formation. Chemistry, 16(13): 4018-4030.

Izumori K, 2002. Bioproduction strategies for rare hexose sugars. Naturwissenschaften, 89(3): 120-124.

Izumori K, Khan A R, Okaya H, et al., 1993. A New Enzyme, D-Ketohexose 3-Epimerase, from *Pseudomonas* sp. ST-24. Biosci Biotechnol Biochem, 57(6): 1037-1039.

Jana U K, Suryawanshi R K, Prajapati B P, et al., 2018. Production optimization and characterization of mannooligosaccharide generating β-mannanase from *Aspergillus oryzae*. Bioresour Technol, 268: 308-314.

Joseph J A, Akkermans S, Nimmegeers P, et al., 2019. Bioproduction of the recombinant sweet protein thaumatin: current state of the art and perspectives. Front Microbiol, 10: 695.

Jovanovic-Malinovska R, Fernandes P, Winkelhausen E, et al., 2012. Galacto-oligosaccharides synthesis from lactose and whey by β-galactosidase immobilized in PVA. Appl Biochem Biotechnol, 168(5): 1197-1211.

Jung S M, Chin Y W, Lee Y G, et al., 2019. Enhanced production of 2′-fucosyllactose from fucose by elimination of rhamnose isomerase and arabinose isomerase in engineered *Escherichia coli*. Biotechnol Bioeng, 116(9): 2412-2417.

Kaneko R, Kitabatake N, 2001. Structure-sweetness relationship in thaumatin: importance of lysine residues. Chem Senses, 26(2): 167-177.

Kelada K D, Tusé D, Gleba Y, et al., 2021. Process simulation and techno-economic analysis of large-scale bioproduction of sweet protein thaumatin II. Foods, 10(4): 838.

Kim H J, Hyun E K, Kim Y S, et al., 2006. Characterization of an *Agrobacterium tumefaciens* D-psicose 3-epimerase that converts D-fructose to D-psicose. Appl Environ Microbiol, 72(2): 981-985.

Kim K A, Noh B S, Lee J K, et al., 2000. Optimization of culture conditions for erythritol production by *Torula* sp. J Microbiol Biotechnol, 10: 69-74.

Kim K K, Sawa Y, Shibata H, 1996. Hydroxylation of *ent*-kaurenoic acid to steviol in *Stevia rebaudiana* Bertoni—purification and partial characterization of the enzyme. Arch Biochem Biophys, 332(2): 223-230.

Ko S C, Woo H M, 2020. Biosynthesis of the calorie-free sweetener precursor *ent*-kaurenoic acid from $CO_2$ using engineered cyanobacteria. ACS Synth Biol, 9(11): 2979-2985.

Lee D H, Lee Y J, Ryu Y W, et al., 2010. Molecular cloning and biochemical characterization of a novel erythrose reductase from *Candida magnoliae* JH110. Microb Cell Fact, 9: 43.

Lee J K, Hong K W, Kim S Y, 2003. Purification and properties of a NADPH-dependent erythrose reductase from the newly isolated Torula corallina. Biotechnol Prog, 19(2): 495-500.

Lee K J, Lim J Y, 2003. Optimized conditions for high erythritol production by *Penicillium* sp. KJ-UV29, mutant of *Penicillium* sp. KJ81. Biotechnol Bioprocess Eng, 8(3): 173-178.

Lezyk M, Jers C, Kjaerulff L, et al., 2016. Novel α-L-fucosidases from a soil metagenome for production of fucosylated human milk oligosaccharides. PLoS One, 11(1): e0147438.

Li Z J, Cai L, Qi Q S, et al., 2011. Synthesis of rare sugars with L-fuculose-1-phosphate aldolase (FucA) from *Thermus thermophilus* HB8. Bioorganic Med Chem Lett, 21(17): 5084-5087.

Liu X Q, Liu Y, Jiang Z Q, et al., 2018. Biochemical characterization of a novel xylanase from Paenibacillus barengoltzii and its application in xylooligosaccharides production from corncobs. Food Chem, 264: 310-318.

Liu X, Maeda S, Hu Z, et al., 1993. Purification, complete amino acid sequence and structural characterization of the heat-stable sweet protein, mabinlin II. Eur J Biochem, 211: 281-287.

Liu Z F, Li J X, Sun Y W, et al., 2020. Structural insights into the catalytic mechanism of a plant diterpene glycosyltransferase SrUGT76G1. Plant Commun, 1(1): 100004.

Lu L L, Guo L C, Wang K, et al., 2020. β-Galactosidases: a great tool for synthesizing galactose-containing carbohydrates. Biotechnol Adv, 39: 107465.

Luo Z C, Miao J, Li G Y, et al., 2017. A recombinant highly thermostable β-mannanase (ReTMan26) from thermophilic *Bacillus subtilis* (TBS2) expressed in *Pichia pastoris* and its pH and temperature stability. Appl Biochem Biotechnol, 182(4): 1259-1275.

Masuda T, 2016. Sweet-tasting protein thaumatin: physical and chemical properties// Merillon J M, Ramawat K G. Sweeteners. Cham: Springer International Publishing: 1-31.

Masuda T, Ide N, Ohta K, et al., 2010. High-yield secretion of the recombinant sweet-tasting protein thaumatin I. Food Sci Technol Res, 16(6): 585-592.

Men Y, Zhu Y M, Zeng Y, et al., 2014. Co-expression of D-glucose isomerase and D-psicose 3-epimerase: development of an efficient one-step production of D-psicose. Enzyme Microb Technol, 64-65: 1-5.

Moreno F J, Corzo N, Montilla A, et al., 2017. Current state and latest advances in the concept, production and functionality of prebiotic oligosaccharides. Curr Opin Food Sci, 13: 50-55.

Mu W M, Chu F F, Xing Q C, et al., 2011. Cloning, expression, and characterization of a D-psicose 3-epimerase from Clostridium cellulolyticum H10. J Agric Food Chem, 59(14): 7785-7792.

Nguyen T H, Splechtna B, Krasteva S, et al., 2007. Characterization and molecular cloning of a heterodimeric β-galactosidase from the probiotic strain *Lactobacillus acidophilus* R22. FEMS Microbiol Lett, 269(1): 136-144.

Nguyen T T, Nguyen H A, Arreola S L, et al., 2012. Homodimeric β-galactosidase from *Lactobacillus delbrueckii* subsp. bulgaricus DSM 20081: expression in Lactobacillus plantarum and biochemical characterization. J Agric Food Chem, 60(7): 1713-1721.

Nirasawa S, Nishino T, Katahira M, et al., 1994. Structures of heat-stable and unstable homologues of the sweet protein mabinlin. The difference in the heat stability is due to replacement of a single amino acid residue. Eur J Biochem, 223(3): 989-995.

Nomura Y, Seki H, Suzuki T, et al., 2019. Functional specialization of UDP-glycosyltransferase 73P12 in licorice to produce a sweet triterpenoid saponin, glycyrrhizin. Plant J, 99(6): 1127-1143.

Olsson K, Carlsen S, Semmler A, et al., 2016. Microbial production of next-generation stevia sweeteners. Microb Cell Fact, 15(1): 207.

Oshima H, Kimura I, Izumori K, 2006. Psicose contents in various food products and its origin. Food Sci Technol Res, 12(2): 137-143.

Park E H, Lee H Y, Ryu Y W, et al., 2011. Role of osmotic and salt stress in the expression of erythrose reductase in *Candida magnoliae*. J Microbiol Biotechnol, 21(10): 1064-1068.

Park H Y, Kim H J, Lee J K, et al., 2007. Galactooligosaccharide production by a thermostable β-galactosidase from *Sulfolobus solfataricus*. World J Microbiol Biotechnol, 24(8): 1553-1558

Patel S N, Sharma M, Lata K, et al., 2016. Improved operational stability of d-psicose 3-epimerase by a novel protein engineering strategy, and d-psicose production from fruit and vegetable residues. Bioresour Technol, 216: 121-127.

Prakash I, Markosyan A, Bunders C, 2014. Development of next generation *Stevia* sweetener: rebaudioside M. Foods, 3(1): 162-175.

Robertson G H, Clark J P, Lundin R, 1974. Dihydrochalcone sweeteners: preparation of neohesperidin dihydrochalcone. Product R&D, 13(2): 125-129.

Rodriguez-Colinas B, de Abreu M A, Fernandez-Arrojo L, et al., 2011. Production of Galacto-oligosaccharides by the β-Galactosidase from *Kluyveromyces lactis*: comparative analysis of permeabilized cells versus soluble enzyme. J Agric Food Chem, 59(19): 10477-10484

Ryu Y W, Park C Y, Park J B, et al., 2000. Optimization of erythritol production by *Candida magnoliae* in fed-batch culture. J Ind Microbiol Biotechnol, 25(2): 100-103.

Seki H, Ohyama K, Sawai S, et al., 2008. Licorice beta-amyrin 11-oxidase, a cytochrome P450 with a key role in the biosynthesis of the triterpene sweetener glycyrrhizin. Proc Natl Acad Sci USA, 105(37): 14204-14209.

Seki H, Sawai S, Ohyama K, et al., 2011. Triterpene functional genomics in licorice for identification of CYP72A154 involved in the biosynthesis of glycyrrhizin. Plant Cell, 23(11): 4112-4123.

Shin H J, Yang J W, 1994. Galacto-oligosaccharide production by β-galactosidase in hydrophobic organic media. Biotechnol Lett, 16(11): 1157-1162.

Shin S M, Cao T P, Choi J M, et al., 2017. TM0416, a hyperthermophilic promiscuous nonphosphorylated sugar isomerase, catalyzes various $C_5$ and $C_6$ Epimerization reactions. Appl Environ Microbiol, 83(10): e03291-e03216.

Sugiyama Y, Gotoh A, Katoh T, et al., 2016. Introduction of H-antigens into oligosaccharides and sugar chains of glycoproteins using highly efficient 1,2-α-l-fucosynthase. Glycobiology, 26(11): 1235-1247.

Sun W T, Xue H J, Liu H, et al., 2020. Controlling chemo- and regioselectivity of a plant P450 in yeast cell toward rare licorice triterpenoid biosynthesis. ACS Catal, 10(7): 4253-4260.

Sun Y X, Hayakawa S, Ogawa M, et al., 2008. Influence of a rare sugar, d-psicose, on the physicochemical and functional properties of an aerated food system containing egg albumen. J Agric Food Chem, 56(12): 4789-4796.

Suryawanshi R K, Jana U K, Prajapati B P, et al., 2019. Immobilization of *Aspergillus quadrilineatus* RSNK-1 multi-enzymatic system for fruit juice treatment and mannooligosaccharide generation.

Food Chem, 289: 95-102.

Tao R, Cho S, 2020. Consumer-based sensory characterization of steviol glycosides (rebaudioside A, D, and M). Foods, 9(8): 1026.

Tian C Y, Yang J G, Li Y J, et al., 2020. Artificially designed routes for the conversion of starch to value-added mannosyl compounds through coupling *in vitro* and *in vivo* metabolic engineering strategies. Metab Eng, 61: 215-224.

Tian C Y, Yang J G, Liu C, et al., 2022. Engineering substrate specificity of HAD phosphatases and multienzyme systems development for the thermodynamic-driven manufacturing sugars. Nat Commun, 13(1): 3582.

Tian C Y, Yang J G, Zeng Y, et al., 2019. Biosynthesis of raffinose and stachyose from sucrose via an *in vitro* multienzyme system. Appl Environ Microbiol, 85(2): e02306-e02318.

Tseng C W, Liao C Y, Sun Y X, et al., 2014. Immobilization of *Clostridium cellulolyticum* D-psicose 3-epimerase on artificial oil bodies. J Agric Food Chem, 62(28): 6771-6776.

Tyo K E J, Liu Z H, Magnusson Y, et al., 2014. Impact of protein uptake and degradation on recombinant protein secretion in yeast. Appl Microbiol Biotechnol, 98(16): 7149-7159.

Tzortzis G, Jay A J, Baillon M L A, et al., 2003. Synthesis of alpha-galactooligosaccharides with alpha-galactosidase from *Lactobacillus reuteri* of canine origin. Appl Microbiol Biotechnol, 63(3): 286-292.

Vera C, Guerrero C, Conejeros R, et al., 2012. Synthesis of galacto-oligosaccharides by β-galactosidase from *Aspergillus oryzae* using partially dissolved and supersaturated solution of lactose. Enzyme Microb Technol, 50(3): 188-194.

Wang J F, Li S Y, Xiong Z Q, et al., 2016. Pathway mining-based integration of critical enzyme parts for *de novo* biosynthesis of steviolglycosides sweetener in *Escherichia coli*. Cell Res, 26(2): 258-261.

Wang R, Chen Y C, Lai Y J, et al., 2019. Dekkera bruxellensis, a beer yeast that specifically bioconverts mogroside extracts into the intense natural sweetener siamenoside I. Food Chem, 276: 43-49.

Wang S Y, Xu X H, Lv X Q, et al., 2022. Construction and optimization of the *de novo* biosynthesis pathway of mogrol in *Saccharomyces cerevisiae*. Front Bioeng Biotechnol, 10: 919526.

Wang W, Yang J G, Sun Y X, et al., 2020a. Artificial ATP-free *in vitro* synthetic enzymatic biosystems facilitate aldolase-mediated C–C bond formation for biomanufacturing. ACS Catal, 10(2): 1264-1271

Wang Z Y, Hong J F, Ma S Y, et al., 2020b. Heterologous expression of EUGT11 from *Oryza sativa* in *Pichia pastoris* for highly efficient one-pot production of rebaudioside D from rebaudioside A. Int J Biol Macromol, 163: 1669-1676.

Wang Z Y, Liu W B, Liu W, et al., 2021. Co-immobilized recombinant glycosyltransferases efficiently convert rebaudioside A to M in cascade. RSC Adv, 11(26): 15785-15794.

Xu K, Zhao Y J, Ahmad N, et al., 2021a. O-glycosyltransferases from *Homo sapiens* contributes to the biosynthesis of Glycyrrhetic acid 3-O-mono-β-D-glucuronide and glycyrrhizin in *Saccharomyces cerevisiae*. Synth Syst Biotechnol, 6(3): 173-179.

Xu Y C, Liu S Q, Bian L Y, et al., 2022a. Engineering of a UDP-glycosyltransferase for the efficient whole-cell biosynthesis of siamenoside I in *Escherichia coli*. J Agric Food Chem, 70(5): 1601-1609.

Xu Y C, Zhao L, Chen L, et al., 2021b. Selective enzymatic α-1, 6-monoglucosylation of mogroside IIIE for the bio-creation of α-siamenoside I, a potential high-intensity sweetener. Food Chem, 359: 129938.

Xu Y M, Wang X L, Zhang C Y, et al., 2022b. *De novo* biosynthesis of rubusoside and rebaudiosides in engineered yeasts. Nat Commun, 13(1): 3040.

Yahyaa M, Davidovich-Rikanati R, Eyal Y, et al., 2016. Identification and characterization of UDP-glucose:phloretin 4'-O-glycosyltransferase from *Malus* x *domestica* borkh. Phytochemistry, 130: 47-55.

Yang J G, Li J T, Men Y, et al., 2015a. Biosynthesis of l-sorbose and l-psicose based on C-C bond formation catalyzed by aldolases in an engineered *Corynebacterium glutamicum* strain. Appl Environ Microbiol, 81(13): 4284-4294.

Yang J G, Zhu Y M, Li J T, et al., 2015b. Biosynthesis of rare ketoses through constructing a recombination pathway in an engineered *Corynebacterium glutamicum*. Biotechnol Bioeng, 112(1): 168-180.

Yang J G, Zhu Y M, Men Y, et al., 2016. Pathway construction in *Corynebacterium glutamicum* and strain engineering to produce rare sugars from glycerol. J Agric Food Chem, 64(50): 9497-9505.

Yang S W, Park J B, Han N S, et al., 1999. Production of erythritol from glucose by an osmophilic mutant of *Candida magnoliae*. Biotechnol Lett, 21(10): 887-890.

Yang T, Zhang J Z, Ke D, et al., 2019. Hydrophobic recognition allows the glycosyltransferase UGT76G1 to catalyze its substrate in two orientations. Nat Commun, 10(1): 3214.

Yun C R, Kong J N, Chung J H, et al., 2016. Improved secretory production of the sweet-tasting protein, hrazzein, in *Kluyveromyces lactis*. J Agric Food Chem, 64(32): 6312-6316.

Yun J W, 1996. Fructooligosaccharides—occurrence, preparation, and application. Enzyme Microb Technol, 19(2): 107-117.

Zhang W L, Yu S H, Zhang T, et al., 2016. Recent advances in d-allulose: physiological functionalities, applications, and biological production. Trends Food Sci Technol, 54: 127-137.

Zhang Y H P, 2015. Production of biofuels and biochemicals by *in vitro* synthetic biosystems: opportunities and challenges. Biotechnol Adv, 33(7): 1467-1483.

Zhou C, Xue Y F, Ma Y H, 2018. Characterization and high-efficiency secreted expression in *Bacillus subtilis* of a thermo-alkaline β-mannanase from an alkaliphilic *Bacillus clausii* strain S10. Microb Cell Fact, 17(1): 124.

Zhu M, Wang C X, Sun W T, et al., 2018. Boosting 11-oxo-β-amyrin and glycyrrhetinic acid synthesis in *Saccharomyces cerevisiae* via pairing novel oxidation and reduction system from legume plants. Metab Eng, 45: 43-50.

Zhu P, Zeng Y, Chen P, et al., 2020. A one-pot two-enzyme system on the production of high value-added D-allulose from Jerusalem artichoke tubers. Process Biochemistry, 88: 90-96.

Zhu Y M, Li H Y, Liu P P, et al., 2015. Construction of allitol synthesis pathway by multi-enzyme coexpression in *Escherichia coli* and its application in allitol production. J Ind Microbiol Biotechnol, 42(5): 661-669.

Zhu Y M, Men Y, Bai W, et al., 2012. Overexpression of d-psicose 3-epimerase from *Ruminococcus* sp. in *Escherichia coli* and its potential application in d-psicose production. Biotechnol Lett, 34(10): 1901-1906.

# 第9章 合成生物学技术在甾体药物合成中的应用

## 9.1 引　　言

甾体化合物（steroid）是广泛存在于生物体组织内的一类重要的天然有机化合物，这类化合物在结构上的共同特点就是都含有氢化程度不同的 1,2-环戊烯并菲甾核，性激素、肾上腺皮质激素、甾醇、胆汁酸、甾体皂苷、甾体生物碱等均属于此类。已发现许多甾体化合物具有十分重要的生物学功能，早已成为医疗与制药工业中引人瞩目的一类成分（谭仁祥，2008）。

甾体类药物品种丰富，主要包括性激素、糖皮质激素和盐皮质激素等。甾体药物被广泛应用于治疗风湿性关节炎、支气管哮喘、湿疹等和过敏性休克、前列腺炎等内分泌疾病，也应用于辅助生殖、避孕、减轻女性更年期症状、手术麻醉、预防冠心病和艾滋病、减脂等方面，是仅次于抗生素类药物的第二大品种。我国生产甾体类药物原料药/制剂的厂商主要有天药股份、仙琚制药、仙居君业药业等。据世界贸易组织（WTO）统计，全球甾体激素类原料药类贸易规模总额在 40 亿美元，中国占总规模的 15%～18%，在性激素类原料药方面占全球贸易比重的 30%，在皮质激素类原料药方面占比重 13%；2020 年，我国出口各类甾体激素类的原料药 8.09 亿美元，同比增长 7.74%。

甾体药物具有较长的产业链，分工细致。根据甾体药物不同的工艺路线和产物，甾体药物产业链可分为起始原料、重要中间体、原料药及制剂几个环节。甾体药物细分领域呈现差异化竞争格局，其原料药与制剂生产因特殊理化性质、严苛的法规监管体系及复杂的工艺要求，形成了较高的技术壁垒与行业准入门槛。全球范围内的甾体药物的头部企业为少数跨国公司，如辉瑞、拜耳、默克、赛诺菲等。生物技术在甾体药物产业链中的应用极大地推动了这一行业的发展（熊亮斌等，2021；杨顺楷，2022；Feng et.al.，2022）。

甾体药物起始物料正在由油脂工业的"下脚料"植物甾醇取代从黄姜或薯蓣中提取的皂素；重要合成中间体也从由皂素化学催化获得的 3-羟基-孕甾-5,16-二烯-20-酮（双烯物）快速转变为由甾醇经微生物转化生产的 4-雄烯二酮（AD）、雄二烯二酮（ADD）、9α-羟基雄烯二酮（9α-OH-AD）等。上游初始物料植物甾醇的主要生产商有 BASF、中粮天科等；在我国，中游重要中间体的主要生产商有赛托生物、共同药业、仙居君业药业等；原料药份额被印度及欧美原料药企业占据。生物催化转化技术的应用对甾体药物原料、重要中间体乃至原料药的生产都产生了重大影响，以下将予以简单陈述。

## 9.2 生物技术对甾体药物起始原料的影响

目前甾体药物起始原料主要是两大类，一类是从黄姜或薯蓣中提取的薯蓣皂素，另一类是油脂工业的副产品植物甾醇（造纸工业的木甾醇比例小）。

薯蓣皂素是植物中的一种重要活性物质，白色晶体状粉末，难溶于水，易溶于甲醇、石油醚等有机溶剂。其分子式为 $C_{27}H_{42}O_3$，化学结构式如图 9-1 所示，相对分子质量为 414.63，是一种具有 27 个碳原子的螺缩酮类甾体皂素。

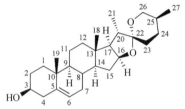

图 9-1 薯蓣皂素化学结构图

薯蓣皂素是利用半合成方式（图 9-2）生产甾体激素类药物（如可的松、避孕药和合成代谢药等）的重要基础原料（Jesus et al.，2016；Peng et al.，2011），因此被医药学家誉为"药用黄金"（赵岩和肖培根，1989）。据报道，以薯蓣皂素为原料，通过著名的 Marker 降解生成 3-羟基-孕甾-5,16-二烯-20-酮（双烯物），之后通过化学催化可合成甾体激素 2000 余种，如肾上腺皮质激素、性激素、蛋白质同化激素及避孕药等。完全依赖化学降解生成的双烯物是这一路线的重要中间体。

薯蓣皂

Ac$_2$O, 200℃

NaOH

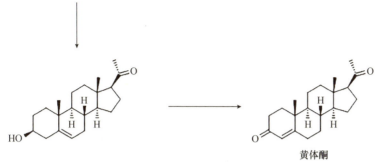

图 9-2　利用半合成法生产甾体激素类药物的反应示意图

世界上薯蓣皂素含量较高的植物并不多，主要分布在我国和墨西哥。墨西哥薯蓣皂素含量较高的植物是墨西哥薯蓣（*Dioscorea mexicana*）；我国主要是盾叶薯蓣（*Dioscorea zingiberensis*）和穿龙薯蓣（*Dioscorea nipponica*）。盾叶薯蓣中皂素含量占植物块茎干重的 2%～4%（马如鸿和刘其明，1991），是穿地龙的 2～3 倍且生长周期更短（Huang et al.，2008），因此盾叶薯蓣是我国生产皂素最主要的药源植物（陈合和李庆娟，2007）。

如图 9-3 所示，我国薯蓣皂素的生产工艺主要是传统的酸解法（Shen et al.，2018）。薯蓣皂苷在植物中与细胞壁相连，并被大量的纤维素、果胶及淀粉束缚包裹，形成机械强度大且难以被破坏的致密结构。盾叶薯蓣经粉碎、酸解破坏薯蓣皂苷的糖苷键，再通过漂洗、提取、结晶等多个步骤最终获得薯蓣皂素。然而，该工艺产生了大量的酸性废水，严重污染了水环境。据相关文献报道，生产 1 t 薯蓣皂素将产生 300～500 t 的酸性废水、超过 30 g/L 的化学需氧量（COD），及超过 35 g/L 的硫酸盐浓度（或超过 10 g/L 的氯离子浓度）（Zhang et al.，2006；Wang et al.，2008；Zhu et al.，2010）。

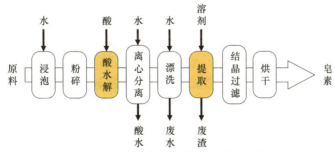

图 9-3　酸水解法获取薯蓣皂素示意图

生物转化是一种特定的、对环境影响低的过程。与传统的酸水解相比，生物转化因高选择性、温和的反应条件而具有显著的优势（Chen et al.，2018）。2010 年，通过酶解糖化法，去除原药材中 98%的淀粉，释放薯蓣皂苷（Zhu et al.，2010）；

然后再利用里氏木霉（*Trichoderma reesei*）发酵 156 h，可有效地将薯蓣皂苷水解为薯蓣皂素，效率相较于直接利用新鲜块茎转化提高了 42.4%。为进一步提高薯蓣皂苷生物转化成薯蓣皂素的效率，里氏木霉的四种主要皂苷水解酶 E1～E4 也陆续被分离鉴定（Zhu et al.，2014）。利用酶催化生产薯蓣皂素有效地解决了传统酸水解引起的严重污染问题，然而高效催化酶挖掘及催化体系建设仍具有挑战。2021 年，北京化工大学袁其朋课题组鉴定出一株能够高效转化甾体皂苷为薯蓣皂素的菌株 CLY-6，通过蛋白指纹图谱和基因组分析找到两种新型甾体皂苷糖苷酶 Rhase-TS（α-L-鼠李糖苷酶）和 Gluase-TS（β-D-葡萄糖苷酶），它们能特异性水解甾体皂苷 α-L-1,2-鼠李糖糖苷和剩余的葡萄糖基团，从而揭示了甾体皂苷的微生物转化机制（Cheng et al.，2021）。鉴于 Rhase-TS 具有良好的酶学性能（如较高的热稳定性、广泛的 pH 稳定性、较高的鼠李糖耐受性和较高的催化活性），研究人员探索并优化了一种全酶催化的方法，实现克级水平薯蓣皂苷元的高效制备（产率高达 96.5%）。遗憾的是，微生物转化及酶催化法生产薯蓣皂素虽能有效解决酸污染的问题，但仍无法解除对植物的依赖。

除提取工艺之外，受植物盾叶薯蓣具有较长生长周期（1.5～2 年）及种植状态的不确定性等因素影响，薯蓣皂素的供给和价格存在较大波动，因此急需一种高效环保的生产方式替代原有的粗放的生产工艺。

早在 20 世纪 60 年代，薯蓣皂素就被证明是由植物中的胆固醇（cholesterol）合成的（Bennett and Heftmann，1965）。植物中胆固醇的合成起始于胞质甲羟戊酸（MVA）途径或质体甲基赤藓糖醇-4-磷酸（MEP）途径衍生出的 2,3-环氧角鲨烯（Vranová et al.，2013）。2,3-环氧角鲨烯被 12 种酶参与催化的 10 个生物合成反应步骤转化为胆固醇（Sonawane et al.，2016），但关于参与薯蓣皂素生物合成的关键酶仍缺乏描述。以往的研究认为，植物在合成薯蓣皂素时需要一种胆固醇 C-26 糖基转移酶和一种特定的 β-葡萄糖苷酶（Zhou et al.，2019）。翁经科实验室及中国科学院天津工业生物技术研究所江会锋课题组和张学礼课题组陆续揭开重楼（*Paris polyphylla*）、葫芦巴（*Trigonella foenum-graecum*）和盾叶薯蓣中薯蓣皂素合成途径的关键步骤（图 9-4）（Christ et al.，2019；Xu et al.，2022）。

研究人员通过向可以合成胆固醇的酿酒酵母底盘中引入两种细胞色素 P450 酶，即胆固醇 16,22-双羟化酶（细胞色素 CYP90G 亚家族，如 PpCYP90G4、TfCYP90B50 和 DzinCYP90G6）和胆固醇 26-羟化酶（细胞色素 CYP94D 亚家族，如 PpCYP94D108、TfCYP82J17 和 DzinCYP94D144）成功合成薯蓣皂素。2021 年，上海大学章焰生课题组对参与薯蓣皂素生物合成的胆固醇 16,22-双羟化酶进化方式提出了新的见解（Zhou et al.，2021），认为双子叶植物中该酶发生了获得性进化，集多种催化功能于一身（如葫芦巴中的 TfCYP90B50 具有胆固醇 22S-羟基化、胆固醇 22R-羟基化、胆固醇 16S-羟基化、胆固醇-22 位羰基化等多种功能），

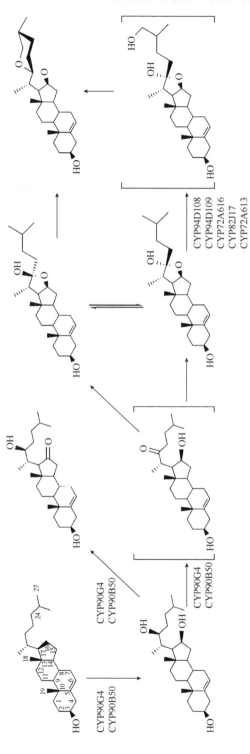

图 9-4　重楼和葫芦巴中细胞色素 P450 酶催化胆固醇合成薯蓣皂素

而单子叶植物往往倾向于将这些功能分开，并独立进化出胆固醇 22R-羟化酶参与薯蓣皂素的合成（如重楼及盾叶薯蓣中的 PpCYP90B27 和 DzCYP90B71）。出现这样的进化趋势，可能是植物功能分化的结果。由不同酶催化获得的 22S-羟基胆固醇主要用于合成油菜素内酯(一种高效的植物激素)，对植物生长具有重要作用。而 22R-羟基胆固醇则用于合成薯蓣皂素，可使菌株更好地适应环境。同期，中国科学院天津工业生物技术研究所张学礼课题组也发现了胆固醇 22R-羟化酶对薯蓣皂素异源合成的重要作用，完善了薯蓣皂素异源合成的功能模块，再基于代谢通路重构策略，提高元件与模块、途径与底盘细胞之间的适配性，结合多组学分析及细胞生理调控技术，成功实现酿酒酵母中薯蓣皂素的从头生物合成，构建出高效生产薯蓣皂素的工程化酵母细胞工厂（图 9-5）。该细胞工厂通过 288 h 的高密度分批补料发酵最终可产薯蓣皂素 2.03 g/L，这是目前报道的利用微生物从头合成薯蓣皂素的最高产量。但该细胞工厂仍存在一定缺陷，如菌株生长过慢、延滞期较长等，扫描电镜结果显示薯蓣皂素人工酵母细胞的生长状态较差，细胞膜有明显形变（Xu et al., 2022）。因此，如何解决薯蓣皂素给酿酒酵母细胞带来的胁迫问题，并进一步提升酿酒酵母合成薯蓣皂素的能力是下一步迫切需要解决的问题。

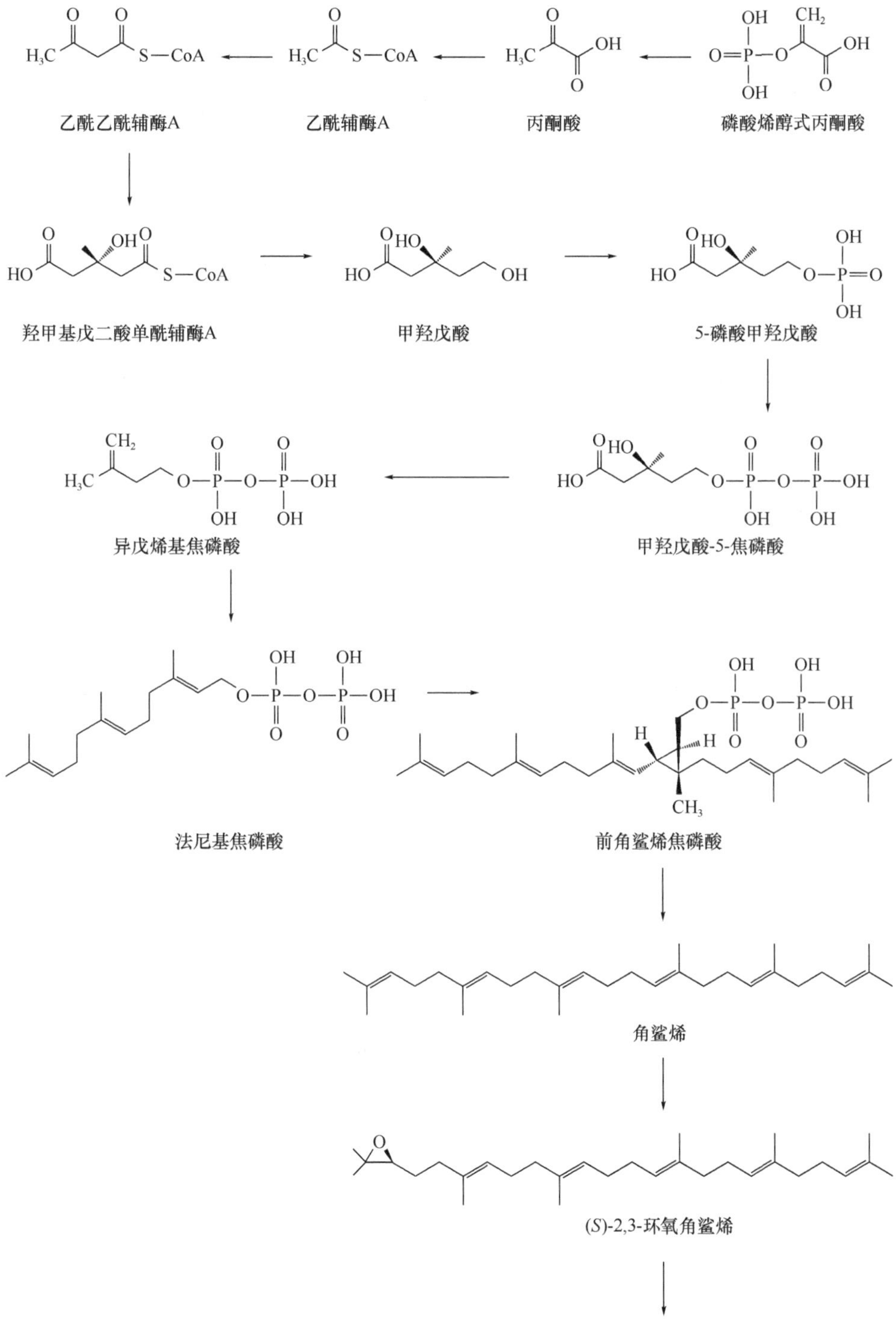

乙酰乙酰辅酶A　　　　　乙酰辅酶A　　　　　　丙酮酸　　　　　　磷酸烯醇式丙酮酸

羟甲基戊二酸单酰辅酶A　　　　　　甲羟戊酸　　　　　　　5-磷酸甲羟戊酸

异戊烯基焦磷酸　　　　　　　　　　　　甲羟戊酸-5-焦磷酸

法尼基焦磷酸　　　　　　　　　　　　前角鲨烯焦磷酸

角鲨烯

(S)-2,3-环氧角鲨烯

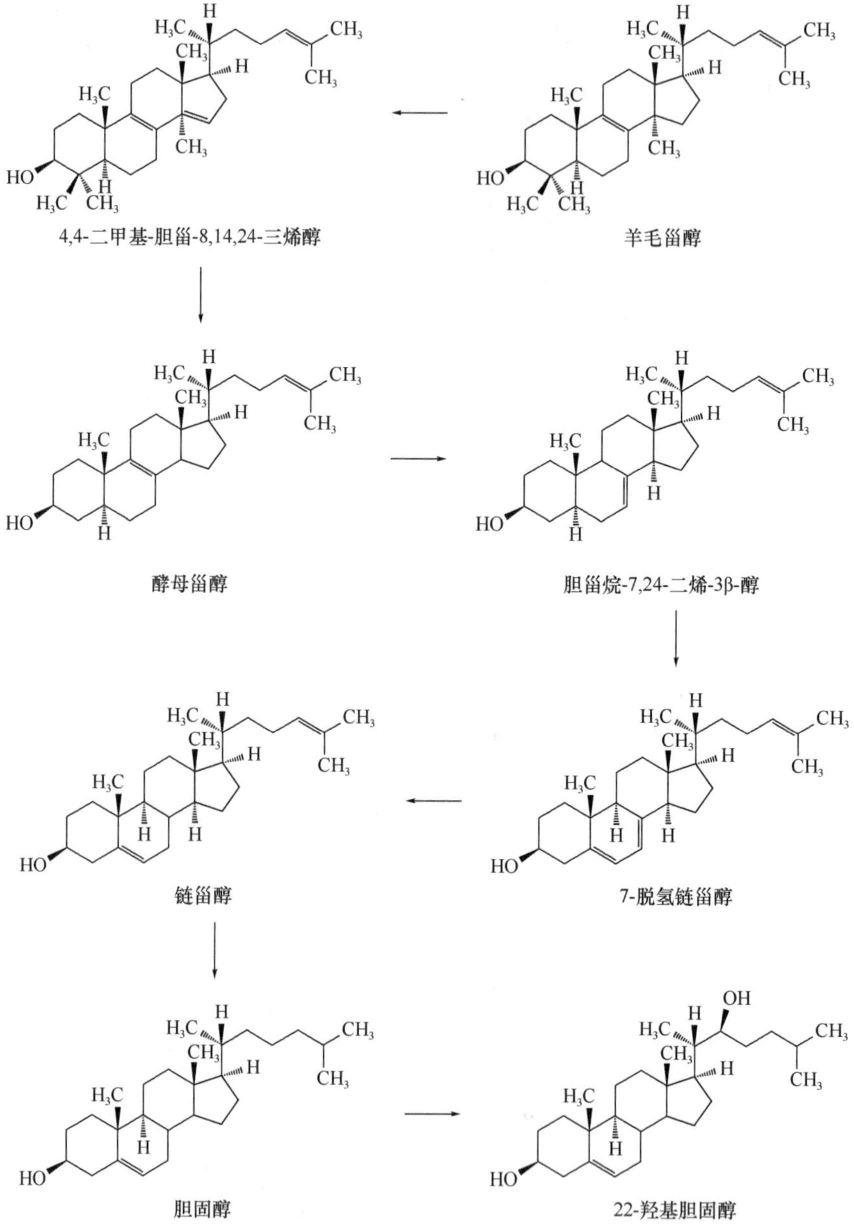

4,4-二甲基-胆甾-8,14,24-三烯醇

羊毛甾醇

酵母甾醇

胆甾烷-7,24-二烯-3β-醇

链甾醇

7-脱氢链甾醇

胆固醇

22-羟基胆固醇

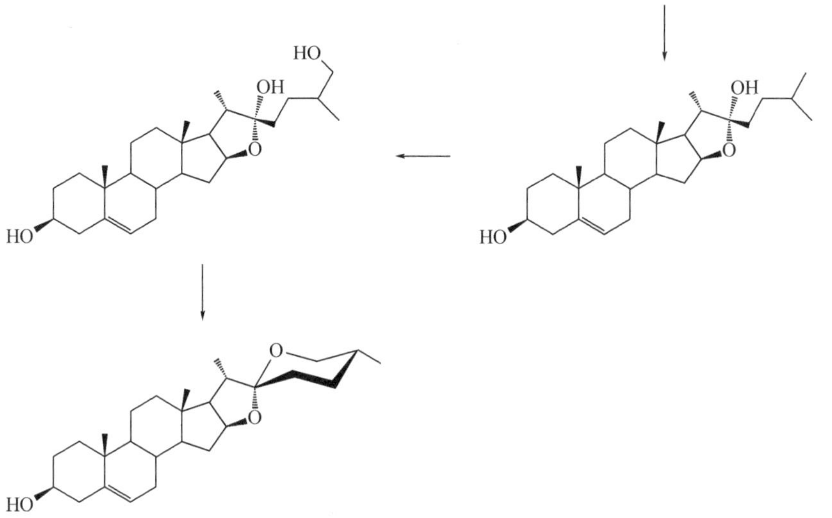

图 9-5　酿酒酵母中薯蓣皂素合成途径图

　　在合成生物学等现代生物技术的推动下，薯蓣皂素的来源有望摆脱传统的农业种植模式，实现工业化生产；其分离提纯过程也能极大减少无机酸的使用及酸性废水的排放。尽管如此，由于对薯蓣皂素合成、转运及调控途径等仍然没有清晰的认识了解，多个关键细胞色素 P450 在异源宿主中表达量偏低等因素，薯蓣皂素的异源合成离实际工业化生产的要求仍有距离。

　　植物甾醇为植物性甾体化合物。其主要成分包括谷甾醇、菜油甾醇、豆甾醇、菜籽甾醇和相应的烷醇等，主架结构的 3 位都含有羟基，相关结构如图 9-6 所示。

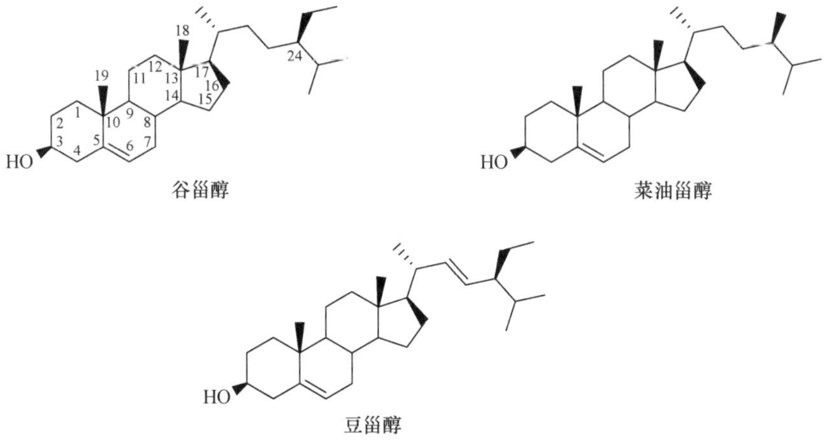

谷甾醇　　　　　　　　　　　　　　　　菜油甾醇

豆甾醇

图 9-6　主要植物甾醇结构

　　植物甾醇与动物来源的甾醇类物质胆固醇结构上的区别是在 C24 上多了一些侧链，如谷固醇在 C24 上有一个乙基，菜油固醇在 C24 上有一个甲基，而豆甾醇的结构与谷甾醇一样，只是 C22 上是一个双键。

植物甾醇的相对密度略大于水，不溶于水、酸和碱，可溶于多种有机溶剂，如溶解于乙醚、苯、氯仿、乙酸乙酯、二硫化碳和石油醚。植物甾醇的物理化学性质主要表现为疏水性，但因其结构上带有羟基，故又具有亲水性，所以植物甾醇具有乳化性。经溶剂结晶获得的植物甾醇通常为针状白色结晶，其商品则多为粉末状或片状。植物甾醇的相对分子质量为 386～456 Da，熔点较高，都超过 100℃，最高达 215℃。

工业化制备植物甾醇已经成为大豆等油料作物综合化利用产业链的一部分。油脂精炼过程产生的脱臭馏出物一般含植物甾醇 6%～10%，主要以游离甾醇形式存在，含量占甾醇总量的 80%左右，酸化油中以结合甾醇为主。原料植物甾醇含量及存在形式不同，决定了植物甾醇的提取工艺也不相同。在植物甾醇的制取工业中，主要以脱臭馏出物、渣油为原料，通过酸碱酯化、结晶的方法进行；或以酸化油为原料，通过水解、酸碱酯化、结晶的方法进行（鲁海龙等，2017）。

以脱臭馏出物为原料提取植物甾醇的生产工艺如图 9-7 所示（张斌等，2015）。途径 1 适用于游离脂肪酸、甘油三酯和生育酚含量较多的脱臭馏出物，具体是先通过真空蒸馏或皂化反应分离出游离脂肪酸，此时剩余物质主要包括植物甾醇、生育酚、烃类和甘油酯，其中的植物甾醇与苯甲酸酐酯化生成甾醇酯，再通过蒸馏去除生育酚，最后转酯化反应后冷却即可分离得到植物甾醇晶体。含游离脂肪酸和生育酚较少的脱臭馏出物则采用途径 2，由皂化反应后分离得到的未皂化物，再冷却结晶可分离得到植物甾醇粗制品。

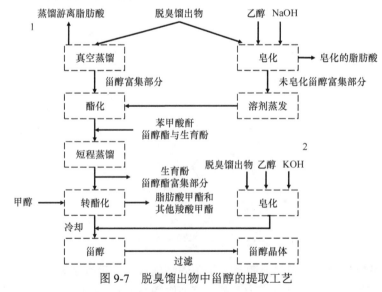

图 9-7　脱臭馏出物中甾醇的提取工艺

因植物甾醇在酸化油中的含量不像在脱臭馏出物中那么高，而且又以结合甾醇为主，目前的酸化油制取植物甾醇是以高压水解的方式将结合甾醇转化为游离甾醇，其余工序与脱臭馏出物提取相同。

植物甾醇的来源广泛，生产工艺成熟且与现有大豆等油料作物综合利用产业链高度融合，目前生物技术在植物甾醇生产提取过程中的应用几乎没有报道。值得注意的是，酿酒酵母等底盘微生物本身可产麦角固醇等甾体化合物，在此基础上通过合成生物学方法构建高产菜油甾醇的工程菌，其产量已达 837 mg/L（Qian et al.，2020），胆固醇的产量也高于 182 mg/L（Xu et al.，2022）。尽管植物甾醇或胆固醇的从头合成也面临与薯蓣皂素类似的难点，但仍不能排除其可能引发的生产方式的变革及其对相关产业链的冲击。

## 9.3　合成生物技术在甾体药物关键中间体生产中的应用

尽管皂素对甾体药物的生产作出了巨大贡献，但其价格和生产的周期性波动，以及产生大量废物的分离过程促进了对替代原材料和路线的研究。在这种情况下，植物甾醇因其成本低廉、来源广泛被作为新的甾体药物原料，并开发了与甾体药物合成产业链相匹配的新甾体药物中间体。这其中，通过微生物降解生成的 AD、ADD、9α-OH-AD、22-羟基-23,24-二降胆-4-烯-3-酮（4-HBC）和谷内酯（HIL）是合成甾体药物原料药的重要中间体。

微生物菌株是以植物甾醇为原料生产甾体药物原料药中间体的关键，早期多通过传统的微生物诱变筛选技术获得。从土壤分离的分枝杆菌经紫外诱变后筛选出 Mycobacterium sp. NRRL B-3683 和 NRRL B-3805 两株菌。Mycobacterium sp. NRRL B-3683 降解甾醇的 17-烷基侧链生成 ADD，其中 AD 作为次要产物生成，而缺乏 1,2-脱氢酶活性的 Mycobacterium sp. NRRL B-3805，主要产物为 AD（Marsheck et al.，1972）。偶发分枝杆菌（Mycobacterium fortuitum）NRRL B-8153 和 B-8154 也可以转化甾醇生成 AD 和 ADD，其他一些分枝杆菌突变株，包括 Mycobacterium sp. VKM Ac-1815D 和 Mycobacterium fortuitum subsp. fortuitum NCIM 5239 用于谷甾醇的侧链降解，以产生 AD 作为主要产物而开发（Egorova et al.，2002）。此外，还发现了其他微生物将植物甾醇转化为 AD 和 ADD，包括 AD 生产菌米曲霉（Aspergillus oryzae NCIM 634）（Malaviya and Gomes，2009）和串珠镰刀菌（Fusarium moniliforme）（Lin et al.，2009），以及 ADD 生产菌戈登氏菌（Gordonia neofelifaecis NRRL B-59395）（Liu et al.，2011）、粘金黄杆菌（Chryseobacterium gleum ATCC 35910）（Chaudhari et al.，2010）和马红球菌（Rhodococcus equi DSM 89-133）（Ahmad et al.，1991）等。

从偶发分枝杆菌 ATCC-6842 中分离出一系列突变菌株，具有更高的甾醇降解活性，能够将谷甾醇降解为 AD、ADD、各种 9α 羟基甾体和 A 环降解的三环化合物。其中，偶发分枝杆菌 NRRL B-8119 能够将谷甾醇转化为 9α-OH-AD（Wovcha et al.，1978）。*Mycobacterium* sp. VKM Ac-1815D 经化学试剂和紫外线照射诱变并与谷甾醇选择压力相结合的方式，获得了转化谷甾醇以产生 9α-OH-AD 为主要产物的突变型菌株 *Mycobacterium* sp. 2-4 M（Donova et al.，2005）。母牛分枝杆菌（*Mycobacterium vaccae*）经特殊的筛选方式获得了 *M. vaccae* ZIMET11053。对 9α-OH-AD 突变菌株的甾酮-Δ1-脱氢酶（steroid-1-dehydrogenase）活性研究表明，9α-OH-AD 特异性甾酮-Δ1-脱氢酶活性的缺失能够阻断甾体母核的降解，使其成为有效的 9α-OH-AD 生产菌株（Seidel and Hörhold，1992）。其他菌株，如制备 9α-OH-AD 的分枝杆菌（*Mycobacterium* sp.）CBS 482.86 和玫瑰分枝杆菌（*Mycobacterium roseum* sp. nov. 1108/1）已申请专利。另外，还开发了使用红球菌（*Rhodococcus* sp.）静息细胞将 AD 转化成 9α-OH-AD 的微生物转化法（Angelova et al.，1996）。

偶发分枝杆菌突变菌株可以微生物降解 β-谷甾醇产生 AD 和 ADD，但在发酵过程中添加 1-丙醇（2.0% *V/V*）作为抑制剂，则会导致产生 BA（Vasquez et al.，2001）。分离出来棒状杆菌（*Corynebacterium* sp.）Chol 73 可将胆固醇转化为一定量的 22-羟基-23,24-二降甾-1,4-二烯-3-酮（1,4-HBC）（Hill et al.，1982）。

珊瑚色诺卡氏菌（*Nocardia corallina*）突变菌能够将大豆甾醇转化为可用化学合成 19-去甲甾体关键前体谷内酯（HIL）（Nakamatsu et al.，1980）。Nakamatsu 等（1980，1983）利用珊瑚色诺卡氏菌 IFO 3338 突变株制备了谷内酯，但摩尔产率只有 25%；Ferreira 等（1984）利用红球菌（*Rhodococcus australis*）CSIR-236.457 突变株制备谷内酯，摩尔产率达 60%，当底物浓度在 6～12 g/L 时，摩尔产率约为 63%，但底物浓度升高至 15 g/L 时，摩尔产率为 48%～57%。

随着甾醇代谢途径（图 9-8）及相关基因簇的解析，代谢工程与合成生物学技术被广泛应用于甾体药物关键中间体生产菌株的构建。新一代基因工程菌逐渐应用于甾体药物关键中间体的生产，建立了以植物甾醇为底物，通过微生物催化转化生产 AD、ADD、9α-OH-AD、4-HBC 和 HIL 等工艺。

在 AD 菌株构建方面，基因组和酶分析揭示了 AD 生产菌株新金色分枝杆菌（*Mycobacterium neoaurum*）HGMS2 具有一个 1,2-脱氢酶（*kstd211*）、两个 3-甾酮- 9α 羟化酶的 A 亚基基因（*kshA226* 和 *kshA395*）和一个 3-甾酮-9α 羟化酶的 B 亚基基因（*kshB122*）。为了构建更有效的 AD 生产菌株，在菌株新金色分枝杆菌 HGMS2 中敲除 *kstd* 和 *ksh* 基因，构建了三个重组菌株：HGMS2$^{\Delta kstd211+\Delta kshA226}$、HGMS2$^{\Delta kstd211+\Delta kshA395}$ 和 HGMS2$^{\Delta kstd211+\Delta kshB122}$。其中，HGMS2$^{\Delta kstd211+\Delta kshB122}$ 菌可在 7 天内转化 80 g/L 植物甾醇生成 AD，转化率由野生菌的 40.6% 提高至 48.6%，产物

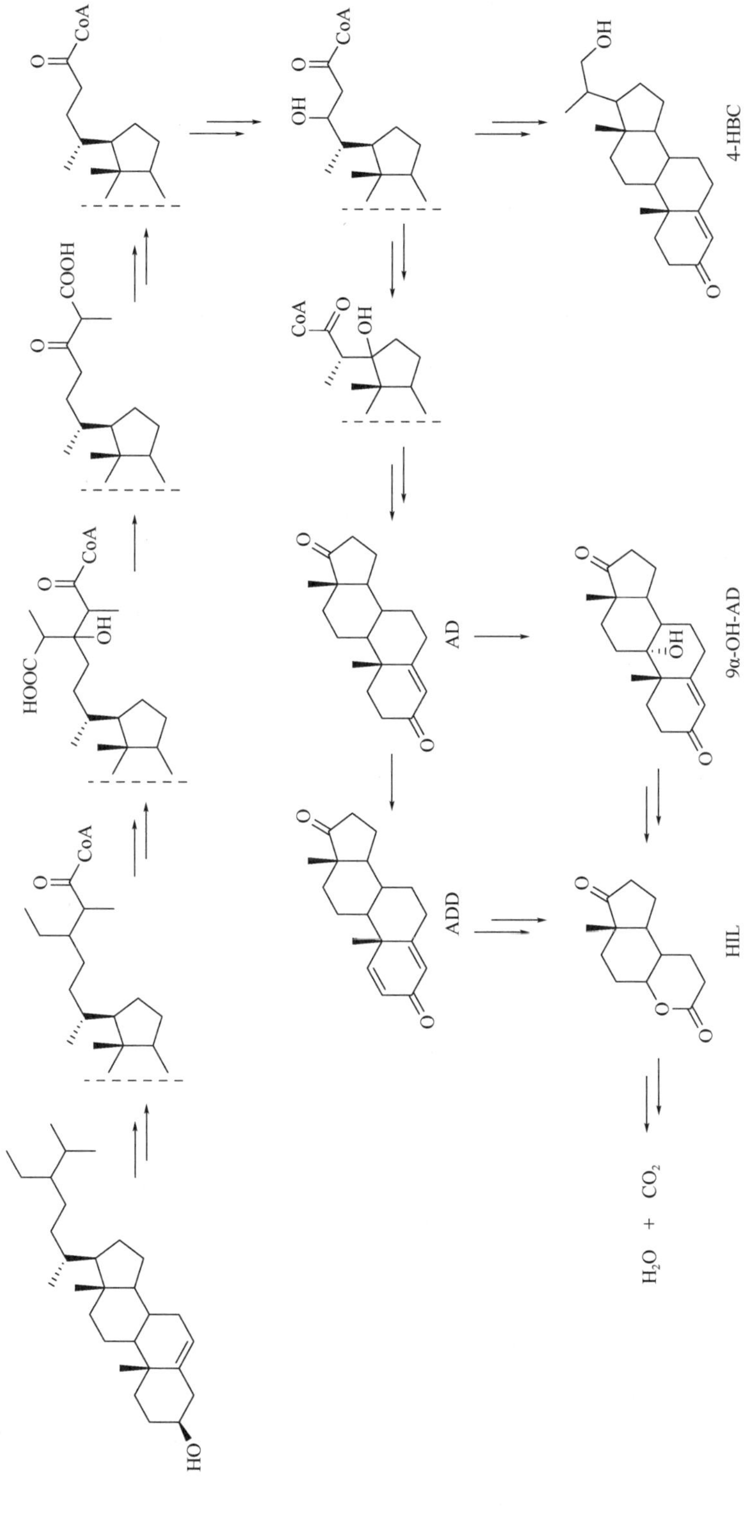

图 9-8 甾醇代谢途径

AD 的浓度由 31.4 g/L 增加到 38.3 g/L，更重要的是未检测到 ADD 和 9α-OH-AD。在 HGMS2$^{\Delta kstd211+\Delta kshB122}$菌株中表达来自新金色分枝杆菌 DSM 1381 的一种更高活性的 *kstd* 基因 KstD2 构建了 ADD 产生菌株 HGMS2$^{\Delta kstd211+\Delta kshB122+kstd2}$。在中试发酵中，由植物甾醇转化为 ADD 的转化率达到 42.5%，ADD 的产量为 34.2 g/L；在 HGMS2$^{\Delta kstd211+\Delta kshA226}$ 中引入具有更高活性的 *KshA51*（由 *Rhodococcus rhodochrous* DSM 43269 中的 KshA1 和 KshA5 生成的嵌合 KshA 酶）构建了 9α-OH-AD 生产菌株 HGMS2$^{kshA51+\Delta kstd211+\Delta kshA226}$，植物甾醇的转化率为 40.3%，同时产生 37.3 g/L 的 9α-OH-AD（Li et al.，2021）。García 等在耻垢分枝杆菌（*Mycobacterium smegmatis*）中通过敲除 *kshB* 和 *kstD* 基因，构建了基因工程菌，当底物浓度为 10 g/L 时，88%～90% 的底物甾醇转化为产物 AD，但同时有 10%～11% 的底物转化为副产物 4-HBC（García-Fernández et al.，2017；Galán et al.，2017；Fernández-Cabezón et al.，2017）；而当仅敲除 *ksh*B 后，55%～70% 的底物甾醇（20 g/L）转化为产物 ADD，有 22%～30% 转化为副产物 AD，同时还检测到其他副产物（García-Fernández et al.，2017）。胆固醇氧化酶（CHO）和 3β-羟基甾体脱氢酶 3β-HSD 催化甾醇生成 4-烯-3-酮结构，从而开启甾醇到 AD 和其他中间体产物的生物转化，虽然详细的代谢机制尚未被完全解析，但已揭示侧链降解的初始步骤是由甾醇 C27 单加氧酶（SMO）催化 C27 氧化。另外，已报道 17β-羟基甾体脱氢酶 Hsd4A 参与 C22 甾体的生成。例如，在新金色分枝杆菌 VKM Ac-1815D 中过表达 CHO、SMO 和 Hsd4A 构建的菌株 Ac-1815D$_{CHO-SMO}$，AD 生成量从 2.4 g/L 提高为 3.2 g/L，然而同时提高的还有 ADD 和 4-HBC。进一步在 Ac-1815D$_{CHO-SMO}$ 中过表达 Hsd4A 得到 AD 生成量达到 4.5 g/L 的重组菌 Ac-1815D$_{CHO-SMO-Hsd4A}$。应用两步生物工艺法，即 30℃ 种子液培养和 37℃ 静息细胞生物转化，Ac-1815D$_{CHO-SMO-Hsd4A}$ 能够转化 50 g/L 植物甾醇生成 25.8 g/L 的 AD（Chang et al.，2020）。

在 9α-OH-AD 菌株构建方面，我国华东理工大学魏东芝教授团队通过敲除 1,2-脱氢酶构建工程菌 Mut$_{MN-kstD1\&2\&3}$，9α-OH-AD 的摩尔产率为 50%～55%，同时产 10%～15% 的 AD 和 1%～2% 的 4-HBC。在 Mut$_{MN-kstD1\&2\&3}$ 增强表达 3-甾酮-9α 羟化酶（KSH）的氧化酶部分 KshA，构建的工程菌新金色分枝杆菌 NWIB-yV 在底物浓度 15 g/L 时，9α-OH-AD 达到 7.3 g/L，同时含有 0.3 g/L 的 AD，摩尔产率达到 67%（Xiong et al.，2017）；在 Mut$_{MN-kstD1\&2\&3}$ 转化植物甾醇的过程中，σ 因子 D（sigD）显著下调。敲除 sigD 后（Mut$_{MN-kstD1\&2\&3\&sigD}$），9α-OH-AD 的产率提高 16.3%，再过表达胆固醇氧化酶（CHO）后，使用静息细胞转化 20 g/L 的植物甾醇，可产生 10.27 g/L 的 9α-OH-AD（Xiong et al.，2017）。在新金色分枝杆菌 MS136 将植物甾醇转化为 9α-OH-AD 的过程中，3β-羟基甾体脱氢酶（*hsd*）、细胞色素 P450（*cyp125*）、辅酶连接酶（*fadD19*）、羟基甾体脱氢酶（*hsd4A*）和 3-甾酮-9α-脱氢酶（*ksh*）基因显著上调。新金色分枝杆菌 MS136 中 *hsd*、*hsd4A* 或 *ksh* 基

因单独过表达分别使 9α-OH-AD 的产量增加了 11.4%、12.1% 和 16.3%，而 *cyp125* 或 *fadD19* 的过表达并没有增加 9α-OH-AD 的产量。过表达 *hsd*、*hsd4A*、*kshA1* 和 *kshB* 基因，并缺失 *kstD* 基因构建重组菌株 MS136-F，发酵 13 g/L 的商业原料植物甾醇 108 h，得到 6.8 g/L 的 9α-OH-AD，与新金色分枝杆菌 MS136（4.7 g/L）相比提高了 1.45 倍（Sun et al.，2021）。

当在新金色分枝杆菌 ATCC 25795 中敲除 β-OH-乙酰辅酶 A 脱氢酶（*hsd4A*）基因后，主产物为 4-HBC，4-HBC 的摩尔转化率达 47%～49%（40 g/L 底物），但同时有 AD、1,4-HBC 等副产物（Xu et al.，2016）。在新金色分枝杆菌 CCTCC AB2019054 中，研究人员发现了一个双功能的还原酶 mnOpccR，其作用底物为 3-羧基-4-孕烯-20-羧酸-辅酶 A（3-OPC-CoA）或其对应的 3-羧基-4-孕烯-20-醛（3-OPA），失活或过量表达该酶可分别转化植物甾醇生产 AD 或 4-HBC（Peng et al.，2021）。

偶发分枝杆菌 ATCC 6842 的突变株降解甾醇积累 HIL 和其他代谢中间物。在胆固醇分解代谢基因簇中，*fadD3* 编码酰基辅酶 A 合酶，该酶利用 ATP 和乙酰辅酶 A 催化 1,5-二氧代-7aβ-甲基-3aα-六氢茚烷-4α-丙酸（HIP）的硫酯化，从而启动胆固醇 C 和 D 环的分解代谢（Crowe et al.，2017）。FadE30 属于酰基辅酶 A 脱氢酶家族，参与 HIP 硫酯化侧链的 β 氧化。ATCC 6841 构建 Δ*fadD3* 和 Δ*fadE30* 的基因工程菌株，可分别累积 HIP 和 HIL，但同时也检测到其他副产物。进一步的研究发现，偶发分枝杆菌 ATCC 6841 中有两个羧酸还原酶（CAR）基因（*car1* 和 *car2*），同时敲除两个羧酸还原酶基因后构建的工程菌 Δ*fadD3*Δ*car1,2* 可转化植物甾醇生成 HIP，当底物浓度为 20 g/L 时，摩尔产率为 88%，HIP 的分离产率为 82%；工程菌 Δ*fadE30*Δ*car1,2* 转化植物甾醇生成 HIL，相同条件下的摩尔产率为 72%，分离产率为 66%（Liu et al.，2019），主要代谢途径如图 9-9 所示。

中国科学院天津工业生物技术研究所前期筛选到了一株可产 4-HBC 和 1,4-HBC 的微生物（中国科学院天津工业生物技术研究所，2017，2020），在此基础上对基因组进行测序并重构甾醇代谢途径，除已经报道的 *kshAB*、*kstD* 和 *hsd4A* 外，陆续发现 17β-羟基甾体脱氢酶基因（*17β-hsd*）影响 AD、ADD 和 9α-OH-AD 的产物纯度；羟醛裂解酶基因（*halT* 和 *ltp2*）影响 AD、ADD、9α-OH-AD 和 4-HBC 的产物纯度或产量；此外，增强表达 3β-甾体脱氢酶基因（*3β-hsd*）可加速甾醇的代谢，由此构建了具有自主知识产权的生产甾体药物核心原料（AD、ADD、9α-OH-AD、HIL 和 4-HBC）的菌种（表 9-1），这一系列菌株转化率高、产物纯度高、生产强度大，已成功在企业实现了自动化、连续化生产。

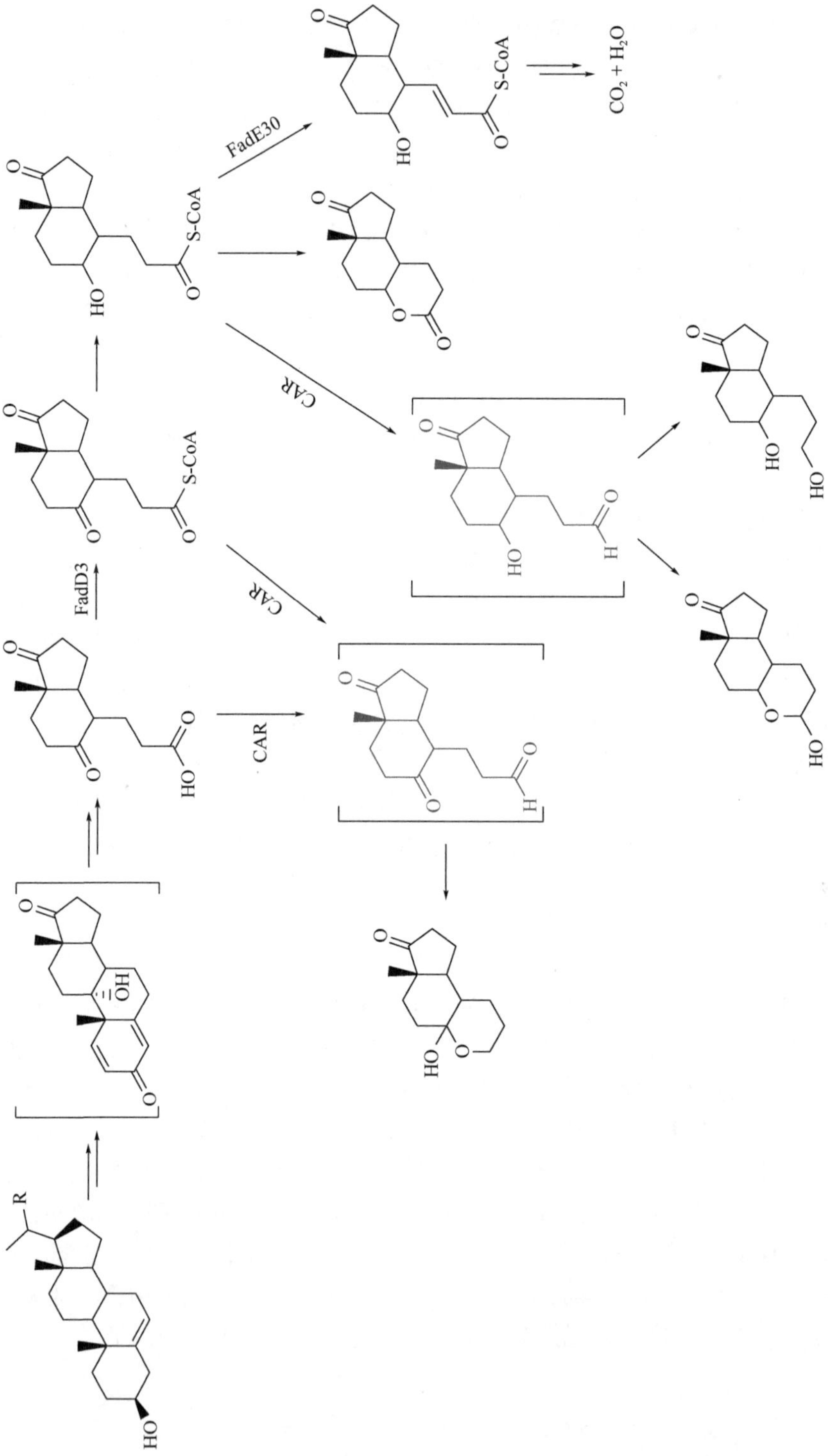

图 9-9 微生物转化植物甾醇生成 HIL 和 HIP

CAR：羧酸还原酶；FadE30：酰基辅酶 A 脱氢酶

表 9-1　甾体药物核心原料转化菌株生产特性

| 菌种 | 摩尔产率 | 发酵萃取液产物纯度 | 生产强度 |
|---|---|---|---|
| AD | 90% | 94% | |
| 9α-OH-AD | 85% | 93% | |
| BA | 80% | 95% | 300 g/（m³·h） |
| HIL | 75% | 95% | |
| ADD | 85% | 93% | |

　　尽管当前在甾体药物关键中间体的生产中更多使用的是代谢工程等技术，但需要注意的是，在合成生物学技术发展过程中开发了大量的催化元件和调控元件，这些元件可以用于构建新的甾体药物中间体。微生物羟基化在甾体母核或侧链的惰性碳上引入一个或多个羟基，具有一定的区域选择性和立体选择性。与母体化合物相比，羟基化甾体不仅改变了物理化学和药物性质，如生物活性、溶解度和吸收，而且通过进一步的分子修饰能得到结构更复杂的化合物。

　　屈螺酮/炔雌醇（优思明®）于 2000 年由先灵集团（Schering AG）作为避孕药引入药物市场，现已在全球范围内上市，2020 年全球销售总额为 8.1 亿美元。屈螺酮的合成异常复杂，在 6β,7β 和 15β,16β 位有两个亚甲基。使用亚麻刺盘孢（Colletotrichum lini）对脱氢表雄酮（DHEA）进行羟基化，以 85%的收率得到 7α-15α-OH-DHEA，可将屈螺酮的合成步骤从 15 步减少到 12 步。C19 位是一个特殊的角甲基结构，在该位置上羟基的引入是合成 19-去甲基甾体化合物的关键环节（Hanson，2002）。已知一种 P450 酶（即芳香酶）可催化甾体在 C19 处的羟基化。然而，形成的 19-羟基立即被氧化成 19-醛，其 A 环快速芳构化形成雌激素（Cheng et al.，2012）。瓜亡革菌（Thanatephorus cucumeris）被发现可催化可托多松的羟基化反应生成 19-羟基可托多松、11β-羟基可托多松和 7β-羟基可托多松，并且 11β-和 19-羟基化产物的比例受培养基初始 pH 值的影响（王玉等，2016）。对瓜亡革菌转录组数据分析后，利用酵母表达该菌株中的 P450 候选基因，通过转化实验验证功能。结果表明，CYP5150AP2 可以实现对可托多松 C19 位和 C11 位的羟基化反应（Lu et al.，2018），CYP5150AN1 和 CYP5150AP3 同时也从该菌中首次发掘并鉴定了 7β-羟化酶和 2β-羟化酶（图 9-10）（Lu et al.，2019）。

　　细胞色素 P450 酶促进甾体惰性位点的 C—H 活化，但区域和立体选择性的控制是相当具有挑战性的，定向进化已被用于解决此类合成问题。P450 BM3（F87A）是巨大芽孢杆菌 P450 BM3（CYP102A1）的突变体，它催化睾酮的羟基化，产生 2β-、15β-和其他羟基化产物。通过定点饱和诱变和突变库筛选，获得了一个突变体 A330W/F87A，该突变体催化睾酮羟基化的转化率为 79%，产生 2β-和 15β-羟基化产物，其比例为 97∶3，没有其他产物的生成。同时也得到了以 15β-羟基化产物为主要产物的突变体，其中最佳突变体生成 2β-羟基化产物和 15β-羟基化产

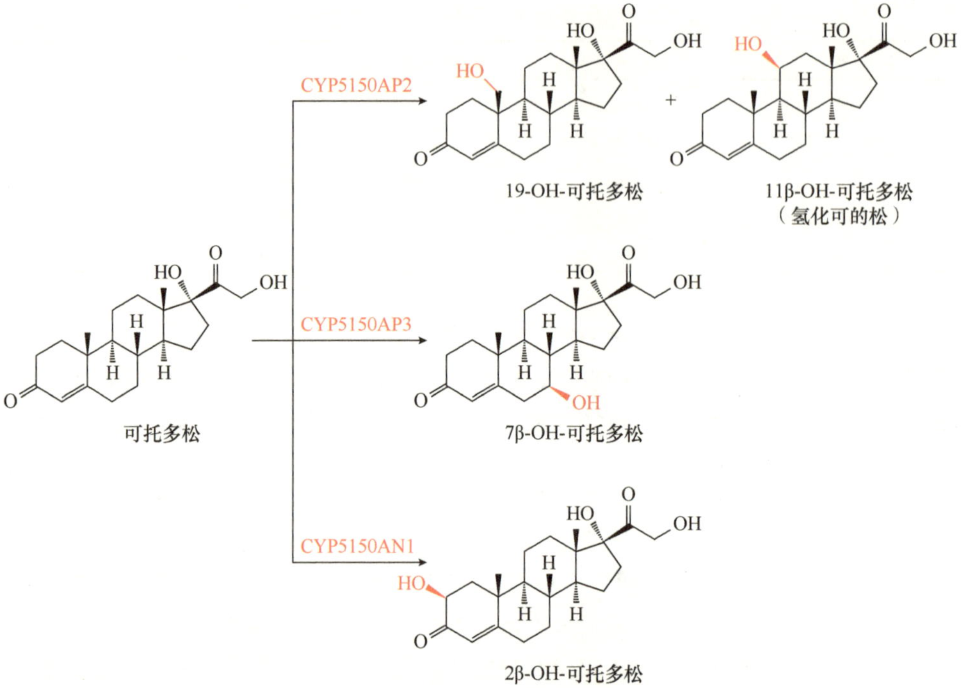

图 9-10　瓜亡革菌甾体羟化酶

物，比例为 3：96，其他产物占 1%。这些突变体催化黄体酮在 2 位和 16 位的羟基化，产生不同比例的 2β-,16β-和 2β,16β-羟基化的混合物，其区域选择性低于睾酮。在 P450BM3 的迭代饱和突变（ISM）实验中，通过定向进化策略，得到了几种突变体，它们能催化睾酮、AD、诺龙、宝丹酮和炔诺酮的 C16 选择性羟基化反应，分别产生 16α-或 16β-羟基化产物，选择性达到 98%或 100%（Acevedo-Rocha et al.，2018）。具有 11 个突变的突变体能实现睾酮的 C7 羟基化，以 90%的选择性获得主要 7β-OH 产物。此外，该突变体还能催化诺龙、AD、肾上腺酮、表睾酮和 18-甲基-4-雌烯-3，17-二酮的 7β-羟基化反应，得到选择性为 75%～94%的 7β-羟基产物，收率为 32%～82%（Li et al.，2020）。P450BM3 突变体还可在不同位置选择性地羟基化 AD 和 DHEA。对底物 AD，在 16β 位置的选择性达到 90%；对底物 DHEA，在 7α、7β、15β 和 16β 位置实现羟基化（Chen et al.，2020）。

　　过表达来自鼻疽诺卡菌（*Nocardia farcinica*）的 CYP154 C5、Pdx 和 PdR 的大肠杆菌全细胞能实现一系列甾体的 16α 位羟基化，具有高区域选择性和立体选择性。通过结构指导下的改造，突变体 CYP154C5 F92A 改变了区域选择性，可催化黄体酮 21 位羟基化得到产物 11-脱氧皮质酮（Bracco et al.，2021）。

　　17α-羟基黄体酮是一类在黄体酮的 C17 位置发生羟基化修饰的衍生物，被广泛地用于预防婴儿早产，对月经不调、子宫内膜癌等疾病有很好的疗效（Schindler et al.，2003；Schindler，2005）。对黄体酮的羟基化修饰一方面可以增强该药物的极性和提高溶解度，进而增进在血液中的药物含量；另一方面，还可以对底物起到一定的活化作用，便于如糖基化等的后续催化反应发生；17α-羟基黄体酮是合成安宫黄体酮、羟化可的松、泼尼松等多种常见皮质激素类药物的中间体（Elovitz and Wang，2004；Patwardhan and Lanthier，1971）。在微生物转化法生产 17α-羟基黄体酮的过程中，属于细胞色素 P450 酶家族的黄体酮 17α-羟化酶（CYP17A）是关键（Zhou et al.，2007；DeVore and Scott，2012；Pallan et al.，2015；Khatri et al.，2018），CYP45017A1 酶催化黄体酮发生两步氧化：第一步氧化，在 C17 位置进行羟基化反应，生成 17α-羟基黄体酮；第二步氧化，在第一步氧化的基础上发挥 C17α,20 裂解酶功能，进一步生产雄甾烯酮（DeVore and Scott，2012；Gregory et al.，2013；Yoshimoto and Auchus，2015）。但是，在罗非鱼、斑马鱼等硬骨鱼类体内存在两种 P45017A 酶，即 CYP17A1 和 CYP17A2（Zhou et al.，2007；Pallan et al.，2015），其中 CYP17A2 酶仅能催化黄体酮的 C17α 羟基化反应，生成 17α-羟基黄体酮。

可以预见，合成生物学技术将对甾体药物关键中间体的制造产生深远的影响。一方面基于合成生物学思想，利用调控元件对传统甾体药物中间体生产菌株继续优化，提高其摩尔产率接近乃至达到理论产率，提高产物的时空产率和菌株鲁棒性；另一方面，基于重要甾体药物分子的逆合成分析，利用合成生物学关键催化元件，构建适用于甾体药物原料药合成的新一代中间体生产菌株，降低化学合成难度，简化合成步骤，提高原料药的收率，减少合成过程中的污染物排放，建立更绿色环保的新合成工艺。

## 9.4　生物技术对甾体药物原料药生产的影响

尽管受限于技术因素和严格的法律，采用生物技术直接生产甾体药物原料药仍处于开发阶段，但仍有成功的先例。在 20 世纪 50 年代，可的松最初从脱氧胆酸（从牛胆汁中纯化）通过 31 个化学反应步骤合成，615g 起始材料中仅产生 1g 可的松，生产成本约为 200 美元；而由少根根霉（*Rhizopus arrhizus*）ATCC 11145 或黑曲霉（*Aspergillus niger*）ATCC 9142 催化孕酮的 11α-羟基化反应，可显著减少可的松的生产过程至 11 个步骤，使生产成本降至约为 1 美元（图 9-11）（Donova and Egorova，2012）。卢文玉等对甾体 11β 羟基化菌株——新月弯孢霉（*Curvularia lunata*）的原生质体进行了紫外诱变，应用酮康唑抗性筛选法，获得了一株遗传稳定的突变株 KA-91，与出发菌株相比，氢化可的松的转化率提高了 42.1%，并且减少了副产物的产生（Lu et al.，2007）；薛玮莹等（2018）对一株氢化可的松的生产菌株蓝色犁头霉（*Absidia coerulea*）进行 ARTP-LiCl 复合诱变，得到一株遗传稳定性较好的菌株 AL-172，底物浓度为 3.5 g/L 时，氢化可的松（HC）的转化率达 72.52%，底物投料浓度和 HC 转化率较实验室保藏菌株分别提高了 40%和 16.20%，具有良好的应用前景。

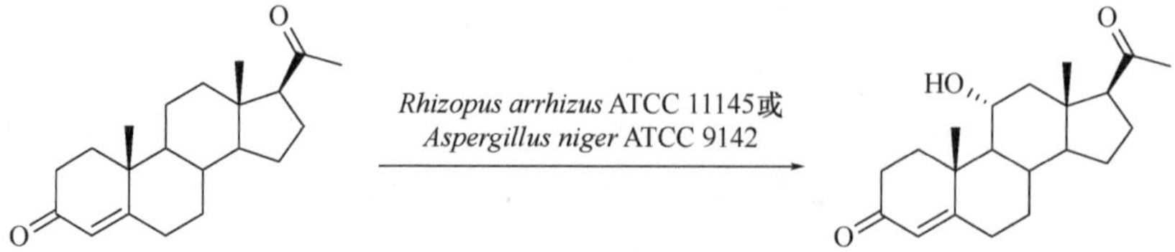

图 9-11　可的松的催化转化

熊去氧胆酸（UDCA）可用于治疗胆固醇结石、慢性胆汁淤积性疾病等，传统熊去氧胆酸制备工艺是以鹅去氧胆酸（CDCA）为底物，通过化学催化的氧化和还原反应实现，转化工艺后处理成本较高，对环境压力大。利用 7α-羟基甾体脱氢酶与 7β-羟基甾体脱氢酶作为催化剂，由鹅去氧胆酸制备熊去氧胆酸。以黄素还原酶实现氧化态辅酶的再生，大大降低鹅去氧胆酸的氧化转化成本，并与 7β-羟基甾体脱氢酶耦合实现了熊去氧胆酸的制备（图 9-12），建立了"一锅"多酶法生物合成熊去氧胆酸新工艺，底物鹅去氧胆酸浓度高于 20 g/L，转化率大于 95%，产物熊去氧胆酸的粗分离产率为 95%，终产物收率高于 90%，产品光学纯度高于 99%（Chen et al.，2019）。

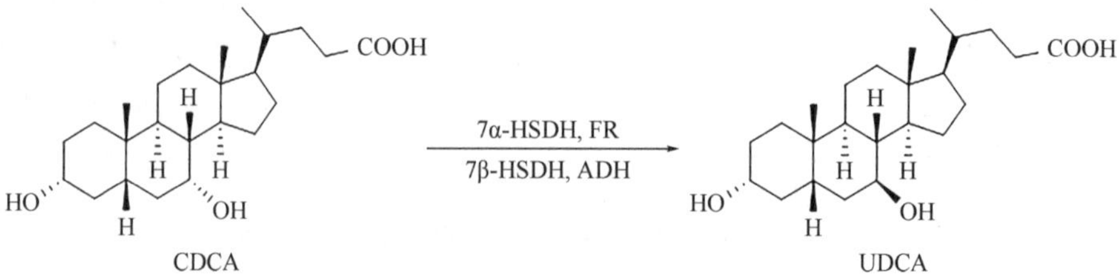

图 9-12　一锅多酶法制备熊去氧胆酸

CDCA：鹅去氧胆酸；UDCA：熊去氧胆酸；7α-HSDH：7α-羟基甾体脱氢酶；7β-HSDH：7β-羟基甾体脱氢酶；FR：黄素还原酶；ADH：醇脱氢酶

甾体 1,2-位脱氢反应是甾体药物合成中的重要反应之一，在 1,2-位引入 C═C 双键后，能成倍增加其抗炎活性，并减少因钠滞留带来的副作用，因此 1,2-位双键是大部分甾体药物的必需官能团。甾体化合物的 C1,2 位脱氢反应可由化学法实现，一般采用二氧化硒法，但由于甾体化合物结构复杂，化学方法往往需要多步反应，工艺复杂，产率低，使其应用受到一定限制。3-甾酮-$\Delta^1$-脱氢酶（$\Delta^1$-KSTD）是一种 FAD 依赖型黄素酶，能在温和条件催化 3-甾酮化合物在母核 A 环 C1,2 位脱氢，具有高选择性。$\Delta^1$-KSTD 催化脱氢反应时，甾体底物分子上的电子首先转移到 FAD 辅酶上，随后再通过电子受体传递出去从而使 FAD 从还原态回到氧化态，吩嗪硫酸甲酯（PMS）是使用较为广泛的电子受体。在没有 PMS 的情况下，氢化可的松的脱氢反应无法进行。由于氧气可以再生电子受体 PMS，因此催化剂量的浓度足以使 FAD 辅酶再生。由于 PMS 对酶的抑制作用，较高浓度的 PMS 反而对 C1,2 位脱氢有负面影响。Wang 等通过分子克隆、基因合成等手段获得了 80 个 3-甾酮-$\Delta^1$-脱氢酶，蛋白序列之间的一致性在 30%～80%，大致可分为五个分支。来源于丙酸杆菌（*Propionibacterium* sp.）的 3-甾酮-$\Delta^1$-脱氢酶 PrKstD 底物谱较广，对不同结构的甾体底物均有活性，相较于其他脱氢酶，该酶对大多数底物活性较高。PrKstD 工程菌可在 6 h 内将 80 g/L 氢化可的松转化为泼尼松龙，转化率达到 92.5%（图 9-13），延长反应时间不能将氢化可的松转化更完全，一种可能的原因是，剩余的氢化可的松在反应过程中与产物泼尼松龙共结晶，从而减少了其反应的可用性（Wang et al.，2017，2022）。

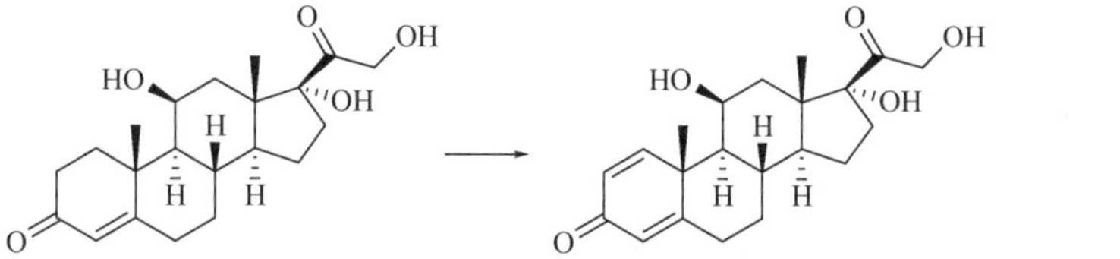

图 9-13　氢化可的松脱氢生成泼尼松龙

在甾体制药体系中，常常还会涉及在甾核 C3、C11、C17 等位置进行羰基与羟基的转换反应，且需保持高度的区域和立体选择性。来源于豚鼠的 11β-羟基甾体脱氢酶（11β-HSDH）经改造后，与葡萄糖脱氢酶共表达，可实现氢化可的松高选择性的生物合成（图 9-14A）（Zhang et al.，2014）。对羰基还原酶 RasADH 进行定点饱和突变，筛选得到突变体 RasADH F205I，相较于野生酶，其催化效率提高了 6～623 倍。RasADH F205I 能催化一系列不同的 17β-羟基甾体化合物的制备合成，*de* 值均高于 99%，对底物 AD 的时空产率达到 39.7g/(L·d)，远高于文献报道水平（图 9-14B）（Liu et al.，2017；Zhou et al.，2021）。

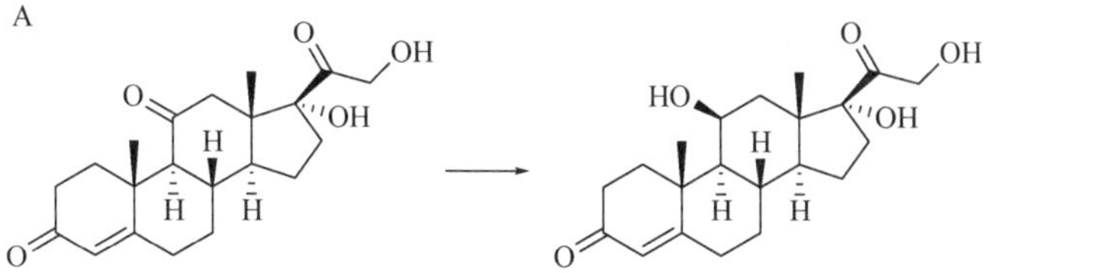

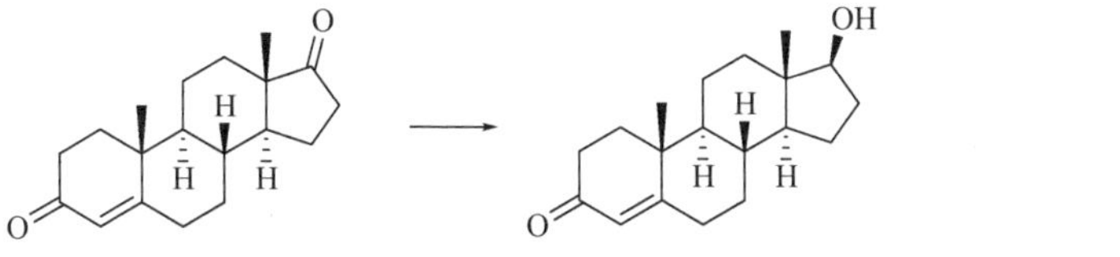

图 9-14　羰基还原酶催化的甾体原料药生产
A：可的松到氢化可的松；B：AD 到睾酮

合成生物学技术也被应用于甾体激素原料药的生产，通过敲除酵母内源基因固醇 C-22 脱氢酶，同时引入拟南芥 C-7 还原酶，共表达来源于牛的细胞色素 P450 侧链降解酶及 ADX、ADR，实现了由单一碳源到孕烯醇酮的生物合成（Duport et al.，1998）。在此基础上，还可以通过表达异源的 3β-*hsd* 的生物合成，通过引入哺乳动物蛋白 matP450scc（CYP11A1）等，还实现了酿酒酵母中氢化可的松的全生物合成（Szczebara et al.，2003）。

需要注意的是，与普通化学品的生产不同，原料药的生产受到严格的监管。生物技术的引进或替换传统化学合成工艺，或多或少地改变了原料药"原有"的状态，因此需要对原料药的安全性、有效性和质量可控性等依据相关法律法规重新进行评估，由此也导致生物技术，包括合成生物学技术在原料药的生产中仍处于起步阶段。

# 9.5 总结与展望

由于合成生物学技术向甾体药物研究的融合发展，我国甾体药物起始原料和关键中间体生产方式正在发生着快速变化。以薯蓣皂素、植物甾醇等为原料，经过化学催化或生物转化获得关键中间体，再通过化学合成或生物催化获得甾体原料药，仍是当前甾体药物的生产路线，受相应的药品生产管理法规限制，暂时还不能够被完全替代。但正如前文所述，甾体药物产业链比较长，合成生物技术在甾体药物生产的每一个环节均可以适当的方式嵌入，尤其是合成生物学模块化的理念将大大加快甾体化合物合成、修饰的研究进度；合成生物学中元件-底盘适配性的优化技术也可用于现有的甾体药物关键中间体生产菌的改造和提升；而合成生物学所开发的大量催化元件，则有望在新一代甾体药物关键中间体生产中得以应用；除此之外，利用合成生物学技术从简单碳源合成的新甾体化合物，可用于药物筛选，也可与传统的化学合成工艺耦联合成新的甾体类药物，以此从源头确立新一代甾体药物生产工艺并形成规范。在不久的将来，合成生物学有可能实现从葡萄糖等简单原料到甾体药物原料、关键中间体乃至原料药的直接生物合成，彻底颠覆甾体药物的生产范式。

*本章参编人员：吴洽庆 冯进辉 张学礼 朱敦明 崔云凤*

# 参 考 文 献

陈合, 李庆娟, 2007. 黄姜副产物综合利用的研究进展. 食品与药品, 9(12): 60-62.
鲁海龙, 史宣明, 张旋, 等, 2017. 植物甾醇制取及应用研究进展. 中国油脂, 42(10): 134-137.
马如鸿, 刘其明, 1991. 我国甾体药物三十年成就. 中国药物化学杂志, 1(1): 49-67.
谭仁祥, 2008. 甾体化学. 北京: 化学工业出版社.
王玉, 张凤禹, 陈曦, 等, 2016. *Thanatephorus cucumeris* 对可托多松 19 位甲基羟化反应条件的优化. 应用与环境生物学报, 22(5): 860-864.

熊亮斌, 宋璐, 赵云秋, 等, 2021. 甾体化合物绿色生物制造：从生物转化到微生物从头合成. 合成生物学, 2(6): 942-963.

薛玮莹, 申雁冰, 黄炜, 等, 2018. 复合诱变选育氢化可的松高转化率菌株. 山东农业大学学报 (自然科学版), 49(3): 396-401.

杨顺楷, 2022. 甾体微生物转化：糖皮质激素氢化可的松生物转化的鲁棒性及其研究应用. 应用与环境生物学报, 28(1): 230-238.

张斌, 郁昕, 栗磊, 等, 2015. 植物甾醇的研究进展. 食品与发酵工业, 41(1): 190-195.

赵岩, 肖培根, 1989. 我国薯蓣属甾体激素原料植物的种质资源. 作物品种资源, (1): 23-24.

中国科学院天津工业生物技术研究所, 2017. 一种生物合成 20-羟基-23, 24-二降胆-4-烯-3-酮的分枝杆菌及合成方法. 中国: CN106854630B.

中国科学院天津工业生物技术研究所, 2020. 一种基因工程菌及其在制备 22-羟基-23, 24-双降胆甾-4-烯-3-酮中的应用. CN112029701B.

Acevedo-Rocha C G, Gamble C G, Lonsdale R, et al., 2018. P450-catalyzed regio- and diastereoselective steroid hydroxylation: efficient directed evolution enabled by mutability landscaping. ACS Catal, 8(4): 3395-3410.

Ahmad S, Roy P K, Khan A W, et al., 1991. Microbial transformation of sterols to $C_{19}$-steroids by *Rhodococcus equi*. World J Microbiol Biotechnol, 7(5): 557-561.

Angelova B, Mutafov S, Avramova T, et al., 1996. 9α-Hydroxylation of 4-androstene-3, 17-dione by resting *Rhodococcus* sp. cells. Process Biochem, 31(2): 179-184.

Bennett R D, Heftmann E, 1965. Biosynthesis of *Dioscorea sapogenins* from cholesterol. Phytochemistry, 4(4): 577-586.

Bracco P, Wijma H J, Nicolai B, et al., 2021. CYP154C5 regioselectivity in steroid hydroxylation explored by substrate modifications and protein engineering. ChemBioChem, 22(6): 1099-1110.

Chang H X, Zhang H T, Zhu L, et al., 2020. A combined strategy of metabolic pathway regulation and two-step bioprocess for improved 4-androstene-3, 17-dione production with an engineeted *Mycobacterium neoaurum*. Biochem Eng J, 164: 107789.

Chaudhari P N, Chaudhari B L, Chincholkar S B, 2010. Cholesterol biotransformation to androsta-1,4-diene-3, 17-dione by growing cells of *Chryseobacterium gleum*. Biotechnol Lett, 32(5): 695-699.

Chen W Y, Fisher M J, Leung A, et al., 2020. Oxidative diversification of steroids by nature-inspired scanning *Glycine mutagenesis* of P450BM3 (CYP102A1). ACS Catal, 10(15): 8334-8343.

Chen X, Cui Y F, Feng J H, et al., 2019. Flavin oxidoreductase-mediated regeneration of nicotinamide adenine dinucleotide with dioxygen and catalytic amount of flavin mononucleotide for one-pot multi-enzymatic preparation of ursodeoxycholic acid. Adv Synth Catal, 361(11): 2497-2501.

Chen Y, Dong Y, Chi Y L, et al., 2018. Eco-friendly microbial production of diosgenin from saponins in *Dioscorea zingiberensis* tubers in the presence of *Aspergillus awamori*. Steroids, 136: 40-46.

Cheng L Y, Zhang H, Cui H Y, et al., 2021. Efficient enzyme-catalyzed production of diosgenin: inspired by the biotransformation mechanisms of steroid saponins in *Talaromyces stollii* CLY-6. Green Chem, 23(16): 5896-5910.

Cheng Q, Sohl C D, Yoshimoto F K, et al., 2012. Oxidation of dihydrotestosterone by human cytochromes P450 19A1 and 3A4. J Biol Chem, 287(35): 29554-29567.

Christ B, Xu C C, Xu M L, et al., 2019. Repeated evolution of cytochrome P450-mediated spiroketal steroid biosynthesis in plants. Nat Commun, 10(1): 3206.

Crowe A M, Casabon I, Brown K L, et al., 2017. Catabolism of the last two steroid rings in *Mycobacterium tuberculosis* and other bacteria. mBio, 8(2): e00321-e00317.

DeVore N M, Scott E E, 2012. Structures of cytochrome P450 17A1 with prostate cancer drugs abiraterone and TOK-001. Nature, 482(7383): 116-119.

Donova M V, Egorova O V, 2012. Microbial steroid transformations: current state and prospects. Appl Microbiol Biotechnol, 94(6): 1423-1447.

Donova M V, Gulevskaya S A, Dovbnya D V, et al., 2005. *Mycobacterium* sp. mutant strain producing 9α-hydroxyandrostenedione from sitosterol. Appl Microbiol Biotechnol, 67(5): 671-678.

Duport C, Spagnoli R, Degryse E, et al., 1998. Self-sufficient biosynthesis of pregnenolone and progesterone in engineered yeast. Nat Biotechnol, 16(2): 186-189.

Egorova O V, Gulevskaya S A, Puntus I F, et al., 2002. Production of androstenedione using mutants of *Mycobacterium* sp. J Chem Technol Biotechnol, 77(2): 141-147.

Elovitz M, Wang Z, 2004. Medroxyprogesterone acetate, but not progesterone, protects against inflammation-induced parturition and intrauterine fetal demise. Am J Obstet Gynecol, 190(3): 693-701.

Feng J H, Wu Q Q, Zhu D M, et al., 2022. Biotransformation enables innovations toward green synthesis of steroidal pharmaceuticals, ChemSusChem, 15(9): e202102399.

Fernández-Cabezón L, García-Fernández E, Galán B, et al., 2017. Molecular characterization of a new gene cluster for steroid degradation in *Mycobacterium smegmatis*. Environ Microbiol, 19(7): 2546-2563.

Ferreira N P, Robson P M, Bull J R, et al., 1984. The microbial production of 3aα-H-4α- (3′-propionic acid)-5α-hydroxy-7aβ-methylhexahydro-indan-1-one-δ-lactone from cholesterol. Biotechnol Lett, 6: 517-522.

Galán B, Uhía I, García-Fernández E, et al., 2017. Mycobacterium smegmatis is a suitable cell factory for the production of steroidic synthons. Microb Biotechnol, 10(1): 138-150.

García-Fernández J, Martínez I, Fernández-Cabezón L, et al., 2017. Bioconversion of phytosterols into androstadienedione by *Mycobacterium smegmatis* CECT 8331. Methods Mol Biol, 1645: 211-225.

Gregory M, Mak P J, Sligar S G, et al., 2013. Differential hydrogen bonding in human CYP17 dictates hydroxylation versus lyase chemistry. Angew Chem Int Ed, 52(20): 5342-5345.

Hanson J R, 2002. Steroids: reactions and partial synthesis. Natural Product Reports, 19(4): 381-389.

Hill F F, Schindler J, Schmid R, et al., 1982. Microbial conversion of sterols. Appl Microbiol Biotechnol, 15(1): 25-32.

Huang H P, Gao S L, Chen L L, et al., 2008. *In vitro* induction and identification of autotetraploids of *Dioscorea zingiberensis*. In Vitro CellDevBiol-Plant, 44(5): 448-455.

Jesus M, Martins A P J, Gallardo E, et al., 2016. Diosgenin: recent highlights on pharmacology and analytical methodology. J Anal Methods Chem, 2016: 4156293.

Khatri Y, Jóźwik I K, Ringle M, et al., 2018. Structure-based engineering of steroidogenic CYP260A1 for stereo- and regioselective hydroxylation of progesterone. ACS Chem biol, 13(4): 1021-1028.

Li A T, Acevedo-Rocha C G, D'Amore L, et al., 2020. Regio- and stereoselective steroid hydroxylation at C7 by cytochrome P450 monooxygenase mutants. Angew Chem Int Ed, 59(30): 12499-12505.

Li X, Chen T, Peng F, et al., 2021. Efficient conversion of phytosterols into 4-androstene-3,17-dione and its C1,2-dehydrogenized and 9α-hydroxylated derivatives by engineered *Mycobacteria*. Microb Cell Fact, 20(1): 158.

Lin Y L, Song X, Fu J, et al., 2009. Microbial transformation of phytosterol in corn flour and soybean flour to 4-androstene-3, 17-dione by *Fusarium moniliforme* Sheld. Bioresour Technol, 100(5): 1864-1867.

Liu N, Feng J H, Zhang R, et al., 2019. Efficient microbial synthesis of key steroidal intermediates from bio-renewable phytosterols by genetically modified *Mycobacterium fortuitum* strains. Green Chem, 21(15): 4076-4083.

Liu Y C, Chen G Y, Ge F L, et al., 2011. Efficient biotransformation of cholesterol to androsta-1,4-diene-3, 17-dione by a newly isolated actinomycete *Gordonia neofelifaecis*. World J Microbiol Biotechnol, 27(4): 759-765.

Liu Y Y, Wang Y, Chen X, et al., 2017. Regio- and stereoselective reduction of 17-oxosteroids to 17β-hydroxysteroids by a yeast strain *Zygowilliopsis* sp. WY7905. Steroids, 118: 17-24.

Lu W Y, Du L X, Wang M, et al., 2007. Optimisation of hydrocortisone production by *Curvularia lunata*. Appl Biochem Biotechnol, 142(1): 17-28.

Lu W, Chen X, Feng J H, et al., 2018. A fungal P450 enzyme from *Thanatephorus cucumeris* with steroid hydroxylation capabilities. Appl Environ Microbiol, 84(13): e00503-e00518.

Lu W, Feng J H, Chen X, et al., 2019. Distinct regioselectivity of fungal P450 enzymes for steroidal hydroxylation. Appl Environ Microbiol, 85(18): e01182-e01119.

Malaviya A, Gomes J, 2009. Rapid screening and isolation of a fungus for sitosterol to androstenedione biotransformation. Appl Biochem Biotechnol, 158(2): 374-386.

Marsheck W J, Kraychy S, Muir R D, 1972. Microbial degradation of sterols. Appl Microbiol, 23(1): 72-77.

Nakamatsu T, Beppu T, Arima K, 1980. Microbial degradation of steroids to hexahydroindanone derivatives. Agric Biol Chem, 44(7): 1469-1474.

Nakamatsu T, Beppu T, Arima K, 1983. Microbial production of 3aα-H-4α-(3'-propionic acid)-5α-hydroxy- 7aβ-methylhexahydro-l-indanone-δ-lactone from soybean sterol. Agric Biol Chem, 47(7): 1449-1454.

Pallan P S, Nagy L D, Lei L, et al., 2015. Structural and kinetic basis of steroid 17α, 20-lyase activity in teleost fish cytochrome P450 17A1 and its absence in cytochrome P450 17A2. J Biol Chem, 290(6): 3248-3268.

Patwardhan V V, Lanthier A, 1971. Effect of 17-hydroxyprogesterone (17OHP) on the in vitro metabolism of labelled C21 steroids by bovine adrenals. Steroids, 17(1-5): 219-231.

Peng H D, Wang Y Y, Jiang K, et al., 2021. A dual role reductase from phytosterols catabolism enables the efficient production of valuable steroid precursors. Angew Chem Int Ed, 60(10): 5414-5420.

Peng Y E, Yang Z H, Wang Y X, et al., 2011. Pathways for the steroidal saponins conversion to diosgenin during acid hydrolysis of *Dioscorea zingiberensis* C. H. Wright. Chem Eng Res Des,

89(12): 2620-2625.

Qian Y D, Tan S Y, Dong G R, et al., 2020. Increased campesterol synthesis by improving lipid content in engineered *Yarrowia lipolytica*. Appl Microbiol Biotechnol, 104(16): 7165-7175.

Schindler A E, 2005. Role of progestogens for the prevention of premature birth. J Steroid Biochem Mol Biol, 97(5): 435-438.

Schindler A E, Campagnoli C, Druckmann R, et al., 2003. Classification and pharmacology of progestins. Maturitas, 46 (Suppl): S7-S16.

Seidel L, Hörhold C, 1992. Selection and characterization of new microorganisms for the manufacture of 9-OH-AD from sterols. J Basic Microbiol, 32(1): 49-55.

Shen L, Xu J, Luo L, et al., 2018. Predicting the potential global distribution of diosgenin-contained *Dioscorea* species. Chin Med, 13: 58.

Sonawane P D, Pollier J, Panda S, et al., 2016. Plant cholesterol biosynthetic pathway overlaps with phytosterol metabolism. Nat Plants, 3: 16205.

Sun H, Yang J L, He K, et al., 2021. Enhancing production of 9α-hydroxy-androst-4-ene-3, 17-dione (9-OHAD) from phytosterols by metabolic pathway engineering of *mycobacteria*. Chem Eng Sci, 230: 116195.

Szczebara F M, Chandelier C, Villeret C, et al., 2003. Total biosynthesis of hydrocortisone from a simple carbon source in yeast. Nat Biotechnol, 21(2): 143-149.

Vasquez L, Alarcon J, Zunza H, et al., 2001. Chemical-microbiological synthesis of progresterone. Bol Soc Chil Quim, 46: 29-31.

Vranová E, Coman D, Gruissem W, 2013. Network analysis of the MVA and MEP pathways for isoprenoid synthesis. Annu Rev Plant Biol, 64: 665-700.

Wang X J, Feng J H, Zhang D L, et al., 2017. Characterization of new recombinant 3-ketosteroid-Δ1-dehydrogenases for the biotransformation of steroids. Appl Microbiol Biotechnol, 101(15): 6049-6060.

Wang Y X, Liu H, Bao J G, et al., 2008. The saccharification–membrane retrieval–hydrolysis (Smrh) process: a novel approach for cleaner production of diosgenin derived from *Dioscorea zingiberensis*. J Cleaner Prod, 16(10): 1133-1137.

Wang Y, Zhang R, Feng J H, et al., 2022. A new 3-ketosteroid-Δ$^1$-dehydrogenase with high activity and broad substrate scope for efficient transformation of hydrocortisone at high substrate cConcentration. Microorganisms, 10(3): 508.

Wovcha M G, Antosz F J, Knight J C, et al., 1978. Bioconversion of sitosterol to useful steroidal intermediates by mutants of *Mycobacterium fortuitum*. Biochim Biophys Acta Lipids Lipid Metab, 531(3): 308-321.

Xiong L B, Sun W J, Liu Y J, et al., 2017. Enhancement of 9α-hydroxy-4-androstene-3, 17-dione production from soybean phytosterols by deficiency of a regulated intramembrane proteolysis metalloprotease in *Mycobacterium neoaurum*. J Agric Food Chem, 65(48): 10520-10525.

Xu L P, Wang D, Chen J, et al., 2022. Metabolic engineering of *Saccharomyces cerevisiae* for gram-scale diosgenin production. Metab Eng, 70: 115-128.

Xu L Q, Liu Y J, Yao K, et al., 2016. Unraveling and engineering the production of 23, 24-bisnorcholenic steroids in sterol metabolism. Sci Rep, 6: 21928.

Yoshimoto F K, Auchus R J, 2015. The diverse chemistry of cytochrome P450 17A1 (P450c17,

CYP17A1). J Steroid Biochem Mol Biol, 151: 52-65.

Zhang C X, Wang Y X, Yang Z H, et al., 2006. Chlorine emission and dechlorination in co-firing coal and the residue from hydrochloric acid hydrolysis of *Discorea zingiberensis*. Fuel, 85(14-15): 2034-2040.

Zhang D L, Zhang R, Zhang J, et al., 2014. Engineering a hydroxysteroid dehydrogenase to improve its soluble expression for the asymmetric reduction of cortisone to 11β-hydrocortisone. Appl Microbiol Biotechnol, 98(21): 8879-8886.

Zhou C, Li X H, Zhou Z L, et al., 2019. Comparative transcriptome analysis identifies genes involved in diosgenin biosynthesis in *Trigonella foenum-graecum* L. Molecules, 24(1): 140.

Zhou C, Yang Y H, Tian J Y, et al., 2022. 22*R*- but not 22*S*-hydroxycholesterol is recruited for diosgenin biosynthesis. Plant J, 109(4): 940-951.

Zhou L Y, Wang D S, Kobayashi T, et al., 2007. A novel type of P450c17 lacking the lyase activity is responsible for C21-steroid biosynthesis in the fish ovary and head kidney. Endocrinology, 148(9): 4282-4291.

Zhou Y Y, Wang Y, Chen X, et al., 2021. Modulating the active site lid of an alcohol dehydrogenase from *Ralstonia* sp. enabled efficient stereospecific synthesis of 17β-hydroxysteroids. Enzyme Microb Technol, 149: 109837.

Zhu Y L, Huang W, Ni J R, et al., 2010. Production of diosgenin from *Dioscorea zingiberensis* tubers through enzymatic saccharification and microbial transformation. Appl Microbiol Biotechnol, 85(5): 1409-1416.

Zhu Y L, Zhu H C, Qiu M Q, et al., 2014. Investigation on the mechanisms for biotransformation of saponins to diosgenin. World J Microbiol Biotechnol, 30(1): 143-152.

# 第10章 工业合成生物学展望

生物制造具有原料可再生、过程清洁高效等特征，可从根本上改变化工、医药、能源、轻工等传统制造业高度依赖化石原料和"高污染、高排放"不可持续的加工模式，减少工业经济对生态环境的影响，推动物质财富的绿色增长和经济社会可持续发展。在绿色发展方面，生物制造可以降低工业过程能耗、物耗，减少废物排放与空气、水及土壤污染，大幅度降低生产成本，提升产业竞争力。在低碳发展方面，生物制造可以利用天然可再生原料，实现化学过程无法合成，或者合成效率很低的石油化工产品的生物合成，促进二氧化碳的减排和转化利用，构建出工业经济发展的可再生原料路线。在循环发展方面，生物制造可以提高自然资源利用效益，实现废弃物回收利用，提升能源效率，促进产业升级，形成"农业-工业-环境-农业"的良性循环模式。经济合作与发展组织（OECD）对 6 个发达国家进行分析的结果表明，工业生物技术的应用可以降低工业能耗的 15%～80%、原料消耗的 35%～75%、空气污染的 50%～90%、水污染的 33%～80%，以及生产成本的 9%～90%。据世界自然基金会（WWF）估测，到 2030 年，工业生物技术每年将可降低 10 亿～25 亿 t 的 $CO_2$ 排放。

工业合成生物学加速向农业领域渗透，促进农业工业化。数千年来，人类的农产品始终依赖于动、植物提供，但是合成生物学的发展，可以使人们通过发掘动植物的营养、功能成分合成的关键遗传基因元件，有可能对跨种属的基因进行组合，采用人工元件对合成通路进行改造，优化和协调合成途径中各蛋白的表达，创建淀粉、蛋白、油脂以及其他营养功能因子的高效人工生物合成路线，形成崭新的细胞工厂，颠覆现有的农产品生产与加工方式，摆脱人类所需营养素及天然化合物对资源依赖和以环境破坏为代价的发展。目前，随着生命科学与技术的快速进步与发展，利用合成生物学等手段，构建具有特定合成能力的细胞工厂种子，不仅可以生物合成制造香兰素、白藜芦醇、甜菊糖苷等一系列高附加值农业相关产品，合成制造淀粉、油脂、健康糖、牛奶、素食奶酪、各种蛋白（胶原蛋白、蚕丝蛋白、肉类蛋白及卵蛋白等）和肉类的技术也日趋成熟。这些新技术将颠覆传统的农产品加工生产方式，形成新型的生产模式，促进农业工业化的发展。

工业生物技术已经成为世界各国实现经济可持续发展的重要举措。主要发达国家和新兴经济体纷纷将发展工业生物技术及产业上升为国家战略并制定国家规划。美国政府早在 2002 年就专门制定了《生物质技术路线图》（*Roadmap for*

*Biomass Technologies in the United States*），计划到 2030 年用生物基产品和生物能源替代 25%的有机化学品和 20%的运输用石油燃料，2015 年又发布了《生物工业化路线图：加速化学品的先进制造》（*Industrialization of Biology: A Roadmap to Accelerate the Advanced Manufacturing of Chemicals*），提出了生物学产业化的目标。2022 年 9 月 12 日，美国总统拜登已经正式签署了一项行政命令，以启动一项"国家生物技术和生物制造计划"（National Biotechnology and Biomanufacturing Initiative），旨在促进制药业以及农业、塑料和能源等行业的美国生物制造，意在重构美国的生物材料、生物制造、生物医药等生物新经济。德国于 2010 年发布实施了"生物经济 2030：国家研究战略"（National Research Strategy BioEconomy 2030），旨在通过强化以促进生物质原材料可持续资源化和能源化应用为导向的研发创新，并于 2012 年编制了《生物精炼路线图》（*Biorefineries Roadmap*），明确界定了生物炼制发展需求，并规划了德国生物炼制技术未来的行动领域。欧盟于 2014 年发起了欧洲联合生物基产业发展计划，并于 2015 年发布了《推动生物经济——面向欧洲不断繁荣的工业生物技术产业路线图》（*A sustainable bioeconomy for Europe: strengthening the connection between economy, society and the environment*），提出"欧洲工业生物技术产业产值将从 2013 年的 280 亿欧元增至 2030 年的 500 亿欧元，年增长率达 7%"的重大目标。我国国家发展和改革委员会于 2022 年 5 月 10 日印发的《"十四五"生物经济发展规划》，明确将生物制造作为生物经济战略性新兴产业发展方向，提出"依托生物制造技术，实现化工原料和过程的生物技术替代，发展高性能生物环保材料和生物制剂，推动化工、医药、材料、轻工等重要工业产品制造与生物技术深度融合，向绿色低碳、无毒低毒、可持续发展模式转型"。

　　经过近 20 年的培育发展，工业合成生物学产业市场预期持续加温。据麦肯锡预测，到 2025 年合成生物学与相关生物制造的直接经济影响将达到 1000 亿美元。经济合作与发展组织（OECD）报告预测，至 2030 年，OECD 国家将形成基于可再生资源的生物经济形态，生物制造的经济和环境效益将超过生物农业和生物医药，在生物经济中的贡献率达到 39%。在各国政府政策和计划的鼓励下，巴斯夫、拜耳、杜邦、陶氏化学等大型跨国化工集团斥巨资投入合成生物产业，金融和风险投资积极介入合成生物学相关的生物制造领域。随着跨国集团和行业巨头纷纷介入竞争，合成生物产业成为资本市场新宠。新兴合成生物学中小企业纷纷成立，目前已超过 200 家，诞生了以 Zymergen、Ginkgo Bioworks、Twist Bioscience、Intrexon、Amyris 等为代表的一批新兴公司，显示了合成生物产业强大的吸引力。2018 年全球合成生物产业风险投资总额达 38 亿美元，较 2017 年 17 亿美元提高了约 124%，2020 年合成生物学获得融资总额达 78 亿美元，约为 2018 年上一峰值的两倍。2021 年行业融资总额约 180 亿美元，几乎是 2009 年以来行业融资的总和。这些趋势都进一步凸显了合成生物学相关的生物制造充满巨大创新潜力，将在未来产业发展中扮演举足轻重的角色。

然而，工业合成生物学发展面临三个主要挑战。第一，随着合成生物技术发展的日新月异，合成生物的应用范围日益广泛，如何保障合成生物的生物安全性成为一个极其重要并且亟待解决的关键问题。合成生物学研究中大量涉及来自于病毒、致病性细菌和真菌的强毒力基因元器件，且被设计和使用的毒性基因元件和调控元件的数目也从少数几个跃升为几十个、上百个，乃至整个基因组的重新设计和编辑改造。如果缺乏有效管控或被恶意利用，这些人工合成生物体可能会对生态环境平衡、公共卫生安全乃至国家国防安全造成威胁。因此，在人工设计和改造生物体的过程中，必须建立系统的防范和监控体系，设计有效的方法和技术来阻止人工生命体在野外环境下的复制和增殖、遗传信息的漂移以及阻断其进化出新的环境适应性，做到完全的人工改造生物隔离，达到真正的人工可控生命目标，确保其生物安全性。第二，据估计到 2050 年，世界人口将增长到 100 亿左右，农作物产量需要翻一番才能够满足日益增长的人口需求，以过去 40 年农业产量平均每年增长速率计算，届时将出现严重的粮食危机。目前工业生物技术主要以玉米等粮食作为发酵原料，因此工业生物技术面临着"与人争粮"的问题，所以需要发展以 $CO_2$ 和可再生能源为碳源和能源的第三代生物制造，下面第一部分将详细阐述这部分研究进展。第三，生物制造现有的产品，多是基于自然界中已有生物合成途径，然而绝大部分化学品是没有天然生物合成途径的，因此非天然蛋白质元件及途径的设计也是合成生物学重要研究方向，下面第二部分也将详细阐述研究进展。

## 10.1 第三代生物制造研究进展

以 $CO_2$ 和可再生能源为碳源和能源的第三代生物制造是当前工业合成生物学研究的热点。相比于以植物油、废弃食用油、淀粉和含糖植物等为原料的第一代生物制造，和以谷物秸秆、甘蔗渣、森林残留物、城市固体废物等为原料的第二代生物制造，第三代生物制造具有低廉的原料处理成本及不会对人类粮食和水资源构成威胁等优点。特别是随着 $CO_2$ 等温室气体引起的全球气候变暖问题已经严重影响人类的生存与经济活动，发展第三代生物制造技术不仅可以大幅降低化学品生产成本，而且对人类的可持续性发展具有重要意义。本部分将综述近年来生物固碳的研究进展。按照固碳途径可分为：①自然及人工固碳途径；②杂合固碳途径。

1）自然及人工固碳途径。目前已经确定 7 个自然固碳途径，它们分别是卡尔文循环（CBB 循环）、3-羟基丙酸双循环、Wood-Ljungdahl 途径、还原性（逆向）三羧酸循环、二羧酸/4-羟基丁酸循环、3-羟基丙酸/4-羟基丁酸循环和还原甘氨酸途径（Yang et al.，2021）。CBB 循环是自然界中最主要的固碳途径，也是固碳能耗最高的途径。经过代谢工程改造，蓝细菌或者微藻等利用 CBB 循环的光合自养生物能够生产乙醇、丁醇、乳酸、丙酮、异丁醛、异戊二烯、油脂等化学品（Farrokh et al.，2019）。由于能量利用效率低、碳转化速度慢，用光合自养生物生产大宗化学品还很难工业化应用。相对于利用 CBB 循环固定 $CO_2$ 的天然光合生物，大肠杆菌、酿酒酵母（Saccharomyces cerevisiae）等工业模式微生物具有许多优势。例如，大肠杆菌生长速度比蓝细菌快 5 倍，且具有高效的分子及合成生物学工具、成熟的不同产品合成路线和发酵工艺等。将 CBB 循环在模式工业微生物中异源重构已取得重大突破。Gleizer 等（2019）将一个完整的异源 CBB 循环引入大肠杆菌，结合有机碳限制下的适应性进化，并采用电化学得到的甲酸作为能量和电子供体，首次实现了大肠杆菌以 $CO_2$ 为唯一碳源进行生长。与此同时，Gassler 等（2020）通过合成生物学改造毕赤酵母将其过氧化物酶体甲醇同化途径改造成类似 CBB 循环的固碳途径，利用甲醇作为能量和电子供体，也实现了将 $CO_2$ 作为唯一碳源的"自养"生长。

　　Wood-Ljungdahl 途径主要存在于产乙酸的厌氧菌中，以氢气作为能源来源。该途径是天然固碳途径中唯一一个线性的固碳途径，也是固碳能耗最低的途径。梭菌是利用 Wood-Ljungdahl 途径固定 $CO_2$ 的良好宿主之一，利用梭菌合成的常见产物有乙醇、丁醇、丁酸、2-氧代丁酸酯和 2,3-丁二醇等。LanzaTech 和 INEOS 等几家公司利用梭菌开发的部分产品已实现商业化。例如，LanzaTech 与首钢集团京唐钢铁厂合作，利用梭菌将其钢厂废气应用于商业化合成乙醇（年产 4.6 万 t）及蛋白饲料（年产 5000 t）。最近，LanzaTech 公司 Michael Köpke 与美国西北大学 Michael C. Jewett 等实现了以 Wood-Ljungdahl 途径为基础的丙酮与异丙醇生物制造（Liew et al.，2022）。首先，作者使用组合途径文库方法，通过分析 272 个丙酮-丁醇-乙醇工业菌株，鉴定并获取了优质酶并构建于自养梭菌中。其次，作者使用组学分析、动力学建模和无细胞原型来优化途径通量。最后，作者使用组合文库中最好的基于质粒的菌株进行放大发酵，在 2L 台式连续搅拌罐反应器中，丙酮产率约为 2.5 g/(L·h)，气体利用率约为 80%；异丙醇生产强度约 3 g/(L·h)，气体利用率约为 85%，选择性 90%。随后，在 120 L 现场中试装置中进行了放大，全生命周期分析整个生产过程是负碳的。

　　还原性（逆向）三羧酸循环主要存在于光合绿硫细菌和厌氧菌中，能量来源是光能和单质硫。还原性三羧酸途径可以看作是三羧酸循环的逆向反应，可以固定 2 分子 $CO_2$ 产生 1 分子乙酰辅酶 A，这一途径被证实可以被高压 $CO_2$ 驱动。Steffens 等（2021）发现在细菌 Hippea martima 中，仅仅通过提高环境 $CO_2$ 的浓度或分压（40%）即可逆转三羧酸循环，从而实现从 $CO_2$ 和氢气合成丙酮酸。在这一过程中，无须三羧酸循环酶体系以外的酶参与反应，只需其中的柠檬酸合成酶有较高的表达水平。这为高压 $CO_2$ 生物转化提供了很好的生物学理论基础。3-羟基丙酸双循环主要存在于光合绿色非硫细菌中，由光能驱动。该途径由 13 个酶催化的 16 步酶促反应构成，是反应数最多的自然固碳途径。3-羟基丙酸/4-羟基丁酸循环是 2007 年在古菌中发现的另一固碳途径，靠氢气和单质硫提供能量，由 16 步酶促反应构成。二羧酸/4-羟基丁酸循环是 2008 年在古菌中新发现的严格厌氧固碳途径，其能量来源是氢气和单质硫，由 14 步酶促反应构成。这 3 条天然途径存在能量消耗高、固碳途径复杂等缺陷，难以实际应用（Yang et al.，2021）。

还原甘氨酸途径是近年来发现的新型固碳途径。该途径反应步骤较少，ATP 需求较低，途径中的酶对氧气的耐受性比较好，对中心代谢干扰小，有较好的工业应用潜力，被认为是固碳途径中最具优势的途径之一（Kim et al.，2020）。还原甘氨酸途径的核心是甘氨酸裂解系统[该裂解系统含有甘氨酸脱氢酶（GcvP）、氨甲基转移酶（GcvT）、含硫辛酸蛋白（GcvH）和硫辛酰胺脱氢酶（Lpd）]，它能够将甘氨酸裂解为 $CO_2$、$NH_4^+$ 和 $CH_2$-THF（亚甲基四氢叶酸），一直以来人们认为它是不可逆的，最近的研究表明 $CO_2$、$NH_4^+$ 和 $CH_2$-THF 能够可逆地合成甘氨酸。目前，还原甘氨酸途径已经在大肠杆菌、酿酒酵母、德雷克梭状芽孢杆菌（*Clostridium drakei*）等微生物中获得成功表达，宿主细胞可以利用甲酸和 $CO_2$ 合成有机酸及氨基酸等初级代谢产物。

近年来，人工设计固碳途径成为合成生物学的研究热点。Bar-Even 等（2010）对天然固碳途径进行分析，并研究了自然界中存在的 5000 多种酶，以自然界固碳效率最高的磷酸烯醇式丙酮酸羧化酶为基础（在物种 *Zea mays* L. cv. Golden Cross Bantam T51 中，$K_{cat}$=40.9 $s^{-1}$，$K_{cat}/K_m$ =23 792 $s^{-1}$ $mM^{-1}$），计算获得了一系列非天然的合成固碳途径——丙二辅酶 A/草酰乙酸/乙醛酸（MOG）途径。 通过动力学、能量效率、拓扑学等的分析，其理论固碳特异性活性比 CBB 循环高 2～3 倍。然而，该途径的输出产物为乙醛酸，需要通过甘油酸途径进入中心代谢。Philippe Marlière 等人同样利用磷酸烯醇式丙酮酸羧化酶固定 $CO_2$，然后经过连续的转化，实现了 $CO_2$ 转化为甲醛，甲醛与四氢叶酸结合进入中心代谢（Bouzon et al.，2017）。在此循环途径中，作者实现了两个自然界不存在的反应，一个是高丝氨酸转氨反应，另一个是 4-羟基-2-氧代丁酸裂解为丙酮酸与甲醛的反应。此循环的实质就是将二氧化碳转化为还原态的甲醛，并没有实现 C—C 键的延长。

德国马克斯-普朗克研究所的 Tobias J. Erb 课题组构建了基于高活性还原羧化酶的巴豆酰辅酶 A/乙基丙二酰基辅酶 A/羟基丁酰基辅酶 A 循环途径（CETCH 途径）（Schwander et al.，2016）。通过酶改造优化后，CETCH 途径纯酶体外固定 $CO_2$ 的效率为 5 nmol/(min·mg)蛋白，能够与天然的 CBB 循环固碳效率相当。该课题组与法国波尔多大学的 Jean-Christophe Baret 合作，利用液滴微流控技术将天然的叶绿体内中类囊体膜与 CETCH 固碳循环中的多种酶完美整合，构建出了能够利用光照作为能量源且效率超过自然的人造叶绿体。这种人造叶绿体能够通过光合作用产生能量分子 ATP 与 NADPH，并进一步高效地将 $CO_2$ 转化为羟基乙酸。中国科学院微生物研究所李寅研究员团队设计了一个全新的最小化的人工固碳循环（POAP 循环）。这个循环只包含四步反应，分别由丙酮酸羧化酶（PYC）、草酰乙酸乙酰基水解酶（OAH）、乙酸-CoA 连接酶（ACS）和丙酮酸合酶（PFOR）催化。在四步反应中，由丙酮酸合酶和丙酮酸羧化酶催化的这两步反应均为固碳反应。POAP 循环每运行一轮，可以转化两分子 $CO_2$ 生成一分子草酸，消耗两分子 ATP 和一分子还原力。由于途径短，在 PFOR 活性远远低于 CETCH 循环固碳酶活性的情况下，POAP 循环的 $CO_2$ 固定速率仍然超过了含有十二步反应的 CETCH 循环。

2）杂合固碳途径。$CO_2$ 中的碳为+4 价，为了将其转化为生物质或相应产品，需要较高的能量和还原力。自然固碳途径主要通过利用光能与化能实现固碳。杂合固碳主要指的是通过电能固碳，电力可以通过多种可再生资源（包括光、风、潮汐、水力和地热）产生，结合物理、化学、材料等学科技术手段将 $CO_2$ 转化为微生物系统中的燃料和化学物质。根据能量输送策略，电能固碳系统可分为直接电荷转移固碳和能量载体固碳。直接电荷转移固碳是指微生物如梭菌和热醋穆尔氏菌（*Moorella thermoacetica*），可以直接吸收电能将 $CO_2$ 转化为有机化合物，且可用于低驱动电压直接电荷转移系统，并表现出独特而有效的机制，促进电子在细胞膜和导电表面之间转移。能量载体固碳指的是在低驱动电压下产生能量载体，如甲酸盐、氢气、一氧化碳、甲醇、甲烷、氨、硫化氢和亚铁盐，以支持细胞生长或生产化学品。直接电荷转移固碳还是利用自然固碳途径，只是改变了能量利用方式。因此本部分主要综述能量载体固碳。

在能量载体固碳中，$H_2$ 和 CO 是易燃气体，在有氧自养性电合成下将其用作电子载体可能会引发安全隐患。甲烷是气体，在水中的溶解度极低。甲酸盐具有高溶解度和高氧化还原电位，不需要额外的电子受体，也不会产生与挥发性有关的安全隐患，是比较好的能量载体。甲酸可以被含有 Wood-Ljungdahl 途径和还原甘氨酸途径的菌株直接利用。甲醇具有与甲酸类似的高溶解度，并且比甲酸具有更高的还原度，能够为微生物生长、生产提供足够的还原力。自然界中天然代谢甲醇的微生物包括真核和原核类的甲基营养菌。这些天然甲基营养菌通过同化代谢途径将甲醇转化为生物质，并通过异化代谢途径从中获得能量。甲醇的同化代谢途径有核酮糖单磷酸循环（RuMP cycle）途径、丝氨酸循环（serine cycle）途径和木酮糖单磷酸循环（XuMP cycle）途径 3 种，后者仅存在于真核甲基营养菌中。早在 1986 年，研究者就以甲醇为底物，利用扭托甲基杆菌（*Methylobacterium extorquens*）AM1 生产丝氨酸。然而，由于大多数天然甲基营养菌生长速率慢、异化代谢能力强，代谢物生产效率低，缺乏有效的遗传操作工具，基于甲醇的工业生物技术进展缓慢。最近，中国科学院大连化学物理研究所周雍进研究员团队在甲醇生物转化研究方向取得新进展。他们在改造以多形汉逊酵母（*Hansenula polymorpha*）为宿主的内源代谢合成脂肪酸过程中（Gao et al., 2022），发现工程菌株在甲醇中无法生长。他们还发现，通过实验室适应性进化获得的驯化菌株，能够在甲醇中正常生长且可高效生产脂肪酸；通过多组学技术鉴定发现，双敲除两个关键突变基因 *LPL1*（推测脂酶）和 *IZH3*（与 Zn 代谢相关膜蛋白），可以显著缓解甲醇代谢压力；通过脂质组学分析发现，产脂肪酸菌株磷脂的合成受阻，影响过氧化物酶体膜完整性，导致关键有毒中间体甲醛泄漏，引起细胞坏死。基于上述发现，研究团队在转录组学指导下，重排了细胞内全局代谢，强化了前体乙酰辅酶 A 和辅因子 NADPH 的供给，使多形汉逊酵母以甲醇为唯一碳源合成了脂肪酸，产量为 15.9 g/L。该研究团队在毕赤酵母中也发现，在甲醇代谢过程中，甲醛的积累同样影响甲醇生物转化效率；研究团队通过优化细胞中心代谢与辅因子再生过程、强化甲醇代谢路径，大幅减少了甲醛积累，提高了脂肪酸产量（23.4 g/L）。研究团队还采用代谢切换的策略，快速将脂肪酸生产菌株改造为脂肪醇细胞工厂，简化了菌株构建过程，实现脂肪醇产量达 2.0 g/L。

　　除了自然甲醇同化途径，人工甲醇同化途径也取得了重大突破。华盛顿大学 David Baker 团队通过新酶设计成功设计出了能够催化甲醛聚合为 1,3-二羟基丙酮的聚糖酶，结合乙酰辅酶 A 合成酶、乙酰辅酶 A 还原酶及羟基丙酮激酶，成功构建了一碳到磷酸-1,3-二羟基丙酮的聚糖途径（Siegel et al., 2015）。此途径具有路线短，化学驱动力大，对氧不敏感和与中心代谢无交叉等优点。中国科学院天津工业生物技术研究所马延和研究团队利用李灿院士团队的化学固碳技术及聚糖路径，从头创建了 $CO_2$ 到淀粉的人工淀粉合成途径（artificial starch anabolic pathway, ASAP）（Cai et al., 2021），将自然界 60 多步的淀粉合成途径简化到了 11 步，通过协同优化生物催化与化学催化过程，将人工淀粉合成速度提升了 8.5 倍，能量转换效率提升了 3.5 倍。理论上用 1 m³ 大小的生物反应器进行生产，年产淀粉量可相当于 5 亩[①]土地玉米种植的淀粉产量，使工业车间以 $CO_2$ 为原料生产淀粉成为可能。中国科学院天津工业生物技术研究所江会锋研究员团队基于化学合成原理，从头设计了羟基乙醛合成酶和乙酰磷酸合酶，创建了一条从甲醇经 4 步反应合成乙酰辅酶 A 的非天然途径（synthetic acetyl-CoA pathway, SACA 途径）（Lu et al., 2019）。利用体外酶催化、体内同位素标记、细胞生长等实验，证明 SACA 途径无论在体外还是体内，都可以有效地将一碳转化成乙酰辅酶 A。SACA 途径具有化学驱动力大、不需要能量输入、与中心代谢正交和没有碳损失等优点。理论上，结合李灿院士团队的化学固碳技术及 SACA 途径，$CO_2$ 可以转化为乙酰

---

① 1 亩 ≈ 666.667 m²

辅酶 A 衍生的任何产品。

尽管围绕以 $CO_2$ 为原料的低碳生物合成已经取得了巨大进展，但是距离工程化应用还有相当长的路要走。天然光合系统能量转化效率只有 1%～2%，开放式培养条件下，光合细胞的生物质转化速率为 8～20 g/(m²·d)，与葡萄糖为原料的生物制造相比相差 100 倍，难以满足工业生产需求。利用 Wood-Ljungdahl 途径的化能生物固碳具有广阔的工业生产前景，但能量来源不可再生。能量来源问题也是人工固碳途径必须要解决的核心问题。光电结合化能固碳生物的太阳能利用效率较自然光合作用有大幅提高，例如，偶联光伏系统通过电解水产氢，再利用嗜氢自养固碳生物 *Ralstonia eutropha* 转化 $CO_2$ 合成生物质及化学品，光能利用效率达到 3%～10%（Liu et al.，2016）。但能量利用、$CO_2$ 还原、多碳生物转化都被整合在一个细胞里面，不仅受气液传质、电极-生物界面相容等工艺影响，还受生物电能利用机制、自养生物代谢规律所限，整体效率依然较低，不足以支撑 $CO_2$ 工业生物转化。时空分离的杂合固碳在能量利用效率方面具有明显的优势，但是甲醇等一碳化合物转化效率依然不高，距离工业化应用尚有距离。

因此，面向"双碳"目标与产业变革的重大需求，还需要对 $CO_2$ 生物转化的关键科学与技术问题开展系统研究。主要包括解析生物固碳原理，创建超越自然固碳元件的新固碳酶；解析光合固碳生物的能量转换规律，设计高效利用电/氢能的人工光合系统；解析碳氧双键活化和碳碳键形成机理，开发具有高转化速率的新型酶元件，并构建高原子经济性、低能量损耗的人工固碳途径；研究自然固碳生物的代谢调控机制，重构能量代谢和物质转化调控网络，构建新型工业固碳底盘细胞；解析物理材料、纳米催化剂、光/电化学模块、酶/微生物等耦合机理，建立生命-非生命杂合固碳系统，推动形成以 $CO_2$ 为原料合成燃料、材料、食品及大宗重要化学品的碳中和工业生物制造路线。

## 10.2　新酶、新途径设计研究进展

工业生物技术的发展很大程度上依赖于具有重要工业应用性能的蛋白元件的开发。蛋白质作为生命活动的直接执行者和合成生物学中关键的底层元件，对其定量认识和工程改造的能力直接影响合成生物学的上层建筑。通过蛋白元件改造与设计获得新产物、实现新反应主要通过以下几种方式：①通过定向进化或者理性设计实现产物的区位选择性、对映选择性和非对映选择性合成；②通过定向进化或者理性设计拓展酶催化底物范围；③通过定向进化或者理性设计改变酶催化反应类型；④通过定向进化实现光酶人工设计；⑤通过蛋白计算设计实现新生化反应；⑥通过人工金属酶设计实现自然界不存在的生化反应。

1）通过定向进化或者理性设计实现产物的区位选择性、对映选择性和非对映选择性合成。Manfred T. Reetz 教授在酶的不对称催化领域的工作比较典型，他们

团队开发了组合活性中心饱和突变（combinatorial active-site saturation test，CAST）策略及迭代饱和突变（iterative saturation mutagenesis，ISM）技术，广泛应用于酶的立体/区域选择性等酶参数的改造（Reetz et al.，2005；Reetz and Carballeira，2007）。例如，通过 CAST/ISM 策略对 P450-BM3 单加氧酶进行改造，并将其与醇脱氢酶或过氧化物酶偶联，使其成功应用于高附加值手性二醇及衍生物的不对称催化合成。Manfred T. Reetz 教授与吴起团队合作，在有效密码子的选取方面做了改进，还提出了聚焦理性迭代定点突变（Focused Rational Iterative Site-specific Mutagenesis，FRISM）策略，并应用于南极假丝酵母脂肪酶 B（CALB）的不对称催化，成功获得了双手性中心底物所对应的全部 4 种异构体，且选择性均在 90% 以上（Xu et al.，2019）。由于酶的底物结合空腔体积的限制，野生型的 P450 酶对睾丸素并没有催化活性。酶催化结合口袋中 87 位的苯丙氨酸被认为是抑制反应活性的主要因素，因其体积过大，阻碍了底物与酶的结合。将 87 位的苯丙氨酸突变成了丙氨酸，减小了底物结合口袋的位阻，成功催化生成了 1:1 的 2 位和 15 位的羟基化产物，接下来，Manfred T. Reetz 课题组采用 ISM 的方法对 P450-BM3-F87A 进行定向进化，分别得到了两种具有高度区域选择性的突变株。

2）通过定向进化或者理性设计拓展酶催化底物范围。将催化底物专一性的酶，通过定向进化或者理性设计，改变酶的催化底物谱，将大大拓展生物制造的边界。手性胺是许多手性药物的重要合成中间体，手性胺的制备也是有机合成领域极具挑战性的课题。作为一种初级代谢酶，天冬氨酸裂解酶是已知特异性最好的酶之一，中国科学院微生物研究所吴边课题组通过计算改造天冬氨酸裂解酶，成功实现了巴豆酸、(E)-2-戊烯酸、富马酸单酰胺、(E)-肉桂酸等的 β-加氨反应，相关指标达到了工业化生产的标准，首次将计算机蛋白质设计技术应用于工业菌株设计改造研究（Li et al.，2018）。Merck 和 Codexis 公司合作，选择了一种天然催化甲基酮和小分子环酮的 R-特异性转氨化的转氨酶作为起点，使用计算模型和体外协同进化方法生成了一种活性较弱的转氨酶变体。之后再经过 11 轮随机和定点饱和突变，得到了一个含有 27 个突变位点的转氨酶，与野生型相比，其最终催化活性提高了 27 000 倍，并且可以在 200 g/L 的规模下生产具有 >99.95% ee 的西格列汀（Savile et al.，2010）。

通过定向进化拓展酶催化底物范围的经典案例是抗 HIV 药物依拉曲韦（islatravir）的体外生物催化级联合成（Huffman et al.，2019）。酶级联实现药物全合成中的挑战性在于如何高效实现上一步的产物作为下一步的底物这一串联过程，这对酶的催化底物适用性和催化活性提出要求。对此，Merck 公司的研究人员通过定向进化策略优化了五种酶，使其与非天然底物兼容。他们通过 epPCR，经过 12 轮进化，改变了 34 个氨基酸，得到了比野生型半乳糖氧化酶 GOase 具备更优异立体选择性和催化活性的 GOaseRd13；经过 2 轮进化，改变了 11 个氨基酸，得到了比野生型脱氧核糖 5-磷酸醛缩酶 DERA 更耐受乙醛的 DERARd3；分别经过 3、2、4 轮突变，改变了 10、5、7 个氨基酸，获得了具备更高催化活性的泛酸激酶 PanKRd4、磷酸戊醇变位酶 PPMRd3 和嘌呤核苷磷酸化酶 PNPRd5。最终，成功实现以 2-乙炔甘油为底物，三模块、九酶级联催化合成了依拉曲韦。

3）通过定向进化或者理性设计改变酶催化反应类型。过去对酶的催化多功能性的报道主要集中在脂肪酶和蛋白酶催化的碳碳键加成的反应中。例如，猪胰脂肪酶（PPL）、南极假丝酵母脂肪酶 B（CALB）等催化醛酮化合物的 aldol 反应；CALB、固定化脂肪酶 LipozymeTL-IM 等催化的 Michael 加成反应。随着分子生物学和结构生物学的发展，人们对酶催化机理的认识不断提升，一些更有意义的酶的催化多功能性逐渐被设计出来。2013 年，Frances H. Arnold 课题组在 *Science* 上报道了利用工程化细胞色素 P450 为催化剂，依赖于铁卟啉中心与碳卡宾的结合能力，成功催化苯乙烯类化合物和重氮乙酸乙酯的不对称环丙烷化，并通过定向进化，提高了其立体选择性（Coelho et al.，2013）。这一工作为以铁卟啉为活性中心的酶的非天然反应的研究拉开了序幕。随后，他们团队通过类似的策略，成功实现了碳-硅成键、碳-硼成键、烯烃反马氏氧化等一系列自然界不存在的新型生化反应（Hammer et al.，2017；Kan et al.，2016，2017）。

4）通过定向进化实现光酶人工设计。自然进化的酶，尽管种类繁多和功能多样性惊人，但主要通过热化学激活起作用。将突出的光催化模式整合到蛋白质中，如三重态能量转移，可以产生人造光酶，扩大自然生物催化的范围。华中科技大学化学与化工学院钟芳锐、吴钰周教授团队与西北大学陈希教授合作提出了"三重态光酶"的概念，通过合成生物学前沿技术开发了一类全新的人工酶，为激发态光反应的手性催化合成提供了一种原创性方案（Sun et al.，2022）。团队基于有机合成、基因工程、蛋白质工程、酶理论计算和结构生物学等交叉学科背景，将合成化学发展的二苯甲酮类优异光敏剂通过基因密码子拓展技术定点插入到选定蛋白的手性空腔中，构建了含非天然催化活性中心的人工光酶 TPe。由于二苯甲酮独特优异的三重态光物理性质，该光酶具有能量转移催化的非天然功能和作用机制，能催化底物从分子基态跃迁到激发态发生光反应。从化学改造构建的第一代三重态光酶 TPe1.0，团队通过四轮突变迭代优化酶的氨基酸残基和反应空腔结构，建立了突变体文库，完成了光酶的定向进化，最终获得了优异的突变体 TPe4.0。该光酶能高效催化吲哚衍生物的分子内[2+2]光环加成反应。

5）通过蛋白计算设计实现新生化反应。除了通过理性设计或者定向进化改造自然酶获得新功能以外，酶的从头设计是近年发展比较迅速的新酶设计方法。最具代表性的研究团队是华盛顿大学的 David Baker 团队。其开发的 Rosetta 软件如今已发展为集蛋白质从头设计、酶活性中心设计、配体对接、生物大分子结构预测等功能于一体的生物大分子计算建模与分析软件组合。他们团队提出了

"Inside-out"设计策略，首先运用量子化学方法设计酶的活性中心，确定酶的关键催化基团与底物形成的过渡态构象（theozyme）；然后使用 Rosetta Match 搜索蛋白质结构数据库，将过渡态构象与已有蛋白质结构匹配，筛选能维持过渡态构象的蛋白质骨架结构；接下来使用 Rosetta Design 设计位于活性中心但不直接参与催化的氨基酸，运用基于蒙特卡罗的模拟退火算法进行多轮采样，获得经过优化的完整酶结构；最后制定评分标准，依据过渡态能量、配体位置取向等多项参数评估设计结果，挑选排名靠前的结构开展活性验证实验。运用这套策略，David Baker 团队成功设计出了可以催化 Diels-Alder、Kemp 消除和 Retro-aldol 等反应的新酶（Jiang et al.，2008；Röthlisberger et al.，2008；Siegel et al.，2010）。

6）通过人工金属酶设计实现自然界不存在的生化反应。已知结构的天然酶中，约有 1/3 的酶本身分子结构中含有金属离子或者虽然自身不含金属离子但只有在金属离子存在下才具有催化活性。由于受金属离子种类及蛋白骨架的限制，金属酶催化的生物反应类型要远低于金属催化的化学转化。将催化多样性的金属离子与蛋白质骨架结合产生的人工金属酶，能够大大拓展生物催化反应类型，近年来成为新酶设计研究的热点。根据人工金属酶中蛋白质骨架和金属（或金属复合物）结合的方式，可将人工金属酶的构筑方法主要分为三类：基于超分子体系构筑人工金属酶、基于配位键构筑人工金属酶和基于共价键构筑人工金属酶。

基于超分子体系构筑人工金属酶主要利用蛋白质空腔与其底物的特异性识别以及蛋白质氨基酸残基与配合物之间的弱相互作用（氢键作用、疏水效应和 $\pi$-$\pi$ 相互作用等）。血红素蛋白是一类基于超分子体系构筑人工金属酶优良的主体分子。天然血红素蛋白中的血红素辅因子即铁卟啉（Fe-porphyrin IX，Fe-PIX）辅因子能与血红素蛋白紧密结合是通过卟啉环的疏水作用、羧酸取代基之间的氢键作用，以及轴向配体与金属原子配位，这些因素使得脱辅基肌红蛋白可用于容纳合成辅因子。天然血红素蛋白能催化的反应包括 C—H 键氧化反应和卤反应，并且成功用于非生物底物的氧化反应，以 Fe-PIX 为核心辅因子的其他蛋白能够催化卡宾（carbene）、氮宾（nitrene）与烯烃、端芳香烯烃、X—H（X＝N，S）键的插入和加成反应，但对不活泼的烯烃和 C—H 键类似的反应却不能发生（Bordeaux et al.，2015；Coelho et al.，2013；Farwell et al.，2015）。加州大学伯克利分校及美国能源部劳伦斯伯克利国家实验室的 John F. Hartwig 教授课题组基于 Fe-PIX 蛋白构筑了多种不同金属的人工金属酶。其中，Ir（Me）-PIX-myoglobin 人工金属酶的催化性能最优，其不同突变体弥补了天然 Fe-PIX 蛋白的不足之处，成功地催化了卡宾的 C—H 键插入反应以及不活泼烯烃的加成反应（Key et al.，2016）。另一类以铁卟啉为辅基的天然蛋白质是细胞色素 P450（cytochrome P450，CYP450），能化学、区域、立体和位点选择性地催化复杂天然产物的 C—H 羟基化反应。Hartwig 课题组在 Ir（Me）-PIX-myoglobin 人工金属酶的工作基础上，发展了 Ir

（Me）-PIX-CYP119 人工金属酶，结合蛋白质工程改造，Ir（Me）-PIX-CYP119 人工金属酶不仅具有高的立体选择性和活性，还具有耐高温高压、可重复使用、能结合较大的有机分子等诸多优点（Dydio et al.，2016）。Hartwig 教授这项卓越的工作是人工金属酶领域的重大突破，为推动人工金属酶工业化带来了希望。

到目前为止，研究最多的超分子人工金属酶是利用生物素取代的辅因子和链霉亲和素蛋白或亲和素蛋白特异性识别而构筑的生物素-（链霉）人工金属酶，该方法得益于生物素与（链霉）亲和素蛋白快速、紧密结合，二者的结合强度是目前已知的最强的非共价键相互作用，并且生物素具有的羧酸基团能够与多种金属复合物连接，这使得将催化活性的金属辅因子引入到蛋白空腔中变为可能。Ward课题组发展了一系列生物素化的金属有机辅因子，并将它们与（链霉）亲和素蛋白或其突变体组装成一系列具有不同催化活性的人工金属酶，通过此策略构筑的人工金属酶已成功用于催化多种有机反应（Skander et al.，2004；Klein et al.，2005；Pierron et al.，2008；Köhler et al.，2013；Dürrenberger et al.，2011），例如，脱氢氨基酸不对称氢化反应、烯丙基不对称烷基化反应、共轭酮氢转移、亚胺不对称氢转移反应、酮不对称氢转移、烯烃复分解反应、硫醚氧化反应、醇氧化反应、烯烃双羟基化反应、C—H 键活化、Suzuki 交叉偶联等诸多反应。

基于配位键构筑人工金属酶主要是利用蛋白质骨架中含有的具有配位功能的氨基酸残基（如组氨酸、半胱氨酸等），直接与金属离子形成配位键。通常蛋白质分子中含有氮、硫、氧等功能基团，这些基团能直接与金属配位并且蛋白质分子有明确的三维结构和手性，因此蛋白质可视为另一类优良的配体以及构筑人工金属酶的骨架。基于配位键体系构筑人工金属酶的关键是找到不含天然金属离子的蛋白（作为脱辅基蛋白）或者采用合适的方法（如透析）将蛋白质本身的天然金属离子去除，此外脱辅基蛋白还须稳定，并且能与非天然金属离子重组成新的复合物。Kazlauskas 等用 2,6-吡啶二羧酸盐透析的方法，将碳酸酐酶或碳酸酐酶Ⅱ中与三个组氨酸残基配位的 $Zn^{2+}$ 去除，引入 $Mn^{2+}$ 或 $Rh^+$ 重组成人工金属酶，并用于催化烯烃不对称环氧化反应、烯烃氢化反应和烯烃氢甲酰化反应（Okrasa and Kazlauskas，2006；Jing et al.，2009）。重新设计蛋白质的金属结合位点需要控制几个氨基酸侧链的位置，这是一项艰巨的工作。解决这一问题的方法之一是引入具有螯合侧链（如联吡啶）的非天然氨基酸。通过扩大大肠杆菌的遗传密码子可将具有螯合侧链的非天然氨基酸引入到蛋白质中，并且能与很多金属紧密结合（如 Fe、Cu、Co、Ru 等），这为设计新的金属结合位点提供了一个很好的方法。

基于共价键构筑人工金属酶主要利用蛋白质中含有亲核性的氨基酸残基（如赖氨酸和半胱氨酸）与配体中的活性基团（如 NHS 活化的羧酸酯、异腈、马来酰胺等）反应，以共价键的形式将蛋白质与金属复合物连接。利用生物偶联反应（共价连接）连接辅因子和蛋白质骨架，用到的最多的反应是半胱氨酸烷基化反应。利用共价键构筑人工金属酶除了要求蛋白质骨架有活性基团，还要求其有足够大的空间能同时容纳辅因子连接子和金属复合物。很多具有空腔的蛋白质作为构筑人工金属酶的骨架，包括 α/β-barrel 蛋白、apo-heme 蛋白、蛋白质二聚物界面（protein dimer interface）等。蛋白质空腔为连接子构象变化和辅因子位置提供空间，但同时空间又不能太大以防止柔性结构的辅因子在蛋白质空腔中随意摆动从而影响催化活性。Ward 和 Hilvert 将小热休克蛋白（来自于 *Methanococcus jannaschii* 细菌）的 G41C 突变体与取代的 Grubbs-Hoveyda 催化剂烷基化连接，得到的人工金属酶实现了烯烃复分解反应。Lewis 等通过突变在蛋白质骨架上引入非天然的对叠氮基苯丙氨酸，与二环[6, 1, 0]壬-4-炔（Bicyclononyne，BCN）取代的辅因子经环张力促进的叠氮-炔基环加成实现生物正交点击反应（Yang et al.，2014）。基于这一工作，Lewis 等随后将 BCN 取代的 Mn、Cu-三联吡啶复合物和 BCN 取代的双 Rh-四羧酸酯复合物与不同的蛋白质骨架组装成人工金属酶，其中 BCN 取代的双 Rh-t His F 人工金属酶能用于催化对甲氧基苯乙烯与重氮乙酸乙酯发生环丙烷反应，以及催化二苯基甲基硅烷与重氮苯乙酸甲酯发生硅-氢键卡宾插入反应（Yang et al.，2014）。

蛋白计算设计的发展大大加速了新酶设计速度。一方面，蛋白结构预测获得重大突破。2020 年底，DeepMind 旗下的深度学习模型 AlphaFold2 一举破解了困扰学界长达 50 年之久的"蛋白质折叠"难题。2022 年 7 月底，AlphaFold2 再获重大进展，预测了超过 2 亿个蛋白质结构，这些预测的结构涵盖了科学界几乎所有已编目的蛋白质，为新酶设计提供了大量可利用的蛋白骨架。另一方面，蛋白从头设计获得重大突破，Huang（2022）发展了一种能在氨基酸序列待定时从头设计全新主链结构的模型（side chain-unknown backbone arrangement），即 SCUBA 模型。该模型采用了一种新的统计学习策略，即包括核密度估计和神经网络训练的两步学习法，能够高保真地表示实际蛋白质结构数据的复杂性和高度相关性。该模型的另一个显著特点是，SCUBA 模型不需要用已有结构片段来拼接产生新结构，能够显著扩展从头设计蛋白的结构多样性，设计出不同于已知天然蛋白的新颖结构。然而，要设计获得效率接近自然系统的高活性新酶，在未来一段时间内，还需要结合定向进化来实现。

本章参编人员：江会锋　刘玉万　卢丽娜　刘丁玉

# 参 考 文 献

Bar-Even A, Noor E, Lewis N E, et al., 2010. Design and analysis of synthetic carbon fixation pathways. Proceedings of the National Academy of Sciences of the United States of America,

107(19): 8889-8894.

Bordeaux M, Tyagi V, Fasan R D, 2015. Highly diastereoselective and enantioselective olefin cyclopropanation using engineered myoglobin-based catalysts. Angewandte Chemie (International ed in English), 54(6): 1744-1748.

Bouzo, M, Perret A, Loreau O, et al., 2017. A synthetic alternative to canonical one-carbon metabolism. ACS Synthetic Biology, 6(8): 1520-1533.

Cai T, Sun H B, Qiao J, et al., 2021. Cell-free chemoenzymatic starch synthesis from carbon dioxide. Science, 373(6562): 1523-1527.

Coelho P S, Brustad E M, Kannan A, et al., 2013. Olefin cyclopropanation via carbene transfer catalyzed by engineered cytochrome P450 enzymes. Science, 339(6117): 307-310.

Dürrenberger M, Heinisch T, Wilson Y M, et al., 2011. Artificial transfer hydrogenases for the enantioselective reduction of cyclic imines. Angewandte Chemie (International ed in English), 50(13): 3026-3029.

Dydio P, Key H M, Nazarenko A, et al., 2016. An artificial metalloenzyme with the kinetics of native enzymes. Science, 354(6308): 102-106.

Farrokh P, Sheikhpour M, Kasaeian A, et al., 2019. Cyanobacteria as an eco-friendly resource for biofuel production: a critical review. Biotechnology Progress, 35(5): e2835.

Farwell C C, Zhang R K, McIntosh J A, et al., 2015. Enantioselective enzyme-catalyzed aziridination enabled by active-site evolution of a cytochrome P450. ACS Central Science, 1(2): 89-93.

Gao J Q, Li Y X, Yu W, et al., 2022. Rescuing yeast from cell death enables overproduction of fatty acids from sole methanol. Nature Metabolism, 4(7): 932-943.

Gassler T, Sauer M, Gasser B, et al., 2020. The industrial yeast *Pichia pastoris* is converted from a heterotroph into an autotroph capable of growth on $CO_2$. Nat Biotechnol, 38(2): 210-216.

Gleizer S, Ben-Nissan R, Bar-On Y M, et al., 2019. Conversion of *Escherichia coli* to generate all biomass carbon from $CO_2$. Cell, 179(6): 1255-1263.e12.

Hammer S C, Kubik G, Watkins E, et al., 2017. Anti-Markovnikov alkene oxidation by metal-oxo-mediated enzyme catalysis. Science, 358(6360): 215-218.

Huang B, Xu Y, Hu X, et al., 2022. A backbone-centred energy function of neural networks for protein design, Nature, 602: 523-528.

Huang B, Xu Y, Hu X, et al., 2022. A backbone-centred energy function of neural networks for protein design. Nature, 602(7897): 523-528.

Huffman M A, Fryszkowska A, Alvizo O, et al., 2019. Design of an in vitro biocatalytic cascade for the manufacture of islatravir. Science, 366(6470): 1255-1259.

Jiang L, Althoff E A, Clemente F R, et al., 2008. De novo computational design of retro-aldol enzymes. Science, 319(5868): 1387-1391.

Jing Q, Okrasa K, Kazlauskas R J, 2009. Stereoselective hydrogenation of olefins using rhodium-substituted carbonic anhydrase——a new reductase. Chemistry, 15(6): 1370-1376.

Jumper J, Evans R, Pritzel A, et al., 2021. Highly accurate protein structure prediction with AlphaFold. Nature, 596(7873): 583-589.

Kalyuzhnaya M G, Puri A W, Lidstrom M E, 2015. Metabolic engineering in methanotrophic bacteria. Metabolic Engineering, 29: 142-152.

Kan S B J, Huang X Y, Gumulya Y, et al., 2017. Genetically programmed chiral organoborane synthesis. Nature, 552(7683): 132-136.

Kan S B, Lewis R D, Chen K, et al., 2016. Directed evolution of cytochrome c for carbon-silicon bond formation: bringing silicon to life. Science, 354(6315): 1048-1051.

Key H M, Dydio P, Clark D S, et al., 2016. Abiological catalysis by artificial haem proteins containing noble metals in place of iron. Nature, 534(7608): 534-537.

Kim S, Lindner S N, Aslan S, et al., 2020. Growth of *E. coli* on formate and methanol via the reductive glycine pathway. Nat Chem Biol, 16(5): 538-545.

Klein G, Humbert N, Gradinaru J, et al., 2005. Tailoring the active site of chemzymes by using a chemogenetic-optimization procedure: towards substrate-specific artificial hydrogenases based on the biotin-avidin technology. Angewandte Chemie (International Ed in English), 44(47): 7764-7767.

Köhler V, Wilson Y M, Dürrenberger M, et al., 2013. Synthetic cascades are enabled by combining biocatalysts with artificial metalloenzymes. Nature Chemistry, 5(2): 93-99.

Li R F, Wijma H J, Song L, et al., 2018. Computational redesign of enzymes for regio- and enantioselective hydroamination. Nat Chem Biol, 14(7): 664-670.

Liew F E, Nogle R, Abdalla T, et al., 2022. Carbon-negative production of acetone and isopropanol by gas fermentation at industrial pilot scale. Nat Biotechnol, 40(3): 335-344.

Liu C, Colón B C, Ziesack M, et al., 2016. Water splitting-biosynthetic system with $CO_2$ reduction efficiencies exceeding photosynthesis. Science, 352(6290): 1210-1213.

Lu X Y, Liu Y W, Yang Y Q, et al., 2019. Constructing a synthetic pathway for acetyl-coenzyme A from one-carbon through enzyme design. Nature Communications, 10(1): 1378.

Mayer C, Gillingham D G, Ward T R, et al., 2011. An artificial metalloenzyme for olefin metathesis. Chemical Communications, 47(44): 12068-12070.

Okrasa K, Kazlauskas R J, 2006. Manganese-substituted carbonic anhydrase as a new peroxidase. Chemistry, 12(6): 1587-1596.

Pierron J, Malan C, Creus M, et al., 2008. Artificial metalloenzymes for asymmetric allylic alkylation on the basis of the biotin-avidin technology. Angewandte Chemie (International Ed in English), 47(4): 701-705.

Reetz M T, Bocola M, Carballeira J D, et al., 2005. Expanding the range of substrate acceptance of enzymes: combinatorial active-site saturation test. Angewandte Chemie (International Ed in English), 44(27): 4192-4196.

Reetz M T, Carballeira J D, 2007. Iterative saturation mutagenesis (ISM) for rapid directed evolution of functional enzymes. Nature Protocols, 2(4): 891-903.

Röthlisberger D, Khersonsky O, Wollacott A M, et al., 2008. Kemp elimination catalysts by computational enzyme design. Nature, 453(7192): 190-195.

Savile C K, Janey J M, Mundorff E C, et al., 2010. Biocatalytic asymmetric synthesis of chiral amines from ketones applied to sitagliptin manufacture. Science, 329(5989): 305-309.

Schwander T, Schada von Borzyskowski L, Burgener S, et al., 2016. A synthetic pathway for the fixation of carbon dioxide *in vitro*. Science, 354(6314): 900-904.

Siegel J B, Smith A L, Poust S, et al., 2015. Computational protein design enables a novel one-carbon assimilation pathway. Proceedings of the National Academy of Sciences of the United States of America, 112(12): 3704-3709.

Siegel J B, Zanghellini A, Lovick H M, et al., 2010. Computational design of an enzyme catalyst for a stereoselective bimolecular Diels-Alder reaction. Science, 329(5989): 309-313.

Skander M, Humbert N, Collot J, et al., 2004. Artificial metalloenzymes: (strept)avidin as host for enantioselective hydrogenation by achiral biotinylated rhodium-diphosphine complexes. Journal of the American Chemical Society, 126(44): 14411-14418.

Steffens L, Pettinato E, Steiner T M, et al., 2021. High $CO_2$ levels drive the TCA cycle backwards towards autotrophy. Nature, 592(7856): 784-788.

Su, N N, Huang J J, Qian J Y, et al., 2022. Enantioselective[2+2]-cycloadditions with triplet photoenzymes. Nature, 611(7937): 715-720.

Xu, J, Cen Y X, Singh W, et al., 2019. Stereodivergent protein engineering of a lipase to access all possible stereoisomers of chiral esters with two stereocenters. Journal of the American Chemical Society, 141(19): 7934-7945.

Yang H, Srivastava P, Zhang C, et al., 2014. A general method for artificial metalloenzyme formation through strain-promoted azide-alkyne cycloaddition. Chembiochem: a European Journal of Chemical Biology, 15(2): 223-227.

Yang Q Y, Guo X X, Liu YW, et al., 2021. Biocatalytic C-C bond formation for one carbon resource utilization. International Journal of Molecular Sciences, 22(4): 1890.

# 后　记

在本书付梓之际，我要衷心感谢每一位参与编写的同仁，以及编辑们的辛勤付出与支持。没有大家的共同努力，就没有这本书的诞生。在本书即将完稿出版之际，合成生物学领域在国际和国内都取得了重大进展，尤其是在工业化和产业化方向。这些国内外的大事件，展示了合成生物学领域蓬勃发展的态势。各国、各地区纷纷布局，政策支持不断加强，技术突破持续涌现，应用领域日益拓宽。

在政策推动与产业集群建设上，各国和地区积极布局。2023 年初，拜登政府发布了一份题为《美国生物技术和生物制造的明确目标》的报告，设定了推进美国生物技术和生物制造发展的新目标和优先事项，多数目标围绕应对气候危机，也涉及人类健康领域，对全球工业合成生物学的发展起到引领和示范作用，为其他国家的政策制定和产业发展提供参考。与此同时，国内各地区同样积极行动。2023 年 5 月，合成生物学创新发展大会在杭州钱塘新区举办，会上发布试点政策、宣布打造产业园区、集中签约了 4 家研发平台及 10 个产业项目。按照市区联动、钱塘先行的原则，试点实施新政，从提升研发创新层级等 4 个方面发力，旨在打造合成生物学的创新产业高地，吸引企业和人才聚集，为全国产业发展提供新模式和经验。同年 9 月，上海市政府发布《加快合成生物创新策源 打造高端生物制造产业集群行动方案（2023—2025）》，明确发展目标和重点任务，推动长三角地区合成生物学产业发展，促进区域内产业资源整合与协同创新。2024 年，常州市发布"合成生物 10 条"，设立 20 亿元产业基金，为当地合成生物学产业发展提供了有力的政策支持与资金保障，进一步推动产业集群的形成。

在产业化进程中，多个里程碑事件不断涌现，彰显了合成生物学的巨大潜力和广阔前景。2024 年，蓝晶微生物完成 B4 轮融资，这一成果不仅体现了资本市场对蓝晶微生物发展潜力的高度认可，更为其后续的研发投入、技术升级，以及市场拓展提供了坚实的资金保障，有力推动了合成生物学在可降解材料、医疗健康等多个领域的产业化应用进程。江南大学团队通过合成生物技术，成功将透明质酸生产成本从每公斤数万元降至几百元。这一突破性成果意义非凡，使得透明质酸在化妆品、医疗等领域的大规模应用成为可能，极大地推动了透明质酸在相关行业的普及，为消费者带来了更多高性价比的产品选择，同时也为合成生物学在生物材料领域的产业化发展树立了成功典范。2025 年 1 月，华恒生物 5 万吨生物基 1,3-丙二醇（PDO）项目正式投产，有力推动了聚酯纤维 PTT 的产业化进程，进一步拓展了合成生物学在材料领域的应用，为相关产业发展提供了新的原料选择和技术支撑。莱茵生物的酶转甜菊糖苷 RebM2 通过美国 FDA 认证，标志着其产品质量和安全性得到国际权威认可。其合成生物车间年产值预计超 10 亿元，这不仅为莱茵生物自身带来了显著的经济效益，也打破了国际甜味剂市场的垄断格局，为中国生物制造产品的全球化铺平了道路，同时也为整个合成生物学在食品添加剂领域的产业化发展注入了强大动力，展示了合成生物学技术在提升传统产业附加值方面的巨大潜力。

国际前沿技术也发展迅速。如 Ansa Biotechnologies 致力于解决 DNA 合成速度和准确性问题，其技术若能取得突破，将为合成生物学研究提供更高效、高质量的基础工具，推动整个领域的发展。2023 年，LanzaTech 上市，作为一家专注于碳循环利用的合成生物学公司，其上市体现了合成生物学在可持续发展领域的潜力获得了资本市场的高度认可，为相关企业树立标杆，也为行业发展吸引了更多关注和资本。此外，3DBT 在人造肉技术领域的探索，反映了合成生物学在食品领域的创新尝试，若成功实现产业化，将改变传统肉类生产模式，满足人们对可持续、健康食品的需求。然而与此同时，曾被视为合成生物学明星企业的 Amyris 破产，也为行业发展敲响了警钟，引发对合成生物学企业商业模式、市场策略和资本运作的深入思考。企业不仅需要有先进技术，还需构建合理的商业模式，以有效应对市场风险和资本压力。

相信在未来，合成生物学将在工业领域发挥更大的作用，为解决人类面临的资源、环境、健康等问题提供更多创新的解决方案，我们也期待更多的科研成果能够转化为实际生产力，推动社会的可持续发展。本书虽然完稿，但合成生物学领域的发展日新月异，希望本书能为读者提供有益的参考，也期待更多的同仁投身于这一充满活力的领域，共同推动其进步。

江会锋　刘丁玉

2025 年 2 月